新编钣金展开计算手册

周宇辉　主编

ARTTIME 时代出版
时代出版传媒股份有限公司
安 徽 科 学 技 术 出 版 社

图书在版编目(CIP)数据

新编钣金展开计算手册 / 周宇辉主编. --合肥:安徽科学技术出版社,2019.1
ISBN 978-7-5337-7512-4

Ⅰ.①新… Ⅱ.①周… Ⅲ.①钣金工-计算方法-手册 Ⅳ.①TG936-62

中国版本图书馆 CIP 数据核字(2018)第 016278 号

新编钣金展开计算手册 周宇辉 主编

出 版 人:丁凌云 选题策划:刘三珊 责任编辑:刘三珊
文字编辑:陈会兰 责任校对:岑红宇 责任印制:廖小青
装帧设计:王 艳
出版发行:时代出版传媒股份有限公司 http://www.press-mart.com
安徽科学技术出版社 http://www.ahstp.net
(合肥市政务文化新区翡翠路 1118 号出版传媒广场,邮编:230071)
电话:(0551)63533330
印 制:合肥创新印务有限公司 电话:(0551)64321190
(如发现印装质量问题,影响阅读,请与印刷厂商联系调换)

开本:880×1230 1/32 印张:13.5 字数:339 千
版次:2019 年 1 月第 1 版 2019 年 1 月第 1 次印刷

ISBN 978-7-5337-7512-4 定价:55.00 元

前　　言

在机械、冶金、石油化工、航空、造船和锅炉等领域中，涉及各种金属构件的制作问题，而钣金工就是从事金属构件制作的一个主要工种。展开放样是钣金工艺执行的第一道工序，它的质量好坏直接影响产品制件的质量高低，钣金展开放样俗称“铁裁缝”，是从事该项工作的工程师、技术工人必须掌握的技能之一。随着科学技术的发展，钣金制件变得越来越多样化和复杂化，对钣金工的技术要求也越来越高，人们迫切希望能用计算的方法展开下料。为了帮助广大技术工人，特别是中青年技术工人提高操作技能和技术水平，作者根据多年的实践经验，归纳总结了《新编钣金展开计算手册》一书。

本书是一本利用计算法进行钣金展开的实用工具书。主要内容包括：钣金展开计算基础，投影原理和视图，钣金图的识读，钣金展开放样基本方法，钣金展开计算等。本书适合具有初中以上文化水平的铆工、放样工、钣金工、钳工等工种的技术工人阅读，也可供技工学校的师生以及有关技术人员参考。

本书由周宇辉高级工程师主编，参加编写和资料整理工作的还有兰文华、徐峰、张能武、杨光明、楚宜民、马建民、余莉、刘述芳、杨小波、崔俊、李德庆、周斌兴、陈曦、倪国栋、王菊英、范荣国、傅秀丽、顾霞琴、冯宪民、魏金营、曹海波、韩靖玉、金明、舒满征、余成龙、鲁树唐、汪燕等同志。在编写过程中参考了大量的图书出版物和企业培训资料，在此向上述作者和有关企业表示衷心的感谢和崇高的敬意！并希望未能联系到的作者及时与本书作者联系。

因编者水平有限，加上时间仓促，书中难免有错误和不妥之处，恳请读者批评指正。

编　者

目 录

第一章　钣金展开计算基础

第一节　钣金展开计算常用资料

一、常用法定计量单位

1. 国际单位制

国际单位制简称为SI。中华人民共和国法定计量单位包括国际单位制的基本单位和辅助单位，见表1-1；国际单位制中具有专门名称的导出单位见表1-2；用于构成十进倍数与分数单位的词头见表1-3。

2. 我国法定计量单位

与国际单位制并用的我国法定计量单位见表1-4。

表1-1　国际单位制的基本单位和辅助单位

类别	量的名称	单位名称	单位符号
基本单位	长度	米	m
	质量	千克(公斤)	kg
	时间	秒	s
	电流	安〔培〕	A
	热力学温度	开〔尔文〕	K
	物质的量	摩〔尔〕	mol
	发光强度	坎〔德拉〕	cd

续表

类别	量的名称	单位名称	单 位 符 号
辅助单位	平面角 立体角	弧 度 球面度	rad sr

表 1-2 国际单位制中具有专门名称的导出单位

量的名称	单位名称	单位符号	其他表示示例
频 率	赫〔兹〕	Hz	s^{-1}
力,重力	牛〔顿〕	N	$kg \cdot m/s^2$
压力,压强,应力	帕〔斯卡〕	Pa	N/m^2
能量,功,热量	焦〔耳〕	J	$N \cdot m$
功率,辐〔射能〕通量	瓦〔特〕	W	J/s
电荷〔量〕	库〔仑〕	C	$A \cdot s$
电位,电压,电动势	伏〔特〕	V	W/A
电 容	法〔拉〕	F	C/V
电 阻	欧〔姆〕	Ω	V/A
电 导	西〔门子〕	S	A/V
磁通〔量〕	韦〔伯〕	Wb	$V \cdot s$
磁通〔量〕密度,磁感应强度	特〔斯拉〕	T	Wb/m^2
电 感	亨〔利〕	H	Wb/A
摄氏温度	摄氏度	℃	
光通量	流〔明〕	lm	$cd \cdot sr$
〔光〕照度	勒〔克斯〕	lx	lm/m^2
〔放射性〕活度	贝可〔勒尔〕	Bq	s^{-1}
吸收剂量	戈〔瑞〕	Gy	J/kg
剂量当量	希〔沃特〕	Sv	J/kg

表 1-3 用于构成十进倍数和分数单位的词头

所表示的因数	词头名称	词头符号	所表示的因数	词头名称	词头符号
10^{18}	艾〔可萨〕	E	10^{12}	太〔拉〕	T
10^{15}	拍〔它〕	P	10^{9}	吉〔咖〕	G

续表

所表示的因数	词头名称	词头符号	所表示的因数	词头名称	词头符号
10^6	兆	M	10^{-3}	毫	m
10^3	千	k	10^{-6}	微	μ
10^2	百	h	10^{-9}	纳〔诺〕	n
10^1	十	da	10^{-12}	皮〔可〕	p
10^{-1}	分	d	10^{-15}	飞〔母托〕	f
10^{-2}	厘	c	10^{-18}	阿〔托〕	a

表 1-4　与国际单位制并用的我国法定计量单位

量的名称	单位名称	单位符号	换算关系和说明（与 SI 单位的关系）
时　间	分 〔小〕时 天(日)	min h d	1 min=60 s 1 h=60 min=3 600 s 1 d=24 h=86 400 s
平面角	〔角〕秒 〔角〕分 度	(″) (′) (°)	1″=(π/648 000)rad (π 为圆周率) 1′=60″=(π/10 800)rad 1°=60′=(π/180)rad
旋转速度	转每分	r/min	1 r/min=(1/60)s^{-1}
长　度	海里	n mile	1 n mile=1 852 m(只用于航程)
速　度	节	kn	1 kn =1 n mile/h =(1 852/3 600)m/s (只用于航行)
质　量	吨 原子质量单位	t u	1 t=10^3 kg 1 u≈1. 660 540 2×10^{-27} kg
体　积	升	L,(l)	1 L=1 dm^3=10^{-3} m^3
能	电子伏	eV	1 eV≈1. 602 177 33×10^{-19} J
级　差	分贝	dB	
线密度	特〔克斯〕	tex	1 tex=1 g/km

注:1. 周、月、年(年的符号为 a)为一般常用时间单位。
2. 〔 〕内的字,是在不致混淆的情况下,可以省略的字。
3. ( )内的字为前者的同义语。
4. 角度单位度分秒的符号不处于数字后时,用括弧。
5. 升的符号中,小写字母 l 为备用符号。
6. r 为“转”的符号。
7. 人民生活和贸易中,质量习惯称为重量。
8. 公里为千米的俗称,符号为 km。
9. 10^4 称为万,10^8 称为亿,10^{12}称为万亿,这类数词的使用不受词头名称的影响,但不应与词头混淆。

3. 常用长度计量单位及其换算

(1) 法定长度单位

法定长度单位见表 1-5。

表 1-5 法定长度单位

单位名称	符　　号	对基本单位的比
米	m	基本单位
十米	dam	10
百米	hm	100
千米、公里	km	1 000
分米	dm	0.1
厘米	cm	0.01
毫米	mm	0.001
微米	μm	0.000 001

(2) 常用长度单位换算

常用长度单位换算见表 1-6。

表 1-6 常用长度单位换算

米	厘　米	毫　米	英　尺	英　寸
1	100	1 000	3.280 84	39.370 1
0.01	1	10	0.032 808	0.393 701
0.001	0.1	1	0.003 281	0.039 37
0.304 8	30.48	304.8	1	12
0.025 4	2.54	25.4	0.083 333	1

(3) 英寸与毫米对照

英寸与毫米对照见表 1-7。

表 1－7　英寸与毫米对照

英寸	0	1/16	1/8	3/16	1/4	5/16	3/8	7/16	1/2	9/16	5/8	11/16	3/4	13/16	7/8	15/16	英寸
0	毫米	1.588	3.175	4.763	6.350	7.938	9.525	11.113	12.700	14.288	15.875	17.463	19.050	20.638	22.225	23.813	0
1	25.400	26.988	28.575	30.163	31.750	33.338	34.925	36.513	38.100	39.688	41.275	42.863	44.450	46.038	47.625	49.213	1
2	50.800	52.388	53.975	55.563	57.150	58.738	60.325	61.913	63.500	65.088	66.675	68.263	69.850	71.438	73.025	74.613	2
3	76.200	77.788	79.375	80.963	82.550	84.138	85.725	87.313	88.900	90.488	92.075	93.663	95.250	96.838	98.425	100.01	3
4	101.60	103.19	104.78	106.36	107.95	109.54	111.13	112.71	114.30	115.89	117.48	119.26	120.65	122.24	123.83	125.41	4
5	127.00	128.59	130.18	131.76	133.35	134.94	136.53	138.11	139.70	141.29	142.88	144.46	146.05	147.64	149.23	150.81	5
6	152.40	153.99	155.58	157.16	158.75	160.34	161.93	163.51	165.10	166.69	168.28	169.86	171.45	173.04	174.63	176.21	6
7	177.80	179.39	180.98	182.56	184.15	185.74	187.33	188.91	190.50	192.09	193.68	195.26	196.85	198.44	200.03	201.61	7
8	203.20	204.79	206.38	207.96	209.55	211.14	212.73	214.31	215.90	217.49	219.08	220.66	222.25	223.84	225.83	227.01	8
9	228.60	230.19	231.78	233.36	234.95	236.54	238.13	239.71	241.30	242.89	244.48	246.06	247.65	249.24	250.83	252.41	9
10	254.00	255.59	257.18	258.76	260.35	261.94	263.53	265.11	266.70	268.29	269.88	271.46	273.05	274.64	276.23	277.81	10
11	279.40	280.99	282.58	284.16	285.75	287.34	288.93	290.51	292.10	293.69	295.28	296.86	298.45	300.04	301.63	303.21	11
12	304.80	306.39	307.98	309.56	311.15	312.74	314.33	315.91	317.50	319.09	320.68	322.26	323.85	325.44	327.03	328.61	12
13	330.20	331.79	333.38	334.96	336.55	338.14	339.73	341.31	342.90	344.49	346.08	347.66	349.25	350.84	352.43	354.01	13
14	355.60	357.19	358.78	360.36	361.95	363.54	364.13	366.71	368.30	369.89	371.48	373.06	374.65	376.24	377.83	379.41	14
15	381.00	382.59	384.18	385.76	387.35	388.94	390.53	392.11	393.70	395.29	396.88	398.46	400.05	401.64	403.23	404.81	15
16	406.40	407.99	409.58	411.16	412.75	414.34	415.93	417.51	419.10	420.69	422.28	423.86	425.45	427.04	428.63	430.21	16

续表

英寸	0	1/16	1/8	3/16	1/4	5/16	3/8	7/16	1/2	9/16	5/8	11/16	3/4	13/16	7/8	15/16	英寸
17	431.80	433.39	434.98	436.56	438.15	439.74	441.33	442.91	444.50	446.09	447.68	449.26	450.85	452.44	454.03	455.61	17
18	457.20	458.79	460.38	461.96	463.5	465.14	466.73	468.31	469.90	471.49	473.08	474.66	476.25	477.84	479.43	481.01	18
19	482.60	484.19	485.78	487.36	488.95	490.54	492.13	493.71	495.30	496.89	498.48	500.06	501.65	503.24	504.83	506.14	19
20	508.00	509.59	511.18	512.76	514.35	515.94	517.93	519.11	520.70	522.29	523.88	525.46	527.05	528.64	530.23	531.81	20
21	533.40	534.99	536.58	538.16	539.75	541.34	542.93	544.51	546.10	547.69	549.28	550.86	552.45	554.04	555.63	557.21	21
22	558.80	560.39	561.98	563.56	565.15	566.74	568.33	569.91	571.50	573.09	574.68	576.26	577.85	579.44	581.03	582.61	22
23	584.20	585.79	587.38	588.96	590.55	592.14	593.73	595.31	596.90	598.49	600.08	601.66	603.25	604.84	606.43	608.01	23
24	609.60	611.19	612.78	614.36	615.95	617.54	619.13	620.71	622.30	623.89	625.48	627.06	628.65	630.24	631.83	633.41	24
25	635.00	636.59	638.18	639.76	641.35	642.94	644.53	646.11	647.70	649.29	650.88	652.46	654.05	655.64	657.23	658.81	25
26	660.40	661.99	663.58	665.16	666.75	668.34	669.93	671.51	673.10	674.69	676.28	677.86	679.45	681.04	682.63	684.21	26
27	685.80	687.39	688.98	690.56	692.15	693.74	695.33	696.91	698.50	700.09	701.68	703.26	704.85	706.44	708.03	709.61	27
28	711.20	712.79	714.38	715.96	717.55	719.14	720.73	722.31	723.90	725.49	727.08	728.66	730.25	731.84	733.43	735.01	28
29	736.60	738.19	739.78	741.36	742.95	744.54	746.13	747.71	749.30	750.89	752.48	754.06	755.65	757.24	758.83	760.41	29
30	762.00	763.59	765.18	766.76	768.53	769.94	771.53	773.11	774.70	776.29	777.88	779.46	781.05	782.64	784.23	785.81	30
31	787.40	788.99	790.58	792.16	793.75	795.34	796.93	798.51	800.10	801.69	803.28	804.86	806.45	808.04	839.63	811.21	31
32	812.80	814.39	815.98	817.56	819.15	820.74	822.33	823.91	825.50	827.09	828.68	830.26	831.85	833.44	835.03	836.61	32
33	838.20	839.79	841.38	842.96	844.55	846.14	847.73	849.31	850.90	852.49	854.08	855.66	857.25	858.84	860.43	862.01	33

续表

英寸	0	1/16	1/8	3/16	1/4	5/16	3/8	7/16	1/2	9/16	5/8	11/16	3/4	13/16	7/8	15/16	英寸
34	863.60	865.19	866.78	868.36	869.95	871.54	873.13	874.71	876.30	877.89	879.48	881.06	882.65	884.24	885.83	887.41	34
35	889.00	890.59	892.18	893.76	895.35	896.94	898.53	900.11	901.70	903.29	904.88	906.46	908.05	909.64	911.23	912.81	35
36	914.40	915.99	917.58	919.16	920.75	922.34	923.93	925.51	927.10	928.69	930.28	931.86	933.45	935.04	936.63	938.21	36
37	939.80	941.39	942.98	944.56	946.15	947.74	949.33	950.91	952.50	954.09	955.68	957.26	958.85	960.44	962.03	963.61	37
38	965.20	966.79	968.38	969.96	971.55	973.14	974.73	976.31	977.90	979.49	981.08	982.66	984.25	985.84	987.43	909.01	38
39	990.60	992.19	993.78	995.36	996.95	998.54	1 000.1	1 001.7	1 003.3	1 004.9	1 006.5	1 008.1	1 009.7	1 011.2	1 012.8	1 014.4	39
40	1 016.0	1 017.6	1 019.2	1 020.8	1 022.4	1 023.9	1 025.5	1 027.1	1 028.7	1 030.3	1 031.9	1 033.5	1 035.1	1 036.6	1 038.2	1 039.2	40
41	1 041.4	1 043.0	1 044.6	1 046.2	1 047.8	1 049.3	1 050.9	1 052.5	1 054.1	1 055.7	1 057.3	1 058.9	1 060.5	1 062.0	1 063.6	1 065.2	41
42	1 066.8	1 068.4	1 070.0	1 071.6	1 073.2	1 074.7	1 076.3	1 077.9	1 079.5	1 081.1	1 082.0	1 084.3	1 085.9	1 087.4	1 089.0	1 090.0	42
43	1 092.2	1 093.8	1 095.4	1 097.0	1 098.6	1 100.1	1 101.7	1 103.3	1 104.9	1 106.5	1 108.1	1 109.7	1 111.3	1 112.8	1 114.4	1 116.0	43
44	1 117.6	1 119.2	1 120.8	1 122.4	1 124.0	1 125.5	1 127.1	1 128.7	1 130.3	1 131.9	1 133.5	1 135.1	1 136.7	1 138.2	1 139.8	1 141.4	44
45	1 143.0	1 144.6	1 146.2	1 147.8	1 149.4	1 150.9	1 152.5	1 154.1	1 155.7	1 157.3	1 158.9	1 160.5	1 162.1	1 163.6	1 165.2	1 166.8	45
46	1 168.4	1 170.0	1 171.6	1 173.2	1 174.8	1 176.3	1 177.9	1 179.5	1 181.1	1 182.7	1 184.3	1 185.9	1 187.5	1 189.0	1 190.6	1 192.2	46
47	1 193.8	1 195.4	1 197.0	1 198.6	1 200.2	1 201.7	1 203.3	1 204.9	1 206.5	1 208.1	1 209.7	1 211.3	1 212.9	1 214.4	1 216.0	1 217.6	47
48	1 219.2	1 220.8	1 222.4	1 224.0	1 225.6	1 227.1	1 228.7	1 230.3	1 231.9	1 233.5	1 235.1	1 236.7	1 238.3	1 239.8	1 241.4	1 243.0	48
49	1 244.6	1 246.2	1 247.8	1 249.4	1 251.0	1 252.5	1 254.1	1 255.7	1 257.3	1 258.9	1 260.5	1 262.1	1 263.7	1 265.2	1 266.8	1 268.4	49
50	1 270.0	1 271.6	1 273.2	1 274.8	1 276.4	1 277.9	1 279.5	1 281.1	1 282.7	1 284.3	1 285.9	1 287.5	1 289.1	1 290.6	1 292.2	1 293.8	50

(4) 毫米与英寸对照

毫米与英寸对照见表 1-8。

表 1-8 毫米与英寸对照

毫米	英寸	毫米	英寸	毫米	英寸	毫米	英寸
1	0.039 4	26	1.023 6	51	2.007 9	76	2.992 1
2	0.078 7	27	1.063 0	52	2.047 2	77	3.031 5
3	0.118 1	28	1.102 4	53	2.086 6	78	3.070 9
4	0.157 5	29	1.141 7	54	2.126 0	79	3.110 2
5	0.196 9	30	1.181 1	55	2.165 4	80	3.149 6
6	0.236 2	31	1.220 5	56	2.204 7	81	3.189 0
7	0.275 6	32	1.259 8	57	2.244 1	82	3.228 3
8	0.315 0	33	1.259 2	58	2.283 5	83	3.267 7
9	0.354 3	34	1.338 6	59	2.322 8	84	3.307 1
10	0.393 7	35	1.378 0	60	2.362 2	85	3.346 5
11	0.433 1	36	1.417 3	61	2.401 6	86	3.385 8
12	0.472 4	37	1.456 7	62	2.440 9	87	3.425 2
13	0.511 8	38	1.496 1	63	2.480 3	88	3.464 6
14	0.551 2	39	1.535 4	64	2.519 7	89	3.503 9
15	0.590 6	40	1.574 8	65	2.559 1	90	3.543 3
16	0.659 9	41	1.614 2	66	2.598 4	91	3.582 7
17	0.669 3	42	1.653 5	67	2.637 8	92	3.622 0
18	0.708 7	43	1.692 9	68	2.677 2	93	3.661 4
19	0.748 0	44	1.732 3	69	2.716 5	94	3.700 8
20	0.787 4	45	1.771 7	70	2.755 9	95	3.740 2
21	0.826 8	46	1.811 0	71	2.795 3	96	3.779 5
22	0.866 1	47	1.850 4	72	2.834 6	97	3.818 9
23	0.905 5	48	1.889 8	73	2.874 0	98	3.858 3
24	0.944 9	49	1.929 1	74	2.913 4	99	3.897 6
25	0.984 3	50	1.968 5	75	2.952 8	100	3.937 0

4. 常用面积计量单位及其换算

(1) 法定面积单位

法定面积单位见表 1－9。

表 1－9　法定面积单位

单位名称	符　号	对基本单位的比
平方米	m^2	1
平方厘米	cm^2	0.000 1
平方毫米	mm^2	0.000 001
平方千米	km^2	1 000 000
公　顷	ha	10 000

(2) 常用面积单位换算

常用面积单位换算见表 1－10。

表 1－10　常用面积单位换算

平方米	平方厘米	平方毫米	平方英尺	平方英寸
1	10 000	1 000 000	10.763 9	1 550
0.000 1	1	100	0.001 076	0.155
0.000 001	0.01	1	0.000 011	0.001 55
0.092 903	929.03	92 903	1	144
0.000 645	6.451 6	645.16	0.006 944	1

5. 秒、分、度与弧度对照、弧度与度对照及分、秒与小数度对照

(1) 秒、分、度与弧度对照

秒、分、度与弧度对照见表 1－11。

表 1－11　秒、分、度与弧度对照

秒(″)	弧度(rad)	秒(″)	弧度(rad)	秒(″)	弧度(rad)	分(′)	弧度(rad)	分(′)	弧度(rad)	分(′)	弧度(rad)
1	0.000 005	6	0.000 029	20	0.000 097	1	0.000 291	6	0.001 745	20	0.005 818
2	0.000 010	7	0.000 034	30	0.000 145	2	0.000 582	7	0.002 036	30	0.008 727
3	0.000 015	8	0.000 039	40	0.000 194	3	0.000 873	8	0.002 327	40	0.011 636
4	0.000 019	9	0.000 044	50	0.000 242	4	0.001 164	9	0.002 618	50	0.014 544
5	0.000 024	10	0.000 048			5	0.001 454	10	0.002 909		
度(°)	弧度(rad)	度(°)	弧度(rad)	度(°)	弧度(rad)	度(°)	弧度(rad)	度(°)	弧度(rad)	度(°)	弧度(rad)
1	0.017 453	11	0.191 986	21	0.366 519	31	0.541 052	45	0.785 398	100	1.745 329
2	0.034 907	12	0.209 440	22	0.383 972	32	0.558 505	50	0.872 665	120	2.094 395
3	0.052 360	13	0.226 893	23	0.401 426	33	0.575 959	55	0.959 931	150	2.617 994
4	0.069 813	14	0.244 346	24	0.418 879	34	0.593 412	60	1.047 198	180	3.141 593
5	0.087 266	15	0.261 799	25	0.436 332	35	0.610 865	65	1.134 464	200	3.490 659
6	0.104 720	16	0.279 253	26	0.453 786	36	0.628 319	70	1.221 730	250	4.363 323
7	0.122 173	17	0.296 706	27	0.471 239	37	0.645 772	75	1.308 997	270	4.712 389
8	0.139 626	18	0.314 159	28	0.488 692	38	0.663 225	80	1.396 263	300	5.235 988
9	0.157 080	19	0.331 613	29	0.506 145	39	0.680 678	85	1.483 530	360	6.283 185
10	0.174 533	20	0.349 066	30	0.523 599	40	0.698 132	90	1.570 796		

(2) 弧度与度对照

弧度与度对照见表 1-12。

表 1-12 弧度与度对照

弧度 (rad)	度 (°)	弧度 (rad)	度 (°)	弧度 (rad)	度 (°)	弧度 (rad)	度 (°)
1	57.295 8	0.1	5.729 6	0.01	0.573 0	0.001	0.057 3
2	114.591 6	0.2	11.459 2	0.02	1.145 9	0.002	0.114 6
3	171.887 3	0.3	17.188 7	0.03	1.718 9	0.003	0.171 9
4	229.183 1	0.4	22.918 3	0.04	2.291 8	0.004	0.229 2
5	286.478 9	0.5	28.647 9	0.05	2.864 8	0.005	0.286 5
6	343.774 7	0.6	34.377 5	0.06	3.437 8	0.006	0.343 8
7	401.070 5	0.7	40.107 1	0.07	4.010 7	0.007	0.401 1
8	458.366 2	0.8	45.836 6	0.08	4.583 7	0.008	0.458 4
9	515.662 0	0.9	51.566 2	0.09	5.156 6	0.009	0.515 7
10	572.957 8	1.0	57.295 8	0.1	5.729 6	0.01	0.573 0

(3) 分、秒与小数度对照

分、秒与小数度对照见表 1-13。

表 1-13 分、秒与小数度对照

分 (′)	度 (°)	分 (′)	度 (°)	分 (′)	度 (°)	分 (′)	度 (°)	分 (′)	度 (°)
1	0.016 7	13	0.216 7	25	0.416 7	37	0.616 7	49	0.816 7
2	0.033 3	14	0.233 3	26	0.433 3	38	0.633 3	50	0.833 3
3	0.050 0	15	0.250 0	27	0.450 0	39	0.650 0	51	0.850 0
4	0.066 7	16	0.266 7	28	0.466 7	40	0.666 7	52	0.866 7
5	0.083 3	17	0.283 3	29	0.483 3	41	0.683 3	53	0.883 3
6	0.100 0	18	0.300 0	30	0.500 0	42	0.700 0	54	0.900 0
7	0.116 7	19	0.316 7	31	0.516 7	43	0.716 7	55	0.916 7
8	0.133 3	20	0.333 3	32	0.533 3	44	0.733 3	56	0.933 3
9	0.150 0	21	0.350 0	33	0.550 0	45	0.750 0	57	0.950 0
10	0.166 7	22	0.366 7	34	0.566 7	46	0.766 7	58	0.966 7
11	0.183 3	23	0.383 3	35	0.583 3	47	0.783 3	59	0.983 3
12	0.200 0	24	0.400 0	36	0.600 0	48	0.800 0	60	1.000 0

续表

分(′)	度(°)	分(′)	度(°)	秒(″)	度(°)	秒(″)	度(°)	秒(″)	度(°)
1	0.000 3	13	0.003 6	25	0.006 9	37	0.010 3	49	0.013 6
2	0.000 6	14	0.003 9	26	0.007 2	38	0.010 6	50	0.013 9
3	0.000 8	15	0.004 2	27	0.007 5	39	0.010 8	51	0.014 2
4	0.001 1	16	0.004 4	28	0.007 8	40	0.011 1	52	0.014 4
5	0.001 4	17	0.004 7	29	0.008 1	41	0.011 4	53	0.014 7
6	0.001 7	18	0.005 0	30	0.008 3	42	0.011 7	54	0.015 0
7	0.001 9	19	0.005 3	31	0.008 6	43	0.011 9	55	0.015 3
8	0.002 2	20	0.005 6	32	0.008 9	44	0.012 2	56	0.015 6
9	0.002 5	21	0.005 8	33	0.009 2	45	0.012 5	57	0.015 8
10	0.002 8	22	0.006 1	34	0.009 4	46	0.012 8	58	0.016 1
11	0.003 1	23	0.006 4	35	0.009 7	47	0.013 1	59	0.016 4
12	0.003 3	24	0.006 7	36	0.010 0	48	0.013 3	60	0.016 7

二、常用几何图形计算

1. 常用几何图形的面积计算公式

常用几何图形的面积计算公式见表 1－14。

表 1－14　常用几何图形的面积计算公式

名　称	图　　形	计　算　公　式
等　边 三角形	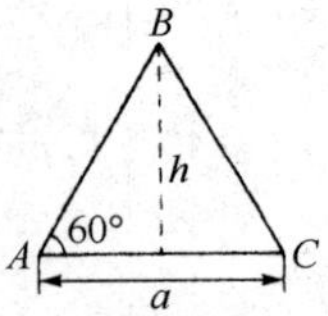	面积 $A=\frac{a\cdot h}{2}=0.433a^2$ $h=a\cdot\sin 60°=0.866a$
直　角 三角形	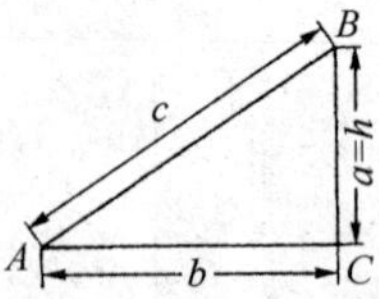	面积 $A=\frac{b\cdot h}{2}$ 斜边 $c=\sqrt{a^2+b^2}$

续表

名　称	图　形	计算公式
锐　角三角形	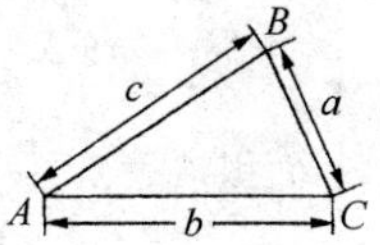	面积 $A=\frac{b}{2}\sqrt{a^2-\left(\frac{a^2+b^2-c^2}{2b}\right)}$
钝　角三角形	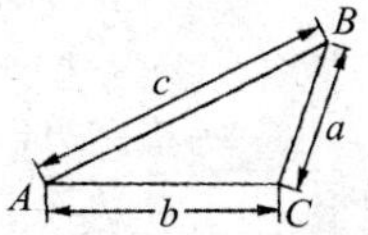	面积 $A=\frac{b}{2}\sqrt{a^2-\left(\frac{c^2-a^2-b^2}{2b}\right)}$
正方形	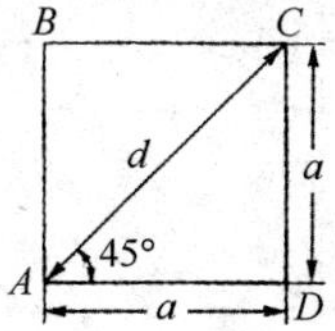	面积$A=a\cdot a=a^2$ $a=d\sin 45°=0.7071d$ $A=0.4999d^2$
长方形	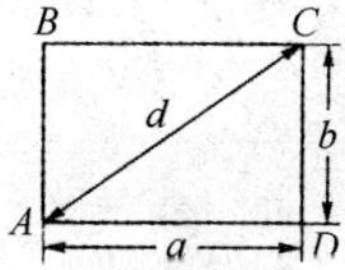	面积$A=a\cdot b=a\sqrt{d^2-a^2}$ $\because d=\sqrt{a^2+b^2}$
梯　形	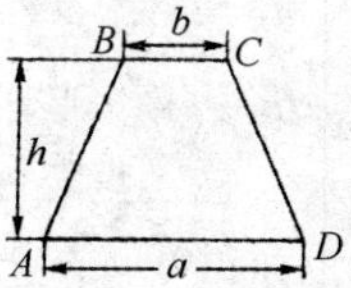	面积 $A=\frac{(a+b)h}{2}$
非平行四边形	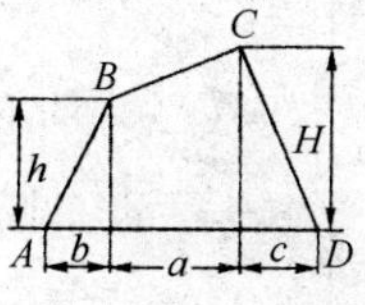	面积 $A=\frac{(H+h)a+bh+cH}{2}$

续表

名称	图形	计算公式
正六边形	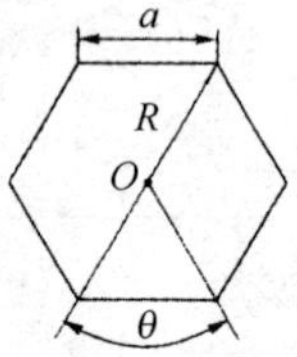	$\theta=\frac{360°}{6}=60°$ 面积 $A=\frac{1}{2}\cdot 6\cdot a\cdot R\cdot \cos\frac{60°}{2}$ $=3a^2\cdot\cos 30°$ $=2.5981a^2$ $=2.5981R^2$ R——外接圆半径 a——正六边形边长($R=a$)
圆	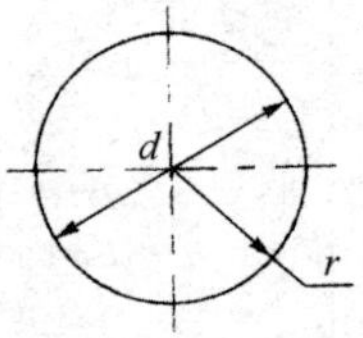	面积 $A=\pi r^2$ $=3.14159r^2$ $=\frac{1}{4}\pi d^2=0.7854d^2$
椭圆	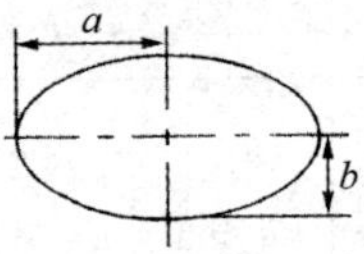	面积 $A=\pi ab=3.14159ab$ a——椭圆长轴半径 b——椭圆短轴半径
扇形	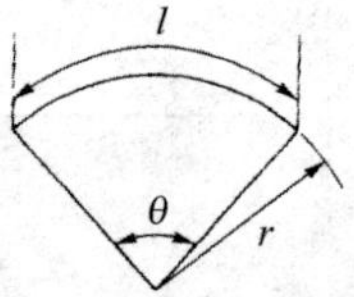	面积 $A=\frac{\pi r^2\cdot\theta}{360}$ $=0.0087266r^2\theta$ $\theta=\frac{180}{\pi r}l=\frac{57.296l}{r}$ θ——扇形圆心角 l——扇形弧长
弓形	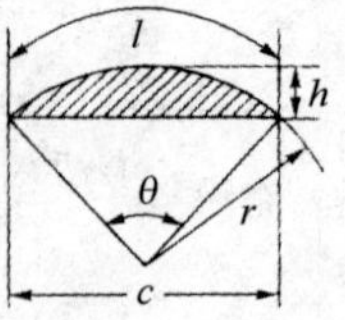	面积 $A=\frac{1}{2}[rl-c(r-h)]$ $r=\frac{c^2+4h^2}{8h}$ $l=\frac{2\pi\theta r}{360}=0.01745\theta r$ θ——弓形的圆心角 l——弓形的弧长 h——弓形高

续表

名　称	图　　形	计　算　公　式
圆　环	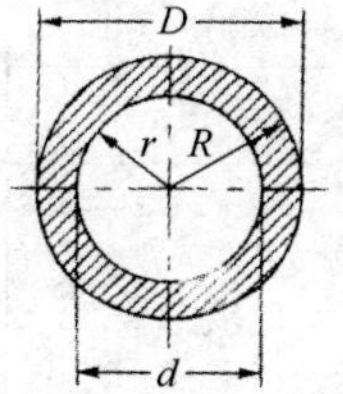	面积 $A=\pi(R^2-r^2)$ $=\frac{\pi}{4}(D^2-d^2)$ D,d——外圆和内圆的直径 R,r——外圆和内圆的半径
角椽形	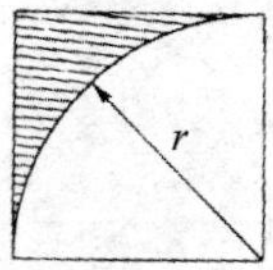	面积 $A=r^2-\frac{\pi r^2}{4}$ $=\frac{r^2(4-\pi)}{4}$ $=0.2146r^2$

2. 常用几何图形的体积和表面积计算公式

常用几何图形的体积和表面积计算公式见表 1-15。

表 1-15　常用几何图形的体积和表面积计算公式

名称	图形	计　算　公　式	
		表面积 A 侧表面积 S	体积 V
正方体	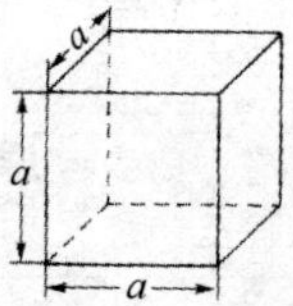	$A=6a^2$	$V=a^3$
长方体	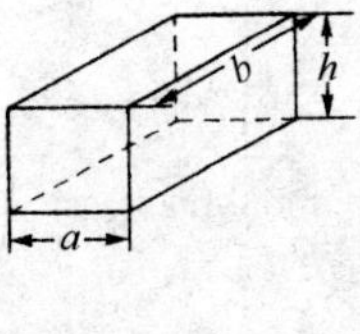	$A=2(ah+bh+ab)$	$V=a\cdot b\cdot h$

续表

名称	图形	计算公式	
		表面积 A 侧表面积 S	体积 V
圆柱体	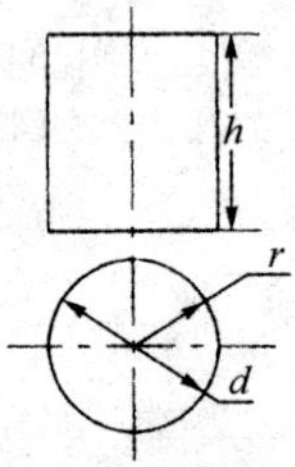	$S=2\pi rh$ $=\pi dh$ $=3.14159dh$	$V=\pi r^2\cdot h$ $=\dfrac{\pi d^2h}{4}$ $=0.7854d^2h$
空心圆柱体	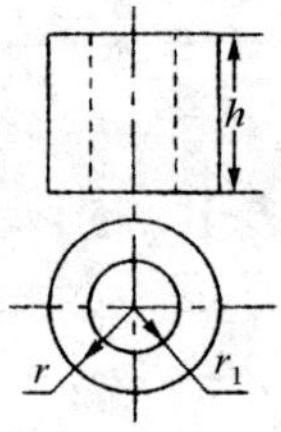	$S=$内侧表面积$+$外侧表面积 $=2\pi\cdot h(r+r_1)$	$V=\pi h(r^2-r_1^2)$
斜截圆柱体	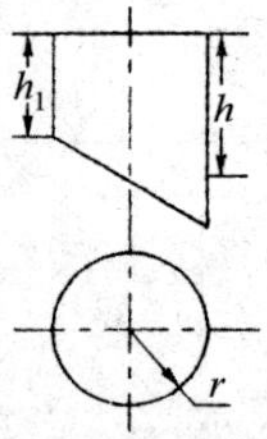	$S=\pi r(h+h_1)$	$V=\dfrac{\pi r^2(h+h_1)}{2}$
正六角柱体	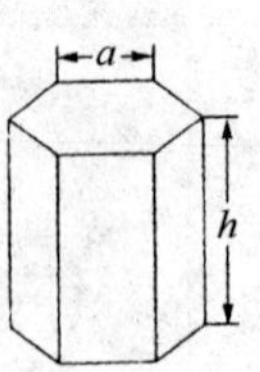	上、下两底面积 $=2\cdot\dfrac{1}{2}\cdot6\cdot a^2\cdot\cos\dfrac{60^\circ}{2}$ $=5.1962a^2$ 六侧面面积$=6ah$ $A=5.1962a^2+6ah$	$V=2.5981a^2h$

续表

名称	图形	计算公式	
		表面积 A 侧表面积 S	体积 V
正方角锥体	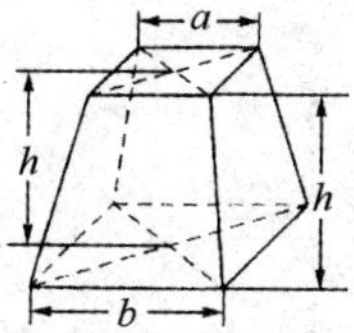	上、下两底面积 $=a^2+b^2$ 四个梯形面积 $=4\times\frac{(a+b)}{2}\cdot h$ $=2(a+b)h$ $A=a^2+b^2+2(a+b)h$	$V=\frac{(a^2+b^2+ab)h}{3}$
球	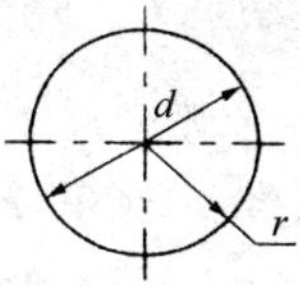	$A=4\pi r^2$ $=\pi d^2$	$V=\frac{4\pi r^3}{3}$ $=4.1888r^3$ $=\frac{\pi d^3}{6}$ $=0.5236d^3$
圆锥体	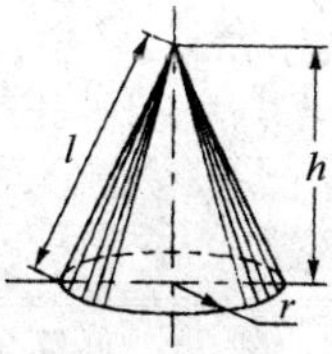	$S=\pi rl$ $=\pi r\sqrt{r^2+h^2}$	$V=\frac{\pi r^2\cdot h}{3}$
截头圆锥体	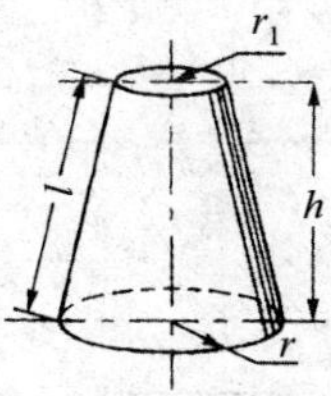	$S=\pi l(r+r_1)$	$V=\frac{\pi h(r^2+r_1^2+rr_1)}{3}$

三、常用计算公式

1. 勾股定理

设直角三角形两直角边的长度分别为 a 和 b,斜边长度为 c,则有:

$$c^2=a^2+b^2$$

2. 三角函数

(1) 弧度与度的换算

弧度与度的关系是$\frac{\alpha}{\pi}=\frac{\theta}{180}$

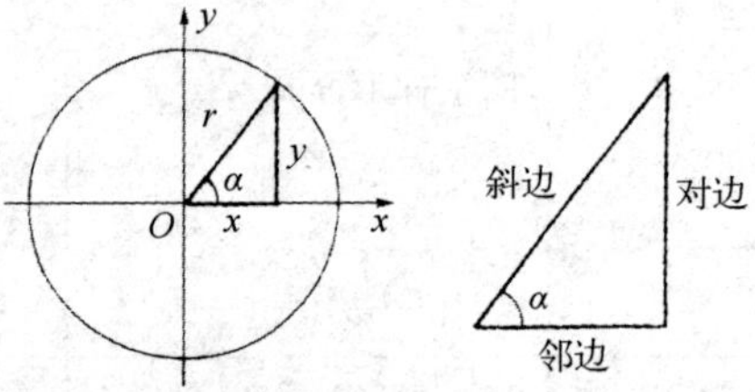

式中 θ 与 α 分别表示同一角的度数与弧度数。

$360°=2\pi$ 弧度　　　　$180°=\pi$ 弧度

$1°\approx0.01745$ 弧度　　　　1 弧度$\approx57.29578°$

(2) 三角函数的定义(表 1-16)

表 1-16　三角函数的定义

名称	正弦	余弦	正切
定义	$\sin\alpha=\frac{对边}{斜边}=\frac{y}{r}$	$\cos\alpha=\frac{邻边}{斜边}=\frac{x}{r}$	$\tan\alpha=\frac{对边}{邻边}=\frac{y}{x}$
名称	余切	正割	余割
定义	$\cot\alpha=\frac{邻边}{对边}=\frac{x}{y}$	$\sec\alpha\ \frac{斜边}{邻边}=\frac{r}{x}$	$\csc\alpha=\frac{斜边}{对边}=\frac{r}{y}$

(3) 特殊角的三角函数值(表 1-17)

表 1-17　特殊角的三角函数值

α		$\sin\alpha$	$\cos\alpha$	$\tan\alpha$	$\cot\alpha$	$\sec\alpha$	$\csc\alpha$
度	弧度						
0	0	0	1	0	∞	1	∞
30	$\frac{\pi}{6}$	$\frac{1}{2}$	$\frac{\sqrt{3}}{2}$	$\frac{\sqrt{3}}{3}$	$\sqrt{3}$	$\frac{2\sqrt{3}}{3}$	2

续表

α 度	α 弧度	$\sin\alpha$	$\cos\alpha$	$\tan\alpha$	$\cot\alpha$	$\sec\alpha$	$\csc\alpha$
45	$\frac{\pi}{4}$	$\frac{\sqrt{2}}{2}$	$\frac{\sqrt{2}}{2}$	1	1	$\sqrt{2}$	$\sqrt{2}$
60	$\frac{\pi}{3}$	$\frac{\sqrt{3}}{2}$	$\frac{1}{2}$	$\sqrt{3}$	$\frac{\sqrt{3}}{3}$	2	$\frac{2\sqrt{3}}{3}$
90	$\frac{\pi}{2}$	1	0	∞	0	∞	1
120	$\frac{2\pi}{3}$	$\frac{\sqrt{3}}{2}$	$-\frac{1}{2}$	$-\sqrt{3}$	$-\frac{\sqrt{3}}{3}$	-2	$\frac{2\sqrt{3}}{3}$
135	$\frac{3\pi}{4}$	$\frac{\sqrt{2}}{2}$	$-\frac{\sqrt{2}}{2}$	-1	-1	$-\sqrt{2}$	$\sqrt{2}$
150	$\frac{5\pi}{6}$	$\frac{1}{2}$	$-\frac{\sqrt{3}}{2}$	$-\frac{\sqrt{3}}{3}$	$-\sqrt{3}$	$-\frac{2\sqrt{3}}{3}$	2
180	π	0	-1	0	∞	-1	∞
270	$\frac{3\pi}{2}$	-1	0	∞	0	∞	-1
360	2π	0	1	0	∞	1	∞

(4) 三角函数基本关系公式

$\sin^2\alpha+\cos^2\alpha=1$ $\tan\alpha=\frac{\sin\alpha}{\cos\alpha}$ $\cot\alpha=\frac{\cos\alpha}{\sin\alpha}$

$\tan\alpha\cdot\cot\alpha=1$ $\sin\alpha\cdot\csc\alpha=1$ $\cos\alpha\cdot\sec\alpha=1$

$\sec^2\alpha-\tan^2\alpha=1$ $\csc^2\alpha-\cot^2\alpha=1$

(5) 三角函数的诱导公式(表 1-18)

表 1-18 三角函数的诱导公式

角 \ 函数	sin	cos	tan	cot	sec	csc
$-\alpha$	$-\sin\alpha$	$\cos\alpha$	$-\tan\alpha$	$-\cot\alpha$	$\sec\alpha$	$-\csc\alpha$
$\frac{\pi}{2}\pm\alpha$	$\cos\alpha$	$\mp\sin\alpha$	$\mp\cot\alpha$	$\mp\tan\alpha$	$\mp\csc\alpha$	$\sec\alpha$
$\pi\pm\alpha$	$\mp\sin\alpha$	$-\cos\alpha$	$\pm\tan\alpha$	$\pm\cot\alpha$	$-\sec\alpha$	$\mp\csc\alpha$
$\frac{3\pi}{2}\pm\alpha$	$-\cos\alpha$	$\pm\sin\alpha$	$\mp\cot\alpha$	$\mp\tan\alpha$	$\pm\csc\alpha$	$-\sec\alpha$
$2\pi\pm\alpha$	$\pm\sin\alpha$	$\cos\alpha$	$\pm\tan\alpha$	$\pm\cot\alpha$	$\sec\alpha$	$\pm\csc\alpha$

（6）正弦定理和余弦定理（表 1－19）

表 1－19 正弦定理和余弦定理

	正弦定理	余弦定理
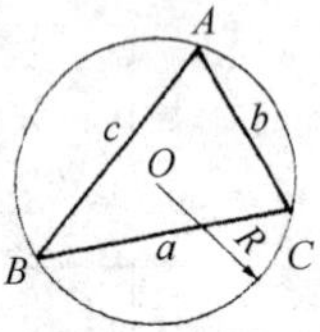	$\frac{a}{\sin A}=\frac{b}{\sin B}$ $=\frac{c}{\sin C}=2R$	$a^2=b^2+c^2-2bc\cos A$ $b^2=c^2+a^2-2ca\cos B$ $c^2=a^2+b^2-2ab\cos C$

3. 反三角函数

（1）反三角函数的定义、定义域和主值范围（表 1－20）

表 1－20 反三角函数的定义、定义域和主值范围

函数	定义	定义域	主值范围
反正弦	若 $x=\sin y$，则 $y=\arcsin x$	$-1\leqslant x\leqslant 1$	$-\frac{\pi}{2}\leqslant y\leqslant\frac{\pi}{2}$
反余弦	若 $x=\cos y$，则 $y=\arccos x$	$-1\leqslant x\leqslant 1$	$0\leqslant y\leqslant\pi$
反正切	若 $x=\tan y$，则 $y=\arctan x$	$-\infty<x<\infty$	$-\frac{\pi}{2}<y<\frac{\pi}{2}$
反余切	若 $x=\cot y$，则 $y=\text{arccot}\,x$	$-\infty<x<\infty$	$0<y<\pi$
反正割	若 $x=\sec y$，则 $y=\text{arcsec}\,x$	$x\leqslant -1, x\geqslant 1$	$0\leqslant y\leqslant\pi$
反余割	若 $x=\csc y$，则 $y=\text{arccsc}\,x$	$x\leqslant -1, x\geqslant 1$	$-\frac{\pi}{2}\leqslant y\leqslant\frac{\pi}{2}$

（2）反三角函数的相互关系公式（表 1－21）

表 1－21 反三角函数的相互关系公式

$\arcsin x=$	$\arccos x=$	$\arctan x=$	$\text{arccot}\,x=$
$-\arcsin(-x)$	$\pi-\arccos(-x)$	$-\arctan(-x)$	$\pi-\text{arccot}(-x)$
$\frac{\pi}{2}-\arccos x$	$\frac{\pi}{2}-\arcsin x$	$\frac{\pi}{2}-\text{arccot}\,x$	$\frac{\pi}{2}-\arctan x$
$\arccos\sqrt{1-x^2}$ *	$\arcsin\sqrt{1-x^2}$ *	$\arcsin\frac{x}{\sqrt{1+x^2}}$	$\arcsin\frac{1}{\sqrt{1+x^2}}$ *
$\arctan\frac{1}{\sqrt{1-x^2}}$	$\arctan\frac{\sqrt{1-x^2}}{x}$ *	$\arccos\frac{1}{\sqrt{1+x^2}}$ *	$\arccos\frac{x}{\sqrt{1+x^2}}$

续表

arcsin x=	arccos x=	arctan x=	arccot x=
arccot $\frac{\sqrt{1-x^2}}{x}$ *	arccot $\frac{x}{\sqrt{1-x^2}}$	arccot $\frac{1}{x}$ *	arctan $\frac{1}{x}$ *

注:带有 * 号者仅当 x 为正值时适用。

第二节　实用几何作图

一、几何作图基础知识

(一) 线的几何画法

1. 直线的作法

(1) 短直线的作法

在小型制件上画线时,当所画直线的长度≤1 000 mm 时,可用划针或石笔紧靠直尺的一侧进行。注意在画直线时划针(或石笔)应倾斜一定的角度,如图 1-1 所示。

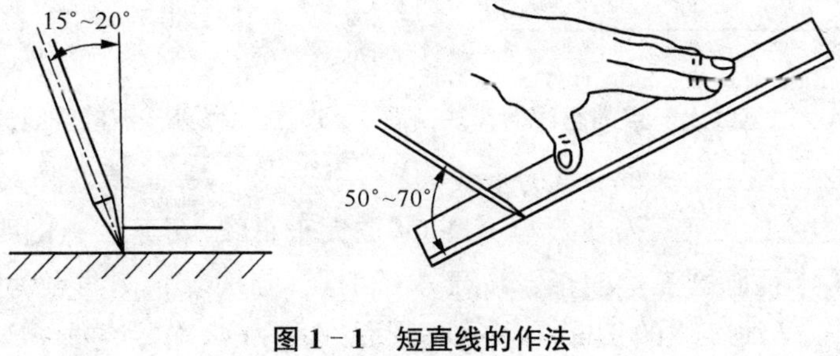

图 1-1　短直线的作法

(2) 中长直线的作法

当所画直线为 1 000～8 000 mm 时,可采用粉线弹出,如图 1-2 所示。通常在直线大于 4 000 mm 时,应弹两次粉线且以两线重合为准。

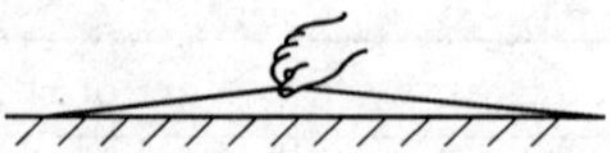

图 1-2　中长直线的作法

图 1-3　长直线的作法

(3) 长直线的作法

当所画直线大于 8 000 mm 时，可用小于 1 mm 的钢丝，用弹簧拉紧并托以垫块，再用 90°角尺靠紧钢丝一侧并在其下端定出若干点，然后用粉线以三点弹成直线而成，如图 1-3 所示。

2. 垂线的作法

(1) 作过直线上一点的垂线

如图 1-4 所示，以 P 点为圆心，取适当长度为半径画弧交直线 ab 于 c、d 两点；分别以 c、d 两点为圆心，取大于前一半径的距离为半径画圆弧得出交点为 e，连接直线 eP，则得到直线 eP 垂直于 ab。

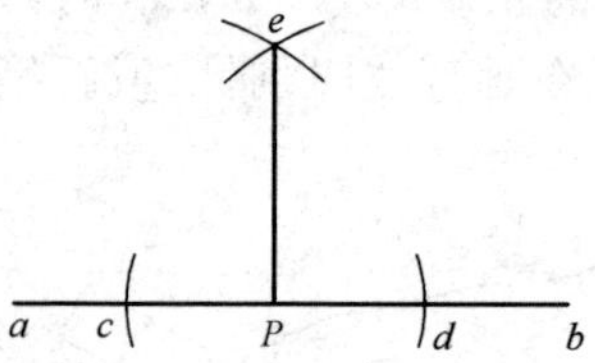

图1-4　过直线上一点的垂线的作法

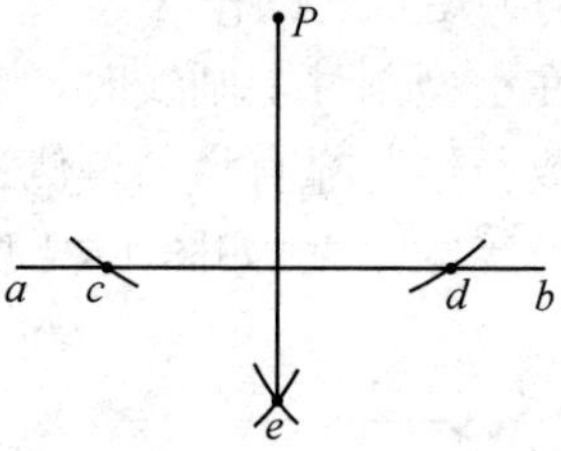

图 1-5　过直线外一点的垂线的作法

(2) 作一直线外一点的垂线

如图 1-5 所示，以 P 点为圆心，取大于直线 ab 至 P 点的距离的长度为半径画圆弧，交直线 ab 于 c、d 两点；分别以 c、d 两点为圆心，以大于 cd 线一半的长度为半径画圆弧交点为 e，连接直线 eP，则直线 eP 垂直于 ab。

(3) 作线段端点的垂线

如图 1-6 所示，在线段 ab 外任取一点 O，以 O 为圆心，取线段 Ob 为半径画圆交线段 ab 于 c 点；连接线段 cO 并延长交圆于 d 点，连接直线 bd，则直线 bd 垂直于 ab。

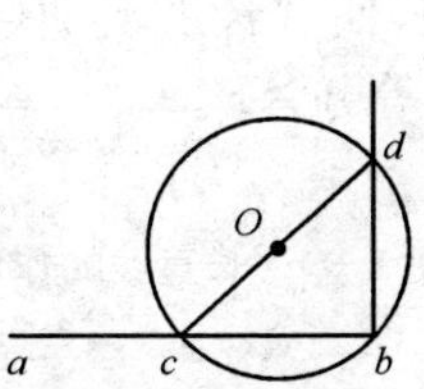

图 1-6　线段端点的垂线的作法 Ⅰ

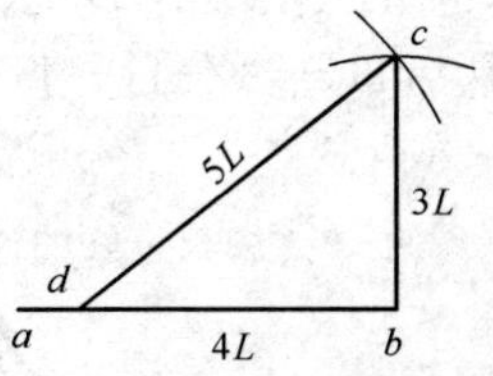

图1-7　线段端点的垂线的作法 Ⅱ

又如图 1-7 所示，可用勾股弦法作出。在线段 ab 上取适当的长度为 L，然后从 b 点开始量线段 $bd=4L$；再分别以 b、d 为圆心，分别取 $3L$、$5L$ 的长度为半径画圆弧得交点为 c，连接 bc，则 bc 垂直于 ab。

3. 平行线的作法

(1) 作相距为 S 的平行线

如图 1-8 所示，在直线 ab 上任取两点为圆心，以 S 长为半径画两圆弧，作出两圆弧的切线 cd，则 cd 平行于 ab。

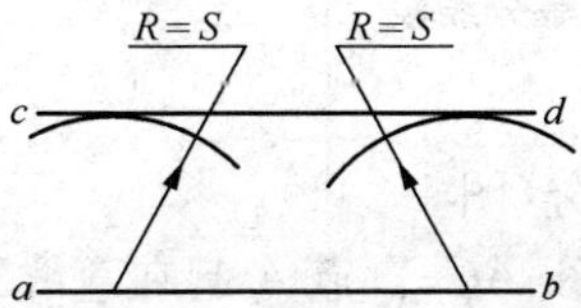

图 1-8　相距为 S 的平行线的作法

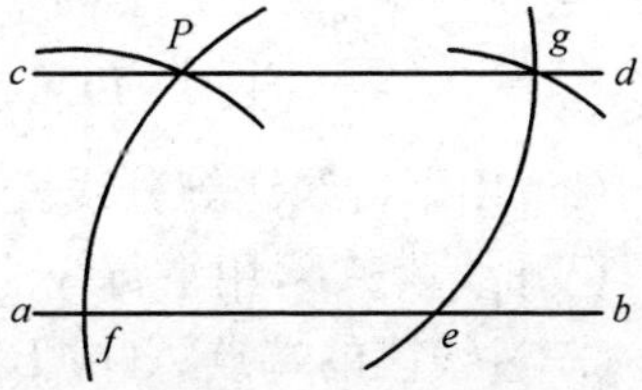

图 1-9　过直线外一点的平行线的作法

(2) 过直线外一点作平行线

如图 1-9 所示，以直线 ab 外的已知点 P 为圆心，取大于 P 点到 ab 的距离的长度为半径画圆弧交 ab 于 e 点；以 e 为圆心，同样的半径画圆弧交 ab 于 f 点。仍以 e 为圆心，取 fP 的长度为半径画圆弧，与第一次所画的圆弧交于 g 点，过 P、g 两点作直线 cd，则 cd 平行于 ab。

4. 等分线段的画法

(1) 用分规试分法等分线段

已知线段 AB，用分规试分法将其 4 等分(图 1-10)。用目测将分规两脚尖端距离调整到约为 $AB/4$ 长，然后在 AB 上试分，得点Ⅳ

（点Ⅳ也可能在端点 B 之外），再调整分规，使其长度增加（或缩小）$e/4$，然后重新试分，通过逐步逼近，即可 4 等分 AB。

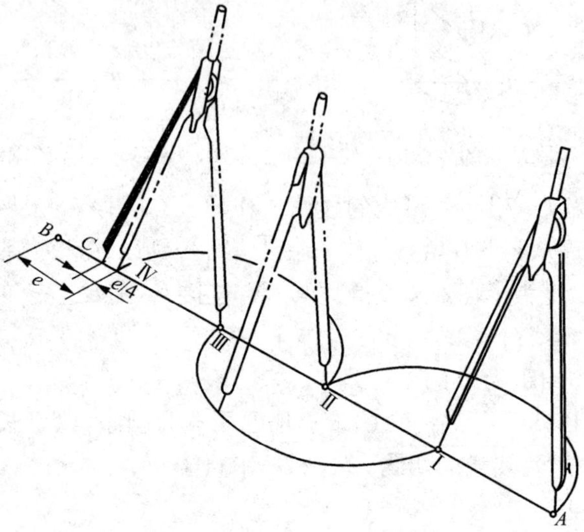

图 1－10　用分规试分法等分线段

（2）用平行线法等分线段

已知线段 AB，用平行线法将其 6 等分（图 1－11）。

① 过线段的端点 A（或 B）任作一斜线 AC，自点 A 起在直线 AC 上以任意长度为单位截取 6 个等分点 1、2、3、4、5、6，即 6 等分线段 $A6$[图 1－11(b)]。

② 连接 B、6，过 AC 上各分点作 $B6$ 的平行线，平行线与 AB 相交，点 $1'$、$2'$、$3'$、$4'$、$5'$和 B 即为线段 AB 的 6 等分点[图 1－11(c)]。

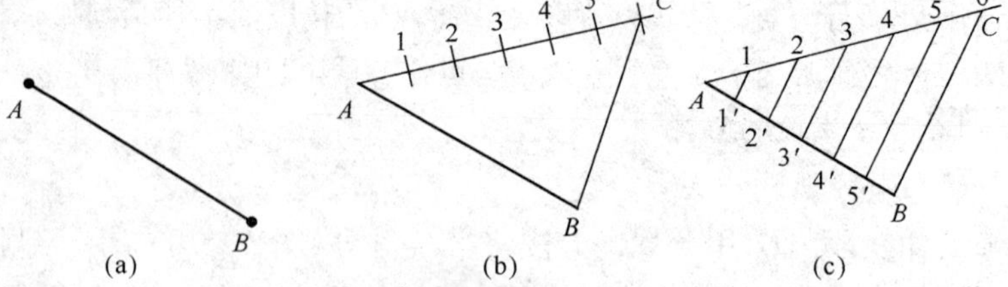

图 1－11　用平行线法等分线段

（二）作任意角及角的等分

1. 作任意角

画或量取任意角常采用量角器。量角器的使用方法如图 1-12 所示。

过 C 点作 CD，使 CD 与 CB 夹角为 55°的作图方法：

(1) 把量角器 O 标记对准 C 点，底线与 AB 线重合，在半圆刻度 55°处画出 D 点[图 1-12(a)]。

(2) 连接点 C、D，则 CD 与 CB 夹角为 55°[图 1-12(b)]。

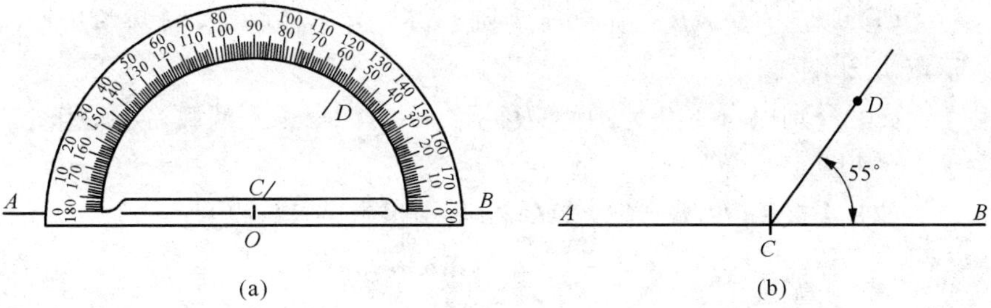

图 1-12 量角器的使用方法

2. 作一角度等于已知角

已知$\angle ABC$，作一角与其相等(图 1-13)。

(1) 以已知$\angle ABC$ 顶点 B 为圆心，任意长 R 为半径画弧，交两角边于点 1、2。以点 1 为圆心，点 1 到点 2 的距离 R'为半径画弧[图 1-13(a)]。

(2) 作另一线段 $B'C'$，以 B'为圆心，R 为半径画弧，交 $B'C'$于点 $1'$[图 1-13(b)]。

(3) 以 $1'$点为圆心，R'为半径画弧，与前弧交于点 $2'$[图 1-13(c)]。

(4) 连接点 B'、$2'$并延长到 A'，则得$\angle A'B'C' = \angle ABC$[图 1-13(d)]。

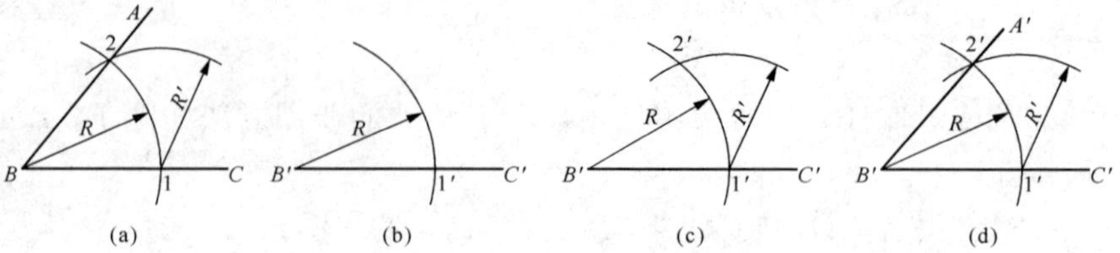

图 1-13 作一角等于已知角

3. 角的 2 等分

已知∠*ABC*,将其 2 等分(图 1-14)。

(1) 以已知∠*ABC* 顶点 *B* 为圆心,R_1 为半径画弧,与两角边交于点 1、2[图 1-14(a)]。

(2) 分别以点 1、2 为圆心,R_2($R_2=R_1$)为半径画两弧,两弧相交于 *D* 点[图 1-14(b)]。

(3) 连接 *B*、*D*,*BD* 把∠*ABC* 2 等分[图 1-14(c)]。

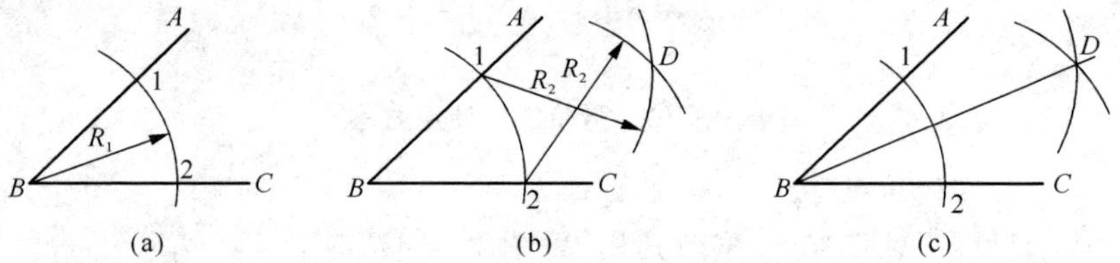

图 1-14 将已知∠*ABC* 2 等分

4. 直角 3 等分

已知 Rt∠*ABC*,将其 3 等分(图 1-15)。

(1) 以 Rt∠*ABC* 顶点 *B* 为圆心,任意长 *R* 为半径画弧,交两直角边于点 1、2[图 1-15(a)]。

(2) 分别以点 1、2 为圆心,*R* 为半径画弧,分别交前弧于点 3、4[图 1-15(b)]。

(3) 连接 *B*、3 和 *B*、4,*B*3、*B*4 将 Rt∠*ABC* 3 等分[图 1-15(c)]。

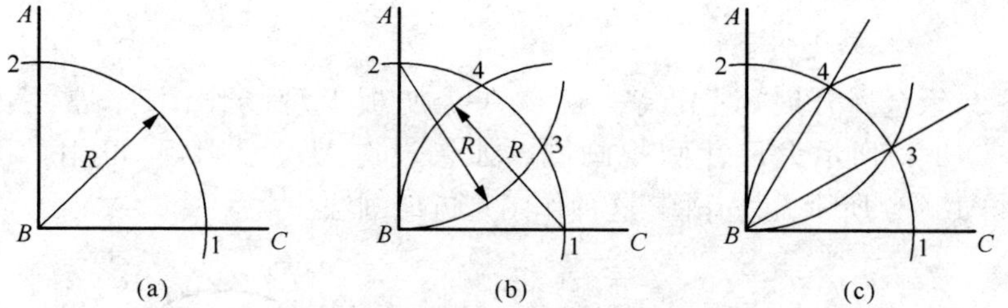

图 1-15　将已知 Rt∠*ABC* 等分

（二）圆及圆弧的作法

1. 作过 3 个已知点的圆

已知 *A*、*B*、*C* 3 点，作过 3 点的圆（图 1-16）。

(1) 作 *A*、*B*、*C* 3 点中任意两点连线的垂直平分线，两垂直平分线相交于 *O* 点，则点 *O* 为过 3 点圆的圆心。

(2) 以 *O* 为圆心，*O* 到任一已知点的距离为半径画圆，则此圆过已知点 *A*、*B*、*C*。

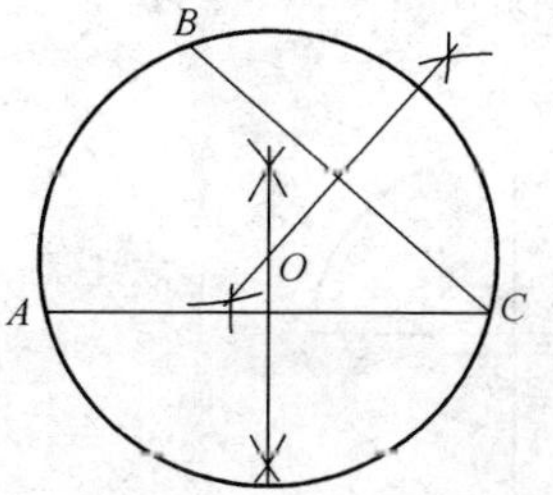

图 1-16　作过已知 3 点的圆

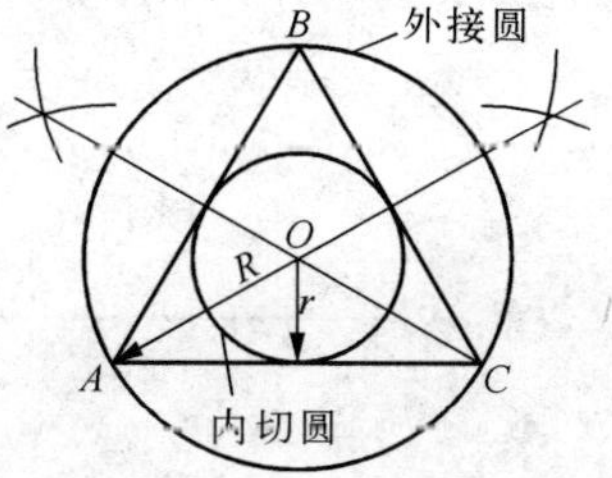

图 1-17　作正三角形的内切圆和外接圆

2. 作任意正多边形的内切圆和外接圆

对正多边形而言，任意两内角的角平分线的交点，就是正多边形内切圆和外接圆的圆心。下面以正（等边）三角形为例说明（图 1-17）。

(1) 分别作正△*ABC* 的∠*A* 和∠*C* 的角平分线，其交点 *O* 即为所求圆的圆心。

(2) *O* 到△*ABC* 边的距离为内切圆半径 *r*，*O* 到△*ABC* 顶点的距离为外接圆半径 *R*。以 *O* 为圆心，分别以内切圆半径 *r*、外接圆半径 *R* 画圆，即得△*ABC* 的内切圆和外接圆。

3. 作特大圆

钣金展开时，遇到特大圆或在金属板上现场作图时，常用图1-18(a)所示大尺寸圆规画图。如果没有大尺寸圆规，可用如图1-18(b)所示方法作图，这种作图是近似画法。

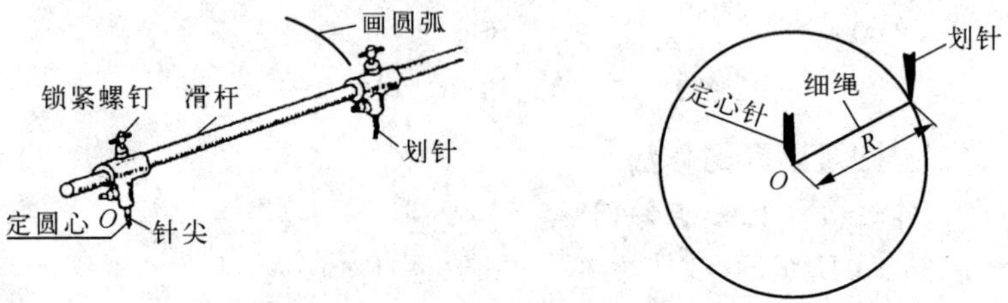

图1-18 特大圆的画法

4. 已知弦长及弦高作圆弧

已知弦长 AB 及过点 C 的弦高 CD，作圆弧(图1-19)。

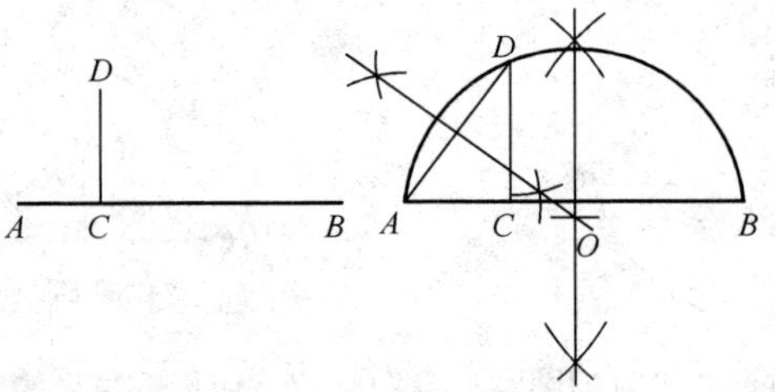

图1-19 已知弦长和高作圆弧

(1) 作弦长 AB 的垂直平分线。

(2) 连接 A、D，并作其垂直平分线，两平分线的交点 O 即为圆弧圆心。

(3) 以 O 为圆心，OA($OA=OD=OB$)为半径画弧，即得所求的圆弧。

5. 特大圆弧画法

在钣金展开图中常遇到作特大圆弧，如按其半径大小作图，因半径过大难于作出，这里介绍近似作图法。

(1) 已知特大圆弧半径 R 作特大圆弧(图 1－20)。

① 画两条互相垂直的线 ON 和 OM。

② 将 OM 分为若干段，过每段端点 P_1、P_2、P_3……作垂线。

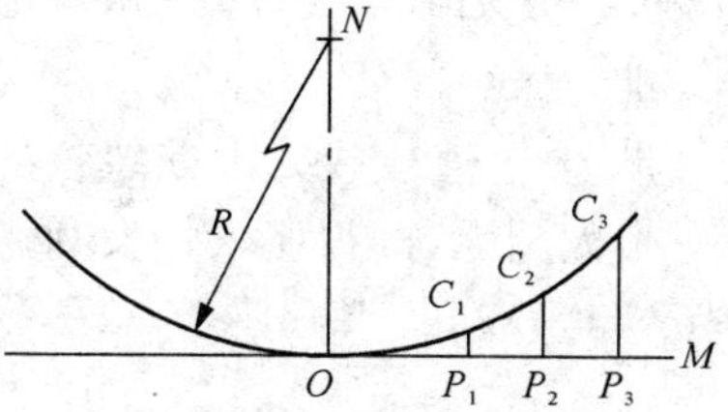

图1－20　已知特大圆弧半径作特大圆弧

③ 按式子 $C_1P_1=(OP_1)2/2R$，$C_2P_2=(OP_2)2/2R$，$C_3P_3=(OP_3)2/2R$……计算出 C_1P_1、C_2P_2、C_3P_3……并在相应垂线截取相应长度，得 C_1、C_2……

④ 将 O、C_1、C_2、C_3……各点连接成光滑曲线，得右半边近似大圆弧。用对称法作左半边大圆弧，即得所求特大圆弧。

(2) 已知弦长 $AB(L)$ 和弦高 h 作特大圆弧。

① 近似作图(图 1－21)。

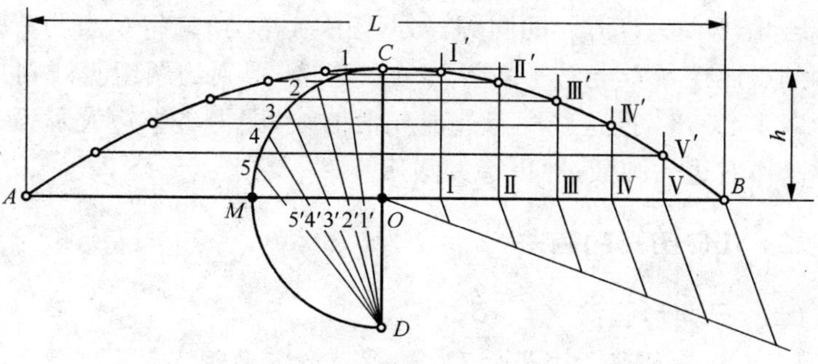

图 1－21　已知弦长及弦高作特大圆弧(近似)

a. 作弦长 AB 的垂直平分线，在垂直平分线上截取 OC 等于弦高 h。

b. 以 O 为圆心，OC 为半径画半圆，与 CO 的延长线交于点 D。

c. 将半圆上半部 n 等分(图中 $n=6$)，得等分点 1、2、3……将各等分点分别与 D 点连接，交 OA 于点 1′、2′、3′……

d. 将 OB 分为与圆弧相等的 n 等分($n=6$)，得等分点Ⅰ、Ⅱ、Ⅲ……过等分点引垂线，分别截取ⅠⅠ′=11′、ⅡⅡ′=22′、ⅢⅢ′=33′……得点Ⅰ′、Ⅱ′、Ⅲ′……

e. 把点Ⅰ′、Ⅱ′、Ⅲ′……连接成光滑曲线，得右半边的近似大圆弧。用对称法作另一半大圆弧，即得所求特大圆弧。

② 较准确作图(图 1-22)。

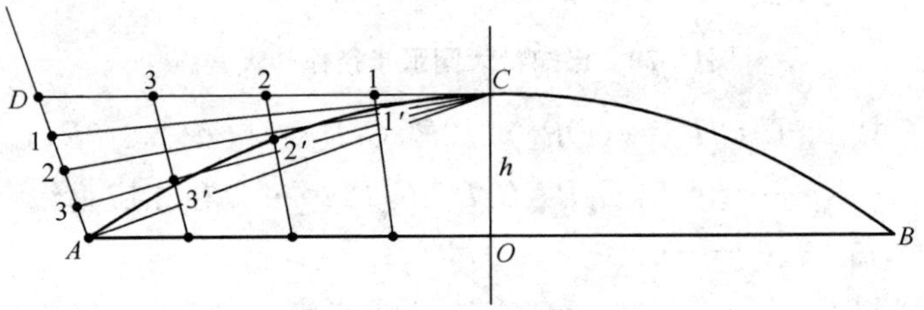

图 1-22　已知弦长及弦高作特大圆弧(较准确)

a. 过点 C 作弦 AB 的平行线。连接 A、C，过 A 点作 AC 的垂线，垂线与平行线相交于点 D。

b. 作 OA、AD、CD 的同等等分(图中 4 等分)。将 C 点与 AD 的各等分点连接，CD 与 OA 的各等分点连接，得到的两组直线对应相交于点 1′、2′、3′，把这些交点连成光滑曲线，即得左半边大圆弧。用对称法作右边大圆弧，即得特大圆弧。

二、几何图形的画法

(一) 三角形画法

1. 已知三角形 3 边长为 L_1、L_2、L_3，作三角形

作 $AB=L_1$，分别以 A、B 为圆心，以 L_2 及 L_3 为半径画弧，两弧

交于点 C，连接 A、C，B、C，$\triangle ABC$ 即为所求三角形，见图 1－23。

2. 已知等腰三角形的底边 L、高 H，作等腰三角形

作 $AB=L$，作 AB 的垂直平分线交 AB 于 O 点。以 O 点为起点，截取 $OC=H$，得点 C。将 C 分别与 A、B 连接，得到的$\triangle ABC$ 即为所求的等腰三角形，见图 1－24。

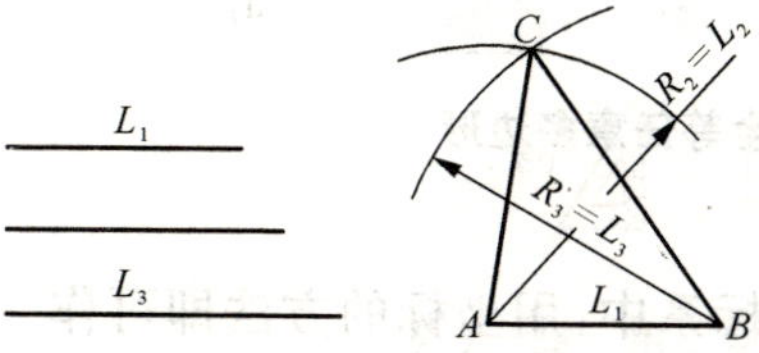

(a)　(b)

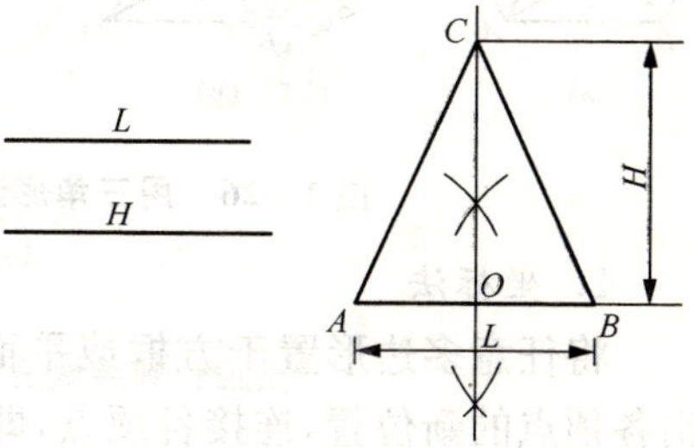

图 1－23　已知三角形 3 边长作三角形　图 1－24　已知等腰三角形底边及高作等腰三角形

3. 已知直角三角形的两直角边 a、b，作直角三角形

作 $AB=b$，过 AB 端点 A 作 AB 的垂线，在垂线上截取 $AC=a$，连接 B、C，得到的$\triangle ABC$ 即为所求的直角三角形，见图 1－25。

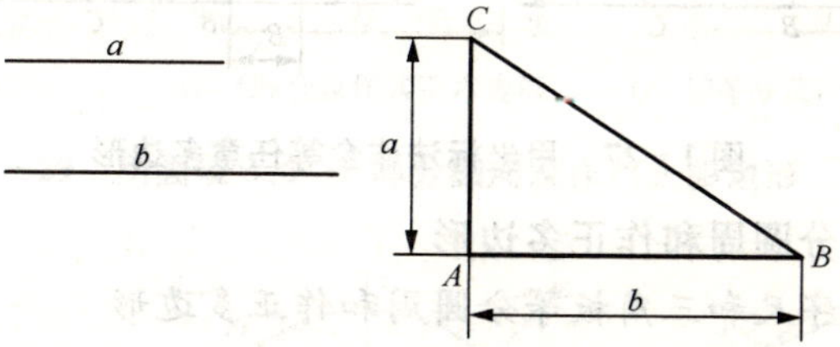

图 1－25　已知直角三角形两直角边作直角三角形

（二）全等任意多边形画法

1. 三角形法

利用多边形可分解为若干三角形，再按已知三角形的 3 边作全等三角形的原理进行作图。下面以五边形为例说明(图 1－26)。

(1) 将任意五边形 $ABCDE$ 分为Ⅰ、Ⅱ、Ⅲ3 个三角形[图 1－26(a)]。

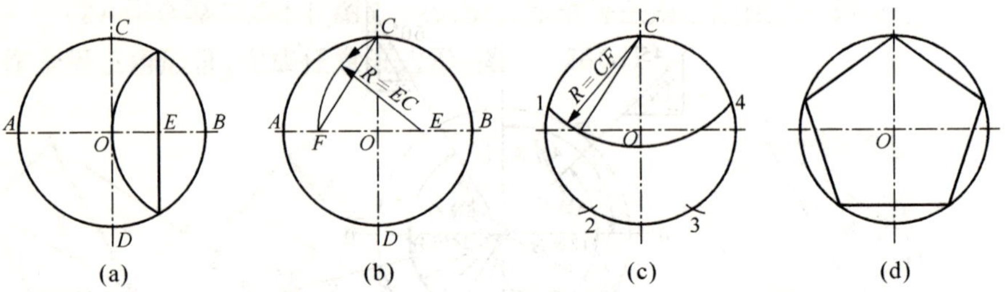

图 1-31　5 等分圆周及作其正五边形

① 在已知圆上作出半径 OB 的垂直平分线，OB 与垂直平分线的交点 E 即为 OB 的中点。

② 以 E 为圆心、EC 为半径画弧，交 AO 于点 F，连接 C、F，CF 即为内接正五边形的边长。

③ 用 CF 依次截取圆周得到 5 个等分点，连接相邻点，即得正五边形。

3. 任意等分圆周及作其正多边形

圆周任意等分可采用辅助线等分法和弦长等分法。

(1) 辅助线等分法(图 1-32)。

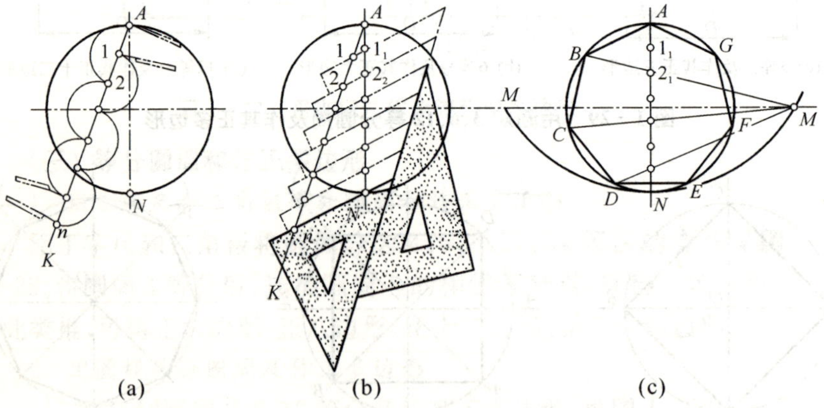

图 1-32　辅助线等分任意圆周及作其正多边形

① 过直径 AN 端点 A 作任意射线 AK，自 A 点开始截取 n（图中 $n=7$）个等分点[图 1-32(a)]。

② 连接 n、N，并过各等分点作 Nn 的平行线与直径 AN 相交，得到各等分点 1_1、2_2……[图 1-32(b)]。

③ 以 A 点为圆心，AN 为半径画弧，交水平中心线于点 M。分别将点 M 与 AN 线上偶数标号（或者奇数标号）的点相连接并延长，交圆周于点 B、C、D、E、F、G，将圆周上相邻各点连接，得圆内接正七边形[图 1-32(c)]。

(2) 弦长等分法。利用圆周等分系数表（表 1-22）算出一个等分数所对应的弦长，在圆周上截取等分点，即得圆周 n 个等分点，连接相邻点，即得正 n 边形。

弦长 $P=D_{\sin\frac{180}{n}}=K\cdot D$（$D$ 为圆的直径，n 为圆周等分数，K 为圆周等分系数）。

表 1-22 圆周等分系数 K

等分数 n	系数 K	弦长	等分数 n	系数 K	弦长	等分数 n	系数 K	弦长
7	0.433 88	$P=0.439D$	18	0.173 65	$P=0.124D$	29	0.108 12	$P=0.108D$
8	0.382 68	$P=0.383D$	19	0.164 59	$P=0.165D$	30	0.104 53	$P=0.105D$
9	0.342 02	$P=0.342D$	20	0.156 43	$P=0.156D$	31	0.101 17	$P=0.101D$
10	0.309 02	$P=0.309D$	21	0.149 04	$P=0.149D$	32	0.098 02	$P=0.098D$
11	0.281 73	$P=0.282D$	22	0.142 31	$P=0.142D$	33	0.095 06	$P=0.095D$
12	0.258 82	$P=0.259D$	23	0.136 17	$P=0.136D$	34	0.092 27	$P=0.092D$
13	0.239 32	$P=0.239D$	24	0.130 53	$P=0.131D$	35	0.089 64	$P=0.090D$
14	0.222 52	$P=0.223D$	25	0.125 33	$P=0.125D$	36	0.087 16	$P=0.087D$
15	0.207 91	$P=0.208D$	26	0.120 54	$P=0.121D$	37	0.084 81	$P=0.084D$
16	0.195 09	$P=0.195D$	27	0.116 09	$P=0.116D$	38	0.082 58	$P=0.083D$
17	0.183 76	$P=0.184D$	28	0.111 96	$P=0.112D$	39	0.080 47	$P=0.085D$

如将已知直径 $D=40$ mm 的圆周 10 等分并作正十边形。从表 1-22 中，由 $n=10$ 查得系数 K 为 0.309 02，弦长 $P=0.309\,D=$

$0.309\times40=12.4$ mm，用 $P=12.4$ mm 对直径 $D=40$ mm 的圆周进行分割(图 1－33)，便可得到 10 个等分点，连接相邻点，即得正十边形。

(四) 已知边长作任意正多边形

如图 1－34 所示，已知正多边形的边长 a，作任意正多边形。

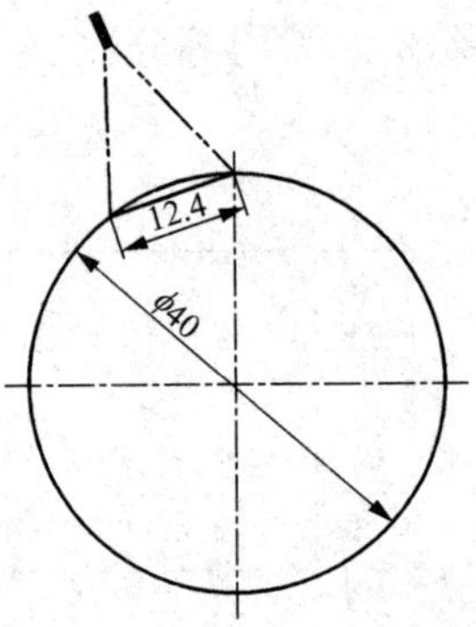

图 1－33　弦长法任意等分圆周

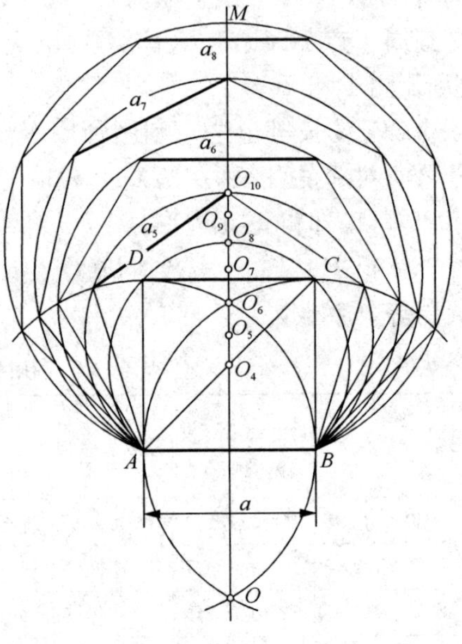

图 1－34　已知边长作任意正多边形

(1) 以 a 的两端点 A、B 为圆心，以 a 长为半径画弧，两弧相交于 O、O_6 两点。连接 O、O_6 并延长，得到 AB 的垂直平分线 OM。

(2) 以 AB 长为边，作正方形 $ABCD$，正方形对角线 AC 交 OO_6 于点 O_4。

(3) 取 O_4O_6 的中点 O_5，则 O_4、O_5、O_6 分别是边长 AB 的正四边形、正五边形、正六边形的外接圆的圆心，各圆心到 A、B 的距离就是外接圆的半径。

(4) 用 AB 在各圆周截取等分点，连接相邻点，即得相应正多边形。

如需作更多正多边形(如正七、八边形),则继续在 AB 的垂直平分线 OM 上截取 $O_6O_7=O_7O_8=\cdots\cdots=O_4O_5$,以 O_7、O_8……为圆心,用同法作外接圆,并在圆周上求得 n 个等分点,连接相邻点,即得正七边形、正八边形……

三、圆切线及圆弧连接的画法

(一) 圆切线画法

1. 过圆上一定点作该圆切线

如图 1-35、图 1-36 所示,过已知圆上 k 点作该圆切线。

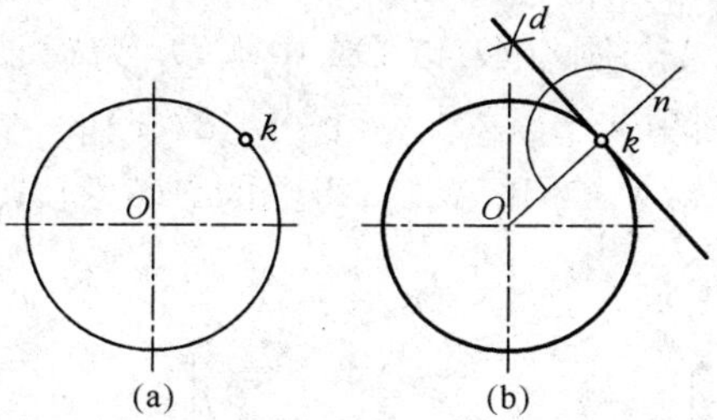

图 1-35　过圆上 k 点作该圆切线(一)

图 1-36　过圆上 k 点作该圆切线(二)

(1) 圆规直尺画法

① 连接 O、k 并延长,以 k 点为圆心,用适当长为半径画弧,交

Ok 及其延长线于点 m、n。

② 以 m、n 为圆心，以适当长为半径画弧，两弧交于点 d，连接 d、k 并延长，即得过 k 点且与圆相切的直线，见图 1－35。

(2) 三角板画法

① 使三角板②的直角边通过 O、k 点，三角板①的一边与三角板②的斜边对齐，并以此边为导边。

② 移动三角板②，使其另一条直角边通过 k 点并画线，此线即为过 k 点的圆切线，见图 1－36。

2. 过圆外一定点作该圆切线

如图 1－37 所示，过已知圆外一点 A，作该圆切线。

(1) 连接点 A 与圆心 O，以 OA 中点 O_1 为圆心，OO_1 为半径画弧，弧线与已知圆相交于点 C_1、C_2[图 1－37(a)]。

(2) 分别连接 A、C_1 和 A、C_2，得到的 AC_1 和 AC_2 即为所求的切线[图 1－37(b)]。

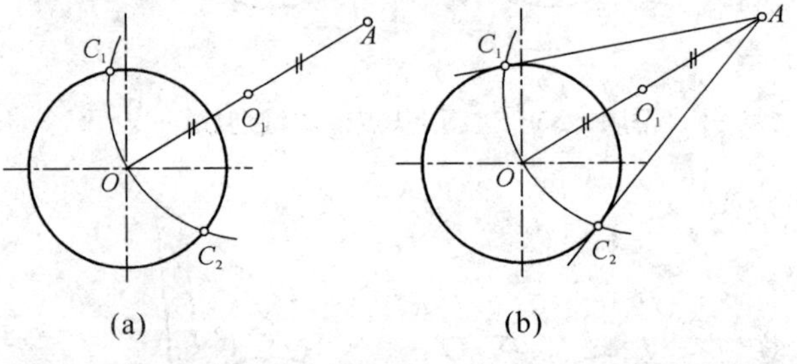

图 1－37 过圆外一点作圆的切线

3. 作两圆外公切线

如图 1－38 所示，已知两圆 O_1、O_2，用三角板作两圆外公切线。

(1) 将一块三角板的直角边调整与两圆公切，另一块三角板紧靠在第一块三角板的斜边[图 1－38(a)]。

(2) 第二块三角板不动，推移第一块三角板，使其另一直角边过圆心 O_1、O_2，并作直线，直线与两圆周相交于点 A、B，A、B 即为切点[图 1－38(b)]。

(3) 连接 A、B，即得两圆外公切线[图 1－38(c)]。

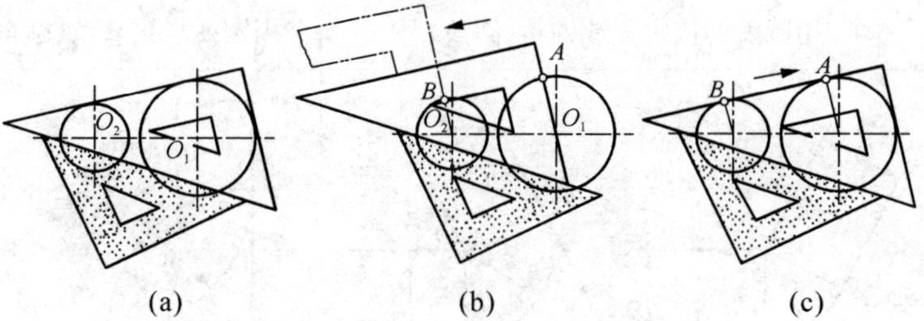

图 1－38 用三角板作两圆外公切线

4. 作两圆内公切线

如图 1－39(a)所示，已知两圆 O_1、O_2，用三角板作两圆内公切线。

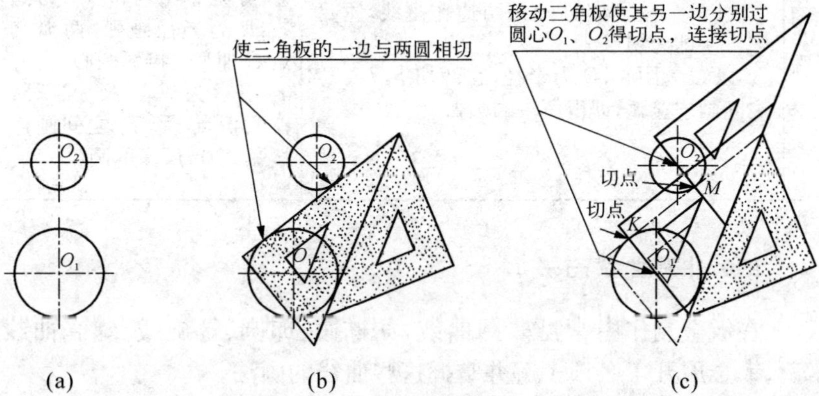

图 1－39 用三角板作两圆内公切线

(1) 将第一块三角板直角边调整与两圆相切，第二块三角板的斜边作基准边[图 1－39(b)]。

(2) 第二块三角板不动，推动第一块三角板分别过圆心 O_1、O_2，定出切点 K、M，连接 K、M 并延长，即得两圆内公切线[图 1－39(c)]。

(二) 圆弧连接画法

1. 圆弧连接直线

圆弧连接直线(圆角)见表 1－23。

表 1－23　圆弧连接直线(圆角)

类别	用圆弧连接锐角或钝角(圆角)	用圆弧连接直角(圆角)
图例	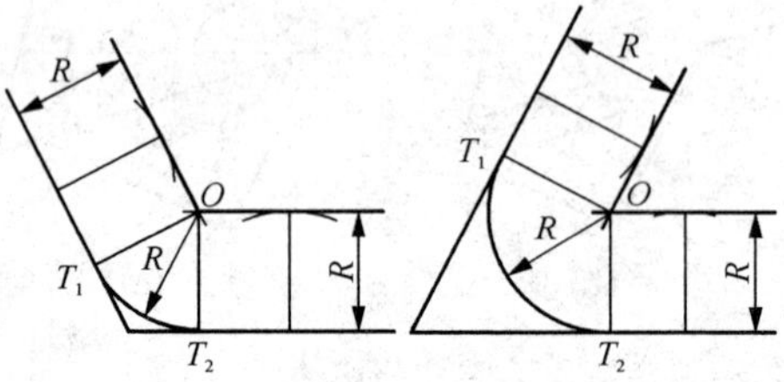	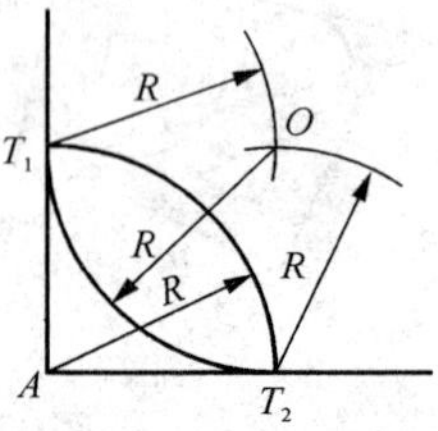
作图步骤	① 分别作与已知角两边相距为 R 的平行线,两平行线交点 O 即为连接弧圆心 ② 过 O 点分别向已知角两边作垂线,垂足 T_1、T_2 即为切点 ③ 以 O 为圆心,R 为半径,在两切点 T_1、T_2 之间画连接弧,即得所求的圆弧	① 以直角顶点 A 为圆心,R 为半径画弧,与直角两边的交点 T_1、T_2 即为切点 ② 分别以 T_1 和 T_2 为圆心,R 为半径画弧,两弧交点 O 即为连接弧圆心 ③ 以 O 为圆心,R 为半径,在两切点 T_1、T_2 之间画连接弧,即得所求的圆弧

四、非圆曲线画法

在钣金制作中常见非圆曲线,如椭圆、卵圆、螺旋线、蜗壳曲线等。钣金展开工必须了解并掌握这些曲线的画法。

(一) 椭圆画法

1. 同心圆法(图 1－43)

(1) 过圆心 O,分别以已知椭圆长轴 AB、短轴 CD 为直径作两个同心圆[图 1－43(a)]。

(2) 过圆心 O 将大圆周 12 等分(等分越多越准确),得等分点Ⅰ、Ⅱ、Ⅲ、Ⅳ,各等分点与 O 连接,交小圆周于点 1、2、3、4。过Ⅰ、Ⅱ、Ⅲ、Ⅳ各点作短轴 CD 的平行线,过 1、2、3、4 各点作长轴 AB 的平行线,它们相交于点 P_1、P_2、P_3、P_4,即得所求椭圆上的点[图 1－43(b)]。

(3) 用曲线板顺序光滑连接 B、P_1、P_2、C、P_3、P_4、A，即画出椭圆上半部分的曲线。用同样方法画出椭圆下半部分曲线，即得所求椭圆[图 1-43(c)]。

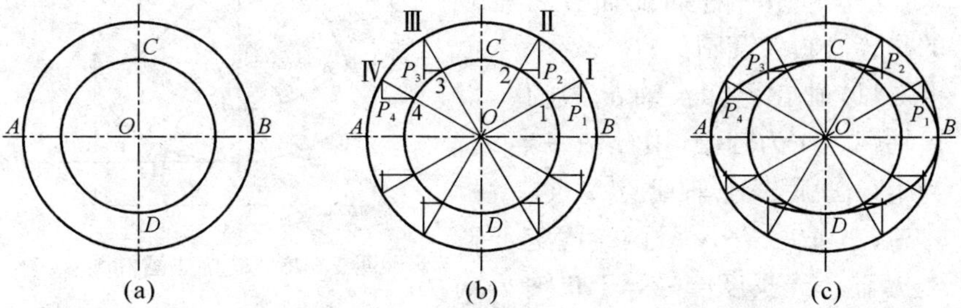

图 1-43　同心圆法画椭圆

2. 圆心近似法(图 1-44)

(1) 画椭圆长轴 AB、短轴 CD，连接 C、A[图 1-44(a)]。

(2) 以 O 点为圆心，OA 为半径画弧，交 CD 延长线于点 E。以点 C 为圆心，CE 为半径画弧，交 CA 于点 F[图 1-44(b)]。

(3) 作 AF 的垂直平分线，交长轴于点 O_1，交短轴于点 O_2。分别求 O_1、O_2 的对称点 O_3、O_4，连接 O_1、O_2，O_2、O_3，O_4、O_3，O_4、O_1 并延长[图 1-44(d)]。

(4) 分别以 O_2、O_4 为圆心，O_2C、O_4D 为半径画对称大圆弧。再以 O_1、O_3 为圆心，O_1A、O_3B 为半径画对称小圆弧，4 段圆弧交于点 1、2、3、4，即得所求椭圆。

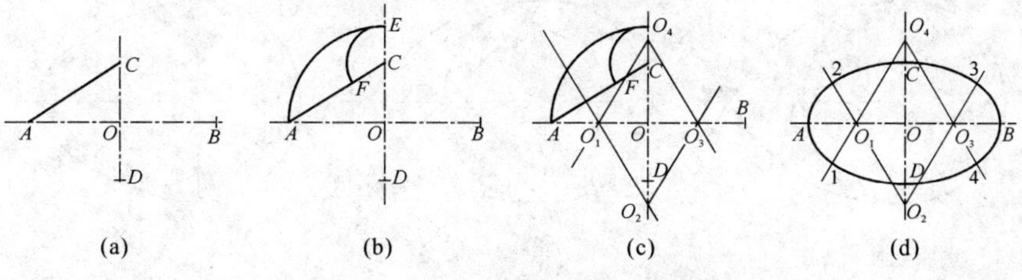

图 1-44　圆心近似法画椭圆

3. 轨迹法(图 1-45)

钣金展开下料经常需要画特大椭圆,若用圆规作图,很难达到要求,这里介绍一种简捷而行之有效的轨迹法画大椭圆。

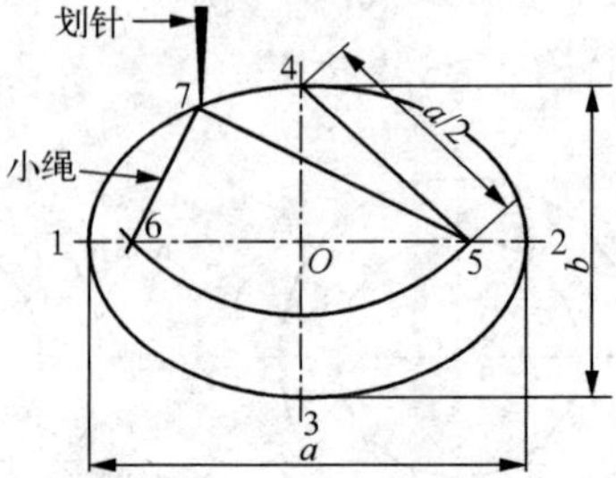

图 1-45 轨迹法画椭圆

(1) 画出已知长轴 a、短轴 b,以短轴端点 4 为圆心,用长轴一半 $a/2$ 为半径画弧,交长轴于点 5、6。

(2) 取一条小绳,两端固定于 5、6 点,使小绳长度恰好等于长轴 a,同时把划针套在小绳上。紧拉小绳,使划针旋转 1 周,划针所描绘出的轨迹就是椭圆。

此画法在理论上是正确的,但小绳有伸缩性,小绳两端固定有难度,划针描绘时也会有误差,故此法一般用于在金属板上现场画较大尺寸的椭圆。

(二) 卵圆画法

1. 已知卵圆短轴画卵圆(图 1-46)

(1) 画相互垂直直线,它们交于点 O。以点 O 为圆心,已知卵圆短轴为半径画圆,交垂直线于点 a、d、g、c。再分别以 d、c 为圆心,cd 为半径画弧,交 ag 延长线于点 b[图 1-46(a)]。

(2) 连接 d、g,c、g 并延长,交两大圆弧于点 e、f[图 1-46(b)]。

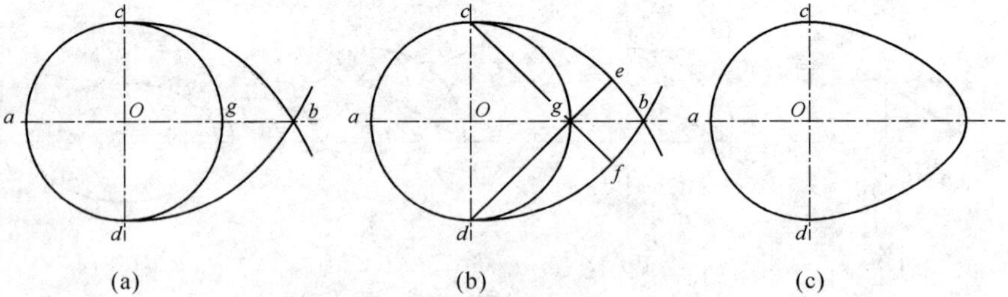

图 1-46 已知卵圆短轴画卵圆

(3) 以 g 为圆心，ge 为半径画小圆弧，与两大圆弧相切，即得卵圆[图 1-46(c)]。

2. 已知卵圆长、短轴画卵圆(图 1-47)

(1) 画相互垂直直线，它们交于点 O。以点 O 为圆心，短轴为半径画半圆，交垂线于点 c、d、a，则 cd 为短轴。从点 a 开始截取 ab 等于长轴[图 1-47(a)]。

(2) 从点 b 向内截取 $r=[cd-(ab-cd)\times 0.75]/2$ 得点 h，以点 h 为圆心，r 为半径画弧[图 1-47(b)]。

(3) 以点 b 为圆心，r 为半径画弧，与以 h 为圆心的弧相交于点 e、f。连接 d、f，并作其垂直平分线，交 dc 延长线于点 m，作其以 ab 为轴的对称点 n[图 1-47(c)]。

(4) 以点 m 为圆心，md 为半径所画的弧与弧 dac、fbe 相接。以 n 为圆心，nc 为半径画出另一弧，即得所求卵圆[图 1-47(d)]。

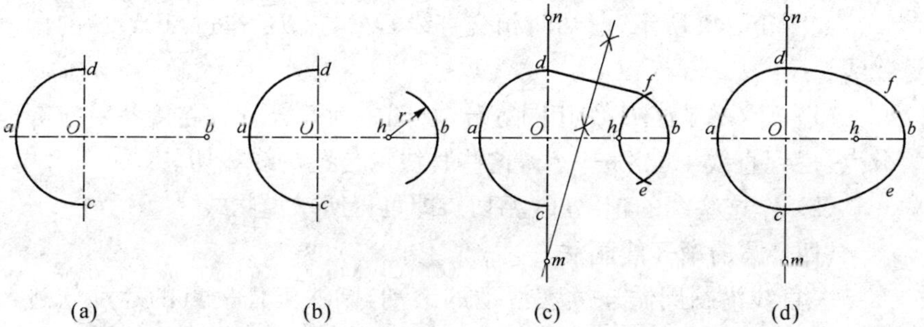

图 1-47　已知卵圆长、短轴画卵圆

(三) 抛物线画法

1. 平行四边形画法

如图 1-48 所示，已知抛物线顶点 O，对称轴 OO_1，以及抛物线上点 B，作抛物线。

(1) 由已知条件画矩形 $ABCD$。

(2) 将 OA 和 AB 作相同等分数(图中为 5 等分)，过边 OA 上各等分点画 OO_1 的平行线，点 O 与 AB 上各等分点连接，并与平行线相交,各交点即为抛物线上的点。

(3) 用曲线板光滑连接各点,得抛物线的上半部。用同样方法画出抛物线的下半部,即得所求抛物线。

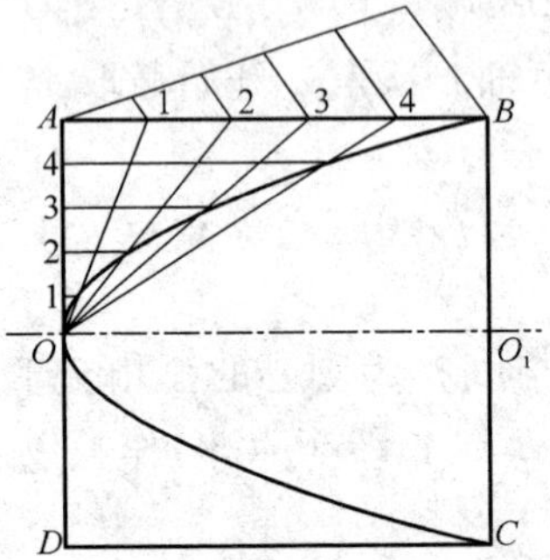

图 1-48　平行四边形法画抛物线

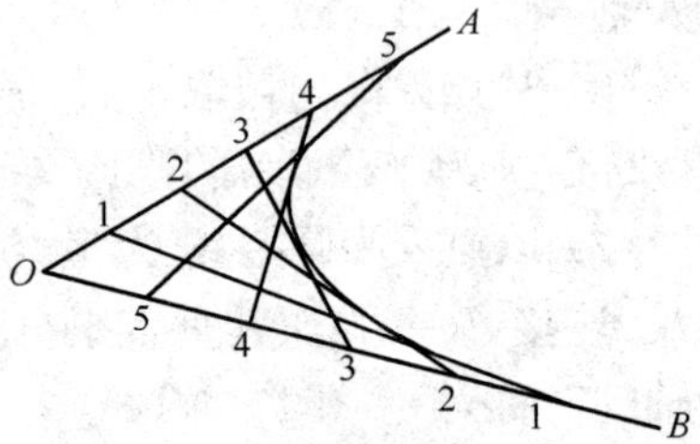

图 1-49　包络线法画抛物线

2. 包络线画法

如图 1-49 所示,已知两相交直线 OA 与 OB,作过点 A、B 的抛物线。

(1) 将 OA 与 OB 作相同等分数(图中为 5 等分),连接各对应等分点,得到直线 11、22……55,这些直线均与抛物线相切。

(2) 作这些线的包络线(相切),即可得所求抛物线。

(四) 圆的渐开线画法

一直线沿圆周做连续无滑动的滚动,则线上任一点的运动轨迹称为圆的渐开线,该圆称为基圆。圆渐开线画法如图 1-50 所示。

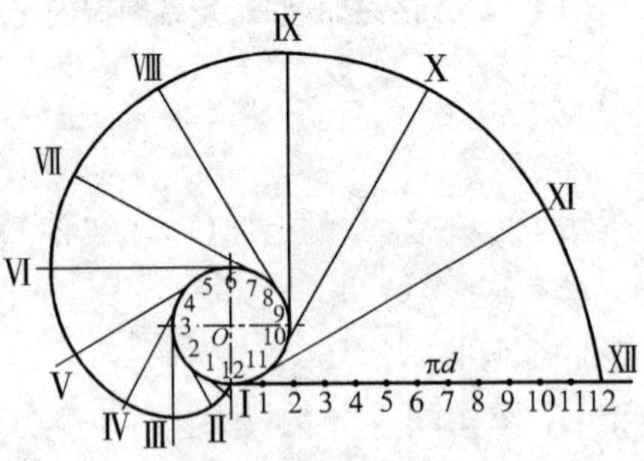

图 1-50　圆的渐开线画法

(1) 画出基圆后，将基圆圆周任意等分(图中为 12 等分)，并将基圆圆周的展开长度(πd)也作相同等分，在圆周上各等分点处按同一方向作圆的切线。

(2) 在第一条切线上截取长度等于基圆圆周长(πd)的 1/12(即 1Ⅰ$=\pi d/12$)，得点Ⅰ；在第二条切线上截取长度等于圆周长的 2/12(即 2Ⅱ$=\pi d/6$)，得点Ⅱ；其余各点用同样方法定出。

(3) 用曲线板连接Ⅰ、Ⅱ、Ⅲ……Ⅻ各点，即得圆的渐开线。

(五) 阿基米德涡线(螺旋线)画法

一动点在平面上沿直线做等速运动，同时该直线又绕线上一定点做等角速度旋转运动，则该动点的运动轨迹称为阿基米德涡线。直线动一圈，动点沿直线移动的距离称为导程。阿基米德涡线的画法如图 1－51 所示。

(1) 设 O 为旋转中心，过 O 点作 n 条(图中为 12 条)中心角相等的放射状直线 $O1_0$、$O2_0$、$O3_0$……$O12_0$。

(2) 设 B 为动点，AB 为导程，12 等分 AB，得 1、2、3……12 等分点。

(3) 以 O 为圆心，$O1$ 为半径画弧，与 $O1_0$ 相交于点 1_0；以 $O2$ 为半径画弧，与 $O2_0$ 相交于点 2_0；用同样画法可得点 3_0、4_0……12_0。

(4) 用曲板光滑连接 1_0、2_0、3_0……12_0 各点，即得所求阿基米德涡线。

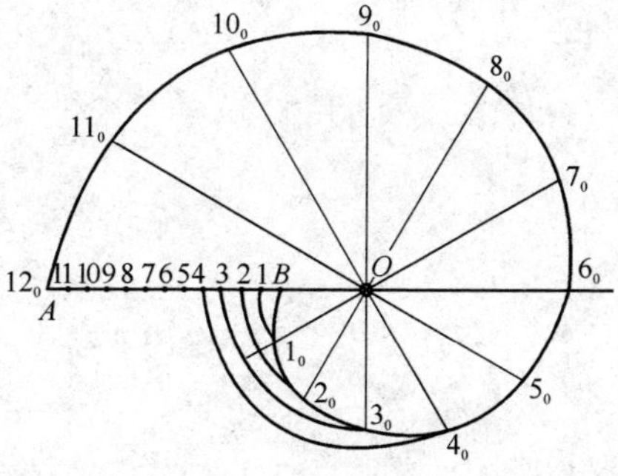

图 1－51　阿基米德涡线画法

（六）正弦曲线画法

(1) 将已知圆周 n 等分(图中为 12 等分)，得圆周等分点 1、2、3…… 12[图 1-52(a)]。

(2) 延伸水平中心线，以 O 为起点，截取 $O12=\pi d$，12 等分 $O12$，得等分点 1、2、3……12[图 1-52(b)]。

(3) 过 $O12$ 上各等分点画 $O12$ 垂线，过圆周上等分点引的水平线与相应垂线相交，把各交点连成光滑曲线，即得所求正弦曲线[图 1-52(c)]。

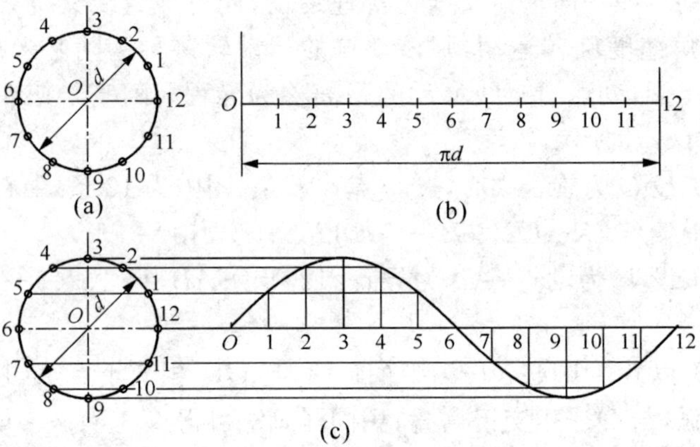

图 1-52　正弦曲线画法

第二章　投影原理和视图

第一节　投影基础知识

一、投影及投影法

用假想的一组光线将物体的形状投射到一个面上(如图 2－1 所示,由点 S 发出的一组光线将平面三角形 ABC 投射到 P 平面上),这种用投影来表示物体形状的方法叫作投影法。光源称为投影中心,光线称为投影线,平面 P 称为投影面。物体在 P 面上的影子即平面三角形 abc 称为投影,也叫作投影图。

通常把投影法分为两类,即中心投影法和平行投影法。

1. 中心投影法

中心投影法见图 2－2。如果要把 P 平面外的一段曲线 AB 投影在 P 平面上,则可在 P 平面外选择任何一点 S,并由 S 点向曲线上所有的点引直线并延长,在 P 平面上得到所有线的交点连接起来就得到曲线 AB 在平面 P 上的投影图形曲线 ab。

图 2－2 中,S 点称为投影中心,P 平面称为投影面。由 S 点发出,经曲线 AB 上任一点的直线称为投影线。曲线 ab 则是曲线 AB 在 P 平面上的中心投影。这种投影的方法就叫作中心投影法。

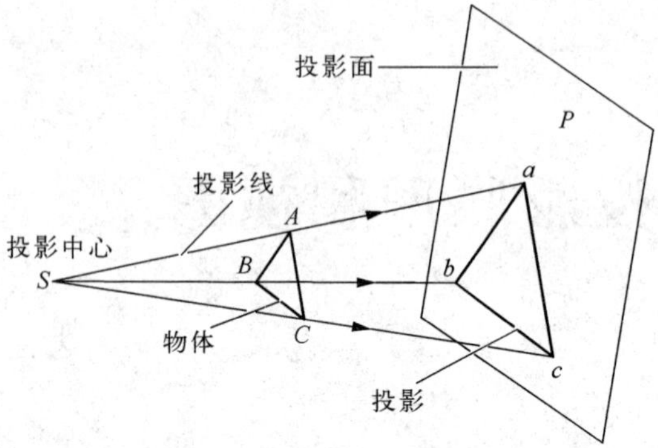

图 2-1 投影法

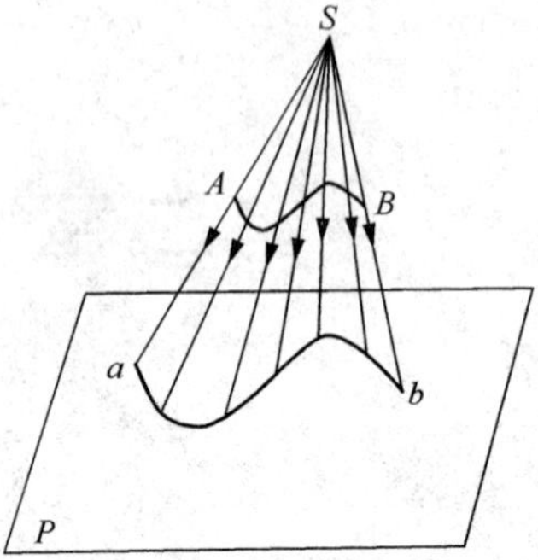

图 2-2 中心投影法

2. 平行投影法

平行投影法见图 2-3。若设想将 S 点移开到离 P 平面外无穷远的地方，这时投影线就如同地面上的太阳光线一样彼此平行，如果将和 P 平面平行的四边形 $ABCD$ 投射到 P 平面上，这样投射到投影面上得到投影的方法就叫作平行投影法。

在平行投影中，如果投影线与投影面成直角相交，则得到的投影为正投影，叫正投影法（见图 2-3 右）。这样得到的图形叫正投影图。图中四边形 $a'b'c'd'$ 就是四边形 $ABCD$ 的正投影图。这种方法也是钣金图样中最常用的表达方法。如投影线与投影面相交不等于 90°，则得到的投影为斜投影，叫作斜投影法（见图 2-3 左）。图 2-3 中四边形 $abcd$ 就是四边形 $ABCD$ 的斜投影图。

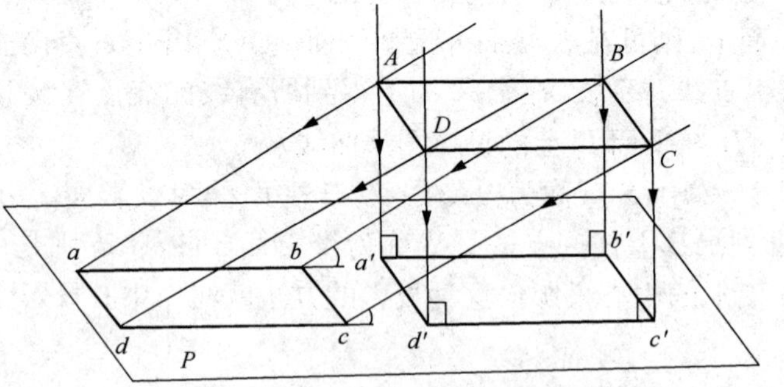

图 2-3 平行投影法

二、工程上常用的几种图示法

从上面两种投影法可以看出，点在投影面上的一个投影不能完全确定该点的空间位置。由于空间形体均可分解为一些点的集合，所以只有形体的一个投影还不能完全确定该形体所占的空间。为了解决这个问题，在工程上常根据所用的图示法，采用一定的方法作为补充。

工程图样为解决工程实践中的有关问题，常根据所绘对象的特性和图形的要求而采用不同的图示。钣金行业常用的是正投影法、轴测投影法和透视投影法。

1. 正投影法

正投影法是作出空间形体在两个或两个以上互相垂直的投影面上的正投影，然后把这些投影展开成在一个平面上。采用这一方法绘图较为简便且便于量度，所以在工程上应用最广。它的缺点是所绘图形的直观性较差。在钣金施工中常接触到的机械图、非标准设备图、钢结构和轻钢结构施工图，一般均是用正投影法绘制的，图2　4就是一栋房屋的三面正投影图。

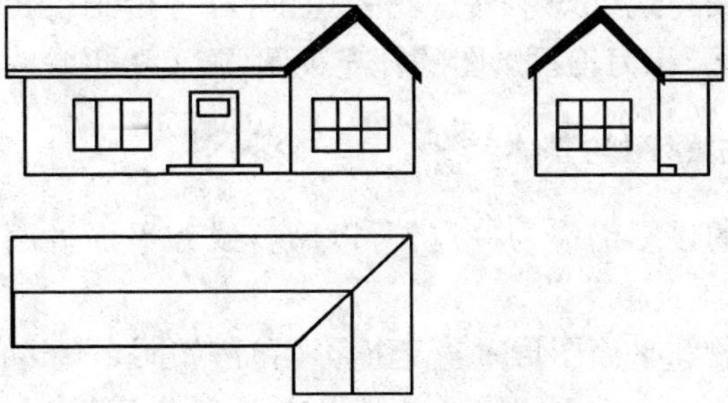

图 2-4　房屋的三面正投影

2. 轴测投影法

轴测投影法也是一种平行投影法，这一方法是将空间形体连同确定该形体的三个互相垂直的坐标轴一同平行地投射到一个投影面上。在管道施工图中常采用此种图示法。在其他施工图中也常作为正投影图的补充。采用这种方法绘制的图形直观性较强，而且在一定条件下也可直接量度，它的缺点是绘图较为费时。图 2－5 为表示这种投影图的绘图方法。

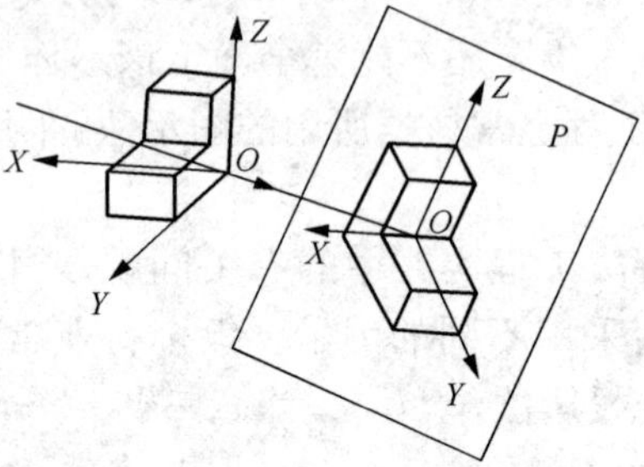

图 2－5　工件的轴测投影

3．透视投影法

透视投影法就是中心投影法，采用这种方法绘制的图形其最大优点是直观性很强，大致与观看实物时所得到的形象相同，常应用在土木建筑和装饰工程图中，用来表示工程的外貌或内部陈设。它的缺点是绘制较为复杂，而且图形一般不能直接量度。近年来由于轻钢结构在民用建筑行业中被广泛采用，所以轻钢结构工程中也常用到此类图示法，作为正投影图的补充视图，施工中也常叫作效果图。

三、正投影图的基本特性

因为点的投影仍应为一点，所以用直线和平面说明正投影图的基本特性。

当直线段和平面图形垂直于投影面时，如图 2－6(a)所示，直线 AB 的投影为一点 a，而四边形 $ABCD$ 的投影为直线 ab，可以看出直线的投影积聚成一点，平面图形的投影积聚成一条直线，此为正投影图的积聚性。

当直线和平面图形平行于投影面时，则直线段和平面图形均反映真实形状，如图 2－6(b)所示，为正投影图的真实性。在图中可以看出，直线 AB 的投影仍为相等的直线 ab，而四边形 $ABCD$ 的投影

为相等的四边形 $abcd$。

当直线段或平面图形倾斜于投影面时，均不反映实形，而是原图形的类似形状，如图 2-6(c)所示，为正投影图的类似性。

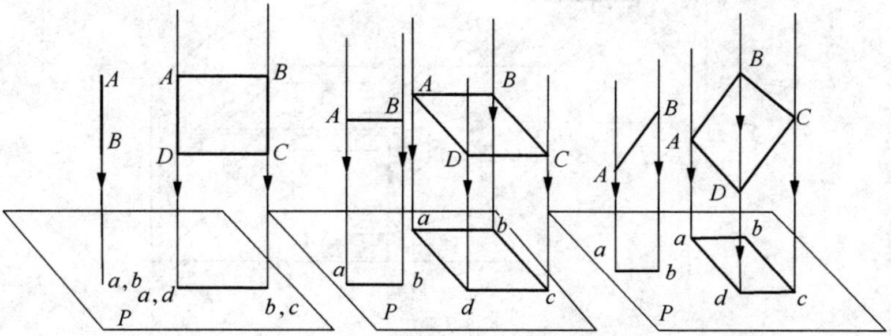

(a)　(b)　(c)

图 2-6　正投影图的特性

四、三视图的形成及投影规律

在正投影制图时，假设人的视线为投影线，把看见的轮廓线用粗实线表示，看不见的轮廓线用虚线表示，这样在投影面上所得到的投影图称为视图。但仅有一个视图是无法完全表达出物体的形状和大小的，必须从不同的方向进行投影，才能完整地反映出物体的真实形状和大小。不同方向投影的视图均叫作基本视图。在常见的工程图中一般采用三个视图来表达工件的形状。当三个视图还不能表达清楚时，可适当增加基本视图或用其他视图来进行表达。

为了表达物体的形状，通常采用互相垂直的三个投影面，建立一个三面投影体系。如图 2-7 所示，正立位置的投影面称为正投影面，用 V 表示；水平位置的投影面称为水平投影面，用 H 表示；侧立位置的投影面称为侧投影面，用 W 表示。两投影面的交线称为投影轴。正投影 V 面和水平投影 H 面的交线称为 X 轴。水平投影 H 面与侧投影 W 面的交线称为 Y 轴。正投影 V 面与侧投影 W 面的交线称为 Z 轴。三轴的交点称为原点，用 O 表示。然后在三投影面体系中，用正投影的方法，分别得到物体的三个投影，这三个投影图即是物体的三视图。

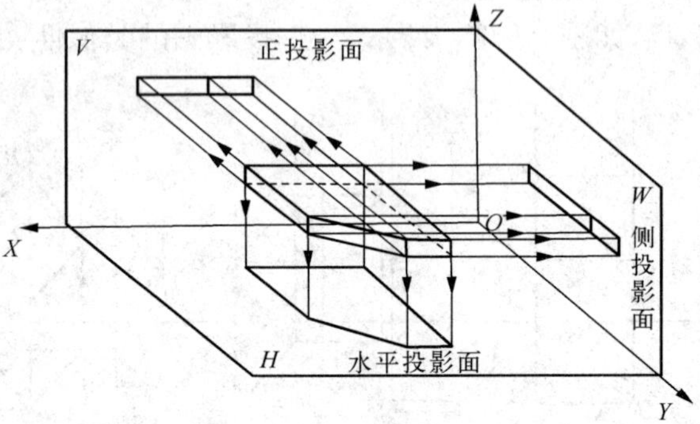

图 2-7 投影面体系

为了画图的方便,必须把互相垂直的三个投影面展成一个平面。展开时规定 V 面保持不动,如图 2-8(a)所示。H 面按箭头方向向下旋转 90°,将 W 面向右旋转 90°后和 V 面重合,如图 2-8(b)所示,得到物体在一个平面上表示的三视图。V 面称为主视图。H 面称为俯视图。W 面称为左视图。国家标准《机械制图》中规定按图 2-8(c)所示相对位置配置视图时一律不注视图的名称。

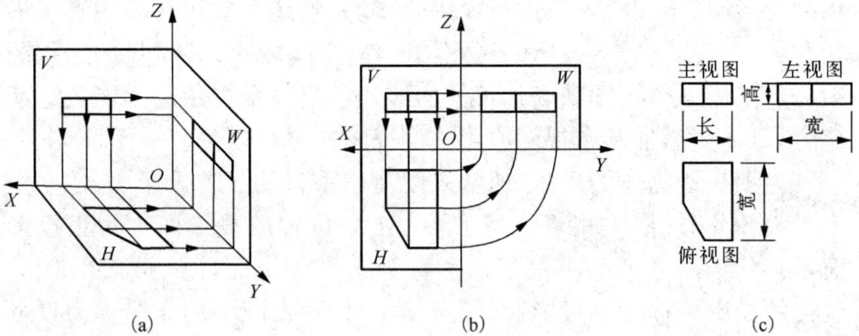

图 2-8 三视图的形成

三视图的三个视图在尺寸上是彼此关联的,而且是有一定规律的,所以识读三视图时应以这些规律为依据,找出三个视图中相对应的部分才能正确地想象出物体的结构形状。

从图 2－8 三视图的形成中可以看出，主视图反映了物体的高度和长度，俯视图反映了物体的宽度和长度，左视图反映了物体的高度和宽度；也就可以看出，物体的高度由主、侧视图同时反映，长度由主、俯视图同时反映，宽度由俯、侧视图同时反映出来，由此可得出物体三视图的投影规律：

主视图与俯视图长对正
主视图与左视图高平齐
俯视图与左视图宽相等

简单记忆可以说：长对正，高平齐，宽相等。

在三视图中不仅整个物体要符合这个投影规律，就是物体上每个组成部分在三视图中都要符合上述投影规律。

五、点、直线和平面的投影

1. 点的投影

(1) 点在两投影面体系中的投影。根据点的投影确定点在空间的位置，引入两个互相垂直的平面 V 和 H（图 2－9）。通常把 V 面称为正立投影面（简称“正面”），把 H 面称为水平投影面（简称“水平面”）。这两个投影面的相交线 OX 称为投影轴，并把整个空间划分为四个区域，每一个区域称为一个分角，并按图 2－9 的顺序来称呼这四个分角。

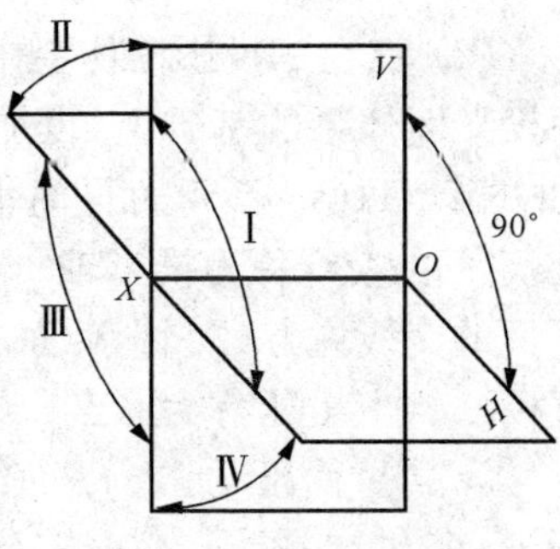

图 2－9　两投影面体系

我国标准规定，绘制技术图样时，采用第一角画法。

我们规定用大写字母 A 表示空间的点，分别用小写字母 a 和 a' 表示点的水平投影和正面投影。图 2－10(a)是点 A 在第一分角的直观图，按图中箭头所指的方向，使 H 面绕 OX 轴向下旋转 90°与 V

面重合，即得点 A 的正投影图［图 2－10(b)］。为了作图方便，投影图常画成如图 2－10(c)所示那样。

从图 2－10(b)中可得出点在两投影系中的投影规律：

① 点的正面投影和水平投影的连线一定垂直于 OX 轴，即 $aa' \perp OX$ 轴。

② 点的正面投影到 OX 轴的距离，反映该点到 H 面的距离，即 $a'a_X = Aa$；点的水平投影到 OX 轴的距离，反映该点到 V 的距离，即 $aa_X = Aa'$，$a'a_X = Aa$。

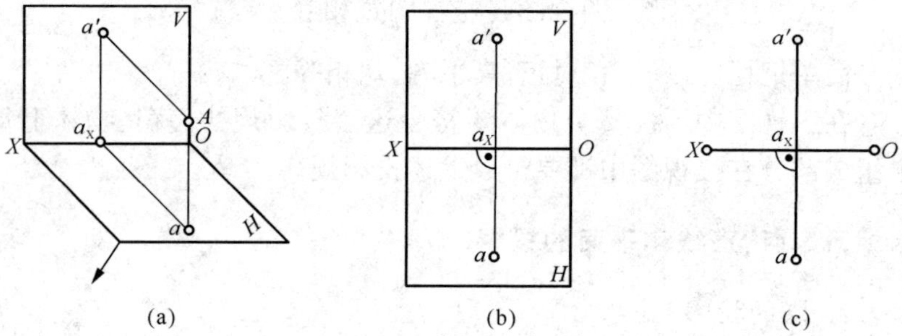

图 2－10　点的两面投影

(2) 点在三投影面体系中的投影。三投影面体系是在上述 V/H 两投影面体系的基础上，再加上一个侧投影面 W(简称“侧面”)构成的［图 2－11(a)］。W 面同时垂直于 V 面和 H 面。三个投影面彼此相交，它们的交线称为投影轴。V 面和 H 面的交线称为 OX 轴，W 面和 H 面的交线称为 OY 轴，V 面和 W 面的交线称为 OZ 轴。三投影轴垂直相交于一点 O，称为原点。规定点 A 的侧面投影用小写字母 a''表示。

规定 V 面不动，令 H 面绕 OX 轴向下旋转到与 V 面重合，令 W 面绕 OZ 轴向右旋转 90°与 V 面重合［图 2－11(a)］，就得到了点 A 的三面投影图［图 2－11(b)］。投影图中的 OY 轴分为两处，一处随着 H 面旋转到 OYH 的位置，另一处又随着 W 面旋转到 OYW 的位置，如图 2－11(b)所示。

从图 2－11 中可以看出点在三面投影体系中的投影规律：

① $a'a$ 连线必垂直 OX 轴，即 $a'a$ 是一条竖直线。

② $a'a''$连线必垂直OZ轴，即$a'a''$是一条水平线。

③ a''到OZ轴的距离等于a到OX轴的距离，即$a''a_Z = aa_X$。

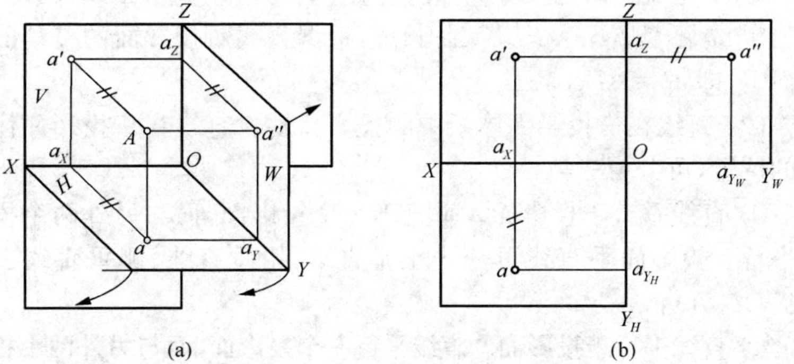

图 2-11　点的三面投影

2. 直线的投影

(1) 直线对一个投影面的投影特性。直线对一个投影面的投影，可能有下面三种情况：

① 当直线AB垂直于投影面时[图 2-12(a)]，它在该投影面上的投影ab变成一个点$a \equiv b$(符号"≡"表示重合的意思)。直线上任意一点M的投影m也重合在这一点上，即$a \equiv b \equiv m$。这种性质叫作积聚性。

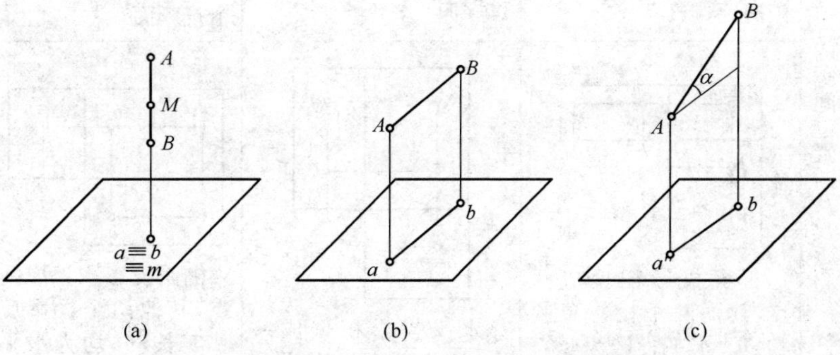

图 2-12　直线在一个投影面上的投影

② 当直线 AB 平行于投影面时[图 2－12(b)]，它在该投影面上的投影 ab 反映实长，即投影长度与空间长度相等。

③ 当直线 AB 与投影面倾斜时[图 2－12(c)]，它在该投影面上的投影 ab 不是 AB 实长。实际长度，根据直线对投影面的夹角的大小而定，即 $ab=AB\cos\alpha$。

(2) 直线在三投影面体系中的投影特性。直线在三投影面体系中的位置，可分为三类：

① 直线垂直于投影面。垂直于一个投影面，而与另外两个投影面平行。投影面垂直线可分为正垂直线、铅垂直线、侧垂直线三种(见表 2－1)。

② 直线平行于投影面。直线平行一个投影面，而与另外两个投影面倾斜。投影面平行线可分为正平线、水平线、侧平线三种(见表 2－1)。

表 2－1　特殊位置直线的投影特性

<table>
<tr>
<td rowspan="2">直线与投影面垂直的空间位置图及投影图</td>
<td>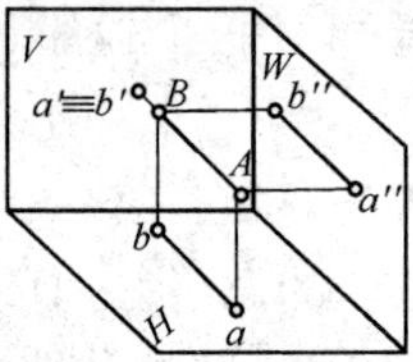

正垂直线：垂直于正面，平行于其他两个投影面</td>
<td>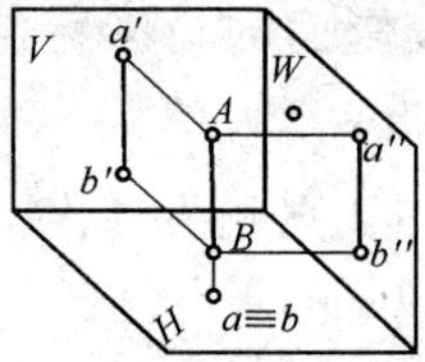

铅垂直线：垂直于水平面，平行于其他两个投影面</td>
<td>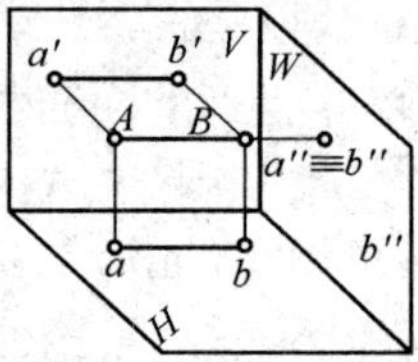

侧垂直线：垂直于侧面，平行于其他两个投影面</td>
</tr>
<tr>
<td>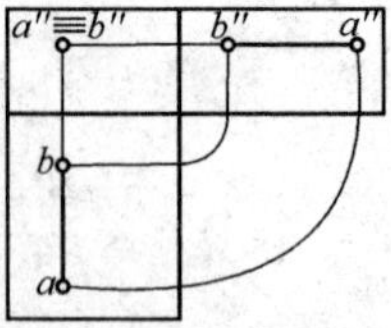

正面投影积聚成一点，其他两个投影反映实长。水平投影为竖直位置</td>
<td>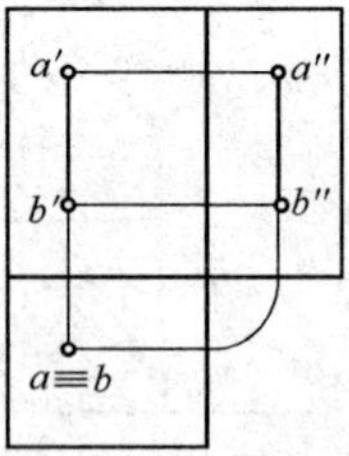

水平投影积聚成一点，其他两个投影反映实长，并均为竖直位置</td>
<td>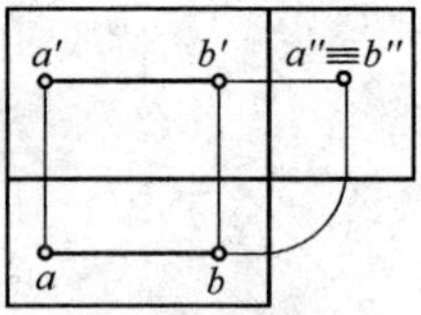

侧面投影积聚成一点，其他两个投影反映实长，并均为水平位置直线</td>
</tr>
</table>

续表

直线与投影面平行的空间位置图及投影图	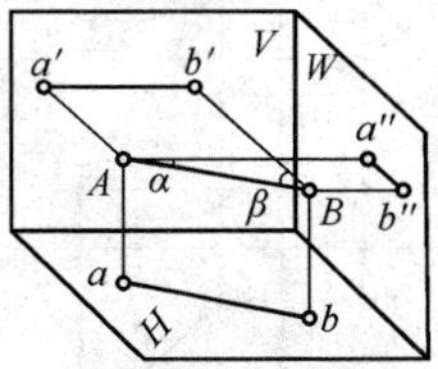 水平线：平行于水平面，倾斜于其他两个投影面	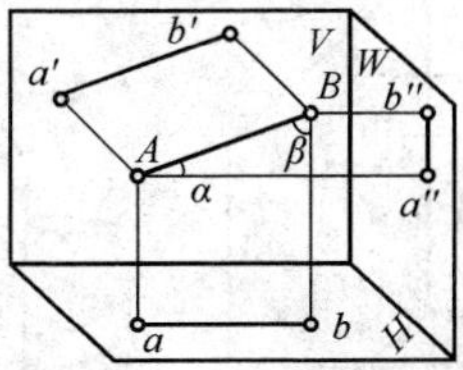 正平线：平行于正面，倾斜于其他两个投影面	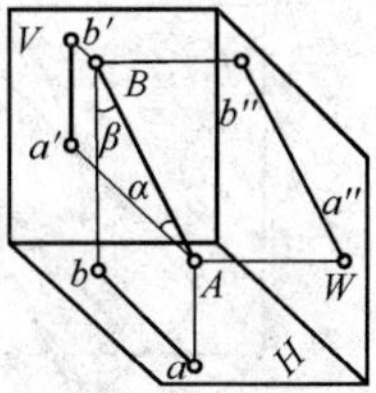 侧平线：平行于侧面，倾斜于其他两个投影面
	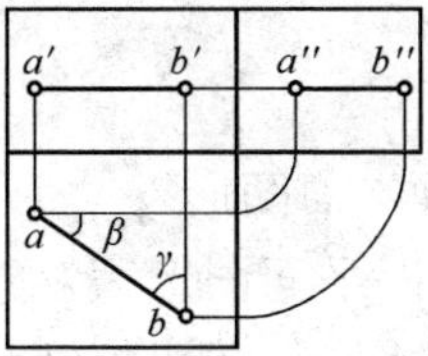 水平投影反映实长。位置倾斜，β、γ 角为实际角。其他两个投影均为水平位置	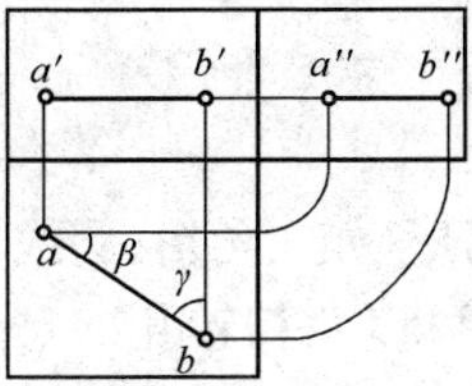 正面投影反映实长。位置倾斜，α、γ 角为实际角。水平投影为水平位置，侧面投影为竖直位置	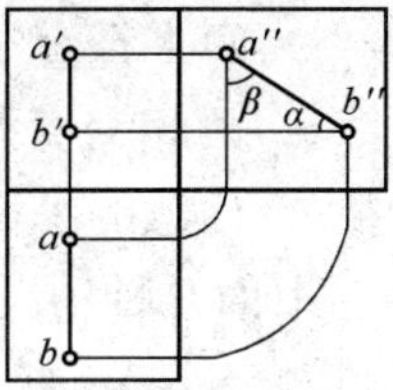 侧面投影反映实长。位置倾斜，α、β 角为实际角。其他两个投影均为竖直位置

注：α、β、γ 分别表示直线与水平投影面、正面投影面和侧面投影面的夹角。

③ 一般位置直线。图 2－13 所示的直线 AB 与三个投影面都倾斜，是一般位置直线，它的三个投影均为倾斜位置。设线段 AB 与 H、V、W 三个投影面所成的夹角分别为 α、β、γ，则 $ab=AB\cos\alpha$，$a'b'=AB\cos\beta$，$a''b''=AB\cos\gamma$。因为 α、β、γ 都不等于零，所以一般位置线段的三个投影都小于线段本身的实长。

3. 平面的投影

(1) 平面投影的表示法。

① 平面可由下列几何元素确定，也可以用它们的投影来表示。

a. 不在同一直线上的三点。

b. 一直线和直线外一点。

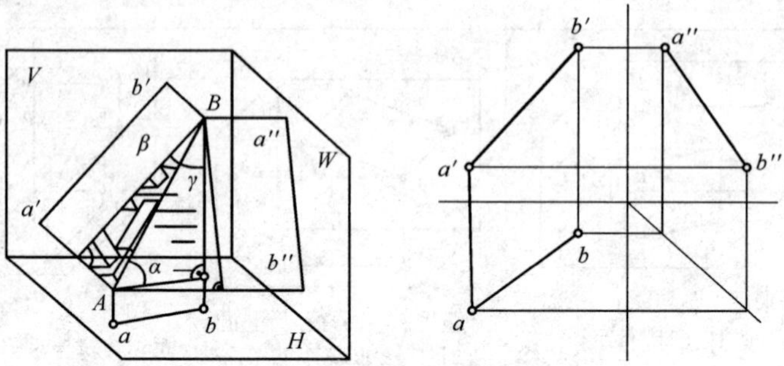

图 2－13　一般位置线段

c. 两平行直线。

d. 两相交直线。

e. 任意的平面图形(如三角形、圆或其他平面图形)。

上面几种情况是可以互相转化的,其中以平面图形表示最为常见(图 2－15)。物体上的平面一般都是平面图形,在图解几何问题时,也常用一对相交的正平线和水平线表示平面(图 2－14)。

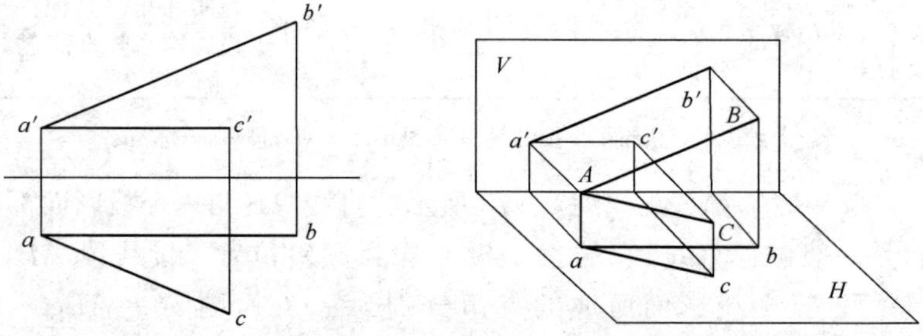

图 2－14　相交线表示平面

② 用迹线表示的平面。我们把平面和投影面的交线称为平面的迹线。在图 2－16 中,平面 P 与 H 面的交线称为水平迹线,用 P_H 表示;平面 P 与 V 面的交线称为正面迹线,用 P_V 表示。P_V、P_H 的交点 P_X 一定在 OX 轴上,它是 P、V、H 三面的共有点。因为 P_V 位于正面内,所以它的正面投影和它本身重合,它的水平投影和 OX 轴

重合。同理，P_H 一样，为了简化起见，通常我们只标注迹线本身，而不再用符号标注出它的各个投影。由于 P_H 与 P_V 是平面上的两相交直线，因此，这种表示方法本质上还是用两相交直线表示平面。

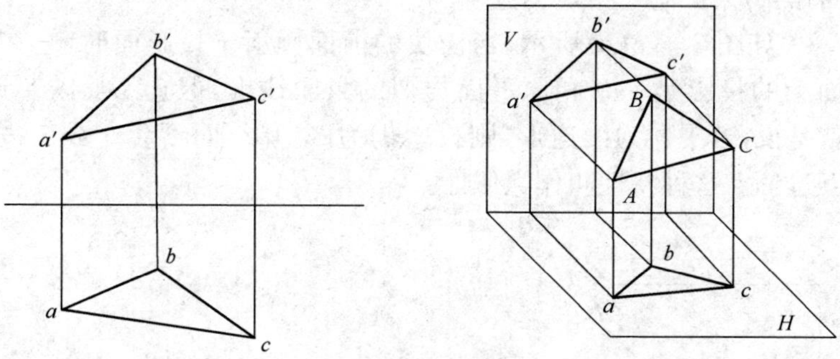

图 2－15　三角形表示平面

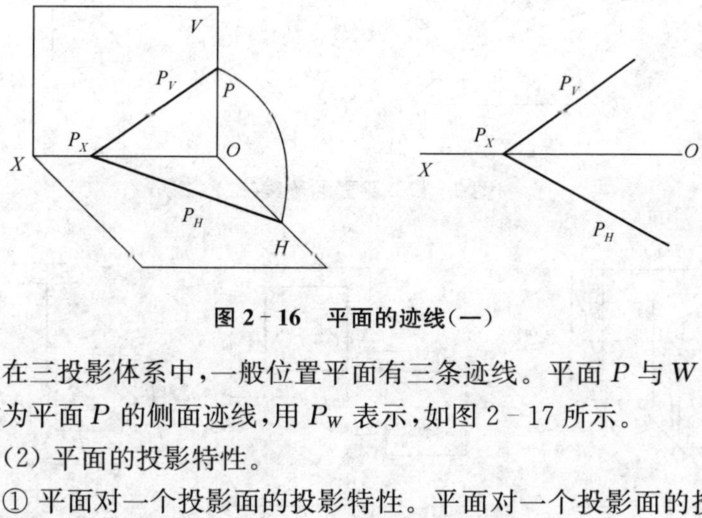

图 2－16　平面的迹线(一)

在三投影体系中，一般位置平面有三条迹线。平面 P 与 W 的交线称为平面 P 的侧面迹线，用 P_W 表示，如图 2－17 所示。

(2) 平面的投影特性。

① 平面对一个投影面的投影特性。平面对一个投影面的投影，可能有下面三种情况：

a. 如图 2－18(a)所示，当立方体的侧平面垂直于投影面时，由于平面与投射方向平行，它在投影面上的投影变成一条直线：平面上的点(点 M)、线(直线 EF)、图形($ABCD$)的投影都重合在这条直线上。这种特性叫作积聚性。

b. 如图 2－18(b)所示，当立方体的前面平行于投影面时，它在投影面上的投影是一个封闭线框，并能反映真实形状和大小，这种特性叫作实形性。

c. 如图 2－18(c)所示，当楔块的前面倾斜于投影面时，它在投影面上的投影是一个和原平面类似的封闭线框，但它不反映实形。也就是说，若平面为四边形，则投影仍为四边形，而不会变成三边形或五边形。这种特性叫作类似性。

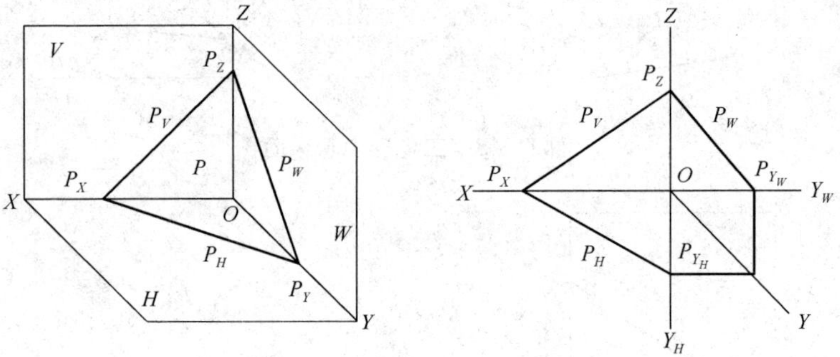

图 2－17　平面的迹线(二)

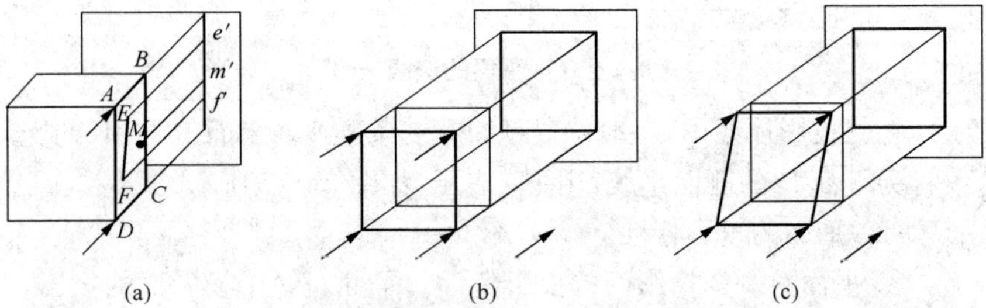

图 2－18　平面相对于一个投影面的各种位置

据此，可得平面对一个投影面的投影特性如下：

平面垂直于投影面时，它的投影积聚成一直线——积聚性。

平面平行于投影面时，它的投影反映实形——实形性。

平面倾斜于投影面时，它的投影为类似图形——类似性。

② 平面在三投影面体系中的投影。一个平面在三投影面体系中的投影应该怎样？首先要弄清楚平面对三个投影面分别处于何种位置，再根据前面讲的投影特性，就可以知道它在每一个投影面上的投影应该是什么样子了。

平面在三投影面体系中的位置可分为三类：

a. 投影面垂直面，它是指垂直于一个投影面，而与其余两个投影面都处于倾斜位置的平面。投影面的垂直面可分为正垂面、铅垂面、侧垂面三种，表 2－2 给出了它们的空间状态和投影特性。

表 2－2　平面在三投影面体系中的位置

<table>
<tr>
<td rowspan="2">平面垂直于投影面的空间位置图及投影图</td>
<td>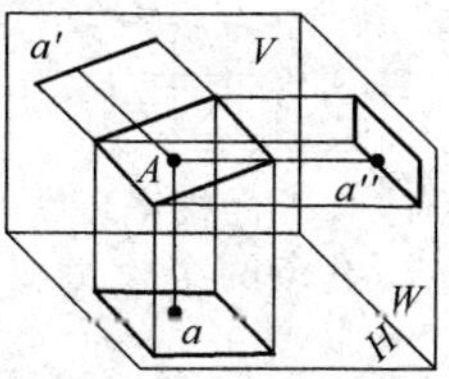
正垂直线：垂直于正面，倾斜于其他两个投影面</td>
<td>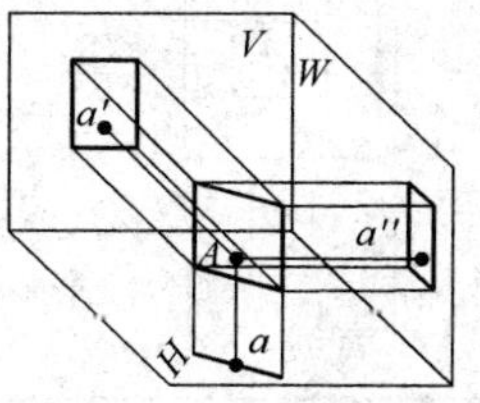
铅垂直线：垂直于水平面，倾斜于其他两个投影面</td>
<td>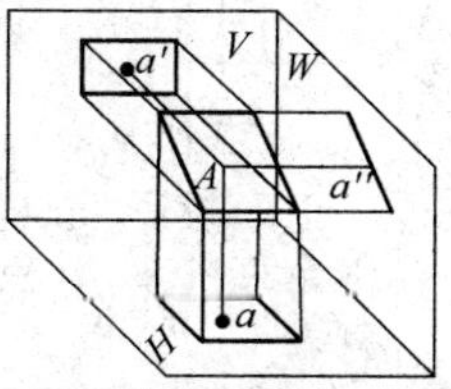
侧垂直线：垂直于侧面，倾斜于其他两个投影面</td>
</tr>
<tr>
<td>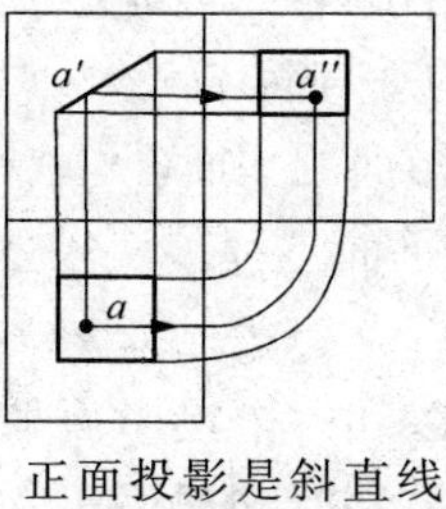
正面投影是斜直线，有积聚性。其余两个投影成类似图形</td>
<td>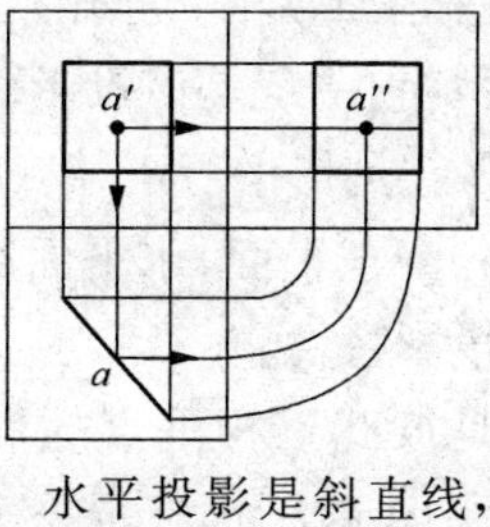
水平投影是斜直线，有积聚性。其余两个投影成类似图形</td>
<td>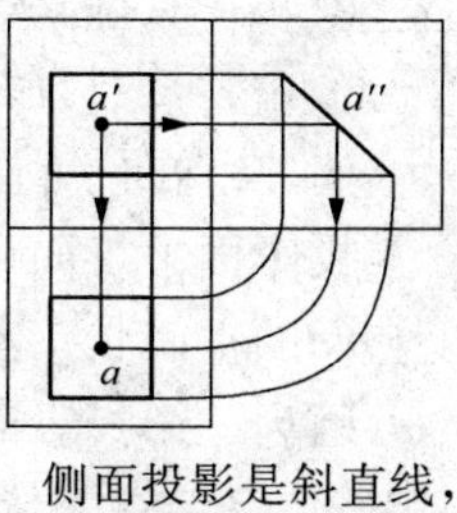
侧面投影是斜直线，有积聚性。其余两个投影成类似图形</td>
</tr>
</table>

续表

平面平行于投影面的空间位置图及投影图	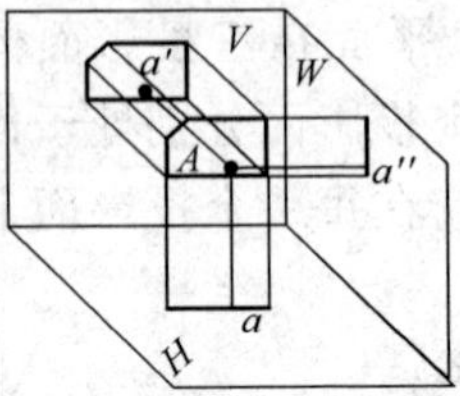 正平线：平行于正面，垂直于其他两个投影面	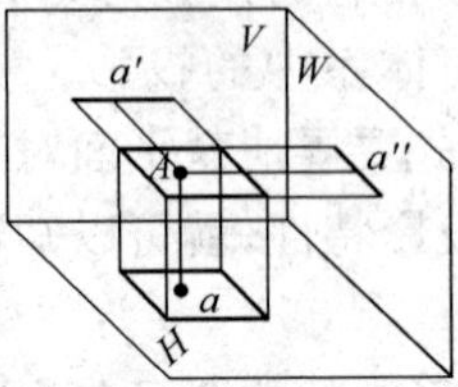 水平线：平行于水平面，垂直于其他两个投影面	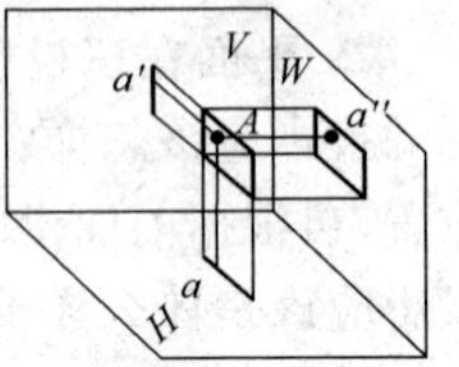 侧平线：平行于侧面，垂直于其他两个投影面
	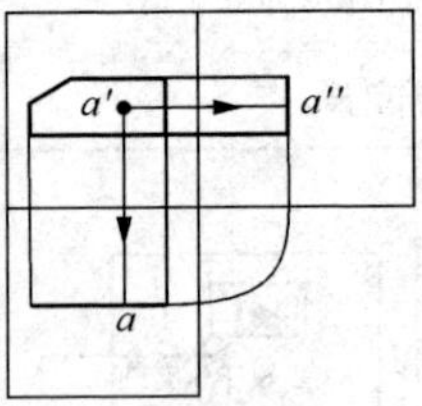 正面投影反映实形，其余两个投影积聚成直线	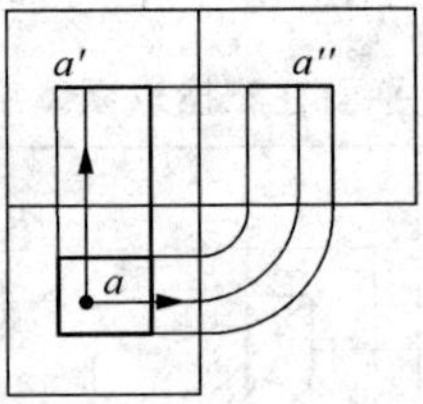 水平投影反映实形，其余两个投影积聚成直线	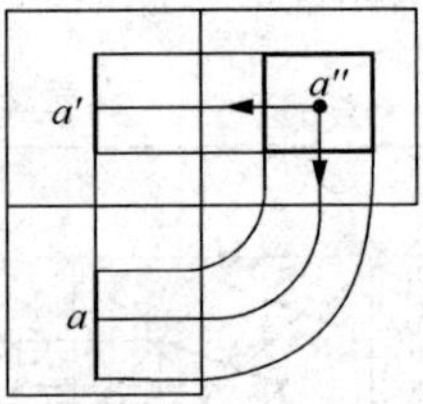 侧面投影反映实形，其余两个投影积聚成直线

以铅垂面为例：它垂直于 H 面，同时对 V 面和 W 面倾斜。其水平投影是一段倾斜直线，有积聚性。其他两投影是类似图形——比实际形小的四边形线框。

因此，当我们从投影图上判断平面的空间位置时，若是三投影中有一个投影是斜直线，则它一定是该投影面的垂直面。

b. 投影面平行面，它是指平行于某一投影面的平面。

投影面平行面可分为正平面、水平面、侧平面三种，表 2－2 给出了它们的空间状态和投影特性。

因为三个投影面是彼此互相垂直的，所以和一个投影面平行的平面，必然垂直于其余两个投影面。根据平面的投影特性，可知它的一个投影反映实形，其他两个投影积聚成直线。以正平面为例：它平行于 V 面，同时垂直于 H 面和 W 面，所以它的正面投影反映实形，而其余两个投影都积聚成直线，一个与 OX 轴平行，另一个与 OZ 轴平行。

因此，当我们从投影图上判断平面的空间位置时，若是三投影中有一个积聚成直线，并与 OX 轴平行或垂直，则它一定是某个投影面的平行面。

c. 一般位置平面，它是指对于三个投影面都处于倾斜位置的平面。它的三个投影面都是封闭线框，且形状相似，但不反映实形，如图 2－19 所示。

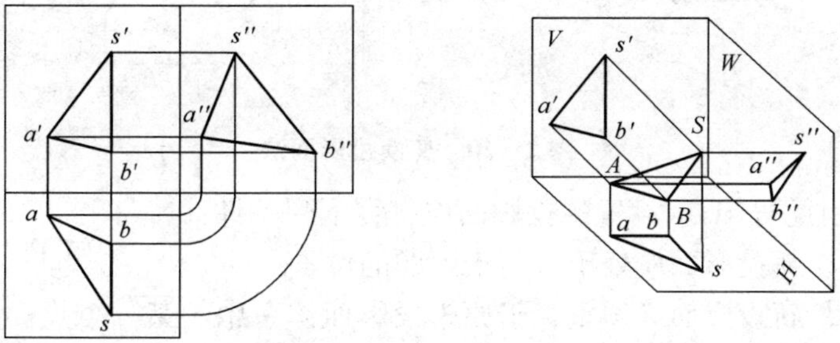

图 2－19　一般位置平面

③ 对于平面的投影，要特别注意以下两点：

a. 积聚性与类似性。积聚性与类似性是平面投影的两个很重要的性质，前者能帮助我们确定投影面上的直线平面与投影面的空间位置，后者能帮助我们预见平面的投影形状，避免在作图时发生差错。

b. 平面图形的三个投影中，至少有一个投影是封闭线框。

六、变换投影面法

变换投影面法简称"换面法"，它是点、线、面等几何元素不动，用改变投影面位置的方法，使新设置的投影面与几何元素之间处于有利于解题的位置的方法。

如图 2－20 所示，平面 ABC 与正面 V 倾斜，与水平面 H 垂直，其投影均不能反映 ABC 的实形。现设置一个新投影面 V_1 与 H 面垂直，并与△ABC平行。将△ABC向V_1面投影得到$a'_1b'_1c'_1$，则$a'_1b'_1c'_1$反映△ABC的实形。

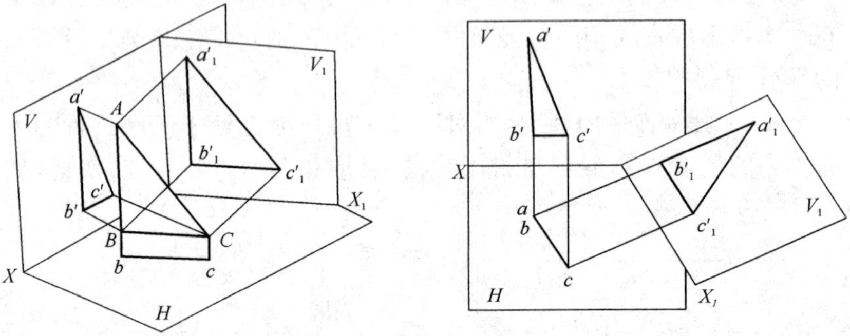

图 2-20　变换投影面法

由此可知，新设置的投影面应符合下列条件：

① 新投影面应处于有利于解题的位置。

② 新投影面必须垂直于原来投影面体系中的某一个投影面，组成一个新的投影面体系。

图 2-20 中的新投影面与H面的交线X叫作新投影轴，变换一次投影面的新投影轴用X_1表示，变换二次用X_2表示。新投影面用V_1表示，在V_1面点的投影用a'_1、b'_1、c'_1表示。

1. 点的投影变换规律

点是最基本的几何元素，因此点的投影变换规律是变换投影面法的基本规律。

(1) 点的一次变换。如图 2-21 所示，A点在V/H投影体系中，A的两个投影为a、a'。设置一个新投影面V_1代替V面，且V_1面与H面垂直，形成新投影体系V_1/H。V_1面与H面的交线为新投影轴，用X_1表示。由于H面为不变换投影面，所以A点的水平投影a的位置不变，称为不变投影。A点在V_1面的投影a'_1为新投影。A点的各投影a、a'、a'_1之间的投影规律如下：

① 在新投影面体系中，不变投影a和新投影a'_1的连线垂直于新投影轴X_1，即$aa'_1 \perp X_1$轴。

② 新投影 a_1' 到新投影轴 X_1 的距离等于 A 点至 H 面的距离，等于 A 点的 Z 坐标；原投影 a' 到原投影轴 X 的距离等于 A 点至 H 面的距离，也等于 A 点的 Z 坐标。所以 a_1' 到 X_1 轴的距离等于 a' 到 X 轴的距离，即 $a_1'a_{X_1}=a'a_X=Aa$。

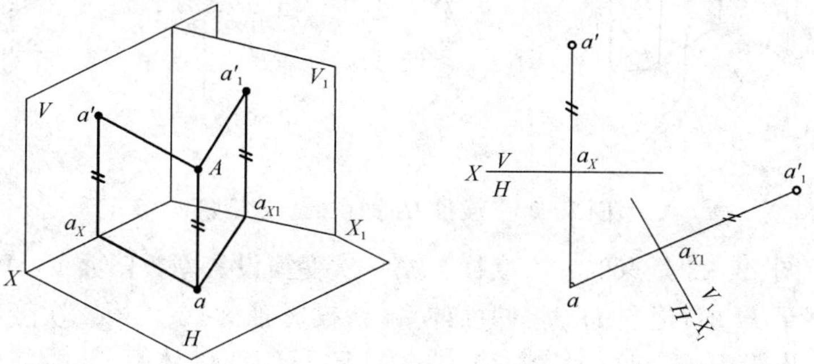

图 2－21　点的一次变换

根据上述投影规律，点的一次变换作图步骤如下：

① 根据作图需要画出新投影轴 X_1，用 V_1 面代替 V 面，形成 V_1/H 投影体系。

② 过 a 点作 X_1 轴的垂直线，得交点 aX_1。

③ 在垂直线 aa_{X_1} 上取 $a_1'a_{X_1}=a'a_X$，得 A 点在 V_1 面上的新投影 a_1'。

图 2－22 是设置新投影 H_1 垂直于 V 面，用 H_1 面代替 H 面，形成 V/H_1 投影面体系。B 点在原投影面体系中的投影为 b、b'，在新投影面体系中的投影为 b'、b_1。同理，B 点的各个投影 b、b'、b_1 之间投影规律为：

① $b'b_1 \perp X_1$ 轴

② $b_1b_{X_1}=bb_X=Bb'$。

（2）点的二次变换。由于新投影面必须垂直于原来投影体系中的某一个投影面，所以在运用变换投影面解题时常常需要依次变换二次或多次，变换二次称二次变换，变换多次称多次变换。

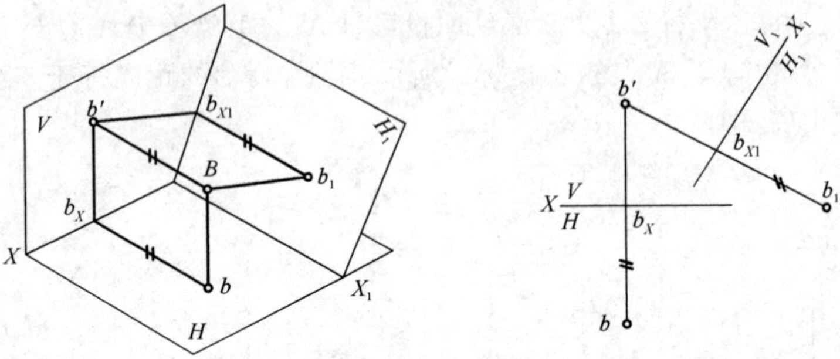

图 2-22 设置 H_1 面点的一次变换

图 2-23 是点的二次变换。第一次变换设置新投影面 V_1,V_1 面垂直于 H 面,建立 H/V_1 两面体系,新投影轴为 X_1。第二次变换设置新投影面 H_2,H_2 垂直于 V_1,建立 V_1/H_2 两面体系,新投影轴为 X_2。其作图方法与一次变换相同,步骤如下:

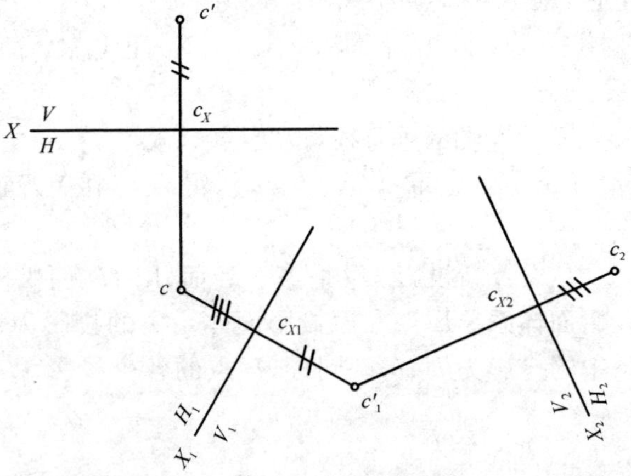

图 2-23 点的二次变换

① 作第一次变换,画新投影轴 X_1,标记出 H/V_1 投影面体系,求得在 V_1 面的新投影 c_1'。

② 作第二次变换,画新投影轴 X_2,标记出 V_1/H_2 投影面体系,

H_2 面垂直于 V_1 面。这时，在 H 面的原投影 c 与在 H_2 面的新投影 c_2 之间有 $cc_{X_1}=c_2c_{X_2}$，得二次变换的 c_2 点。作图中按点的投影规律有 $cc_1'\perp X_1$ 轴，$c_1'c_2\perp X_2$ 轴。

2. 直线的变换

直线的变换是变换直线的两个端点。直线的投影变换有下述三种基本问题：

(1) 倾斜线变换成平行线。图 2－24 所示的 ab 直线是一般位置直线。设置一新投影面 V_1 平行于 AB，用 V_1 代替 V 面，这样 ab 在 V_1 面的投影 $a_1'b_1'$ 反映 AB 的实长。作图步骤如下：

① 作新投影轴 X_1，使 $X_1 /\!/ ab$，标记为 H/V_1。

② 过 a、b 分别作 X_1 轴的垂直线，与 X_1 轴交于 a_{X_1}、b_{X_1}，然后在垂直线上量取 $a_1'a_{X_1}=a'a_X$，$b_1'b_{X_1}=b'b_X$，得新投影 a_1'、b_1'。

③ 连接 a_1'、b_1' 得直线的新投影 $a_1'b_1'$，它等于 ab 的实长。

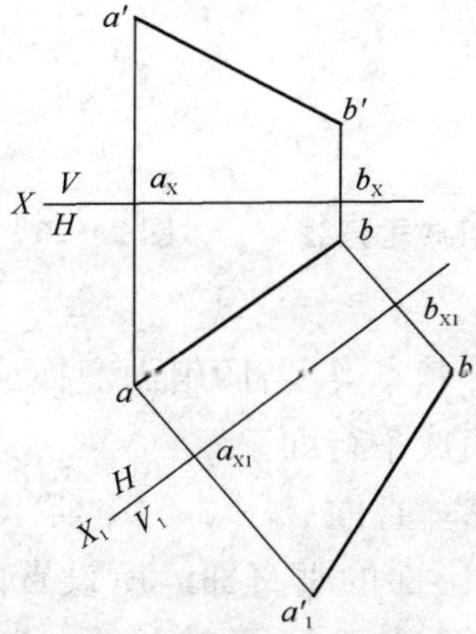

图 2－24　倾斜线变换为平行线

(2) 平行线变换成垂直线。图 2－25 所示 cd 直线与正面 V 平行。设置一次投影面 H_1，cd 直线与 H_1 面垂直。H_1 面代替 H 面，这样 V/H_1 两投影体系中，cd 为 H_1 面的垂直线。

作 X_1 轴使 $X_1\perp c'd'$，取 $c_1c_{X_1}=cc_X$，得 cd 直线的投影 $c_1(d_1)$。

(3) 倾斜线变换成垂直线。如图 2－26 所示，ab 为一般位置线，

变换二次后为 H_2 面的垂直线。第一次变换的新投影轴为 X_1，$X_1 /\!/ ab$，建立 H/V_1 投影面体系，得 $a_1'b_1'$，建立 V_1/H_2 投影面体系，在 H_2 面得 a_2、b_2，a_2 和 b_2 积聚为一点，是新投影面的垂直线。其作图步骤简述如下：

① 作新投影轴 $X_1 /\!/ ab$，求得 ab 在 V_1 面的投影得 $a_1'b_1'$。

② 作新投影轴 $X_2 \perp a_1'b_1'$，求得 ab 在 H_2 面的投影 $a_2(b_2)$，为所求的新投影。

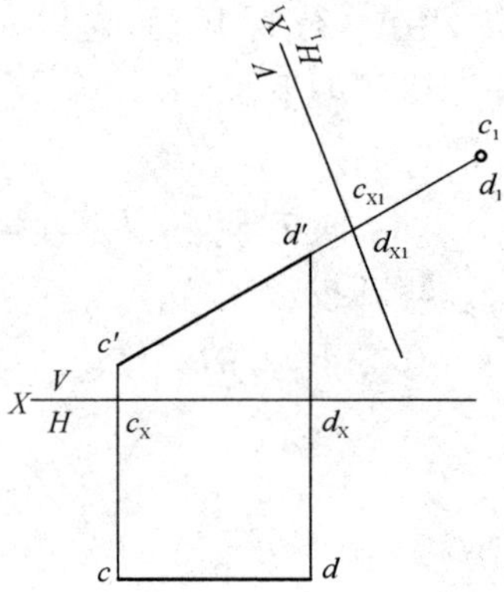

图 2-25 平行线变换成垂直线

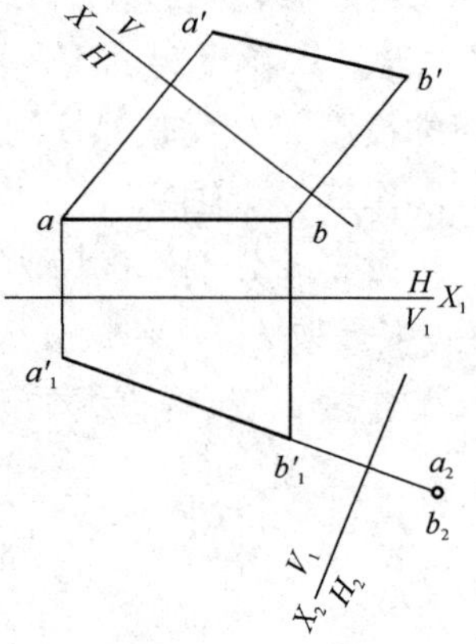

图 2-26 倾斜线变换成垂直线

3. 平面的交换

平面的变换有三种基本类型：倾斜面变换成垂直面、垂直面变换成平行面和倾斜面变换成平行面。

(1) 倾斜面变换成垂直面。图 2-27 所示的$\triangle abc$ 是一般位置平面，将它变换成新投影面的垂直面。所设置的新投影面必须满足两个条件：① 新投影面垂直于 H 面或 V 面；② 新投影面垂直 abc 中的某一直线。按条件①我们选 V_1 面，$V_1 \perp H$；按条件②我们在$\triangle abc$ 上作水平线 ce，使 $V_1 \perp ce$。其作图步骤如下：

① 在$\triangle abc$ 上作水平线 ce，其投影为 ce 和 c_1e_1。

② 作 X_1 轴垂直于 ce，标记为 H/V_1 投影面。

③ 作$\triangle abc$ 在 V_1 面的投影 $a_1'b_1'c_1'$，$a_1'b_1'c_1'$ 积聚为一直线。

(2) 垂直面变成平行面。图 2-28 所示的$\triangle abc$ 是一铅垂直面，变换成新投影面的平行面。要使新投影面平行于△abc，必须选垂直H面的新投影面。

作X_1轴平行于abc，用V_1面代替V面，建立H/V_1投影面体系。作△ABC在V_1面的投影$a_1'b_1'c_1'$，为△abc的实形。

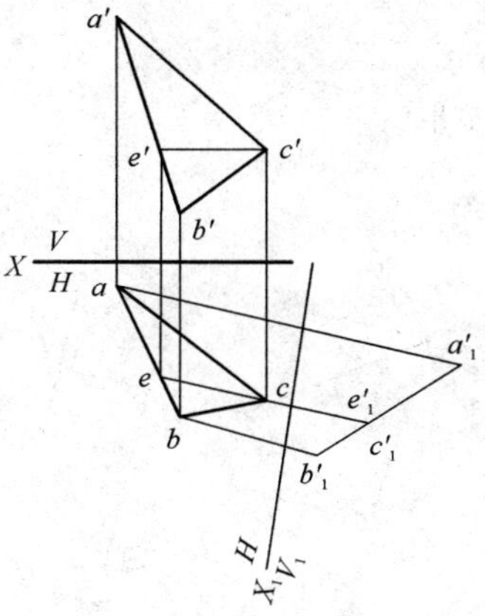

图 2－27　倾斜面变换成垂直面

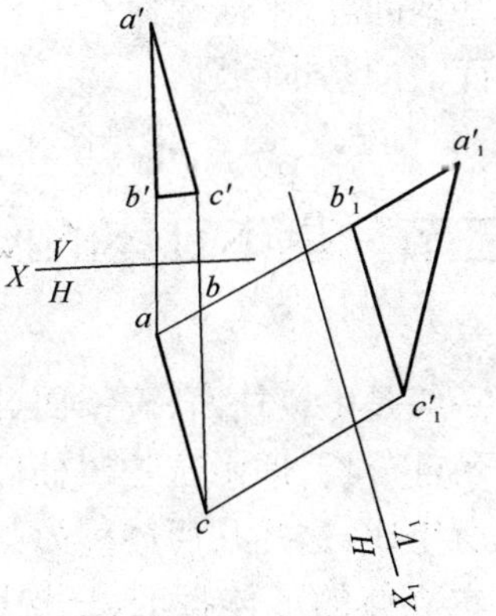

图 2－28　垂直面变换成平行面

(3) 倾斜面变换成平行面。图 2－29 所示的△cde为一般位置平面，变换成投影面平行必须变换两次。第一次将cde变换成V_1面的垂直面，第二次将 V_1 面的垂直面变换成 H_2 面的平行面。其作图步骤如下：

① 在$\triangle cde$ 上作水平线 cf，其投影为 $c'f'$、cf。

② 作 X_1 轴垂直于 cf，建立 V_1/H 投影面体系，在 V_1 面的新投影 $c_1'd_1'e_1'$为垂直面。

③ 作 X_2 轴平行于 $c_1'd_1'e_1'$，画出$\triangle cde$ 在 V_2 面上的投影 $c_2d_2e_2$，$\triangle c_2d_2e_2$ 反映$\triangle cde$ 实形。

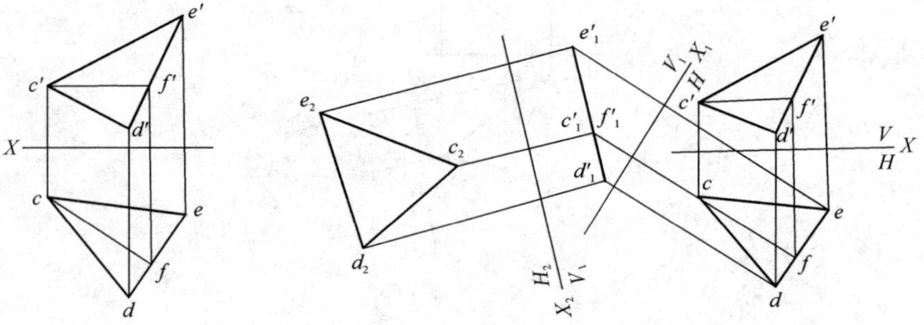

图 2-29　倾斜面变换成平行面

直线变换有三种基本问题，平面变换有三种基本问题，这六种基本问题也是变换投影面法的基本问题。

第二节　基本立体的投影

钣金制件的表面一般是由棱柱面、棱锥面、圆柱面、圆锥面、圆球面等组成的。从几何角度分析，即由这些棱柱体、棱锥体、圆柱体、圆锥体和圆球等几何体所组成，这些几何体称为基本立体。

本节重点介绍基本立体的形体特征、三视图特点及其投影分析和表面取点，为钣金制件的构形设计、视图表示和识读奠定投影分析基础。

一、棱柱

1. 棱柱的形体特征

棱柱是由上、下底面为全等平行多边形，各侧面为矩形或平行四边形所组成的。其侧棱互相平行，两底面间距离为棱柱的高。

棱柱分为直棱柱（侧棱垂直于底面）和斜棱柱（侧棱与底面倾斜）两种形体，本节以直棱柱为重点进行投影分析。

2. 直棱柱

(1) 直棱柱的形体特征。

直棱柱的顶（上）面和底（下）面是全等且互相平行的多边形，这两个多边形起着确定棱柱形状的主要作用，称为特征面。其侧面为矩形，侧棱垂直于顶面和底面。如果两底面是正多边形的直棱柱，称为正棱柱。如图 2－30(a)所示，上、下底面为正六边形的直棱柱，称正六棱柱。

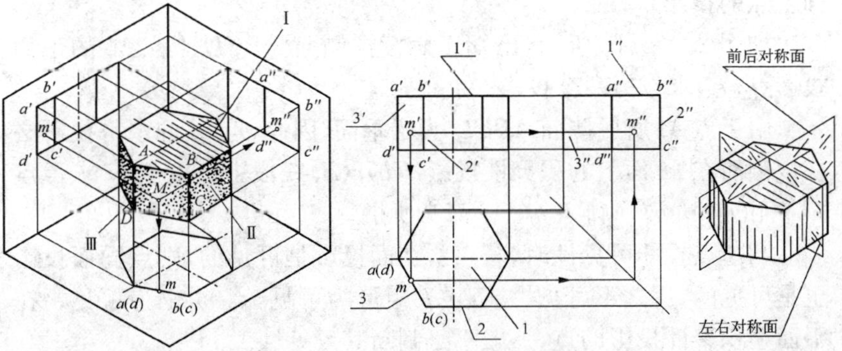

(a) 直观图　　(b) 三视图　　(c) 对称面

图 2－30　正六棱柱的三视图

(2) 直棱柱投影分析。

图 2－30(b)中，正六棱柱的上、下底面是水平面，水平投影的正六边形 1 为实形，正面和侧面投影积聚为横向直线 1′、1″；前、后侧面矩形是正平面，正面投影的矩形 2′为实形，水平和侧面投影积聚为直线 2、2″；其他四个侧面均是铅垂面，水平投影积聚为斜线，如直线 3，

正面和侧面投影为矩形类似形，如线框 3′、3″，均不反映实形；六个侧棱均是铅垂线，水平投影积聚为点，如点 $a(d)$，$b(c)$，正面和侧面投影为竖向线，如 $a'd'$、$b'c'$ 和 $a''d''$、$b''c''$，它们反映 AD、BC 的实长。

正六棱柱的左右、前后对称，在三个视图中用点画线表示对称面的投影，如图 2-30(c)所示。

直棱柱三视图的特点是：在特征面所平行的投影面上投影为多边形，反映特征面的实形，称为特征视图，另两个投影均为一个或多个相邻虚、实线的矩形所组成，称为一般视图。

画直棱柱三视图时，一般应先画特征视图（多边形），再画另两个一般视图（矩形）。当直棱柱为对称形时，还应先画对称中心线。

(3) 直棱柱表面上点的投影。

在平面体表面上取点的作图关键是：先找出点所在的平面在三视图中的投影位置，然后利用平面上点的投影特性作图。

由于直棱柱表面投影有积聚性，所以利用积聚性来作直棱柱表面上点的投影。

如图 2-30(b)所示，已知正六棱柱侧面 $ABCD$ 上点 M 的正面投影点 m'，求作另两个投影。

由于点 M 所属侧面 $ABCD$ 为铅垂面，因此，点 M 的水平投影必在该侧面在 H 面上的积聚性投影 $a(b)c(d)$ 线段上。由点 m' 求得点 m，再由点 m、m' 求得点 m''（见箭头所指）。

判断点投影可见性时，若点所在面投影是可见的，则点同面投影也是可见的，反之不可见。$a''b''c''d''$ 矩形为可见，点 m'' 也为可见。在平面上积聚性投影的点，一般不必判断其可见性。

图 2-31 为直三棱柱和直四棱柱的三视图，可按图 2-30 正六棱柱所示的方法进行投影分析。

3. 斜棱柱

(1) 斜棱柱的形体特征。斜棱柱的上、下底面为全等多边形，侧面为平行四边形或矩形，侧棱与上、下底面倾斜。图 2-32(a)为斜四棱柱的三视图。

(2) 斜棱柱的投影分析。图 2-32 所示斜四棱柱的上、下底面为

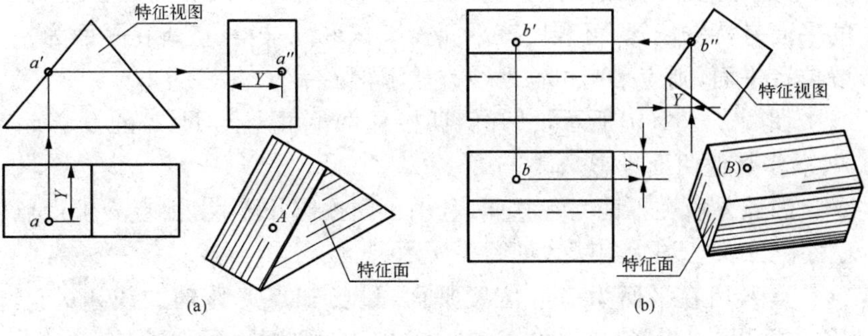

图 2－31　棱柱三视图

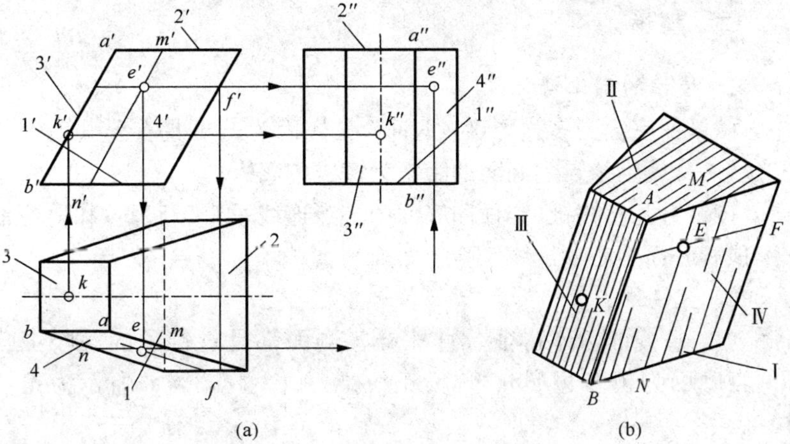

图 2－32　斜四棱柱的三视图

等腰梯形Ⅰ、Ⅱ是水平面，水平投影梯形线框 1、2 反映实形，但不相重合，正面和侧面投影积聚为直线 $1'$、$2'$和 $1''$、$2''$；左侧面Ⅲ为矩形的正垂面，正面投影积聚为直线 $3'$，水平和侧面投影为矩形线框 3 和 $3''$，都不反映实形；前侧面Ⅳ为平行四边形的一般位置平面，三面投影均为类似形线框 $4'$、4、$4''$相对应，都不反映实形。

侧棱 AB 是正平线，正面投影 $a'b'$为实长、水平和侧面投影 $a'b'$、$a''b''$不反映实长。

(3) 斜棱柱表面取点。斜棱柱表面取点的方法有两种:点所在的平面是特殊位置,可利用该平面投影积聚性求得;点所在平面为一般位置平面,则应采用引辅助线方法求得。

如图 2－32(b)所示,已知斜四棱柱两侧面上点 K、E 的投影 k、e',求作其他两面投影。

因点 k 所在平面为正垂面,利用正面投影积聚性,由点 k 求得点 k',由"二求三"求得点 k'',见箭头所示。

点 E 所在平面为一般位置平面,过已知点 e' 作辅助线 $m'n' /\!/ a'b'$,求得 mn 投影,再由点 e' 在 mn 线上求得 e,由 e、e' 求得点 e''。另一种作图方法,过点 e' 作水平线的辅助线,其结果相同。

二、棱锥

1. 棱锥的形体特征

棱锥的底面为多边形(特征面),各侧面为若干具有公共顶点的三角形,从棱锥顶点到底面的距离为棱锥的高。

棱锥分为直棱锥(锥顶和底面中心点连线垂直于底面)和斜棱锥(锥顶和底面中心点连线倾斜于底面)。

2. 直棱锥

(1) 直棱锥形体特征。直棱锥各侧面都是过锥顶的等腰三角形,当底面为正多边形时,称为正棱锥,如图 2－33(a)所示为正三棱锥。

(2) 直棱锥的投影分析。图 2－33(a)所示正三棱锥的底面为水平面,水平投影的等边三角形 abc 反映底面实形,正面和侧面投影积聚为线段;由于后侧面三角形的底边 AC 为侧垂线,所以三角形平面 SAC 为侧垂面,侧面投影积聚为斜线 $s''a''(c'')$、正面和水平投影为 $\triangle SAC$ 的类似形,$\triangle s'a'c'$(不可见)和 $\triangle sac$(可见)都不反映实形;左右侧面都是一般位置平面,三个投影面的投影均是三角形的类似形,均不反映实形。三条侧棱除 SB 为侧平线外,其他两条侧棱为一般位置直线,可按上述方法进行空间位置和投影分析,找出在各个视图的投影位置。

棱锥三视图的特点:在与底面所平行的投影面上投影的外形线框为多边形,为底面的实形,内线框由数个具有公共顶点的三角形所组成,另两个投影面的投影为单个或多个虚、实线具有公共顶点的三角形组成。

画棱锥三视图时,一般先画底面的各个投影(先画反映底面的实形,再画底面的积聚性线段),然后定出锥顶 S 的各个投影,同时将它与底面各顶点的同面投影连线,则得棱锥三视图。

(3) 棱锥表面上点的投影。如图 2-33(b)所示,已知点 M、N 的正面投影 m' 和水平投影 n,求作其他两面投影。

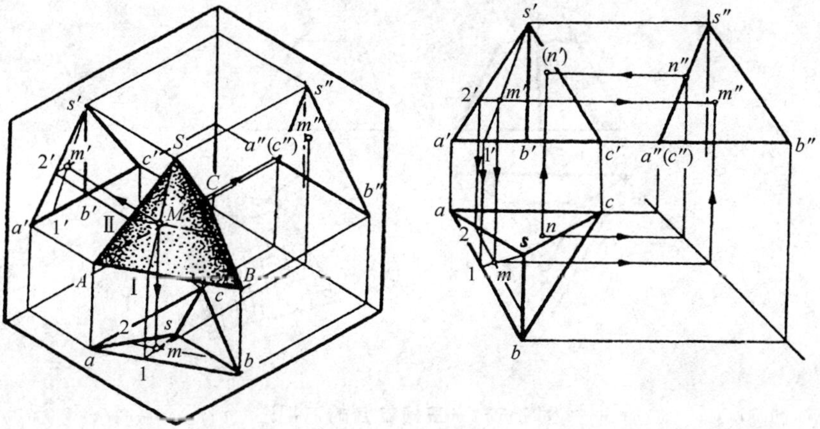

(a) 直观图　　(b) 三视图

图 2-33 正三棱锥的三视图

由于点 n 可见,点 N 在三棱锥后侧面△SAC 上,利用积聚性投影直接求得点 n'',由点 n 和 n'' 求得点 n'。因△$s'a'c'$ 为不可见,所以点(n')为不可见,作图步骤见箭头所示。

点 m' 为可见,从属于三棱锥左侧面△SAB 上,而△SAB 为一般位置平面,投影没有积聚性,因此过点 M 与锥顶 S 引辅助线 SⅠ,作出 SⅠ的有关投影,根据点在直线上投影的从属性求得点的相应投影。具体作图时,过点 m' 引 $s'1$,求得水平投影 $s1$,过点 m' 引投影连线交 $s1$ 于点 m,由点 m'、m 求得点 m''。

另一种作图法：过点 M 引 MⅡ平行 AB，也可求得点 m、m''。

以上两种作图过程，如图 2－33(b)箭头所示。

由于点 M 所属侧面△SAB 在 V 面和 W 面上的投影都是可见的，所以点 m、m''也是可见的。

3．直棱台

棱台可看成平行于底面的平面截去棱锥顶部而形成的，如图 2－34(b) 所示的三棱锥台是三棱锥截去顶部而形成的。图 2－34 为三棱锥台的三视图。

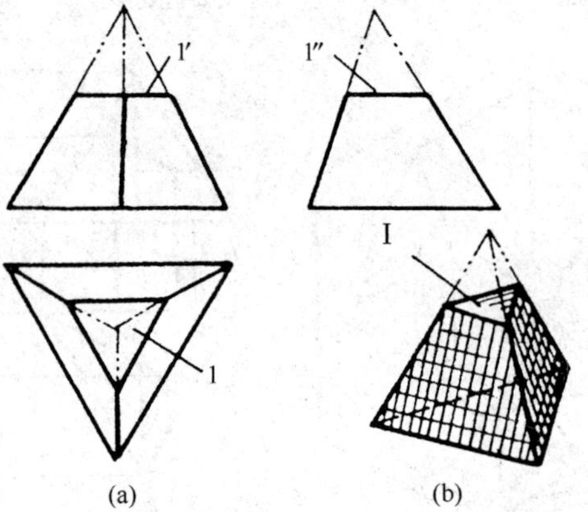

图 2－34　三棱锥台的三视图

4．斜棱锥

图 2－35(a)为斜四棱锥的三视图，可按图 2－35 所示方法对侧面和棱线进行投影分析。

这里着重分析斜棱锥上点的投影，当已知点在棱线上，利用直线上点投影的从属性求得，如已知点 E 投影为 e''，求作其他两面投影。因点 E 在 SD 棱线上，该点其他两面投影必在 $s'd'$、sd 上，直接由 e'' 求得 e'、e。

已知点 K 的正面投影 k'，求作 k、k''。由于点 K 所在△ABS 是一般位置平面，用引辅助线取点求得。其作图时，过已知点 k'引斜线 $s'p'$或过 k'引 $m'n'$平行于 $a'b'$求得，如图 2－35(a)、(b)所示。

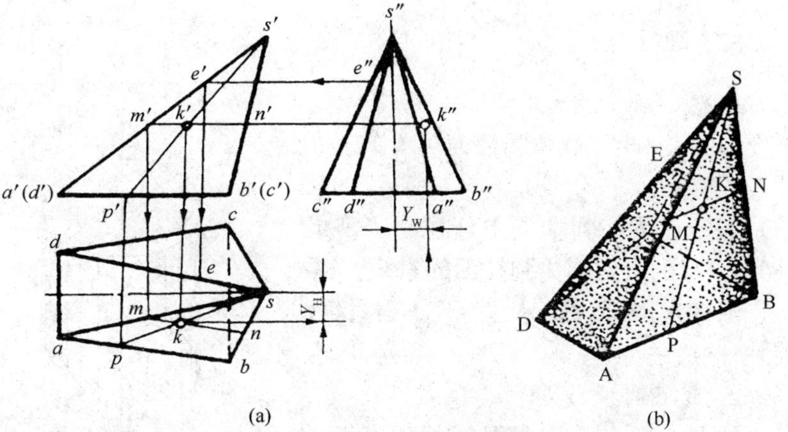

图 2-35　斜四棱锥的三视图

5. 斜棱锥台

斜棱锥台是钣金制件常用基本立体，它也可看成斜棱锥被平行于底面截去棱锥顶部而形成的。如图 2-36(b)的斜四棱台是斜四棱锥截切而成的。斜四棱台上、下底面为相似四边形、各侧面为梯形，四条侧棱与上、下底面倾斜。图 2-36(a)为斜四棱锥台的三视图，可重点分析四个侧面和四条侧棱的空间位置和投影特点，标出指定两个侧面Ⅰ、Ⅱ和两个侧棱 AB、CD 的投影位置及点 k' 其他两面的投影。

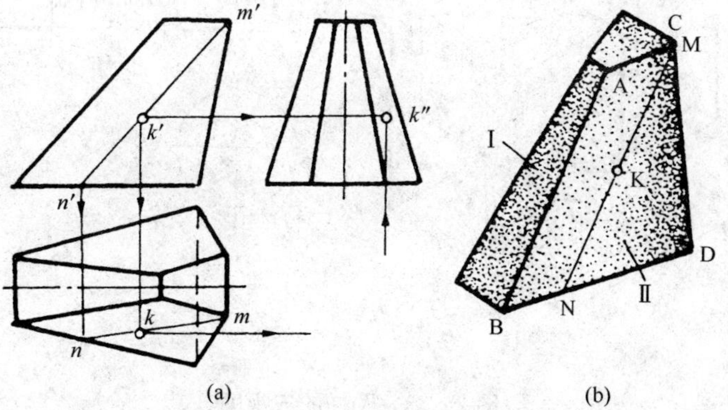

图 2-36　斜四棱台的三视图

三、圆柱

1. 圆柱面的形成

如图 2－37 所示，圆柱面可看成是由一条直线 AA_1（母线）绕与其平行的轴 OO_1 回转而成。圆柱面上任意一条平行轴线 OO_1 的直线称为圆柱面的素线。

圆柱是由圆柱面和上、下底面（圆平面）所围成的。

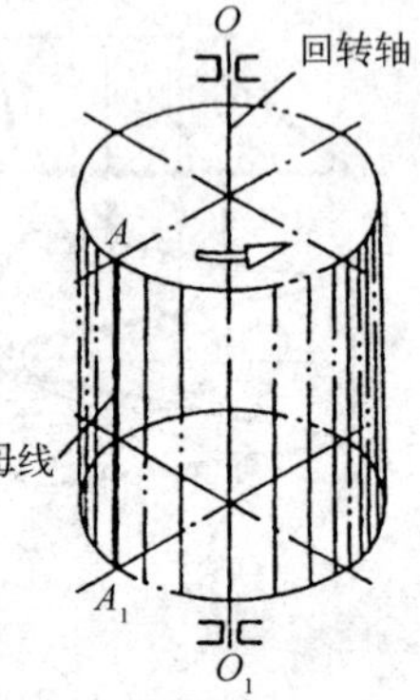

图 2－37　圆柱面的形成图

2. 圆柱的投影

如图 2－38 所示，圆柱轴线垂直于 H 面，圆柱上、下底面为水平面，其水平投影的圆为实形，正面和侧面投影积聚为横向直线；圆柱面的水平投影积聚为圆，在圆柱面上任何点、线的投影都重合在此圆周上，其正面和侧面投影是大小相同的矩形线框（表示不同方向圆柱面投影）。

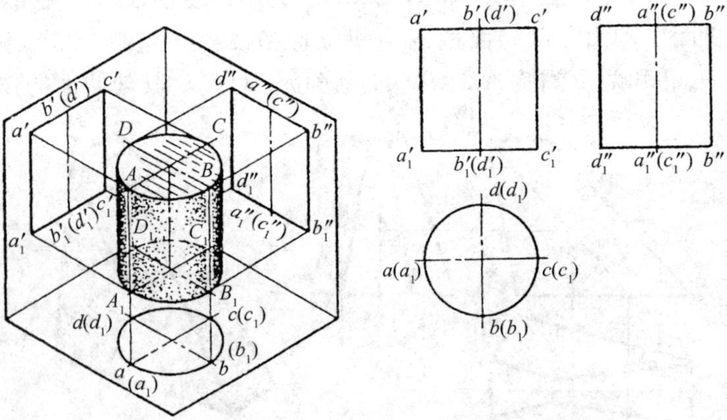

(a) 直观图　　(b) 三视图

图 2－38　圆柱的三视图

正面投影的矩形左右两边 $a'a_1'$ 和 $c'c_1'$ 是圆柱面最左和最右两条素线 AA_1 和 CC_1 的投影，也是圆柱面前半部可见、后半部不可见的分界线（即主视图圆柱面的轮廓线），它们的水平投影积聚为点 $a(a_1)$、$c(c_1)$，侧面投影与轴线投影的点画线重合，由于圆柱面是光滑的，所以不再画线。

侧面投影的矩形左、右两边 $b''b_1''$、$d''d_1''$，读者可按上述分析方法自行分析。

还应注意要用点画线表示圆柱对称中心线和轴线的投影。其他回转体都有类似要求。

画圆柱的三视图时，应先画出圆的中心线和轴线，再画反映圆的视图，然后画两个投影为矩形的视图。

3. 圆柱面上点的投影

圆柱面上点的投影，均可借助圆柱面投影的积聚性求得。

【例 1】 已知如图 2－39 所示圆柱面上点 M 和 N 的正面投影 m' 和 n'，求作其他两面的投影。

点 m' 为可见，确定点 M 位于圆柱面前半部的左边，由点 m' 求得 m，再由点 m'、m 求得点 m''，点 m'' 为可见；点 n' 在圆柱右边轮廓线上，由点 n' 直接求得点 n 和 n''，点 (n'') 为不可见。

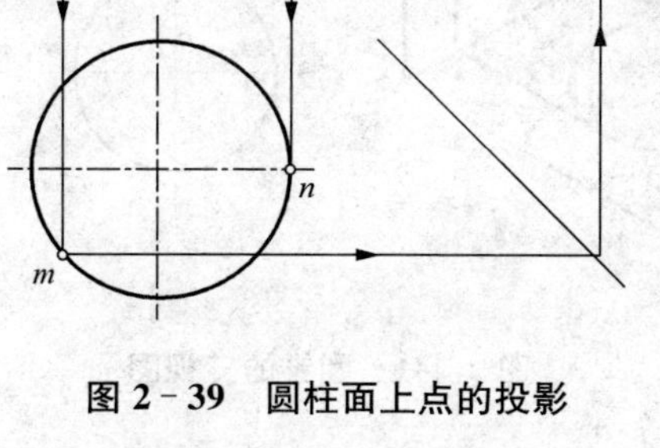

图 2－39　圆柱面上点的投影

四、圆锥

1. 圆锥面的形成

如图 2-40 所示，圆锥面可看成是一直线（母线）围着与其相交一定角度的轴线 SO 回转而成的。圆锥面通过锥顶的任一直线称为圆锥面的素线。在母线上任意一点的运动轨迹为圆。圆锥是由圆底面和圆锥面所围成的。

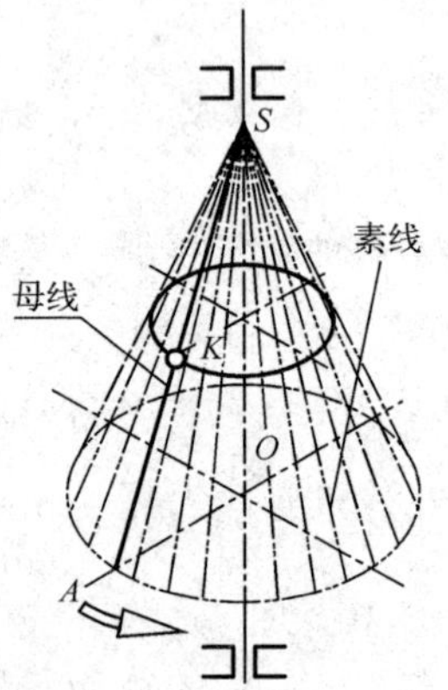

图 2-40　圆锥面的形成

2. 圆锥的投影

如图 2-41 所示，圆锥面的三个投影都没有积聚性。当圆锥轴线垂直于 H 面，圆锥的水平投影的圆为底圆的实形，以及圆锥面重合投影，其圆周表示圆锥面与底面相交线的投影，正面和侧面投影都是大小相同的等腰三角形。

正面投影的等腰三角形的两腰 $s'a'$、

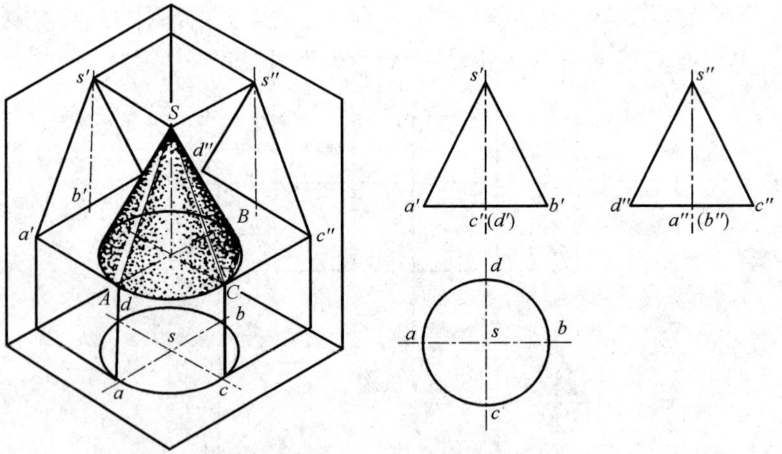

(a) 直观图　(b) 三视图

图 2-41　圆锥的三视图

$s'b'$分别表示圆锥面最左、最右素线 SA、SB 的投影，是圆锥面前半部可见、后半部不可见的分界线，是主视图圆锥面的轮廓线。这两条线的水平投影 sa、sb 和圆的水平中心线重影，侧面投影 $s''a''(b'')$与轴线重合，均不画线。

侧面投影的等腰三角形的两腰 $s''c''$、$s''d''$，读者可按上述分析方法，说明其投影含义和找出其他两个投影的位置。

画圆锥三视图时，应先画圆的中心线和轴线，再画底圆的各个投影(先画圆的实形，再画圆的两个积聚性投影)，然后画出顶点各个投影，最后画圆锥轮廓线。

3. 圆锥面上点的投影

【例 2】 如图 2－42(b)，已知圆锥面点 M、N 的正面投影 m'、n'，求作其他两面投影。由于点 M、N 处在圆锥面左、前轮廓线 SA、SB 上，利用点在直线上投影的从属性，由点 m'求得点 m、m''；由点 n'求得点 n''，再由点 n''求得点 n，其作图步骤见图 2－42(c)所示的箭头。

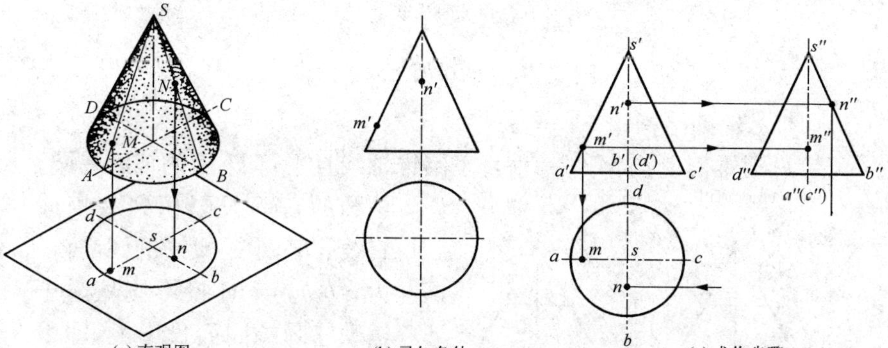

图 2－42　圆锥面上轮廓线上点的投影

【例 3】 如图 2－43 所示，已知点 M 的正面投影 m'，求作其他两面投影。

由于圆锥面投影没有积聚性，求点 M 的另两个投影，必须过圆锥面上点 M 引辅助线，然后在辅助线的投影上确定点 M 的投影，作图方法有两种：

（1）辅助素线法

过圆锥面上点 M 和锥顶 S 引辅助线 SA，SA 为圆锥面上素线（直线）。过点 m' 引 $s'a'$ 求得 sa，再由点 m' 求得点 m，见图 2－43(a)、(b)所示。

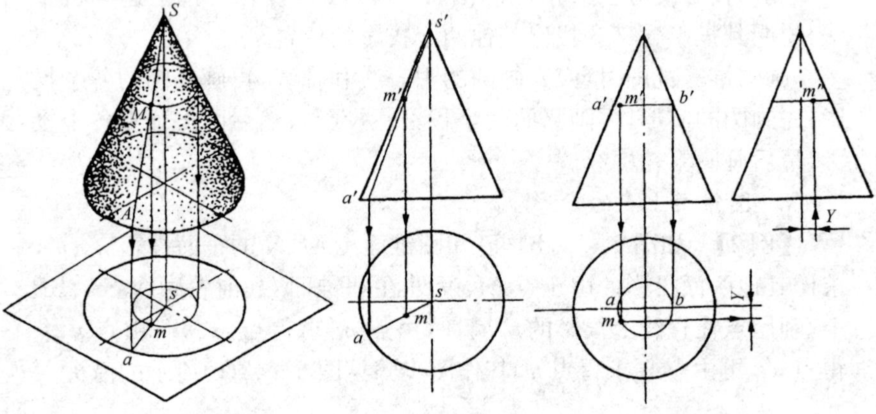

(a) 直观图　(b) 辅助线法　(c) 辅助纬圆法

图 2－43　圆锥面上点的投影

（2）辅助纬圆法

过圆锥面上点 M 作一垂直于圆锥轴线且平行 H 面的辅助纬圆，该圆的正面投影积聚一横向直线 $a'b'$，水平投影为圆（直径为 $a'b'$），点 M 投影应从属于辅助纬圆的同面投影上，即由点 m' 求得点 m，由点 m'、m 求点 m''，见图 2－43(a)、(c)所示。

点 m、m'' 均是可见点。

4. 圆锥台

如图 2－44 所示，圆锥台可看成圆锥面被垂直圆锥轴

图 2－44　圆锥台三视图和立体图

线的平面切去圆锥的顶部而形成。它的三视图特点为两个同心圆对应两个等腰梯形。其投影分析、三视图特点、作图步骤和求表面上点的投影，可参照圆锥。

五、圆球

1. 圆球面的形成

如图 2 - 45(a)所示，圆球面可看成一个圆作母线(K)，绕其直径 OO 旋转而成。在圆上任意点运动轨迹为大小不等的圆。

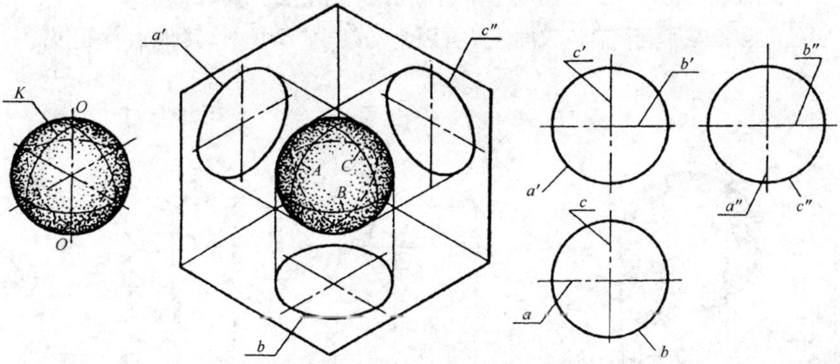

(a) 圆球面的形成　　(b) 直观图　　(c) 三视图

图 2 - 45　圆球的三视图

2. 圆球的投影

圆球任何方向的投影都是等径的圆。图 2 - 45(b)、(c)所示三个圆 a'、b、c''分别表示三个不同方向上圆球面最外素线圆 A、B、C 的投影。

主视图的圆 a'表示球面前半个可见和后半个不可见的分界(轮廓)线，是圆球面上平行于 V 面的前后方向外形素线(圆)A 的投影，与其对应投影 a'、a''直线与俯、左视图上圆中心线重叠，但不画线。

俯视图的圆 b 则表示圆球上半部可见和下半部不可见的分界(轮廓)线，是上、下方向球面外形素线(圆)B 的投影，其对应 b'、b''直线与主、左视图上圆的中心线重叠，也不画线。

3. 圆球面上点的投影

由于圆球面不可能引直线，以及任何位置平面截切圆球都是圆。因此，求作圆球面上点，可用过已知点在球面上作平行投影面的辅助圆(纬圆)方法求得。

【例 4】 如图 2-46 所示，已知点 M、N 的正面投影 m' 和水平投影 n，求作其他两面投影。

点 M 处在前后半个圆球的分界(轮廓)线上，由点 m' 直接求得点 m、m''；点 N 处于上、下半个圆球分界(轮廓)线上，由点 n 求得点 n'、n''，见图 2-46(a)、(b)所示，其投影分析见图 2-46(c)。

点 N 从属于右半球面上，所以点(n'')为不可见，其他点均可见。

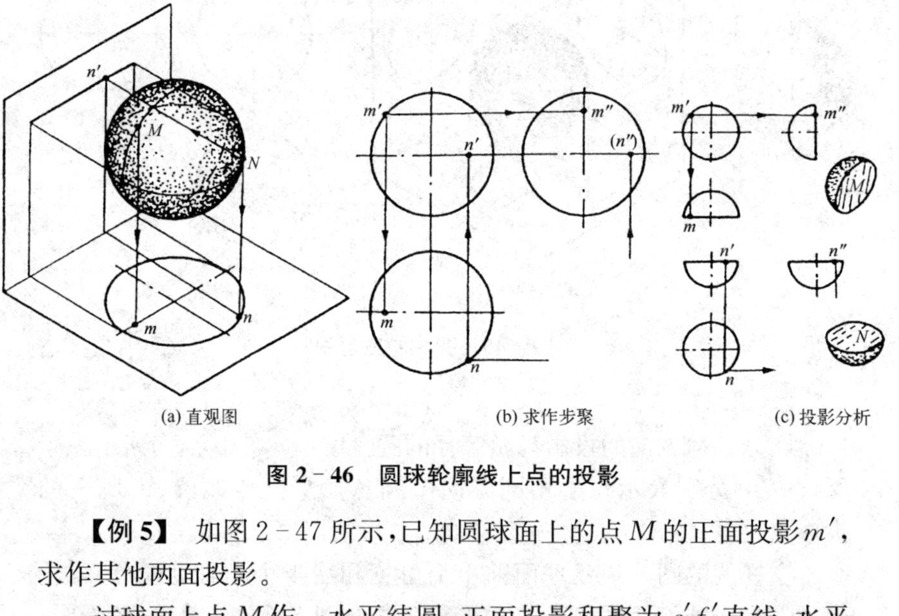

(a) 直观图　　(b) 求作步聚　　(c) 投影分析

图 2-46　圆球轮廓线上点的投影

【例 5】 如图 2-47 所示，已知圆球面上的点 M 的正面投影 m'，求作其他两面投影。

过球面上点 M 作一水平纬圆，正面投影积聚为 $e'f'$ 直线，水平投影的圆直径等于 $e'f'$，因为点 M 从属于该圆，所以由点 m' 求得点 m，再由 m'、m 求得点 m''。由于点 M 在左上半球上，所以点 m、m'' 均为可见，如图 2-47(a)所示。

在球面作辅助纬圆也可选择作平行 V 面和 W 面，其投影结果均相同，见图 2-47(b)、(c)所示。

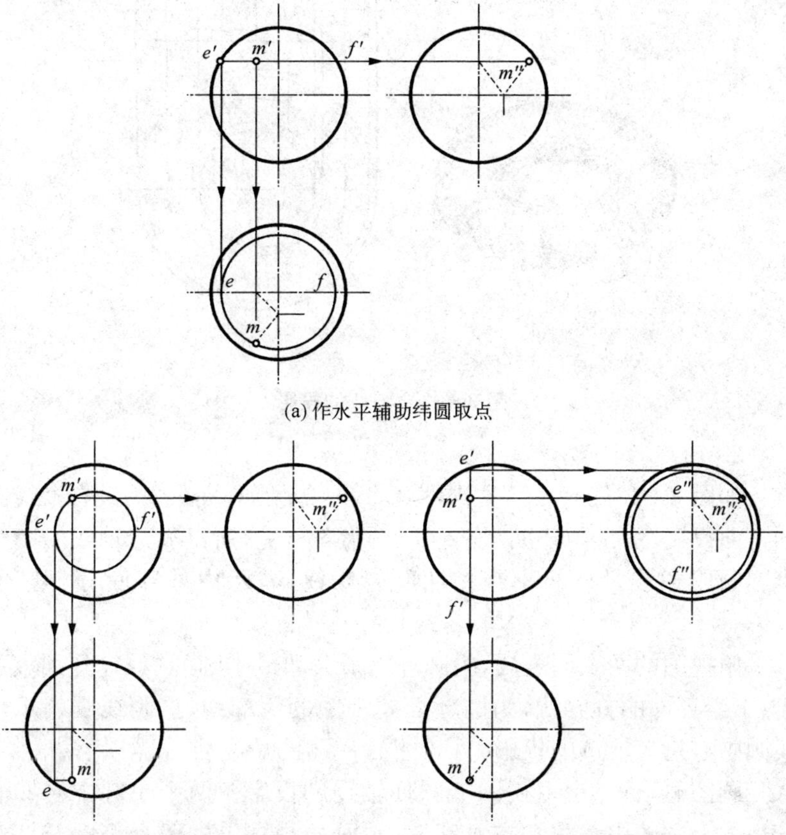

(a) 作水平辅助纬圆取点

(b) 作正平辅助纬圆取点　　(c) 作侧平辅助纬圆取点

图 2-47　圆球面上点的投影

六、圆环

1. 圆环的形成

如图 2-48(a)所示，圆环面看成一圆为母线，绕着与圆平面共面，但不通过圆心的轴线 OO_1 回转而成。圆环的外环面是圆弧 ABC 旋转而成，圆环的内环面是圆弧 ADC 旋转而成。

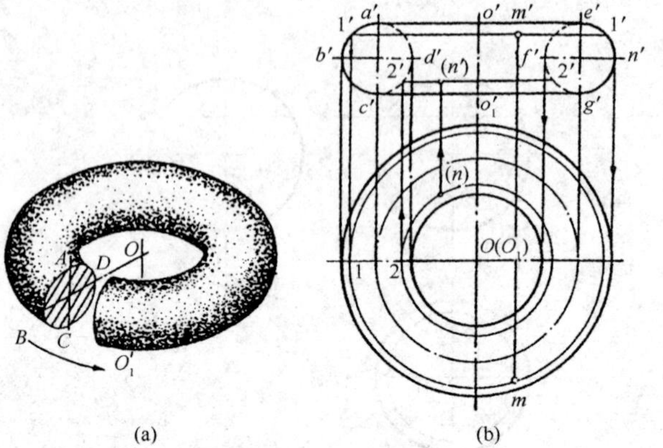

图 2-48 圆环的投影

2. 圆环的投影

如图 2-48(b)所示,主视图两个小圆是圆环面最左、最右素线圆的正面投影,由于内环面从前往后看为不可见,所以靠近轴线的两个半圆画成虚线。与两小圆相切的轮廓线,表示内外环面分界圆的投影。

俯视图的两个同心圆,为圆环面最大和最小圆的投影,分别表示上、下半环面的分界线,为圆环面俯视图的轮廓线,点画线圆表示母线圆中心运动轨迹的投影。

画图时,首先画主视图上圆环轴线的投影及两个小圆中心线和俯视图上圆的中心线和点画线圆,再画主视图上的两个小圆与切于两小圆上、下两条直线,最后画俯视图的两个实线圆。

3. 圆环面上点的投影

【例 6】 如图 2-48(b)所示,已知环面上点 M、N 的正面投影 m'和水平面投影(n),求作点 m 和 n'。

由于点 m'为可见,可知点 M 在前半个外环面上。求过点 M 作一个与轴线垂直辅助圆的正面投影 $1'1'$,并作出该圆水平投影(以点 O 为圆心,O_1'为半径的圆),并在该圆上求得点 m。

点(n)为不可见,说明点 N 在下半个内环面上。求作时,可先在内环面过点(n)作辅助圆的水平投影[以 O 为圆心,$O(n)$为半径],再作该圆的正面投影 $2'2'$,由点(n)在 $2'2'$线上求得点(n')。点 N 在内环面上,所以点(n')为不可见。

第三节　线段实长求作

在构件的展开图上,所有轮廓线、棱线、结合线及辅助线等,均是构件表面上对应线段的实长。然而,并非构件上所有线段及线段组成的平面,在图样中均反映实长及实形。因此,展开时必须先判断并求出线段实长、交线实形等,才能准确作出其展开图。

一、直线段实长求作

1. 旋转法求实长

(1) 旋转法求实长原理。旋转法求实长就是将空间一般位置的直线段绕一垂直于投影面的固定轴旋转成投影面平行线,则该线段在与之平行的投影面上的投影反映实长。

如图 2-49(a)所示,以 AO 为轴将线段 AB 旋转至与正面平行的AB_1 位置,线段 AB 则由任意位置变为正平线位置,其新的正面投影 ab_1'即为 AB 的实长。

图 2-49(b)所示为 AB 线段利用旋转法求实长的投影作图,图 2-49(c)则表示将 AB 线段旋转成水平位置求实长作图过程。旋转法适用于角锥、斜圆锥及其组成的构件。

(2) 四棱锥棱线实长求法。作四棱锥侧面展开图时,需要先求出棱线实长,如图 2-50(a)所示,OA 棱线为一般位置直线,其在主、俯视图中均不反映实长。

若利用旋转法,在俯视图中以 O 为圆心、oa 为半径画圆弧至水平中心线,由水平中心线交点引上垂线,交主视图锥底延长线于 a_1',则 $o'a_1'$即为棱线 OA 的所求实长。

(3) 斜圆锥表面各素线长求法。为了画出斜圆锥表面展开图,需要先求出其底圆周各等分点与锥顶连线（简称为“素线”）的实长。由图 2－50(b)可知，这些素线除主视图两边轮廓线(o'－$1'$、o'－$5'$)外，均不反映实长。

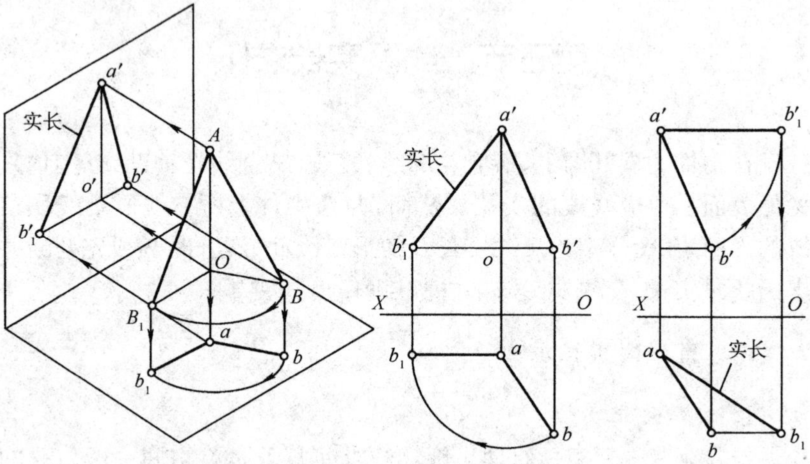

(a) 旋转过程　　(b) 投影图　　(c) 实长图

图 2－49　旋转法求实长

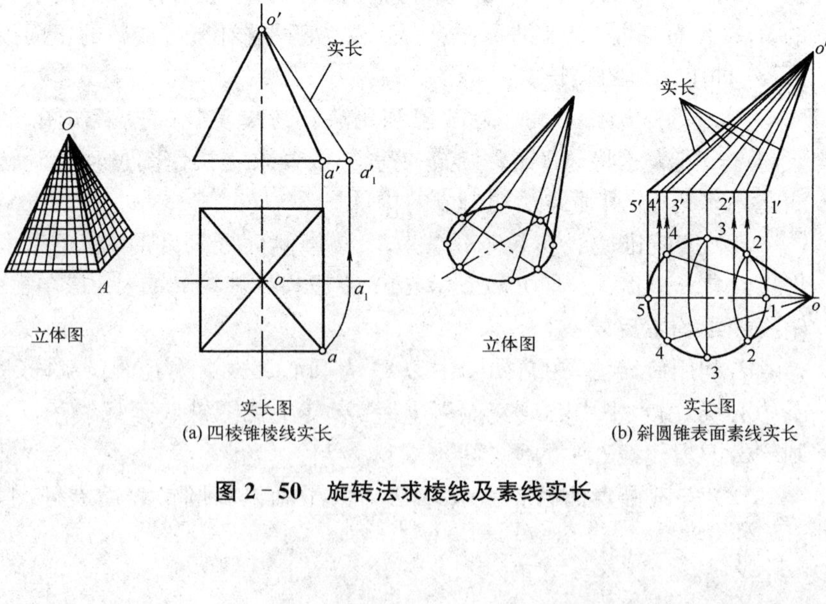

实长图
(a) 四棱锥棱线实长

实长图
(b) 斜圆锥表面素线实长

图 2－50　旋转法求棱线及素线实长

斜圆锥表面各素线实长可利用旋转法求出，即以 o 为圆心，o 至2、3、4 各点的距离为半径画同心圆弧，得与水平中心线 $o-5$ 的各交点。再由各交点引上垂线交 $1'-5'$ 线段于 $2'$、$3'$、$4'$ 点，分别连接 $2'$、$3'$、$4'$ 与 o'，则得线段 $o'-2'$、$o'-3'$ 和 $o'-4'$，即为所求三条素线的实长。

2. 三角形法求实长

用三角形法求直线实长时，既可作在主视图中，也可作在俯视图中。从前面图 2-49 中可以看出 AB 线经过旋转所求出的实线长 $a'b_1'$，也可以利用三角形法求出其实长。

(1) 直角三角形法求实长。在图 2-49(b)中作 $a'o$ 作为$\triangle a'ob_1'$ 的一条直角边，而以 AB 线的水平投影线 ab($ab=ob_1'$)线作直角三角形的另一条直角边，则连接三角形的斜边 $a'b_1'$ 即为实长。

三角形法多用于上、下底平行或不平行的构件，至少需要画出构件的两面视图。如各种罩类、变径、变向连接管及方圆过渡接头等，应用极广。如图 2-51(a)所示的方圆过渡接头的实长线求法，其视图分析、作展开图时的要求、作实长步骤说明分别如下：

① 立体图投影与分析。如图 2-51(b)所示，俯视图中四个全等等腰三角形表示其平面部分，各等腰线表示方圆过渡线(平面与曲面的分界线)，这些线均为一般位置直线，在视图中不反映实长，并且俯视图中的辅助线也不反映实长。

② 作展开辅助线。需要先求出一般位置直线的实长，并在曲面投影部分必须作出适当数量的辅助线，如 $B-2$、$B-3$(2、3 点为 1/4 圆周的等分点)。再分别求出各条辅助线的实长。

③ 作实长图。由于实际放样时多在主视图中作出实长，所以需将求实长移至主视图右侧较方便。同时，在 $A'B'$、$1'-4'$ 延长线上作垂线 $B''B^{\circ}$，并取 $B^{\circ}-1(B^{\circ}-4)$、$B^{\circ}-2(B^{\circ}-3)$等于俯视图中 $B-1$、$B-2$ ($B-1$ 等于 $B-4$，$B-2$ 等于 $B-3$)。

最后，连接 1(4)、2(3) 点与 B'' 点得到线段 $B''-1(B''-4)$、$B''-2(B''-3)$，即为所求各线实长，如图 2-51(c)所示。

(2) 三角形直角梯形法求实长。图 2-52(a)所示的顶口倾斜圆方过渡接头的表面是由平、曲混合面组成。平面与曲面的过渡线及作展开图时所作的辅助线，均不反映实长。

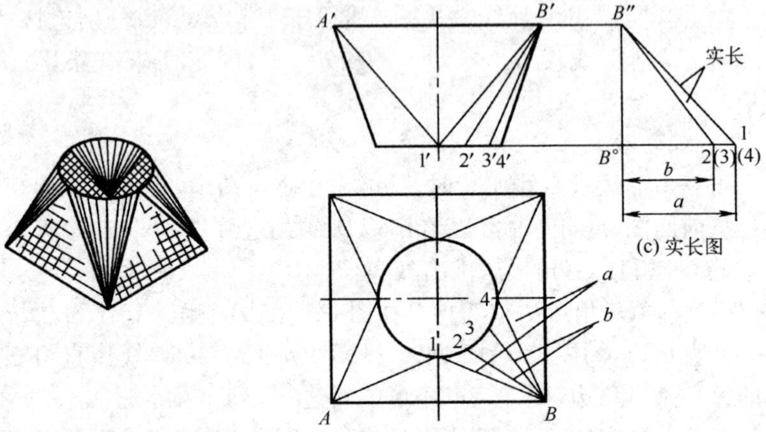

(a) 圆方过渡接头立体图　　(b) 投影视图　　(c) 实长图

图 2－51　直角三角形法求实长

通常采用三角形直角梯形法求其实长，如图 2－52(a)所示，其作图原理是利用另加一辅助投影面，使其轴线平行于所求线的原水平投影，且两者对应高度相等，对应高端点的连线反映所求线的实长。求作步骤如下：

① 作立体图投影。用已知尺寸先画出斜圆方过渡接头的主视图和顶底断面图，如图 2－52(b)、(c)所示。

② 四等分顶断面半圆周。由等分点 2、3、4 向 1－5 线分别引垂线得垂足 2′、3′、4′，再分别连接 2′、3′点与 A' 点，3′、4′点与 B' 点，分别成为线段 $2'A'$、$3'A'$ 和 $3'B'$、$4'B'$[图 2－52(c)]。

③ 用直角梯法求实长。图 2－52(d)所示是为了图面清晰，将主视图左、右轮廓线及作图线分别叠画在同一水平线上求实长图。首先由 $A'(B')$ 向左截取主视图 A'－1、A'－2′、A'－3′得 1、2′、3′点，向右截取 B'－3′、B'－4′、B'－5 得 3′、4′、5 点。

然后，依次由 2′、3′、$A'(B')$、5、3′向上引垂线，并截取 2′－2、3′－3、4′－4 各线长分别等于图 2－52(c)主视图中顶底断面 2′－2、3′－3、

4′－4 各线长，从而依次得出 2、3、4、5 各点。

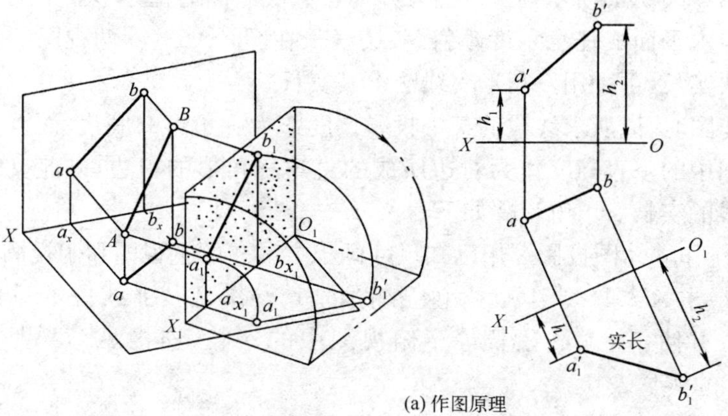

(a) 作图原理

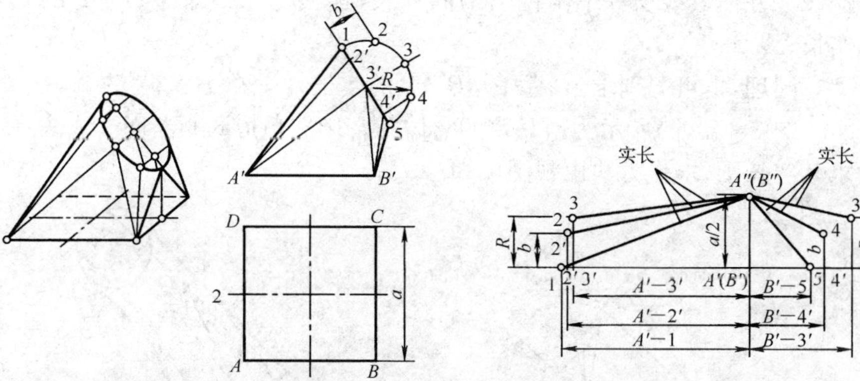

(b) 立体图　　(c) 顶底断面图　　(d) 实长图

图 2－52　三角形直角梯形法求实长

最后，再截取 $A'A''(B'B'')$ 线长等于其顶断面的 $a/2$ 长度，从而获得 $A''(B'')$ 点，随之依次从左至右连接 1、2、3 点与 A'' 点，5、4、3 点与 B'' 点，分别成为线段 $1A''$、$2A''$、$3A''$ 和 $3B''$、$4B''$、$5B''$，即得所求各线段的实长。

3. 三角形支线法求实长

图 2－53(a)所示为倒置的方漏斗，顶、底断面为正方形互扭 45°，顶口与水平面成任意角度倾斜，各棱线长在图 2－53(a)两视图中均不反映实长，可采用三角形支线法求其实长。

作图时，以所求线段的某一投影长度作为三角形的底边，而以另一视图中的垂直高度作为对边所成的直角三角形的斜边，以此反映所求线的实长。求解步骤如下：

① 作立体图投影。用已知尺寸画出方漏斗的主视图和俯视图。

② 求 $A'-1'$ 线实长。由主视图的 $1'$ 点作 $A'-1'$ 线段的垂线 $1'-1''$，并使 $1'-1''$ 线段长等于俯视图中的 a 长，连接 $A'-1''$ 即为 $A'-1'$ 的实长。

③ 求 $B'-2'$ 线实长。由主视图的 $2'$ 点作 $B'-2'$ 线段的垂线 $2'-2''$，并使其线长等于俯视图中的 b 长，连接 $B'-2''$ 即为 $B'-2'$ 的实长。

同理，也可分别求出 $A'-2'$、$B'-3'$ 的实长 $A'-2''$、$B'-3''$。

图 2－53(b)所示为斜马蹄的立体图及用三角形同心断面支线法求其实长图，求作方法由视图可知。

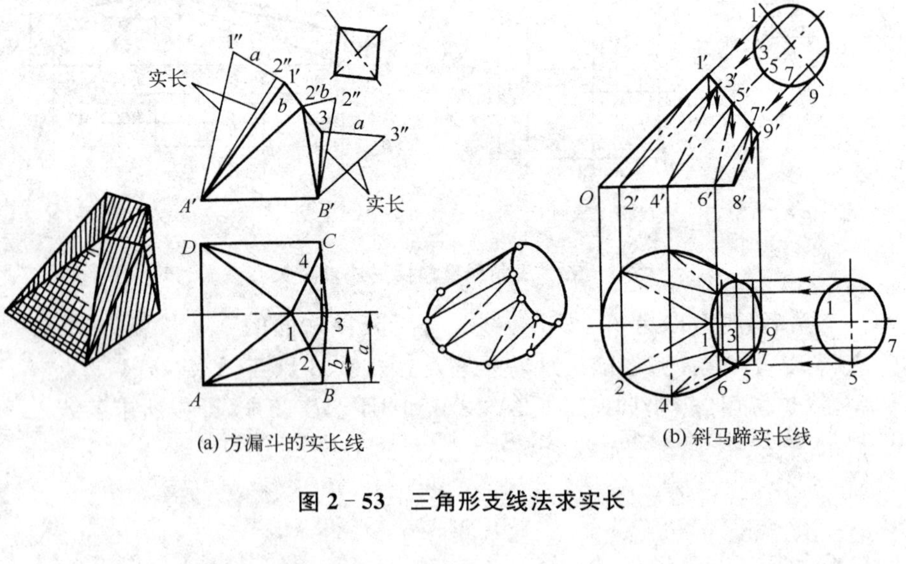

(a) 方漏斗的实长线　　(b) 斜马蹄实长线

图 2－53　三角形支线法求实长

二、曲线段实长求作

1. 辅助投影面法求实长

辅助投影面法是另增设一个与曲线平面平行的辅助投影面，使曲线在该面上的投影反映实长的求作方法，这种方法简称为换面法，通常适用于平面折线、曲线等图形的求作。

换面法是指保持几何要素的位置不动，而用新的投影面体系代替原来的投影体系，使几何要素在新的投影面体系中对新设的投影面处于某种特殊位置，以利求解。

(1) 平面折线换面法求实长。如图 2-54(a)所示，空间一平面三角形 ABC，在原投影面体系中为铅垂面，对 V、H 面的投影均不反映其实形。若欲求$\triangle ABC$ 的实形，则可选用一个新投影面 V_1 去替换原有的投影面 V。

新投影面 V_1 既要垂直于 H 面，又要平行于$\triangle ABC$ 所在平面，故$\triangle ABC$ 对投影面 V_1 的投影则反映其实形。通常，若采用上面所述的换面法投影求实长时，新投影面的选择必须符合以下两个条件：

① 新投影面位置的选择。新投影面必须选在处于求解的有利位置，且必须平行于$\triangle ABC$ 所在平面，以便于求得$\triangle ABC$ 的实形和各条边线的实长。

② 新投影面体系的确定。新投影面必须垂直于原投影面体系中保留的投影面，且组成一个新的两投影面体系。

(2) 平面曲线换面法求实长。图 2-54(b)所示为曲线换面法求作过程，从其两视图中可以看出曲线位于正垂面上，由于正垂面垂直于投影面且倾斜于水平面，曲线的正投影积聚成直线段 $1'-7'$、水平投影为半圆，但不反映实形或实长，因此，需增设一辅助投影面反映其实长，求解步骤如下：

① 用已知尺寸作出主视图和俯视图。

② 等分俯视图半圆周。六等分俯视图半圆周，等分点为 1、2、3…7，由等分点引上垂线得与 $1'-7'$线段的各交点。

③ 作辅助线。画 $1''-7''$线段平行且等于 $1'-7'$线段长，再从$1'-7'$

线段上各点分别向 1″－7″线段引垂线，得与 1″－7″线段的各交点，并由各交点向上取各线长对应等于俯视图圆周等分点至 1－7 线段各对应线长，从而得出 2″、3″…6″各点。

通过各点连接 1″－2″－3″－…－7″弧线成光滑曲线，即为所求平面曲线的实长。

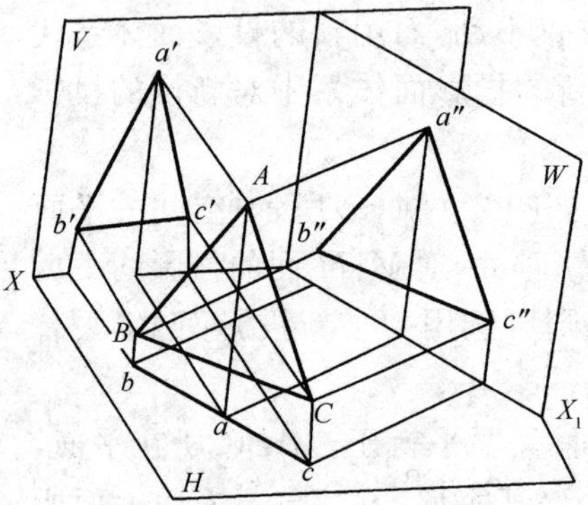

(a) 折线换面法求作

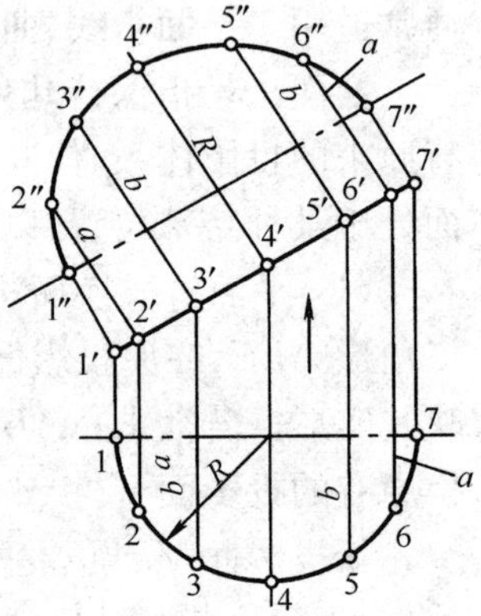

(b) 曲线换面法求作

图 2－54 换面法求作实长

2. 平行线展开法求实长

如图 2－55(a)所示，在右侧画水平线段 1－7 等于俯视图半圆周长 πR，并将半圆周长进行六等分，从而得出各等分点分别为 1、2…7。再由各等分点向上引垂直线，与由主视图 1′－7′各点向右所引的水平线对应交点，得出 1″、2″、3″…7″各点，连接 1″－7″曲线即为所求曲线的实长。

3. 利用公式计算法求实长

如图 2－55(b)所示为一个导程(周节)内圆柱螺旋线的两面视图，由于它的实长线为直线，求其螺旋线的实长可用作图法(说明从略)和计算法两种，用计算法即用计算公式求其实长，其计算公式为

$$L=\sqrt{(\pi d)^2+P_n^2}$$

式中　L——螺旋线实长(mm);

d——螺旋线直径(mm);

P_n——周节(个)。

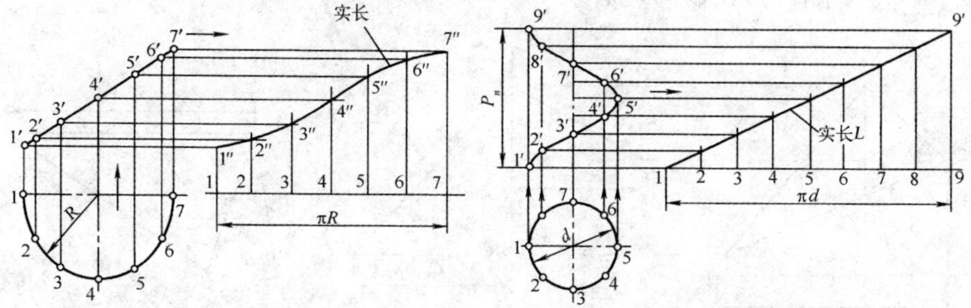

(a) 展开法求作半圆实长　　(b) 计算法求作螺旋线实长

图 2-55　展开法与计算法求作实例

第四节　平面实形求作

根据平面投影特性可知,平行于投影面的平面或断面可反映实形,而垂直于投影面和一般位置的平面或断面,在三视图中均不反映实形。然而若采用变换投影面法(即辅助投影面法)不仅可求作平面实形,还可求作断面实形。

采用变换投影面法求作时,在将平面由一般位置旋转为特殊位置过程中,第一次旋转变为垂直面,可积聚为一条直线并反映平面的倾角,在第二次旋转变为平行面时,则可反映平面的实形。

一、直角三角形法

作钣金制作展开图时,求作平面实形是关键。根据平面投影特性,只有平面平行于投影面时,其投影才能反映实形,平面倾斜投影面则投影为类似形,不反映平面的实形。若根据投影图作平面实形,应先求出组成平面各边的实长,再根据几何作图法作出平面的实形。

多数情况下，把平面分割成若干三角形，再求三角形各边的实长，然后作出各三角形。

【例 1】 已知图 2－56(a)中△ABC 的两面投影三角形 abc、$a'b'c'$，求作△ABC 的实形。

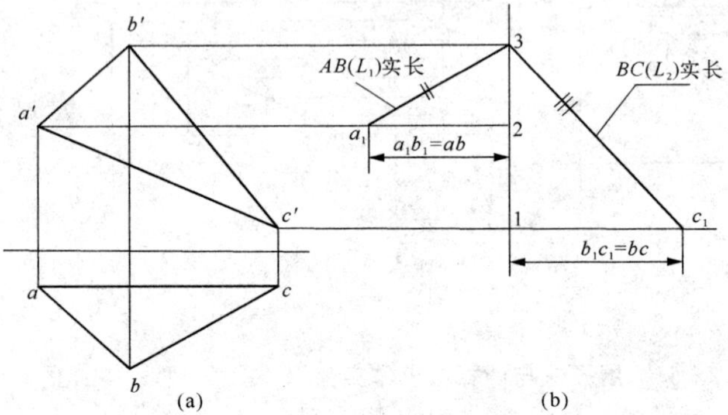

图 2－56 求作三角形的实形

(1) 分析。从△ABC 两面投影△abc 与△$a'b'c'$对应关系中，判定△ABC 为一般位置平面，两个投影都不反映实形。从 ac 对应 $a'c'$，判定 AC 为正平线，$a'c'$为三角形 AC 边的实长。另两边都是斜线相对应：ab 对应 $a'b'$，bc 对应 $b'c'$。判断 AB 和 BC 两边为一般位置直线，两面投影都不反映实长，要求其实长，可用直角三角形法求得。求出三角形三边的实长，便能作出三角形的实形。

(2) 求作 AB、BC 的实长[图 2－56(a)、(b)]。作任一垂线，并从正面投影三角形 $a'b'c'$顶点 a'、b'、c'引水平线，与垂线相交于点 1、2、3。分别在两条水平线截取 $a_1b_1=ab$、$b_1c_1=bc$，得点 a_1、c_1。连接 3、a_1，3、c_1，则 $3a_1$ 为 AB 的实长，$3c_1$ 为 BC 的实长。

(3) 作△ABC 的实形[图 2－56(c)]。由已知三角形边长 $a'c'$(AC)、L_1(AB)、L_2(BC)，用几何作图法作△ABC。

【例 2】 图 2－57(a)中，已知平行四边形 $ABCD$ 的正面和水平投影，求作其实形。

(1) 分析。应先判断两个投影是否为平行四边形。根据平行四

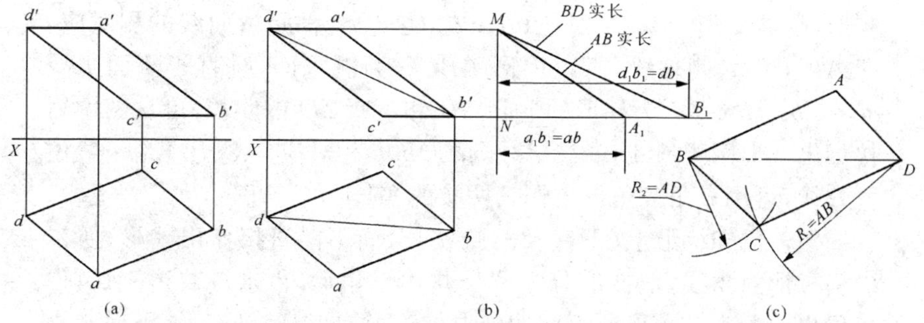

图 2-57　求作平行四边形的实形

边形几何性质，其对应边平行，从图中 $ab /\!/ cd$、$ad /\!/ bc$，$a'b' /\!/ c'd'$、$a'd' /\!/ b'c'$，可确定 $abcd$、$a'b'c'd'$是平行四边形。

从 $a'd'$对应 ad，ad 为 AD 的实长；$b'c'$对应 bc，bc 为 BC 的实长，其他两边（相等）都是斜线相对应，为一般位置直线，可用直角三角形法求作实长。

从几何作图可知，只要平行四边形两条邻边及对角线为已知，就能作出平行四边形。按图 2-57(b)引对角线，如 bd 或 $b'd'$。由于 BD 为一般位置直线，因此应求其实长。

(2) 求作 AB 和 BD 的实长[图 2-57(b)]。

① 作任一垂线，延长 $c'd'$、$d'a'$，交垂线于点 N、M。

② 以 N 为起点，截取 $a_1b_1=ab$、$d_1b_1=db$，得点 A_1、B_1。

③ 分别连接 M、A_1，M、B_1，则 MA_1 为 AB 的实长，MB_1 为 BD 的实长。

(3) 作平行四边形 $ABCD$ 的实形[图 2-57(c)]。由于△ABC 边长 AB、BD、AD 已知，可作出△ABD 的实形。然后以 BD 为共边作另一个△BDC。作图时，以 B、D 为圆心，$R_2=AD$、$R_1=AB$ 为半径画弧，两弧相交于点 C，连接 B、C，D、C 得△BDC，这两个三角形构成平行四边形 $ABCD$。

【例 3】 如图 2-58(a)中，已知梯形 $ABCD$ 的两面投影 $abcd$、$a'b'c'd'$，求作其实形。

(1) 分析。从图中可看出，梯形 $abcd$ 和 $a'b'c'd'$不反映 $ABCD$

实形，是类似形，因 $a'b'$ 对应 ab，$c'd'$ 对应 cd，都是横向线的相对应，即 AB、CD 是侧垂线，所以梯形 $ABCD$ 为侧垂面（垂直于侧面），故 $ab=a'b'$、$cd=c'd'$ 为梯形的上底 AB 和下底 CD 的实长，可从图中直接量出。但两腰斜线 ac 与 $a'c'$、bd 与 $b'd'$ 相对应，AC、BD 是一般位置直线，可用直角三角形求作其两腰的实长。

但若已知梯形上、下底及两腰实长，尚不能直接作出梯形，所以应引梯形对角线，把梯形分为两个共边三角形，再求得共边实长，便可作出由两个三角形所组成的梯形。若引梯形高，已知上、下底及高的实长，也可作出梯形。而后一种方法往往更简便。

(2) 作图(一)。

① 引梯形对角 $b'c'$、bc。

作任意垂线，延长 $a'b'$、$c'd'$，交垂线于点 M、N。

分别以 MN 与 bc、MN 与 bd、MN 与 ac 为直角边作直角三角形，所得斜边分别为 BC、BD、AC 的实长，见图 2-58(a)、(b)。

② 用已知边 $CD=cd$、BD、BC，作△BCD，见图 2-58(c)。

③ 过点 B 作 DC 平行线，截取 $AB=ab$，得点 A，连接 A、C，即得梯形 $ABCD$，见图 2-58(d)。

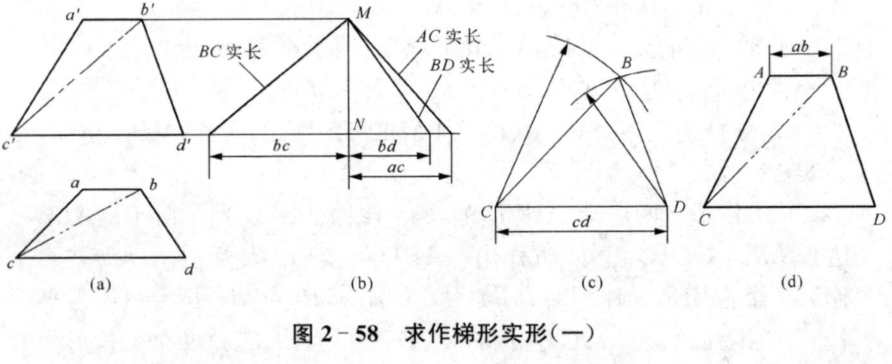

图 2-58 求作梯形实形(一)

(3) 作图(二)。

① 引梯形底面高 bg。任作一垂线，延长 $a'b'$、$c'd'$，交垂线于点 M、N。以 MN、bg 为直角边作直角三角形，所得斜边为 BG 的实长，见图 2-59(a)。

作两条相距为 BG 的平行线，在底边截取 $CG=cg(c'g')$，$GD=gd(g'd')$；过 G 引垂线，得交点 B，过点 B 截取 $BA=ba(b'a')$，得点 A。连接 A、C，B、D，得梯形 $ABCD$ 的实形，见图 2－59(b)。

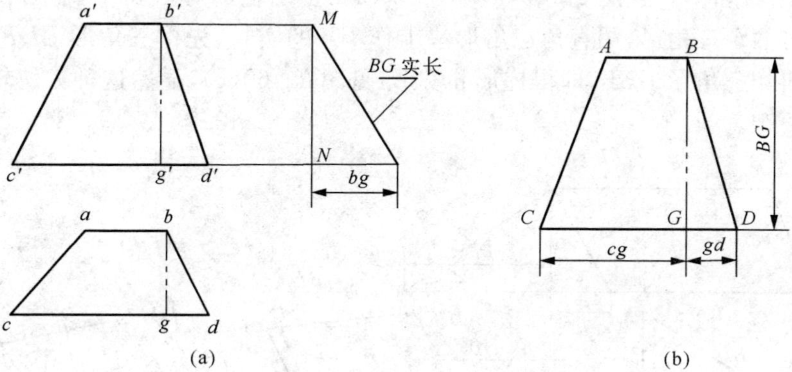

图 2－59　求作梯形实形(二)

【例 4】　图 2－60(a)中，已知两个相邻梯形Ⅰ、Ⅱ的两面投影线框 1、1′和线框 2、斜线 2′，求作两梯形的实形。

(1) 分析。从线框 1′对应 1，表示平面Ⅰ为侧垂面，可采用与图 2－59 相同的作图方法，求得梯形Ⅰ的实形。等腰梯形线框 2 对应斜线 2′，等腰梯形Ⅱ为正垂面，斜线 2′反应梯形高的实长。be、df 对应点 $b(e')$、$d(f')$，BE、DF 为止垂线，be、df 为梯形Ⅱ上、下底边的实长。通过上述分析，说明梯形Ⅱ可直接求作。

(2) 作图。

① 在图 2－60(a)中，过 c 作垂线，交 ab 于点 g。在梯形 $a'b'c'd'$ 左侧作任一垂线，延长 $c'd'$、$a'b'$，交垂线于点 M、N。以 MN、cg 为直角边作直角三角形，得到的斜边即为梯形Ⅰ高的实长 CG。在图 2－60(b) 中，以 CG、ag 为直角边作直角三角形 ACG。延长 AG 至 B，使 $GB=gb$。过 C 作 $CD=cd$ 且平行于 AB。连接 D、B，即得梯形Ⅰ实形。

② 在图 2－60(a)中，过 d 引水平线，交 cd 于点 k。在图 2－60(b) 中，以梯形Ⅰ腰 BD 为直径画圆。以 B 为圆心，$r_1=bk$ 为半径画弧，

交前弧于 K 点，连接 B、K 并延长，截取 $KE=ke$。过点 D 作 $DF=df$，并平行于 BE。连接 E、F，即得梯形Ⅱ的实形。

③ 也可按图 2－60 所示方法作梯形Ⅱ的实形（梯形Ⅰ也可按此方法求作）。在图 2－60(a)中，在梯形 2 上引辅助对角线 bf，把梯形分两个三角形，用直角三角形法求作 BF 的实长，先作三角形 BDF，再作三角形 BEF，即得梯形Ⅱ实形，见图 2－60(c)，显然这种方法较复杂。

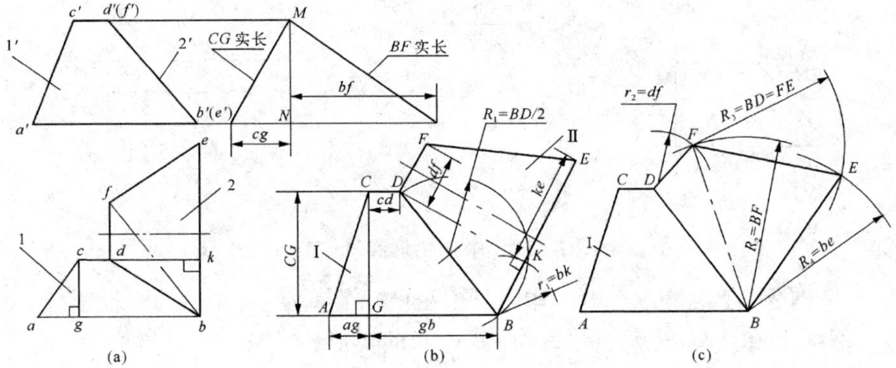

图 2－60 作两个相邻梯形的实形

【例 5】 图 2－61(a)中，已知两个相邻三角形的两面投影 abd、$a'b'd'$ 和 bcd、$b'c'd'$，求作两个三角形的实形。

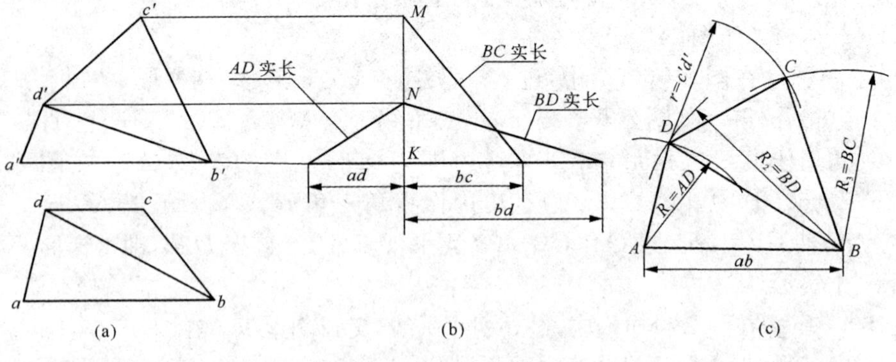

图 2－61 作两个相邻三角形的实形

(1) 分析。两面投影中，$\triangle abd$ 对应 $\triangle a'b'd'$，ab 对应 $a'b'$，AB 为侧棱线，$\triangle ABD$ 为侧垂面，ab 与 $a'b'$ 为底边实长。$\triangle bcd$ 对应 $\triangle b'c'd'$，$\triangle BCD$ 为一般位置平面，cd 对应 $c'd'$，CD 为正平线，$c'd'$ 为实长。作图时，分两个三角形依次作出。

(2) 作图。

① 用直角三角形法求作 AD、BD、BC 的实长，见图 2－61(a)、(b)。

② 以 BD 为共边，分别作 $\triangle ABD$、$\triangle DBC$，见图 2－61(c)。

此题也可引对角线 AC 求解，结果一样。

【例 6】 已知图 2－62(a)所示为任意四边形的两面投影 $abcd$、$a'b'c'd'$，求作四边形的实形。

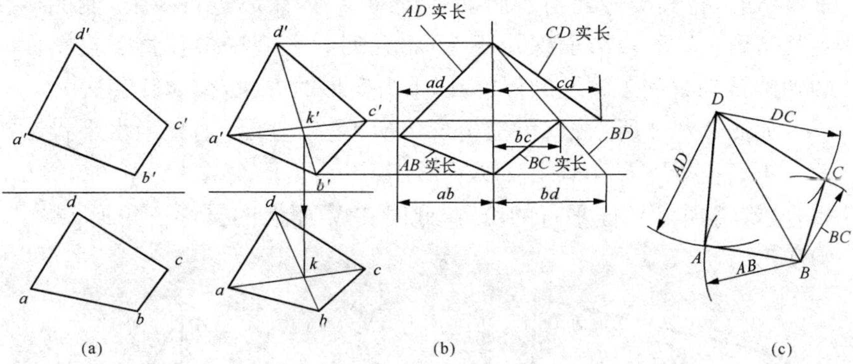

图 2－62　作任意四边形的实形

(1) 分析。任意四边形 $abcd$ 对应 $a'b'c'd'$，是否表示同一平面，需用图 2－62(b)中所引对角 $a'c'$、ac 和 bd、$b'd'$ 加以判别。两条对角线相交点为 k 与 k'，由 k' 向下引投影线(垂线)，垂足与 k 重合，符合点的投影规律，证实两个四边形是一平面，四边形的 4 条边都是斜线相对应，均为一般位置直线，应求作实长。

求作任意四边形的实形时，若只知道 4 条边的实长，还不能直接作出，因此，引对角线 BD(投影 bd 对应 $b'd'$)将四边形分为两个相邻三角形来作图，而两个三角形公共边 BD 为一般位置直线，也应求其实长。

(2) 作图。

① 用直角三角形法，求作四边形 4 条边 AB、BC、CD、AD 及对角线和 BD 的实长，见图 2－62(b)。

② 以 BD 为公共边，作$\triangle ABD$ 和$\triangle BCD$，由这两个三角形所组成的四边形 $ABCD$ 即为所求四边形的实形，如图 2－62(c)所示。

二、旋转法

1. 旋转法简介

根据正投影规律，当平面平行某一投影面，平面在该投影面上的投影反映实形。假使不变更投影面，而把倾斜平面绕着某投影面的垂线(轴)，将其旋转到与投影面平行的位置，然后进行投射，便能得到其实形。这种投影面保持不变，将几何元素绕一根垂直于投影面的轴旋转到有利于解题的位置，以求得实形的方法，称为旋转法。

如图 2－63 所示，直角三角形 ABC 是铅垂面(垂直于水平投影面)，正面投影 $a'b'c'$不能反映实形，若该三角形绕着 OO 轴(与 AB 重合)旋转到与 V 面平行的位置，此时在 V 面上的投影三角形$a'b'c_1'$为实形。

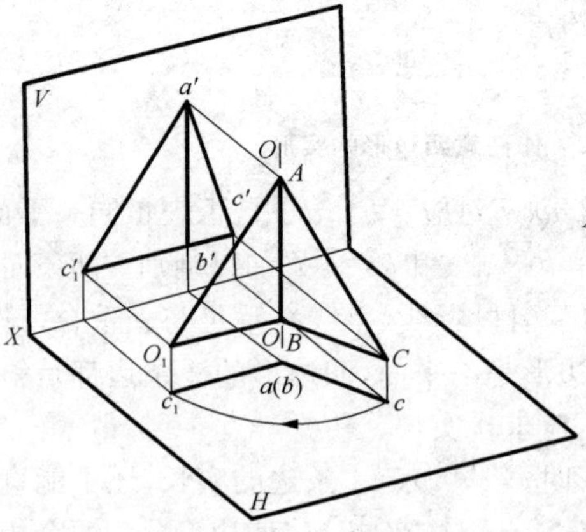

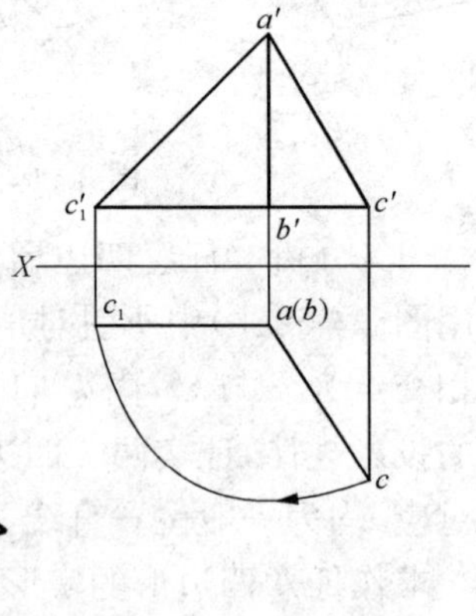

图 2－63　用旋转法求作平面实形原理

2. 求投影面垂直面的实形

【例 7】 图 2－64(a)中，已知△ABC 的两面投影 abc、$a'b'c'$，求作其实形。

(1) 分析。△ABC 在 V 面投影为一直线，说明其为正垂面，选择的旋转轴为正垂线，且通过点 C（投影为点 c、c'）。旋转时，三角形其他两个顶点必须绕着这根轴线旋转相同角度，使△ABC 旋转到与 H 面平行的位置，然后作水平面投影，即得△ABC 的实形。

(2) 作图[图 2－64(b)]。

① 以点 c' 为圆心，分别以 $c'a'$、$c'b'$ 为半径画弧，与过 c' 作的 X 轴平行线交于点 a_1'、b_1'。

② 分别过点 a、b 引水平线，与过 a_1'、b_1' 向下引的 X 轴垂直线相交于相应的点 a_1、b_1。

③ 连接 c、b_1，c、a_1，a_1、b_1，得到的△cb_1a_1 为△ABC 的实形。

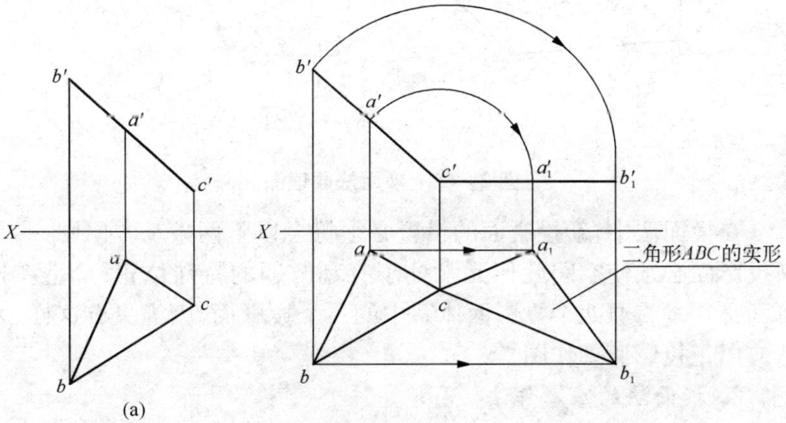

图 2－64　求作正垂面△*ABC* 的实形

三、换面法

换面法常应用于求作平面实形等。

1. 换面法简介

如求作图 2－65(a)所示的△ABC 铅垂面的实形时，可设置新投

影面 V_1 取代原投影面 V，使 V_1 平行于△ABC 并与 H 面垂直，构成新投影面体系 V_1/H。然后，把△ABC 向新投影面 V_1 投射，得到的△$a_1'b_1'c_1'$为△ABC 的实形。投影面展开后如图 2－65(b)所示。

这种空间几何元素的位置不变，用新投影面代替原有的两个投影面之一，并使几何元素与新投影面处于有利解题所需的特殊位置，然后作出新投影面上的投影，这种在新投影面获得投影的方法称为变换投影面法，简称换面法。

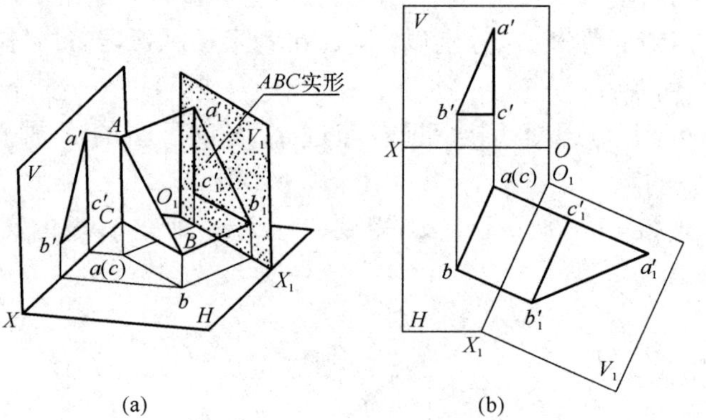

图 2－65 换面法原理图

在换面法中，新投影面的设置必须符合以下两条基本原则：一是新投影面必须使空间几何元素处于有利解题的特殊位置；二是新投影面必须垂直原两个投影面体系中的一个投影面，因为只有这样，才能应用正投影原理作图。

2. 换面法的基本作法

(1) 把一般位置平面变换成新投影垂直面。

① 分析。要把一般位置平面变换成新投影面的垂直面，必须作出一个新投影面，此新投影面应同时垂直已知平面和两个投影面之一。根据两平面互相垂直的几何条件可知：只要平面上直线垂直于新投影面，平面即垂直于新投影面。如图 2－66(a)所示，在△ABC 内水平线 CD 与新投影面 V_1 垂直，则△ABC 垂直于 V_1 面。

② 作图。如图 2－66(b)所示，在△ABC 上作辅助水平线，其在

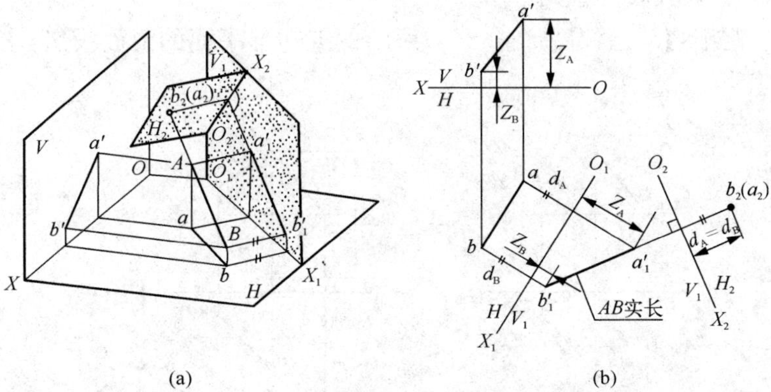

图 2-66　一般位置线段变换成投影面垂直线

两投影面的投影为 $c'd'$ 及 cd。作 $O_1X_1 \perp cd$(反映实长的投影),过 $\triangle abc$ 各顶点及点 d 作 O_1X_1 的垂线并延长,求得投影 a'_1、$d'_1(c'_1)$、b'_1,连接 a'_1、d'_1,a'_1、b'_1,得积聚性斜线 $a'_1d'_1$ 及点$(c')b'_1$。

(2) 若需把投影面的垂直面变换成投影面的平行面,可按图 2-67(a),把铅垂面三角形 ABC 变换成 V_1 面的平行面,如图 2-67(b)所示。

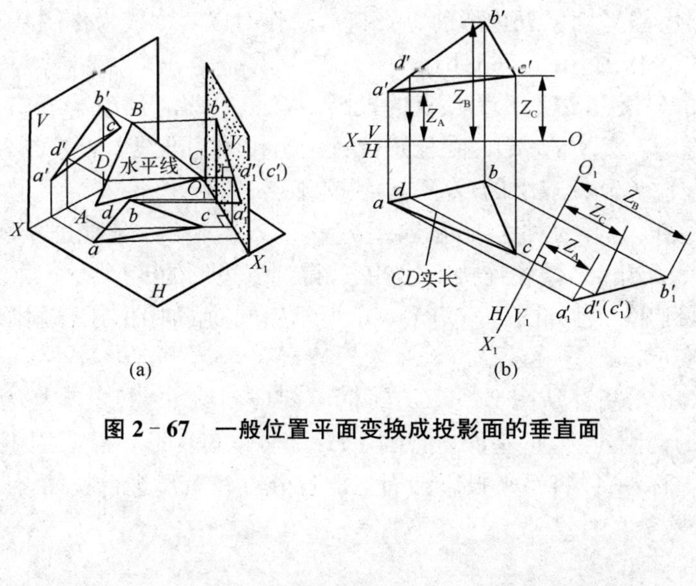

图 2-67　一般位置平面变换成投影面的垂直面

3. 换面法的应用

【例 8】 已知图 2－68(a)所示的五边形平面的两面投影，求作其实形。

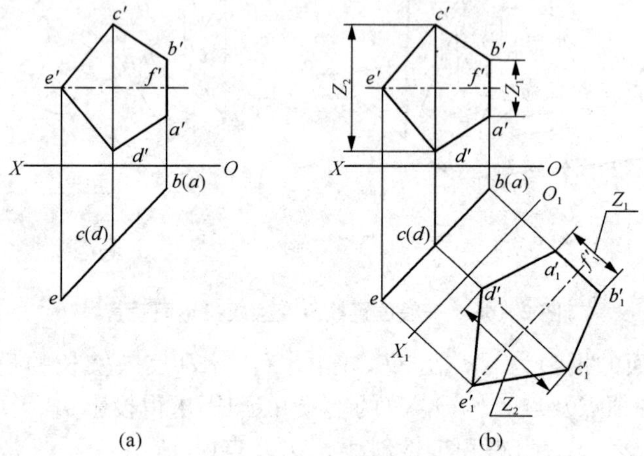

图 2－68 求作五边形的实形

(1) 分析。五边形对应斜线，五边形为铅垂面，正面投影的五边形不能反映实形，水平面投影为一线段，所以采用平行五边形的新投影 V_1 代替 V 面。五边形前、后对称，求作时以对称线为作图基准线。

(2) 作图[图 2－68(b)]。

① 先定五边形 5 个顶点的投影 a'、b'、c'、d'、e' 及 $b(a)$、$c(d)$、e。

② 作 $O_1X /\!/ b(a)e$，在任意位置画出作图基准线 $e'_1f'_1 /\!/ O_1X_1$，与过 $b(a)$、$c(d)$、e 点引的 O_1X_1 垂线交于点 e'_1、f'_1。

③ 以 $e'_1f'_1$ 为对称线，截取 $a'_1b'_1=Z_1$，$c'_1d'_1=Z_2$，得到五边形顶点 a'_1、b'_1、c'_1、d'_1、e'_1，顺序连接上述各点，得到五边形的实形。

【例 9】 已知图 2－69(a)、(c)所示斜圆筒的视图，求作斜圆筒盖板的实形。

(1) 分析。从图 2－69(a)线框 p 对应斜线 p'，想象盖板为带方形孔的椭圆，且为正垂面，可用换 H 面求作其实形。椭圆周上各点分布匀称，所以将水平投影圆周上取各分点和矩形进行换面，然后把所得各点连成椭圆曲线和矩形，即得盖板 P 的实形。图中 mn 对应 $m'n'$，MN 为椭圆长轴，是正平线，把 MN 变化成新投影面正平线，并以此线为作图基准，这样作图较简便。

(2) 作图。

① 在图 2-69(b)中，将水平投影的圆周 12 等分，由等分点 1、2…5 向上引垂线，交 $m'n'$ 于点 $1'$、$2'$、$3'$…$5'$，求得等分点的正面投影。

② 作 $X_1O // m'n'$，由 m'、$1'$、$2'$…n' 向 X_1O 作垂线，在垂线与 m_1n_1 交点向上、下两侧截取水平投影圆周上相应点及矩形顶点到 mn 的距离，得点 m_1、1_1、2_1…n_1 及其对称点，以及 a_1、b_1 及其对称点。

③ 按顺序光滑地连接 m_1、1_1、2_1…n_1 及其对称点，以及 a_1、b_1 及其对称点，即得盖板的实形，如图 2-69(c)所示。

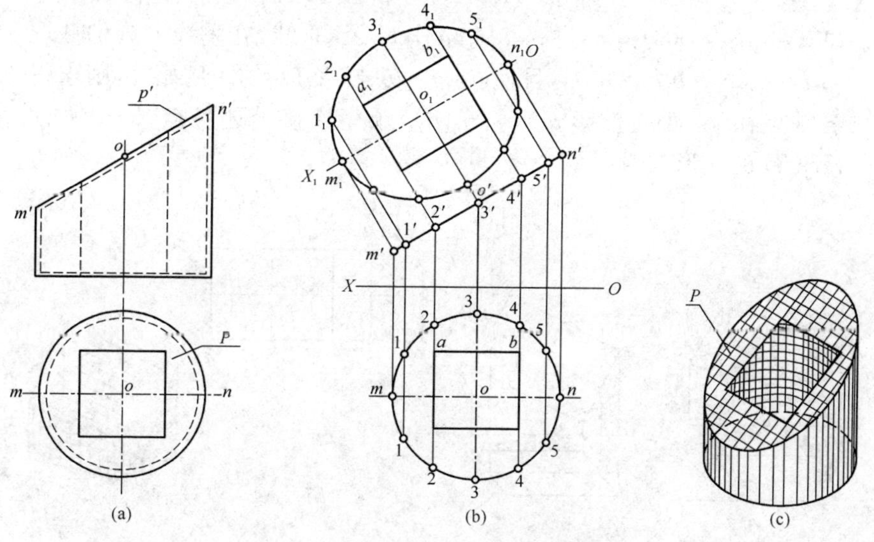

图 2-69　求作斜圆筒盖板的实形

【例 10】　已知图 2-70(a)、(c)所示斜截四棱柱的两面投影，求作斜面四边形 $ABCD$ 的实形。

(1) 分析。由图中四边形框 $abcd$ 与 $a'b'c'd'$ 的对应关系，想象四边形斜面 $ABCD$ 是一般位置平面，要求作其实形，必须将一般位置平面变换成新投影面的平行面，但不能直接设置一个新投影面平行已知平面来求其实形，因为这样所设置的新投影面也是一般位置平面，不符合换面法的基本原则，所以必须通过两次变换，第一次变换成新投影面的垂直面，第二次再变换成新投影面的平行面，在新投影面的投影为实形。

(2) 作图[图 2－70(b)]。

① 作平面 $ABCD$ 的正平线 EF 的投影 ef、$e'f'$。

② 换 H 面，使平面 $ABCD$ 为新投影 H_1 的垂直面。作 $O_1X_1 \perp e'f'$、$c'b'$ 和 $d'a'$ 的延长线，在 $e'f'$、$c'b'$ 和 $d'a'$ 延长线上取点 $d_1(a_1)$、$e_1(f_1)$、$c_1(b_1)$，使各点到 O_1X_1 距离等于其水平投影各点到 OX 距离，即平面 $ABCD$ 投影积聚为 $d_1(a_1)c_1(b_1)$ 线段。

③ 换 V 面，使平面 $ABCD$ 为新投影面 V_2 的平行面。作 $O_2X_2 /\!/ d_1(a_1)c_1(b_1)$，过 d_1、e_1、c_1 作 O_2X_2 垂线，在垂线上分别截取 $a_2d_2=f_2e_2=b_2c_2=a'd'$，且使 a_2、f_2、b_2 与 X_2O_2 的距离相等，则求得各顶点在 V_2 面的投影 a_2、b_2、c_2、d_2，顺序连接上述各点，即得平面 $ABCD$ 的实形。

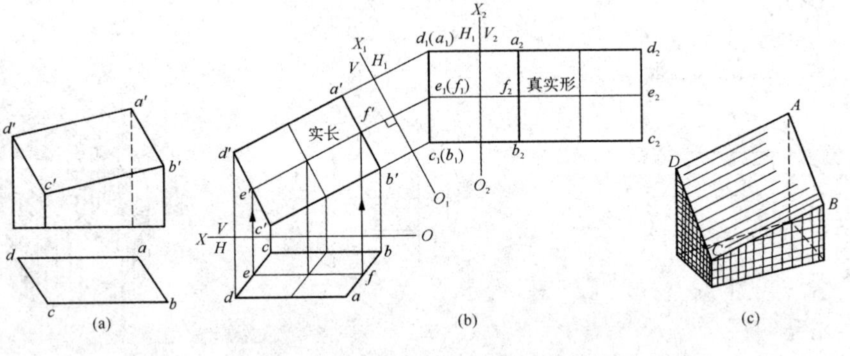

图 2－70 换面法求一般位置平面的实形

【例 11】 求作图 2－71(a)中主、俯视图所示的斜椭圆管正截面的实形。

(1) 分析。作斜椭圆面展开时，常需要求作正截面交线——椭圆的实形。由于主、俯视图所示的斜椭圆轴线是斜线，确定该轴线是一般位置直线，不能直接在两个视图中作正截面。若要求得正截面的实形，则必须经过两次变换，第一次把一般位置轴线变换成新投影面 V_1 的平行线，这时可用正截面 PV_1（垂直于轴线）截切斜椭圆面，其截交线为椭圆。要求得其实形，还要进行第二次变换，即再设置一新投影面 H_2 与轴线垂直，且平行于正截面，这时新投影面的投影椭圆即为实形。

（2）作图。

① 若交换 V，作 O_1X_1 平行轴线 oo，求得轴线在 V_1 的投影，并在任意位置作截平面的积聚性投影 PV_1。

② 交换 H，作 O_2X_2 垂直轴线 o_1o_1，求得椭圆，得正截面的实形。

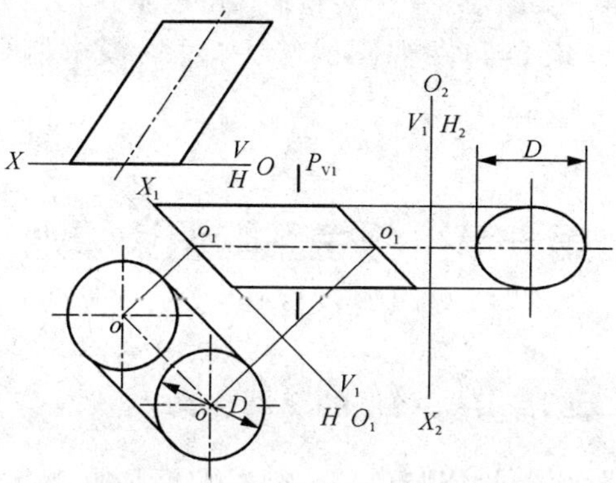

图 2-71　求作斜椭圆管正截面实形

第三章　钣金图的识读

钣金制件展开时，必须具备一定的读图能力和空间想象能力，才能从给定制件的施工视图或单线形放样图，正确想象出制件的立体形状，分析其各表面形状和相对位置，确定求作展开图的方法与步骤。所以培养读钣金制件视图的能力，对画钣金制件展开图极为重要。

第一节　钣金图的识读原则

一、视图上的点、线、线框的空间含义

应用点、线、面的投影特性，搞清楚视图上的点、线、线框的空间含义，是读钣金制件视图和空间想象的思维基础。

如图 3－1 所示的 5 组主、俯视图中，主视图的形状都相同，俯视图的形状不同，其所表示的物体形状也不同。通过分析主视图上点、线、线框与俯视图对投影关系，再对照立体图，就能确定其空间含义。

1. 视图上的点

视图上的点表示立体上的点或直线。如图 3－1 中，主视图所示的点 a'、b'、e' 表示立体上的点；点 c'、d' 表示立体上的直线。因此，读图时，应有“视图上的点表示立体上直线”的空间概念。

2. 视图上的线

视图上的线表示立体上面与面交线、回转体轮廓线或立体上面

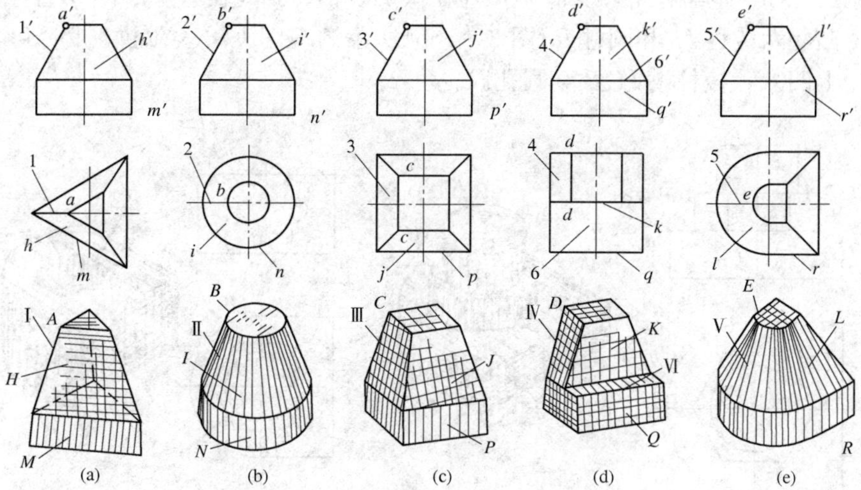

图 3-1　视图上点、线、线框空间含义

的积聚性投影。如图 3-1 中，主视图所示的线 1′表示三棱锥台两个侧面的相交线，线 2′、5′表示圆锥的正面轮廓线，线 3′、4′表示立体上的平面。因此，读图时，应有“视图上的线表示立体上面”的空间概念。

3. 视图上的线框

视图上的线框表示立体上平面、曲面、平曲组合面或体。如图 3-1中，主视图所示的线框 m'、p'、q'表示平面体上的平面，线框 n'表示圆柱面，线框 r'表示平曲组合面。上述线框也可表示立体，如线框 m'表示三棱柱 M，线框 h'表示三棱锥台 H，线框 r'表示拱形体 R。因此读图时，应有“视图上的线框表示立体”的空间概念。

4. 视图中的相邻线框

在一般情况下，视图中的相邻线框表示立体上两个相交面或两个错位的面。如图 3-1(d)中，主视图所示的相邻线框 k'、q'表示两个错位面(当中隔了一个 6′平面)，其他的相邻线框都表示两个相交面。两相邻线框的公共线，除线 6′表示隔开平面外，其他均表示面与面的交线。

对于处在线框中的线框，一般表示形体凹凸关系或通孔。如图

3－2(a)所示俯视图线框 r、h 处在拱形线框 m 中，表示拱形体 M 上凸起六棱柱 H 和圆柱 R；图 3－2(b)所示俯视图 h、r 表示拱形体 M 上凹入六棱柱槽 H 及穿圆孔 R。

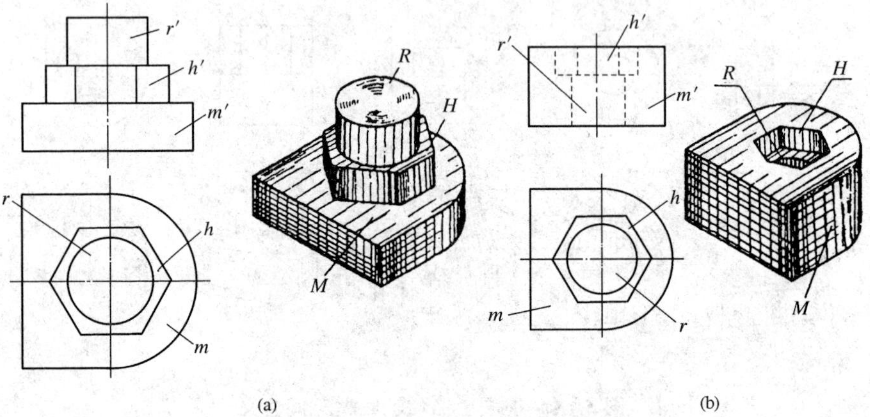

图 3－2 视图上处于线框包围中的线框的空间含义

二、应用视图间的“三等”和“方位”关系，找线框、线段的对应关系

读图时，要从相邻视图中找出线框、线段的对应关系，通常方法是把各个视图配合起来，应用视图之间“三等”的投影规律，借助分规、三角板等工具，用投影的方法把视图中各个线框或线段的对应关系从视图中分离出来，再确定其空间含义。

如图 3－3(a)所示，分离 3 个视图线框或线段对应关系时，借助主、俯视图“长对正”找主、俯视图线框或线段的对应关系，借助主、左视图“高平齐”找俯、左视图线框或线段的对应关系，借助俯、左视图“宽相等”找主、俯视图线框或线段对应关系，便可把 3 个视图之间的线框和线段逐个分离出来。如线框 1 对应线 1′、1″，线框 2′对应线 2、2″，线框 3″对应线 3′、3 等，从而想象出面Ⅰ、Ⅱ、Ⅲ形状和空间位置。

在上述投影分析的基础上，还必须根据三视图之间表示的“六方位”关系，即主、俯视图分左、右，主、左视图认上、下，俯、左视图辨前、后，应用视图归位的思维方法，来确定面Ⅰ在上方、面Ⅱ在前方、面Ⅲ在左方，见图 3－3(b)所示。

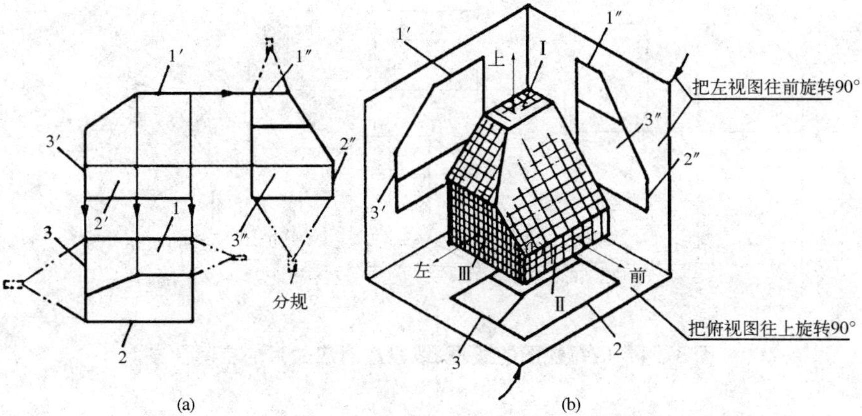

图 3－3 借助视图之间“三等”和“方位”关系，找线框、线段对应关系

三、相邻视图中线框成对应关系，应是类似形

如图 3－4(a)所示，主、俯视图的线框甲′和甲成为对应关系。因为两个五边形线框的 5 条边相对应，平行边对应平行边($a'b' /\!/ c'd'$、$ab /\!/ cd$)，线框各顶点符合点的投影规律。

若成对应关系的类似形线框，表示立体上同一平面形，如线框甲、甲′表示同一侧平面甲；同理，线框俯视图的梯形乙和左视图梯形线框乙″成对应关系，表示立体左上角同一直角梯形正垂面乙，见图 3－4(b)、(c)的面甲、乙的投影分析和立体图。

四、相邻视图无类似形线框对应，必对应积聚性线段

如图 3－4(a)所示俯视图的线框甲，在左视图找不到类似形线框相对应，必对应积聚性线段甲，证实线框甲表示立体上的侧垂面，所以在侧面投影为线段。俯视图的线框乙在主视图也找不到类似形，必对应积聚性线段乙，也证实了线框乙表示立体上的正垂面，所以在正面投影为线段。

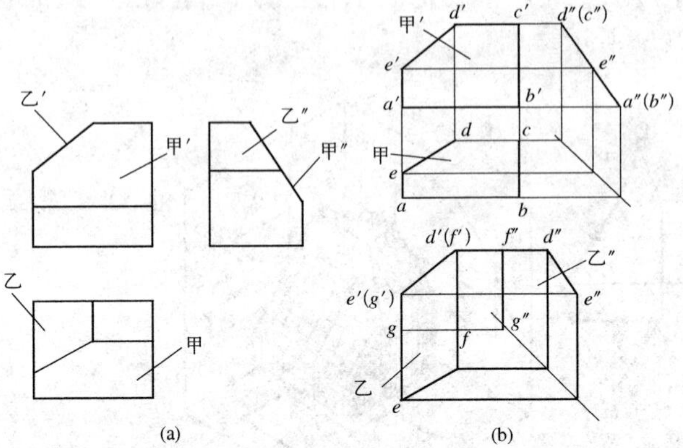

图 3-4　相邻视图的线框、线段成对应关系的空间含义

五、以特征视图为基础，想象立体形状

图 3-5(a)所示的两组三视图，主、俯视图都是矩形线框，称为一般视图。左视图的形状反映立体的特征形状，称为特征视图，该视图中的线框称为特征形线框。读图时，必须以左视图的特征形线框形状为基础，配合主、俯视图之一所示的厚度，立体形状便能想象出来，见图中所示的立体图。图 3-5(b)两组三视图，主视图为特征视图，读图时以主视图的特征形线框形状为基础，结合俯、左视图之一所示的宽度，想象其表示的立体形状，见图中所示的立体图。

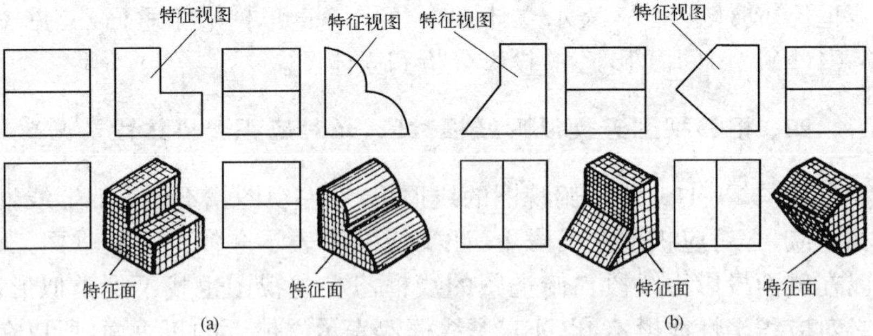

图 3-5　以特征视图为基础想象物体形状

第二节 钣金图的识读方法

读钣金制件视图除了应熟练地掌握读图思维基础外，还应考虑到钣金制件施工过程对视图的不同要求，如展开放样图或有的制件壁厚较薄，在视图中往往直接用单线图表示结构形状，而不画出壁厚。同时制件大都是管件、接头或漏斗等，一般不是全封闭的，往往有进、出口，因此读图时，应注意其与读机械零件视图的不同点。

一、形体分析法

形体分析法是读图的基本方法。形体分析法着眼点是立体，它把视图中线框分为几部分来想象，通过在相邻视图中线框的对应关系，逐个想象线框所示基本立体形状，并确定其相对位置、组合形式和表面连接关系，从而综合想象整体形状。

【例 1】 读图 3-6(a)所示集粉筒展开放样的主、俯视图，想象其立体形状。

(1) 对投影分离线框。视图中凡是有对应关系的封闭线框，一般都表示物体上一个基本立体，所以读图时，应用“三等”和“六方位”的关系在相邻视图之间对投影，从而把视图中线框划分为几个独立线框，如图 3-6 所示，把主视图划分为 1′、2′、3′、4′、5′五部分独立线框。

(2) 逐个线框想象形状。在已分离出的封闭线框基础上，通过逐个线框与相邻视图对投影关系，找出与其相对应线框，并以特征形线框为基础，想象每个线框所表示的基本立体的形状。

如图 3-6(b)所示，主视图的线框 1′对应俯视图的线框 1，想象为 2 节柱筒相交，并公切一个球，相贯线是椭圆平面曲线。如图 3-6(c)所示，线框 2′、3′对应线框 2、3，想象为方形管Ⅲ与圆柱筒Ⅱ偏交。

如图 3-6(d)所示，线框 4′对应线框 4，想象为圆台筒Ⅳ。线框 5′对应线框 5，初步认定台体Ⅴ。从俯视图的圆形和矩形可知该形体上端口是圆形，下端口为方形，其侧面不可能是单纯圆锥面，也不可

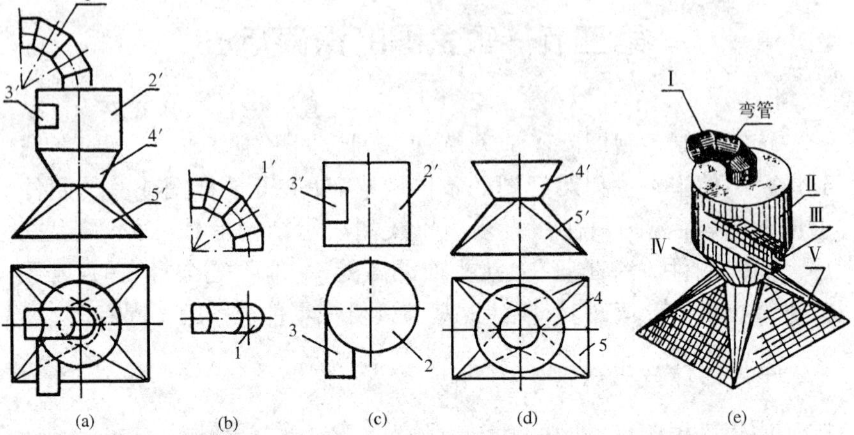

图 3-6 集粉筒主、俯视图

能是单纯四棱台体的平面，而应是平面和曲面的组合面，以确保从方形口光滑过渡到圆形口。其侧面分为 4 个三角形平面和 4 个椭圆锥面。

(3) 综合想象整体形。想象出各个基本立体形状后，按各个线框的交接和相对位置关系综合起来想象整体形状，见图 3-6(e)。

二、线面分析法

当给定视图所表示的立体形状较不规则时，采用形体分析法读图有时难以奏效，而应用线面分析法则经常可迎刃而解。线面分析法着眼点不是立体，而是立体上的面(平面或曲面)。它把视图中的线框、线段的投影对应关系想象为表示立体上某一表面。由于有些立体都是由一些平面或曲面围成的，所以只要把视图中每个线框、线段的空间含义搞清楚，想象其所表示空间线段、平面形状和相对位置，然后进行组装想象，并借助于立体概念，便可想象出整体形状。

【例 2】 读图 3-7(a)所示漏斗施工三视图，想象立体形状。

图 3-7(a)三视图虽不复杂，但主、左视图梯形方向相反，所以采用线面分析法。由于视图所表示的漏斗有厚度，所以漏斗的进出口表示较清楚，为读图和想象提供了方便。

(1) 对投影确定线框、线段的对应关系。主、左视图的梯形线框 $1'$ 与 $2''$ 不成对应关系(图形方向不一致),只能对应线 $1''$ 和 $2'$,俯视图对应梯形线框 1、2。俯视图的长方形线框 m 和 n,主、左视图无类似形对应,必对应线投 m'、m'' 和 n'、n''。

(2) 逐个线框、线段对投影,想象面形和位置。长方形线框 m 对应 m'、m'',n 对应 n'、n'',表示漏斗上口 M 和下口 N 都是长方形水平面,仅是长度的方向不同,见图 3-7(b)。梯形线框 $1'$ 对应梯形线 1 和斜线 $1''$,想象漏斗前后侧面Ⅰ是梯形侧垂面,见图 3-7(c)。梯形线框 $2''$ 对应斜线 2 和梯形线框 2,想象漏斗的左、右侧面Ⅱ为梯形正垂面,见图 3-7(d)。

(3) 组装想象整体形。把各个视图各个线框和线段“立体化”后,根据各线框、线段所示面的形状和空间位置,按图 3-7(e)所示,由左右壁Ⅱ、前后壁Ⅰ进行组装想象,便可综合想象出图 3-7(f)所示漏斗立体形状。

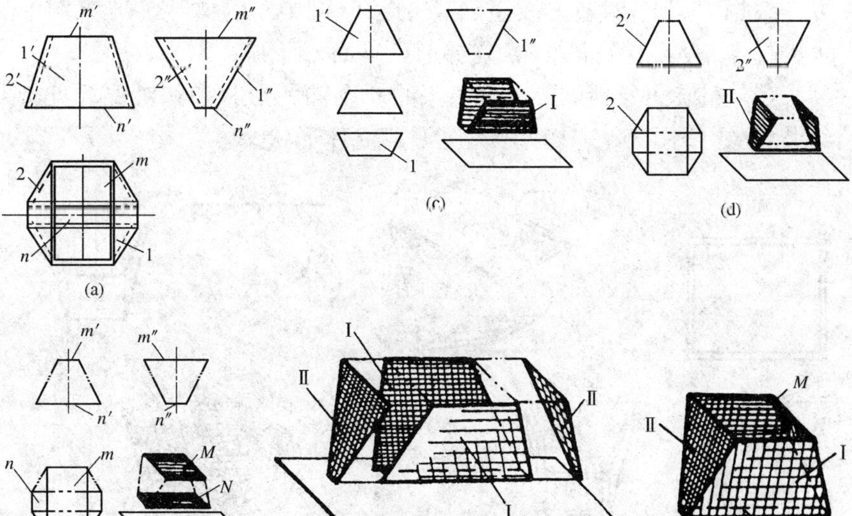

图 3-7　读漏斗三视图

【例 3】 读图 3-8(a)所示方嘴漏斗施工视图，想象立体形状。

从图 3-8(a)所示视图（图中“A”指 A 向视图，即由上向下看的 A 方向视图）线框 m 对应横向线 m'、m''，线框 n'' 对应斜线 n'，较容易想象出方嘴漏斗上平口 M 是方形水平面，斜口也是方形 N 的正垂面，见图 3-8(b)。方嘴漏斗侧面形状应进一步投影分析。

(1) 对投影分离线框。为了便于投影分析，把图 3-8(a)施工图转换为图 3-8(c)放样图。把主视图分为线框 1′、2′，左视图分为线框 2″、3″、(4″)。

(2) 逐个线框对投影，想象其形状和空间位置。由于两相邻线框表示不同位置平面，所以三角形线框 1′只能对应斜线 1″，三角形 1′表示前后侧面Ⅰ为三角形的侧垂面，并从 $a'b'$ 对应 $a''(b'')$ 进一步证实，见图 3-8(c)、(d)。

三角形线框 2′对应三角形线框 2″，三角形 2′表示前后侧壁上斜面Ⅱ为一般位置平面。

线框 3″、(4″)对应斜线 3′、4′，梯形 3″（图中小的梯形）、(4″)（图中大的梯形）表示右侧面Ⅲ，Ⅴ是梯形正垂面，见图 3-8(c)、(d)。

(3) 组装想象整体形。把想象的 6 个面的形状和相对位置进行组装想象，得图 3-8(d)所示方嘴漏斗立体形状。

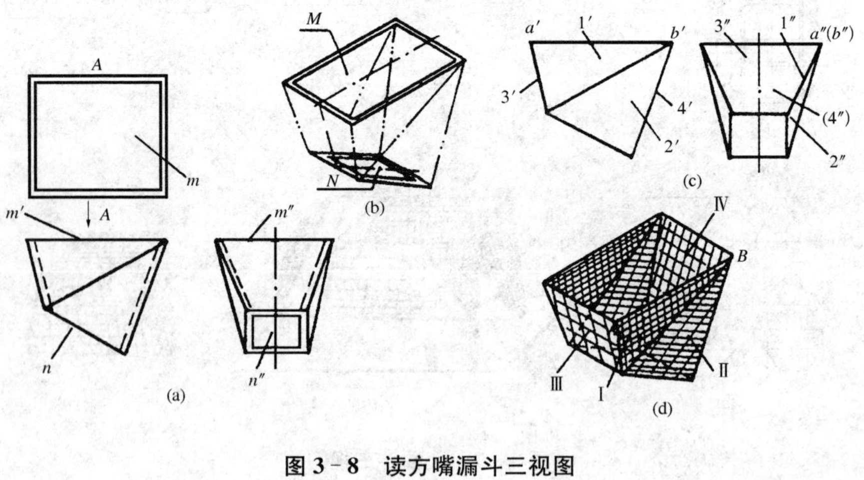

图 3-8 读方嘴漏斗三视图

【例 4】 读图 3－9(a)所示漏斗放样三视图，想象立体形状。

由于给定三视图是单线形放样图，没有表示漏斗的侧壁厚度及明确进出口，这给读图增加困难，但根据漏斗的结构特点为读图提供了方便。

(1) 对投影分离线框。在三视图中对投影关系，把主视图分为线框 $1'$、$2'$、$3'$，左视图分为线框 $3''$、$4''$、($5''$)，俯视图分为线框 m、n。

(2) 逐个线框对投影，想象其形状和空间位置。图 3－9(b)中，主视图的线框 $1'$、$2'$，对应的左视图均无类似形线框，对应同一线段 $1''$、$2''$，根据相邻线框 $1'$、$2'$表示不同面，所以线框 $1'$应是方框口Ⅰ(漏斗出口的轮廓形状)，线框 $2'$表示梯形Ⅱ为正平面，是漏斗的前壁；主视图的三角形线框 $3'$，对应左视图的三角形类似形线框 $3''$，且 $a'b'$对

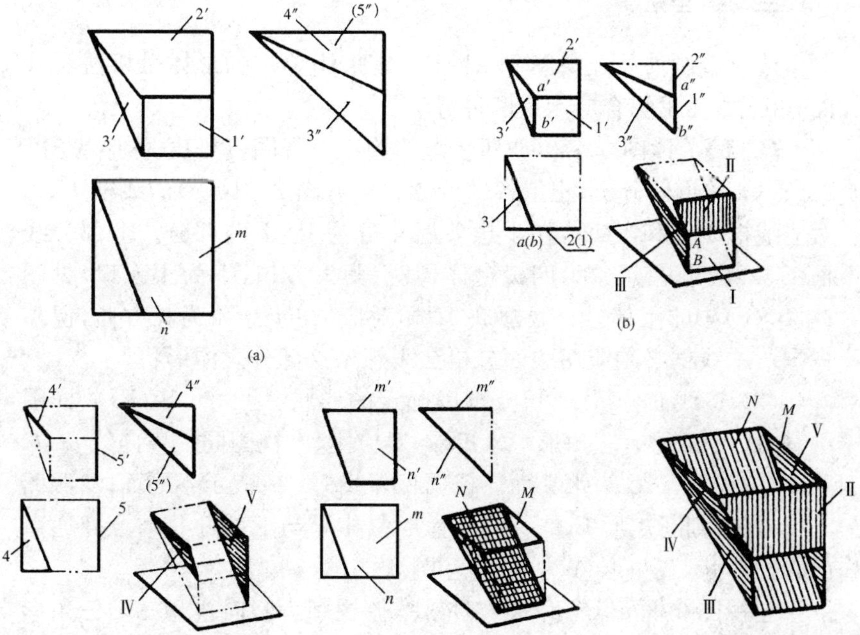

图 3－9　读漏斗放样三视图

应 $a''b''$，是竖向线，所以线框 $3'$ 表示左侧壁Ⅲ为三角形铅垂面。

图 3－9(c)中，左视图的线框 $4''$、($5''$)对应主视图为斜线 $4'$ 和竖向线 $5'$，面Ⅳ和面Ⅴ为直角三角形正垂面和侧平面。面Ⅳ和面Ⅲ相交组成左侧壁，面Ⅴ为右侧壁。

图 3－9(d)中，俯视图的外形线框为矩形 m，对应主、左视图为横向线 m'、m''，可以认为矩形 M 为水平面，表示漏斗进口的轮廓形状。线框 n 对应线框 n' 和斜线 n''，线框 n 表示梯形斜底壁 N，是侧垂面。

(3) 组装想象整体形。把视图中各线框和线段“立体化”后，按面Ⅰ、Ⅱ、Ⅲ、Ⅳ、M、N 的形状和位置，分前后、左右、上下 6 个方向进行组装，再结合漏斗结构特点，便可综合想象出图 3－9(e)所示漏斗的整体形状。

三、综合法

读钣金制件展开视图时，往往不是采用单一的形体分析法和线面分析法，而是综合应用这两种方法。

【例 5】 读图 3－10(a)所示漏斗施工三视图，想象立体形状。

(1) 按形体分析，想象各部分形状。从图 3－10(a)的线框 $1'$、$2'$ 对应线框 1、2 和 $1''$、$2''$，初步想象漏斗分为上、下两部分。上部分线框 $1'$、1、$1''$对应，想象为四棱台体，其上为大方口，下为小方口，见图 3－10(d)中的Ⅰ部分。线框 $2'$、2、$2''$对应，初步想象为长方体，但左视图所示线框必须应用线面分析法来想象这部分立体形状。

(2) 按线面分析法，想象难以确定的形状。图 3－10(b)放样图中，俯视图线框 a(三角形)、b(矩形)对应主、左视图同一横向线 a'、b' 及 a''(b'')，面 A、B 为水平面。根据相邻线框 a、b 表示不同面，参照图 3－10(a)，判断矩形 B 是上部分梯形漏斗Ⅰ与下部分Ⅱ结合处通口的轮廓形状，三角形 A 为上侧壁[图 3－10(c)]。

左视图线框 m''(三角形)对应主、俯视图为竖向线 m'、m，三角形 M 为侧平面，再参照图 3－10(a)，想象漏斗出口为等边三角形 M[图 3－10(c)]。

3 个视图的 n'、n、n''对应，三角形顶点 1、2、3，$1'$、$2'$、$3'$及 $1''$、$2''$、$3''$

也对应，想象面 N 为一般位置平面，表示两个斜交的侧壁[图 3-10(c)]。

(3) 综合想象整体形。把想象出的立体Ⅰ和Ⅱ组合起来，得图 3-10(d)所示漏斗立体形状。

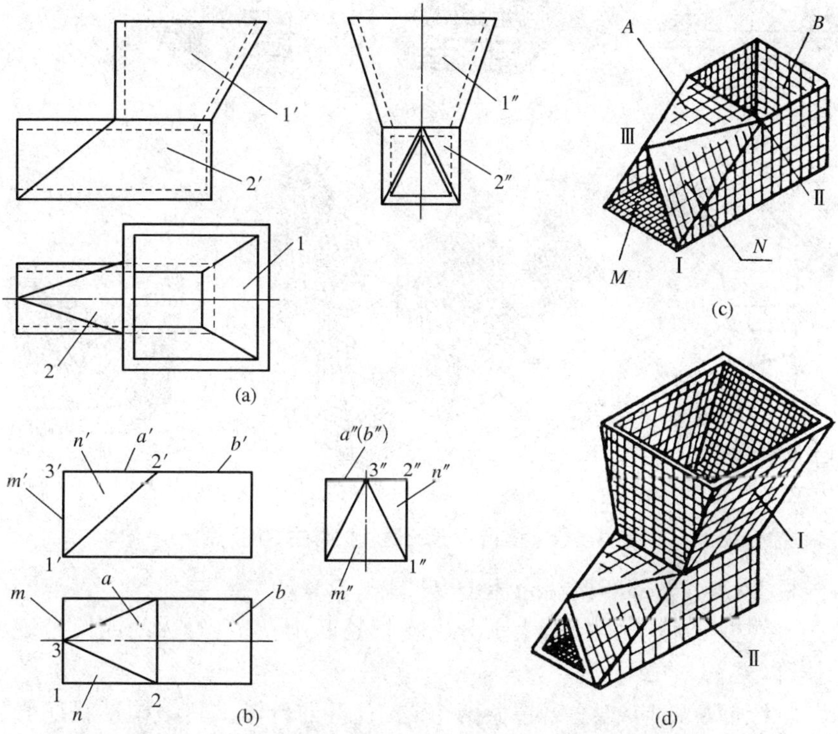

图 3-10　读漏斗施工三视图

【例 6】　读图 3-11(a)所示裤衩形三通管放样主、俯视图，想象其立体形状。

(1) 对投影分离线框。该制件左右、前后对称。根据图 3-11(a)的主、俯视图线框对应关系，把主视图的线框划分为线框 1′、2′(2 个)、3′(2 个)，初步判断该制件由五部分组成。

(2) 逐个线框想象形状。主、俯视图对投影关系中，线框 1′对应

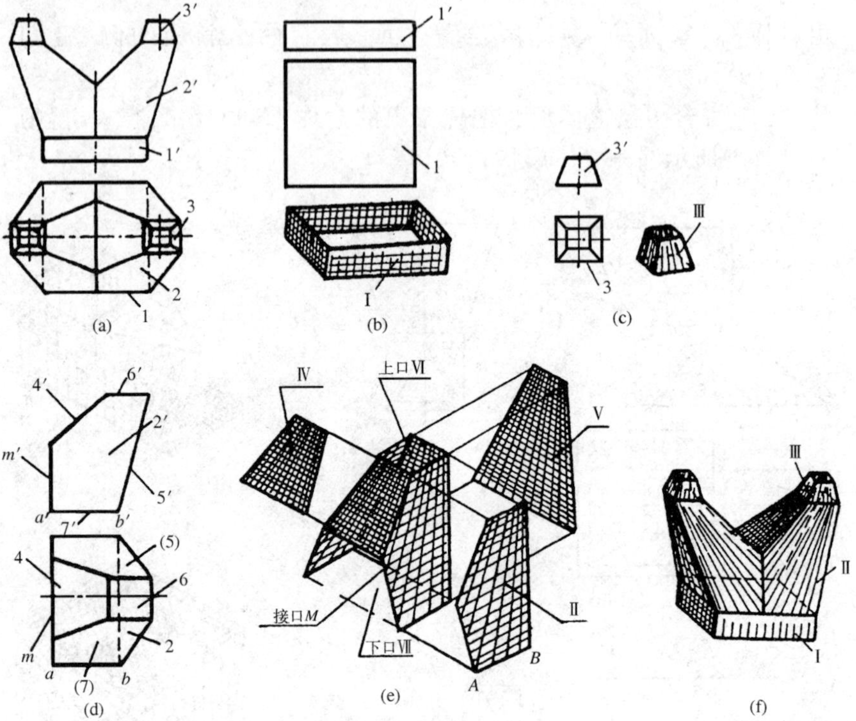

图 3-11　读裤衩形三通管放样主、俯视图

线框 1，表示下部四棱柱壳体Ⅰ，见图 3-11(b)。

线框 3′对应线框 3，表示分叉支管是两个左、右对称的四棱台壳体Ⅲ，见图 3-11(c)。

线框 2′对应线框 2，想象两个左、右斜方台体。其结构形状还必须进一步应用线面分析法读图。如把其分解出图 3-11(d)所示主、俯视图，梯形线框 4、(5)对应斜线 4′和 5′，表示左、右侧壁是梯形正垂面Ⅳ、Ⅴ；五边形线框 2′与 2 对应，$a'b'$对 ab，线框 2′表示前后侧壁是五边形侧垂面 Ⅱ，$a'b'$表示 AB 为侧垂线；方形线框 6、(7) 对应横向线 6′、7′，参照制件的结构特点，判断表示上、下口的Ⅵ、Ⅶ为矩形。竖向线 m 与 m' 为对应关系，想象侧平面 M，但未画左视图，未能确定其真实形状，只有通过左右、前后侧壁进行组装想象，以及左、右分叉相接（为斜四棱台相交）处来加以判断，才能想象为梯形接口 M，见图

3－11(e)。

(3) 综合想象整体形。根据已想象出的五部分形状，按主、俯视图各线框相对位置和连接、相交的关系，想象出如图3－11(f)所示左右、前后对称的裤衩形三通管。

第三节　典型钣金图的识读实例

一、容器结构图的识读及技法

对投影和识图的基础知识有一定的了解后，就可以来了解一些钣金工常接触到的施工图样的识读方法。

钣金制造常接触到的容器结构是以板材为主体制造的结构，如油罐、塔、压力容器等，而且以钢结构为多，有色金属结构较少。而连接方式以焊接为多，铆接、胀接和螺栓连接的结构较少。

容器结构大部分以板材焊接而制成，所以这类图样一般也称为焊接结构图。识读这类图样也是钣金工必须掌握的。

这类图纸的图样一般是用正投影的三面视图来表达的。一般情况下容器图样的高度方向为正面投影，叫主视图；平面方向为俯视投影，叫俯视图，常作为平面方位图；侧面投影是根据容器的具体表达情况而定的。

这类图纸一般可分为总图、部件图和标准件图。识读这类图纸的方法，首先要看标题栏、材料表，了解容器结构的名称和使用的材料，再看总图的装配图样，对容器的整体结构有大概了解，在脑中先形成容器的空间形体形象，然后分步骤查看部件图和标准件图，详细了解各构件之间的连接情况和部件的结构形状，同时要看清图样的技术要求说明。因篇幅的原因这里仅着重对图样的识读进行讨论，对其他方面就不再多占用篇幅。作为钣金工，对这类图样应能较熟练地掌握。如果不能识读这类图样并理解组成容器的各部件的形体、形状，就很难对容器构成的各个部件进行展开下料工作了，更谈不上对各部件的加工成形和装配。所以作为一个钣金工应该首先能识读施工图纸。下面介绍这类图纸的识读基础知识。

(1) 图纸有清楚的标题栏。在标题栏里可以清楚地了解设备名称,图纸总张数,设备各结构件的材质、规格和重量以及设备总重,同时可看清各构件所在图号和标准图号,一般常用的法兰、封头、人孔等部件均有标准图。

(2) 图纸有清楚的焊接要求。焊接容器各构件是以焊接连接为主,所以图中均有清楚的焊接接头形式图样。为表达清楚焊接接头形式,有用罗马字母表示的局部放大图和其他构件间的焊接接头形式图,同时对其他焊接要求,在技术要求中还有详细的说明。

(3) 图纸有清楚的技术要求。这类图纸均有详细的技术要求,以说明制造的质量标准、焊接要求、试压、防腐和工艺配管的管口方位等在图样上不易表达的问题。

(4) 一般配有管口表。说明管口连接的连接面形式、标准和用途等。

(5) 图样以正投影的视图表达。各构件均有清楚的构件编号,而且各构件和材料的图样应与材料表相对应,以更清楚地表达出构件的规格和材质。对内部结构一般用各种剖视的方法来表达。视图绘制不方便时,有时也用局部剖视或断面移出来表达。此类图样的尺寸标注在总图中一般是表示各构件的连接尺寸和位置。图中部件表达了构件的形体尺寸。

(6) 因为各构件的边缘加工必须要按焊接要求来进行,所以识读容器结构图时必须掌握焊接的焊缝表达方法。焊缝的表达方法有两种,即图示法和标注法。

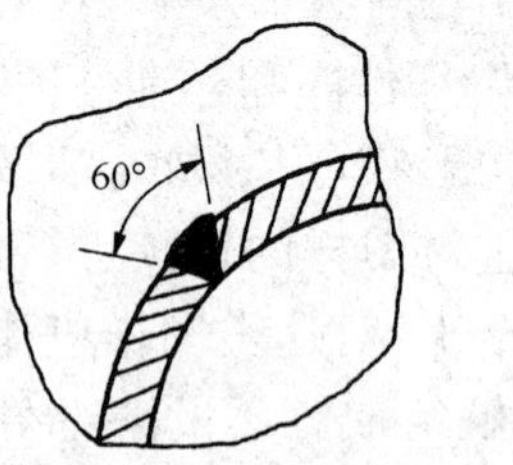

图 3-12 焊接接头的图示法

图 3-12 中焊接接头为图示法的表达方法,是用图样来表达焊缝的焊接要求。在容器结构图中常用这种方法来图示焊接要求。

标注法是只在焊缝处标注焊缝代号,如图 3-13 所示。如果焊缝的外表面(焊缝面)在接头的前头处,则标注在横线上方,如图3－13(a)所示。如果焊缝的外表面(焊缝面)在接头的其他侧,则标注在横线下方,如图 3－13(b)所示。

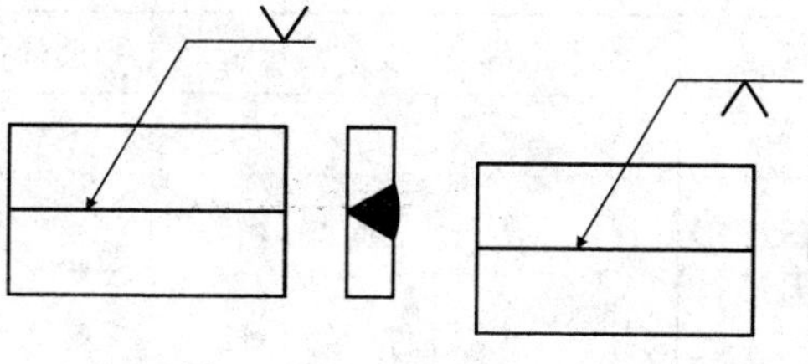

图 3－13　焊缝的标注法

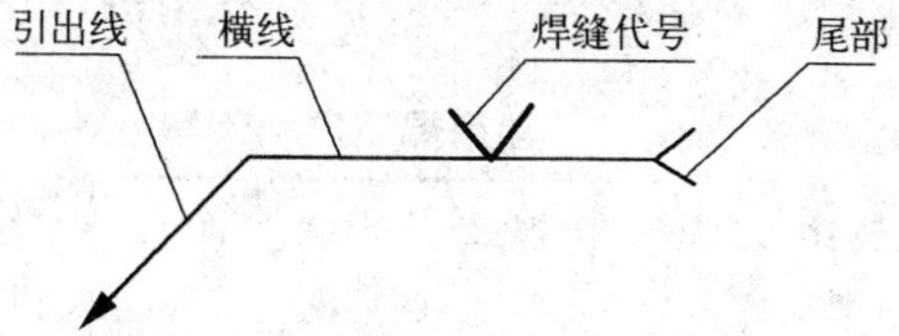

图 3－14　标注法的引出线

在图样中,一般焊缝形式及尺寸等用焊缝代号来表示。焊缝代号主要由基本符号、辅助符号、引出线、焊缝尺寸等组成。基本符号和辅助符号用粗实线绘制,引出线用细实线绘制,如图 3－14 所示。

(1) 引出线。引出线一般由指引线和横线组成。指引线应用箭头指向有关焊缝处。横线应与主标题栏平行。焊缝符号标注在横线的上下方,必要时横线末端可增加尾部,作为焊接方法等其他说明,如图 3－14 所示。

(2) 基本符号。基本符号是表示焊接横剖面形状的符号,它一般采用近似于焊缝横剖面符号的形状,常用基本符号见表 3－1。

表 3－1　常用基本符号

名称	V形焊缝	I形焊缝	搭接焊缝	塞焊	角焊	点焊
形式						
符号						

（3）辅助符号。辅助符号是表示对焊缝的辅助要求的符号。常用辅助符号见表 3－2。

表 3－2　常用辅助符号

名称	垫板	周围焊缝	现场组焊	三面焊缝	平面焊缝	凸面焊缝
符号						
说明		表示环绕工件周围进行焊接	表示在现场工地焊接	三面焊缝但开口方位应和工件焊缝一致	表示焊缝平齐	表示焊缝表面凸起

（4）焊缝尺寸代号。一般在图样中不标注，在容器结构和钢结构图样中因设计和生产的需要常有标注。常用尺寸代号见表 3－3。

表 3－3　常用焊缝尺寸代号

名称	钣材厚度	钝边高度	焊角高度	焊缝宽度	焊缝长度	坡口角度	对缝间隙	断焊中心距	焊点直径
代号	δ	P	K	C	L	a	b	t	d

（5）常用焊接方法字母符号见表 3－4。

表 3－4　常用焊接方法字母符号

焊接方法	手工电弧焊	氩弧焊	气焊	电渣焊	焊剂自动焊	接触焊
字母符号	S	A	Q	D	Z	J

（6）焊缝尺寸的标注位置规定如下：

在焊缝基本符号左边标注：钝边高度 P，焊角高度 K，焊缝宽度 C。

在焊缝基本符号右边标注：焊缝长度 L，焊缝间隙 E，相同焊缝数量 N。

在焊缝符号上边标注：坡口角度 α，对缝间隙 b。

（7）焊缝的标注示例见表 3－5。

表 3-5　焊缝标注示例

	对接接头	形接头	对接接头	T形接头	角接接头	T形接头		搭接接头
焊缝形式								
标注示例								
说明	S表示焊条电弧焊，V形焊缝坡口角度为α对接间隙	现场单面坡口角焊缝	不开坡口对接双面焊，间隙为b	双面角焊缝，焊角高为K	单面焊三面焊缝，焊角高为K	双面链状角焊缝，焊缝长度为L，焊缝中心距为t	双面断续交错焊缝	塞焊

上面对容器结构图纸的识图基础知识有一定的了解后，下面就可以用几个施工图样的例题来加深对这些基础知识的应用。由于篇幅所限这里仅能对图样进行简化绘制，图中的几何尺寸、材料表、技术要求等不再绘出而尽量用文字进行说明，以加深对识读这类图样的理解。

【例 7】　储罐的施工图样。

图 3-15 所示为一拱顶储罐的施工图样。

从图中可以看出主视图和俯视图均是用视图的形式绘出，俯视图中还应用了局部剖视图的方法将顶板(件号 2)剖开绘出底板(件号 4)的视图，这是一张施工总装配图，利用学过的识图知识来分析一下这张图的识读内容。

① 图中每个构件都有它们自己的构件号，如顶板为件号 1、壁板为件号 2、底板为件号 3 等，然后由材料表中对应构件号查出它们的材料的材质、规格、质量等，以及它们所在的部件图号和标准图号。

② 有两个局部放大图Ⅰ和Ⅱ。局部放大图Ⅰ中清楚地表达出了顶板和壁板是用劈八字角钢焊接在一起的，件号 5 角钢的规格可以在材料表中查出。从局部放大图Ⅱ中可以看出底板搭接焊缝在边

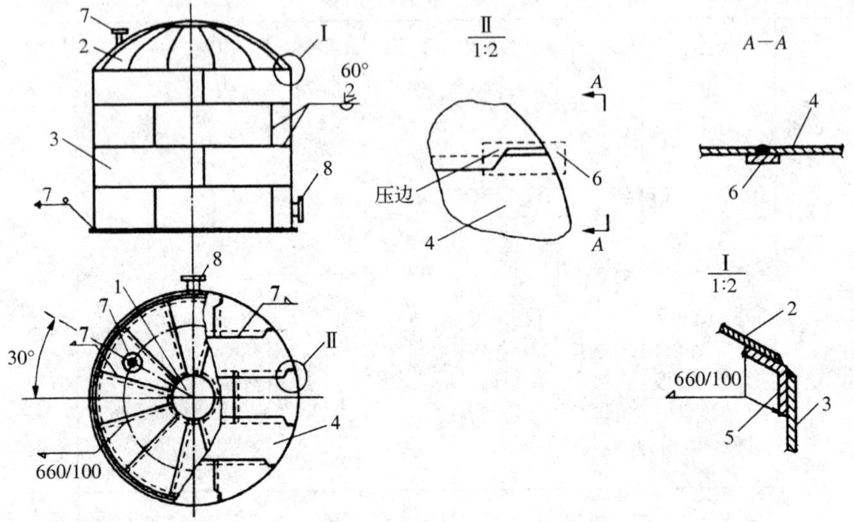

图 3－15　拱顶储罐的施工图样

缘部分的处理方法。

③ 在视图中使用了焊缝的标注符号，如件号 3 壁板的纵缝和环缝的焊接就可以从标注符号中清楚地看出应该是外面为 60°坡口加工，对缝间隙为 2 mm 的封底焊。而顶板的背面焊缝是焊缝中心距为 100 mm 的间断焊，焊缝长度为 60 mm，焊角高度为 6 mm。

④ 构件号 7 和构件号 8 是管口的组合件，施工图中在材料表里有它们的标准图号，非标准件会有它们的部件图号。有时管口分别用接管和法兰两个件号表示，材料表中会分别标明法兰的标准图号和接管的规格与长度尺寸。管口的安装方位在俯视图中清楚地表示出来，而在主视图中仅是管口的示意，这也是容器结构图的习惯画法。它一般不严格按照三视图的投影规律绘图，有时管口用管口方位图来表示，也叫工艺方位图。

⑤ 局部放大图Ⅱ中为了更清楚地表示底板的连接方法而采用了 A—A 剖视图的表达方法。

【例 8】 容器的施工图样。

图 3－16 为一台容器的施工图样。

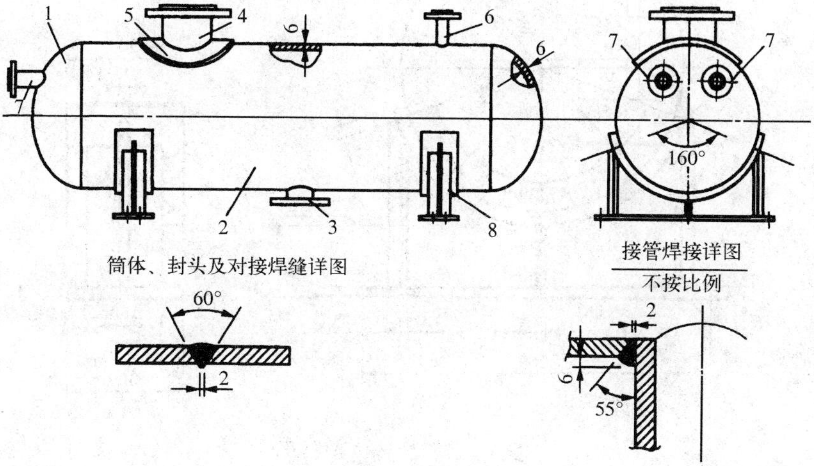

图 3－16　容器的施工图样

从图中可以看出，主视图和俯视图也都是用视图的形式画出。主视图中筒体和封头部分采用了局部剖视的方法来表示板厚为 6 mm。件号 7 管口在侧视图中可以看出是两件同样的接管。筒体和封头的对接焊缝以及接管和筒体的焊缝都以焊缝形式的图样来表示。图中件号 8 为设备底座的组合件，在图样的材料表中可以查出组合件的部件图号，然后在部件图中就可以清楚地了解底座的详细构造。图 3－17 为容器的底座部件图样，图样中清楚地表达出构成底座的材料、形状和尺寸。同时部件图的每一件板材都有清楚的编号，根据编号可以从材料表中查出组成这个部件的所有材料的材质、数量、规格和质量等内容。通过这个例题可以看出容器图的识读步骤。为了表达清楚，在图中加入了标注尺寸。图中设备外径用双点画线表示，件号 1 是基础板，它的厚度为 20 mm，在图样中不注明尺寸单位时均是以毫米(mm)为单位，所以它的下料尺寸就是 126 mm×300 mm。

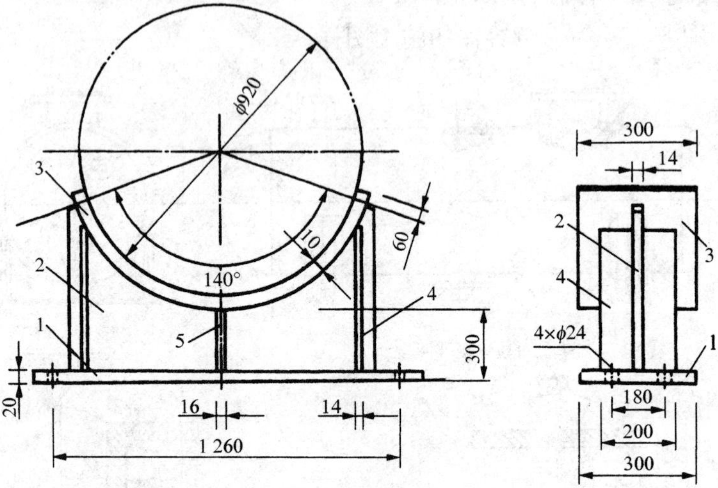

图 3－17　容器的部件图

件号 4 为相同的四块筋板，而它的长度在图样中就不能看出，需要经过计算或放样来求出。件号 3 的垫板也需要求出长度。而件号 2 则需要放样作出样板来进行下料。施工中在计算或放样求出下料尺寸后，还应对照材料表的规格尺寸进行检查核对。

二、管道施工图的识读及技法

管道是所有管线的统称。管线是由管段、管件、阀门等基本单元组成的，一般是按输送相同压力、温度的介质而划分、编号、命名的，也有按设备的进出口来划分管线的。

管道的施工图也是从事钣金工作常接触到的。管道的施工图常见的是管道布置图和管道预制施工图。管道布置图应有平面图和立面图，同时应注明各类管道的介质名称、流向、管材名称和规格尺寸以及管件等。在平面布置图中可看到同一平面内管道的数量、坡度等。立面布置图中应看到管道标高、数量等。

管道的施工图有单线图和双线图的画法，同时有三视图和轴侧视图等多种图示法。对于阀门、管件、管道连接形式等，管道的图示符号以及标注方法等都有明确的规定，了解这些知识就可容易地识读管道施工图样。

管道分类可查阅 GB 5023—1997《工业金属管道工程施工及验收规范》。规范中将管道分为 A、B、C、D 四类，前三类为高、中压和有毒介质的管道，D 类为不可燃、无毒的低压管道。管道图示符号、类别代号及标注方法可查阅 GB 6567.2—1986《管道系统的图形符号》。

和钢结构图样一样，管道图样也有它自己的特点。容器结构的材料是板材较多，钢结构的材料是以型钢为主要材料，而管道结构的材料是以管材为主。因为结构的用途不同，所以它们的材料和图示的表达方法就有各自的特点。要想学习掌握这些图样的识读，除了要掌握投影和制图的基本原理外，还要了解各类图样的特点，才能逐步熟练识读这些图样。

图 3－18 为常见管道的图示符号。图(a)表示可见管道，图(b)表示不可见管道。它们在图样中表示与有关剖切平面的相对位置。介质的状态、类别和性质用规定的代号标注在管道图示上方或中断处。图(c)表示保护管，图样中可在被保护管道的全部或局部用该图示表示，或省略地只用文字说明。图(d)表示保温管，图样中表示方法和图(c)相同。图(e)为夹套管，图样中表示管道内和夹层内均有介质出入，该图示可用波浪线断开表示。图(f)和图(g)表示交叉管。图(h)表示弯管，表示管道背向观察者变成 90°。图(i)表示介质流向，一般标注在阀门图示处。图(j)是管道坡度的几种图示方法。

要识读管道的施工图首先要掌握下面的一些基本知识。

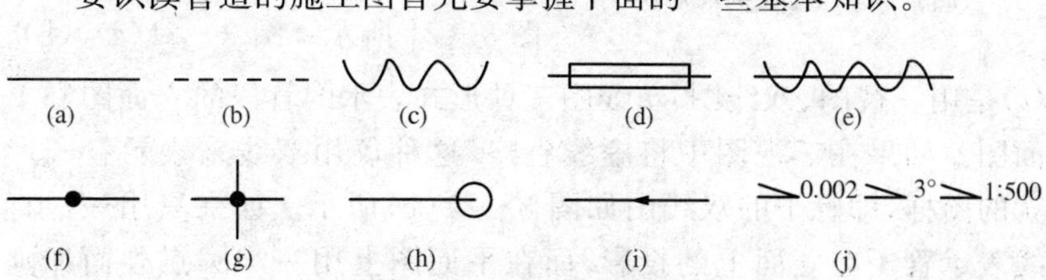

图 3－18　管道图示符号

1. 标高的标注方法

除注明外，管道一般标注管中心的标高，单位为 m，标到小数点后两位，如零点标注为±0.00。标注一般在管道的起始点、转弯处。标注示例可见图 3-19。图样中表示时一般采用图 3-19(c)的表示方法，图面位置不够时可采用图 3-19(d)的表示方法。

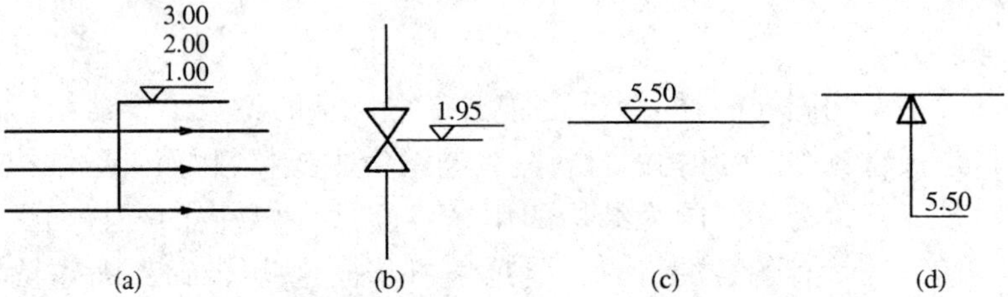

图 3-19 管道标高标注示例

2. 管径的标注方法

对无缝钢管或有色金属管道，应标注为“外径×壁厚”，对水、煤气等其他输送管线应标注公称直径“*DN*”。标注示例可见图 3-20。图中对三种不同的管道分别标出了它们的类别代号和钢管的规格型号。

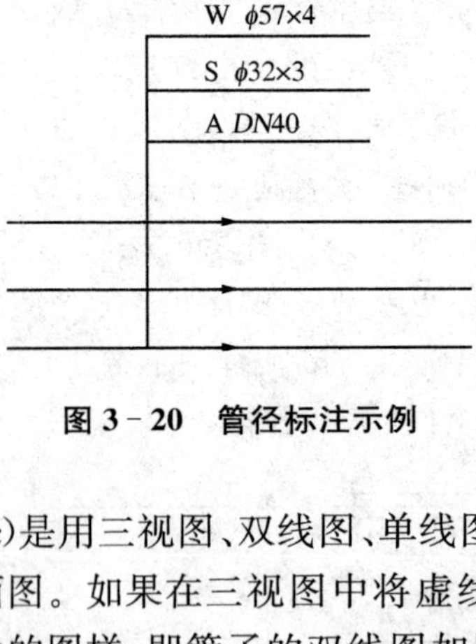

图 3-20 管径标注示例

3. 管段图的表示方法

管道施工图中对管段可用三视图、双线图和单线图的表示方法，如图 3-21 所示。图 3-21(a)、(b)、(c)是用三视图、双线图、单线图三种形式表示的管段的立面图和平面图。如果在三视图中将虚线省略，这种仅用双线来表示管子形状的图样，即管子的双线图如图 3-21(b)所示。如果只用一根直线表示管子在立面上的投影，而在平面图上用一小圆点外面加画一个小圆，即为管子的单线图。图 3-21(c)中的三种表示方法所表示的意义是相同的。

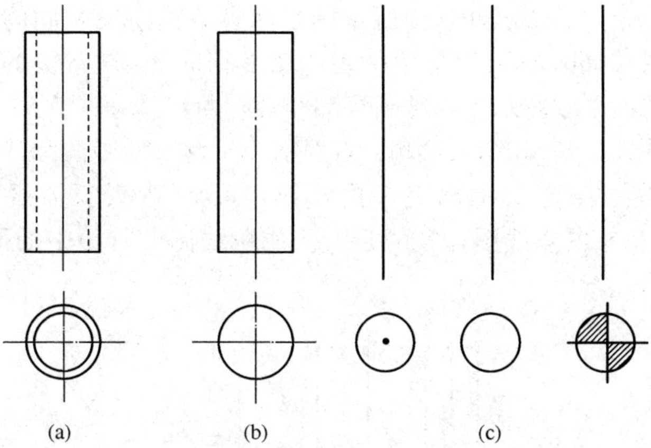

图 3－21　管段的三种表示方法

4. 弯头图的表示方法

如图 3－22(a)、(b)、(c)是用三种形式表示的 90°摭弯弯头的三面图。3－22(a)是弯头的三视图，3－22(b)是弯头的双线图，3－22(c)是弯头的单线图。从这个图例中可以看出，管道图中双线图和单线图的画法仍然有三视图投影画法的基础，只是对三视图的画法进行了简化。在三视图中只要将管子的内径和虚线部分去掉就是管子的双线图。单线图的画法和管段的画法相似，在平面图中先看到立管的断口后看到横管，画图时对丁立管断口投影画成一有圆心点的小圆，横管画在小圆边上。在侧面图上先看到立管，横管的断口在背面看不到，这时横管应画成小圆，立管画在小圆的圆心处。

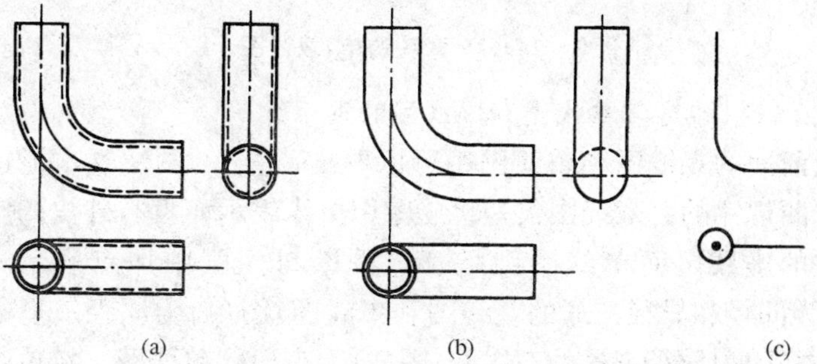

图 3－22　弯头的三种表达形式

如图 3－23 所示，图(a)所示的是两种表达意义相同的 90°弯头的双线图，图(b)所示的是两种表达意义相同的 90°弯头的单线图。在管道的施工图图示中两种画法都经常应用。

图 3－24 是 45°弯头的单、双线图。45°弯头的画法和 90°弯头的画法相同。90°弯头画出完整的小圆，而 45°弯头只需画出半圆。图(a)是弯头的双线图，图(b)是弯头的单线图，图(c)中的两种画法意义相同。

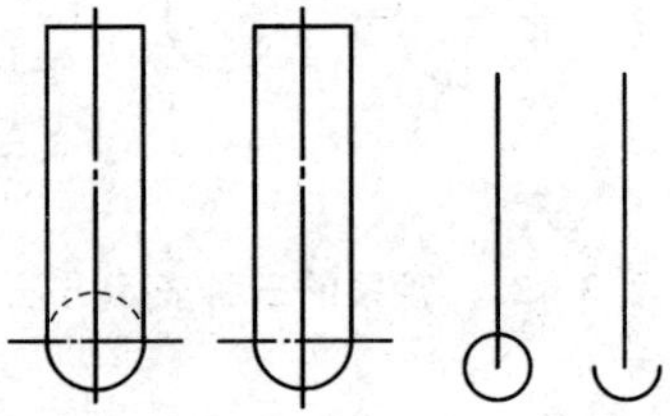

(a) (b)

图 3－23 两种画法表达意义相同的 90°弯头图

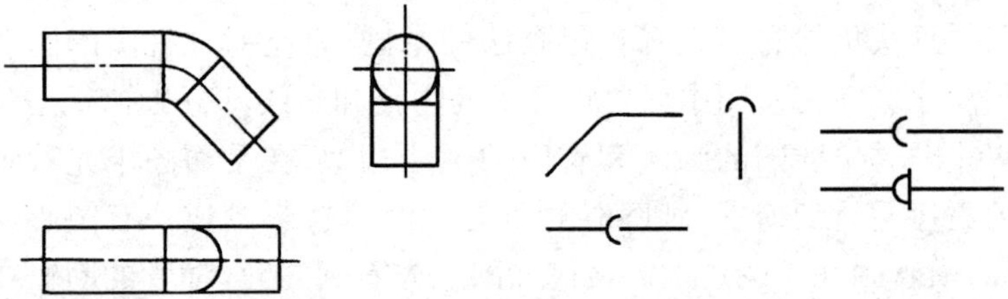

(a) (b) (c)

图 3－24 45°弯头的单、双线图

5. 三通、四通管双线图和单线图的表示方法

从前面的双线图和单线图中可以看出，它们的画法基本上还是符合视图规律的。双线图仅是将皮厚用单线表示而没有外皮的实线和内皮的虚线。而单线图则是管口的断口用圆中加点表示。图 3－25 为同径和异径三通的双线图和单线图，图(a)为同径三通的双线图，图(b)为异径三通的双线图，图(c)为三通的单线图。在单线图

中没有同径和异径的区别。在单线图的左侧图中前横管在后，所以立管的单线条横穿小圆，而右侧图中立管在后，所以立管断开画在加点小圆的后面。同径正四通单、双线图的表示方法和三通的表示方法相同，它的图样见图 3－26。对于异径管四通的表示方法可参考前几例来画出。

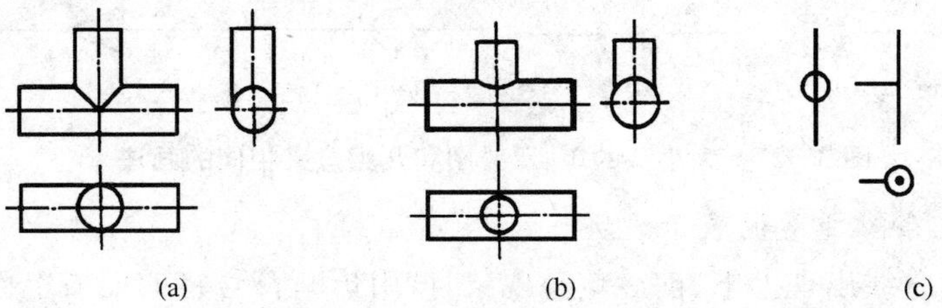

图 3－25　同径和异径三通的单、双线图

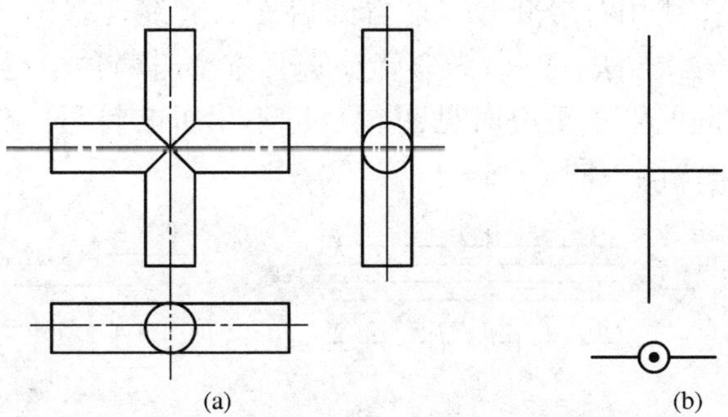

图 3－26　同径四通的单、双线图

6. 大小头单、双线图的表示方法

如图 3－27 图示，图(a)为同心大小头的画法，平面图和立面图的画法相同；图(b)为偏心大小头的立面图画法，它在平面图中的画法与同心大小头是一样的，但需要用“偏心”两字注明。单线图中有些常见表示方法的意义是相同的，图(c)、图(d)、图(e)和图(f)表示几组意义相同的画法：图(c)用于 90°弯头的画法，图(d)用于大于 90°弯头的画法，图(e)用于三通的画法，图(f)用于大小头的画法。

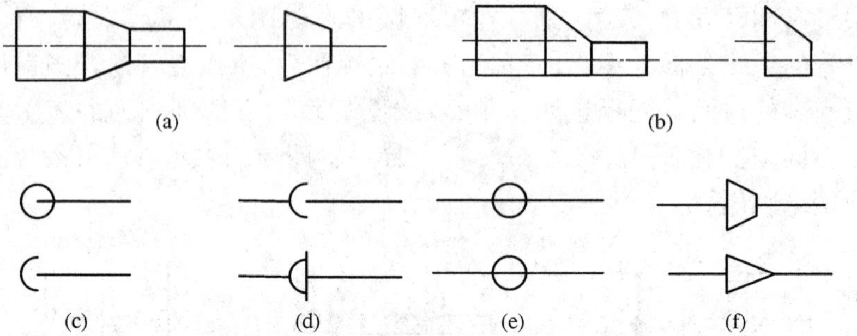

图 3-27　大小头的单、双线图和几组意义相同的画法

7. 管线重叠的表示方法

当管线出现上下、前后重叠现象时，用折断符号将前面或上面的管子假想截去一段，这样就显露出后面或下面的管子。如图 3-28 所示，图(a)为两根管线重叠时，1 线为前面的管线，2 线为后面的管线，将前面的 1 线用符号断开就可看到后面的 2 线；图(b)为多根管线重叠时的表示方法；图(c)为弯管和直管重叠时两种情况的示例；长度、直径相同的管子重叠时见图(d)，可不用折断符号。双线图的表示方法和单线图相同。

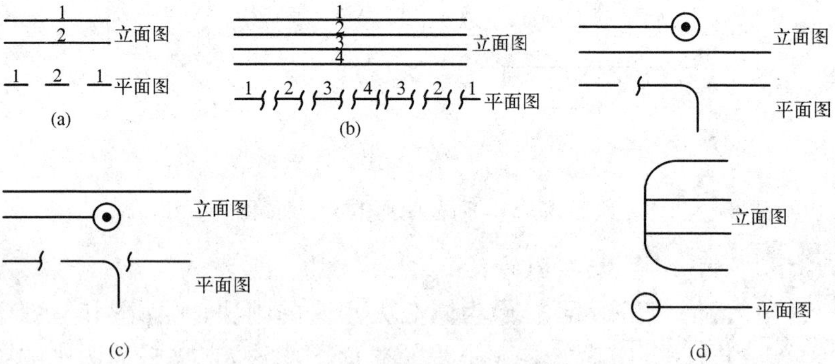

图 3-28　管线重叠的表示方法

8. 管线交叉的表示方法

在视图中出现管线交叉情况时，上面或前面的管线无论是单线还是双线都应显示完整，下面或后面的管线在画单线图时都应断开表示。如果前面或上面的管线用双线图表示，则后面或下面的管线相交部分用虚线表示，图 3－29 所示是单线、双线和单双线混合表示时的示例。

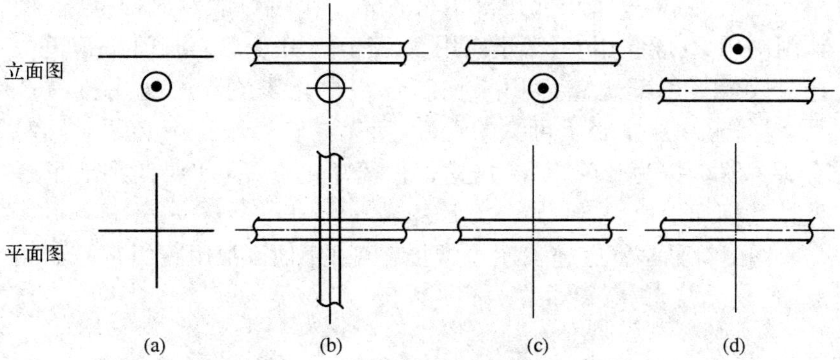

图 3－29　管线交叉的表示方法

【例 9】 多根管线的交叉图例。

图 3－30 所示为多根管线交叉情况的单线立面和平面图，从图中可以看出这四根管线的交叉情况。从立面图看水平标高是 a 管最高，d 管次之，c 管低于 d 管，而 b 管最低；交叉情况是 a 管、b 管在前，d 管和 c 管的交叉水平管部分在后。从平面图看则是 d 管在后，a 管、b 管、c 管垂直部分平行在 d 管的前面。三个弯管中 a 管和 c 管水平向前过来后向下弯 90°，而 b 管则水平向前过来后向上弯 90°。

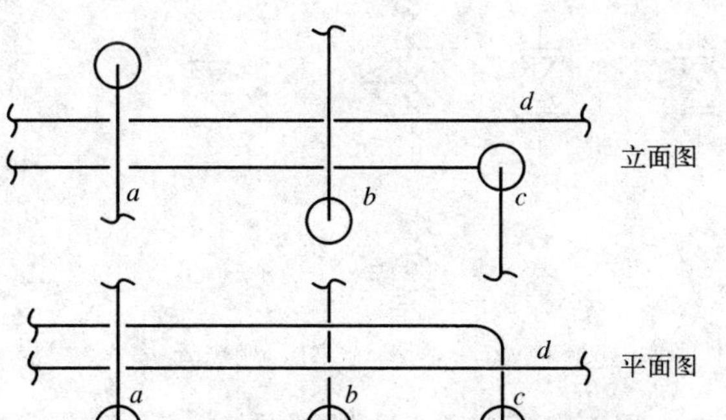

图 3－30　多根管线的交叉图例

9. 阀门的表示方法

阀门的种类繁多，名称也不统一，可按使用功能、公称压力分，也可按阀体材料分，等等。我国阀门产品型号表示方法是由 7 个单元组成的，第一个单元用汉语拼音第一个字母表示阀门类型，例如闸阀用 Z、球阀用 Q、截止阀用 J、安全阀用 A 等。阀门是管道中通过改变其内部通路面积来控制管路中介质流动的通用机械产品，是管道线路中必不可少的管件，所以在管道施工中必须对阀门有所了解。作为入门指导，这里仅做简单的介绍，如要详细地了解可见其标准手册。

阀门符号是管道施工图中常接触到的图形，常用阀门符号如图 3－31 所示。

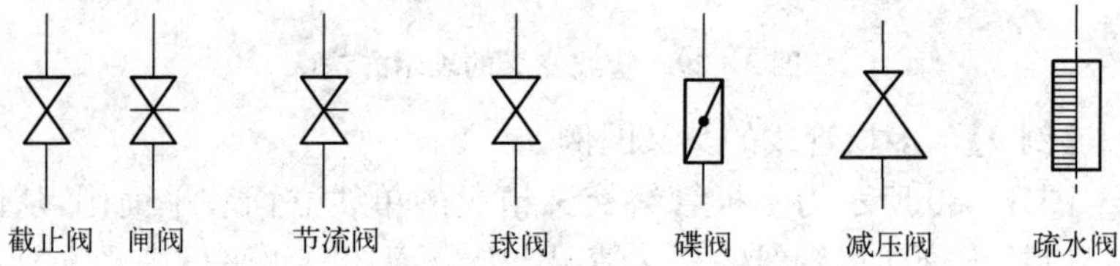

图 3－31　常用阀门的图示符号

施工图中常用阀门和管线的单线图连接表示形式如图 3－32 所示。

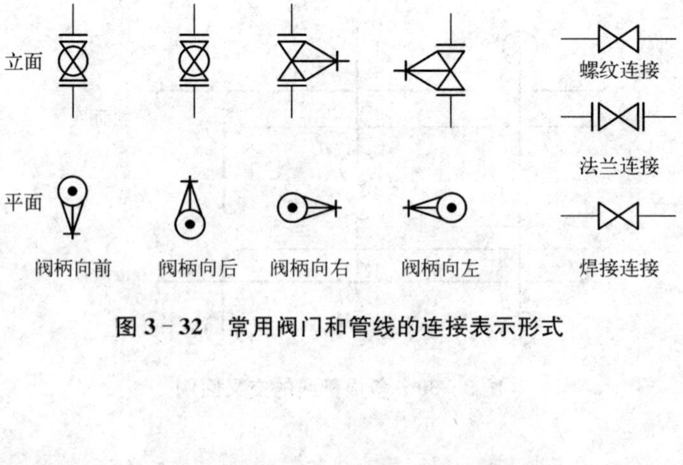

图 3－32　常用阀门和管线的连接表示形式

上面对管道施工图的基本知识做了大概的介绍，下面用例题来提高应用这些基本知识的能力。

【例 10】 工艺配管图例。

图 3－33 是用两视图表示的单线图。因表示配管需要，图中设备用双点画线画出，管线用粗实线表示。为了便于理解，在立面图和平面图中标出了管线上下、前后和左右的关系。图中可以看出阀门是用阀门连接的单线图，同时可以看出阀门在水平管和立管中连接时阀柄的方向。这在管道施工时是十分重要的，如果方向不对时就可能使阀柄不在操作位置而出现安装错误。同时可以看出介质的流向在进出口处标出，这也是识图时要注意的地方，因有些阀门是有进出口方向的。其他的图形表示可用前面讲过的基本知识去理解。下面将这个图例用正等测图表示的方法画出来。在正等测轴测图里，将轴线用细红线画出，管线用实线画出，设备仍用单点画线画出。为制图的方便，把作为左右方向的 OY 轴选在两设备中心的连线上，原点选在两设备的中点。为了便于理解，仍把管线上下、左右和前后与轴线的关系标出来，如图 3－34 所示。最后用斜等测轴测图的表示方法画出这个图例，图 3－35 是这个图例的斜等测轴测图，图中坐标原点仍选在原位置。

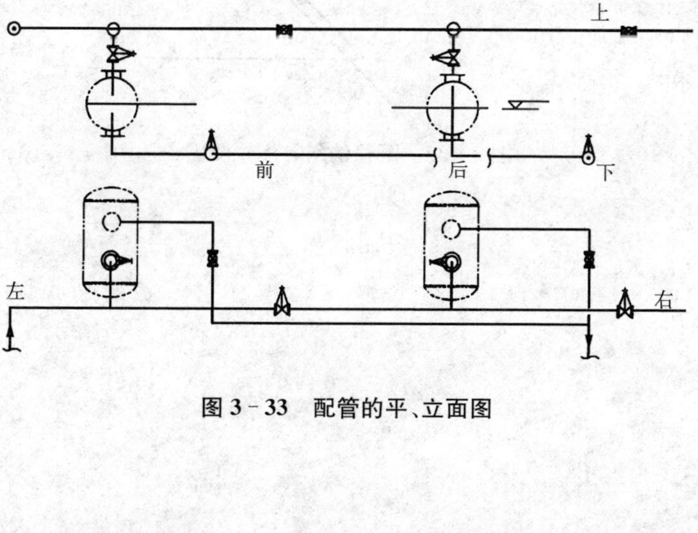

图 3－33 配管的平、立面图

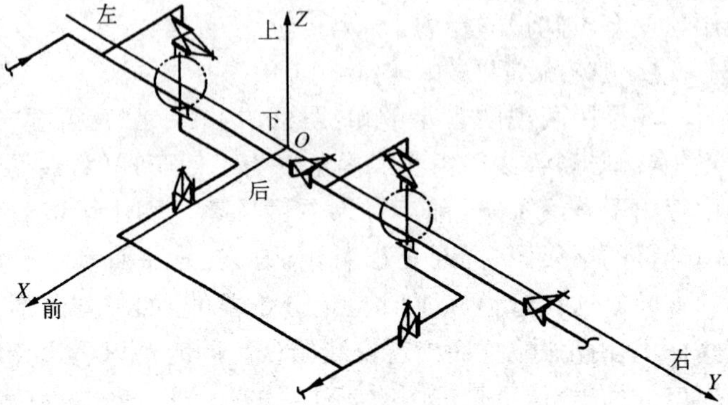

图 3 - 34 配管的正等测轴测图

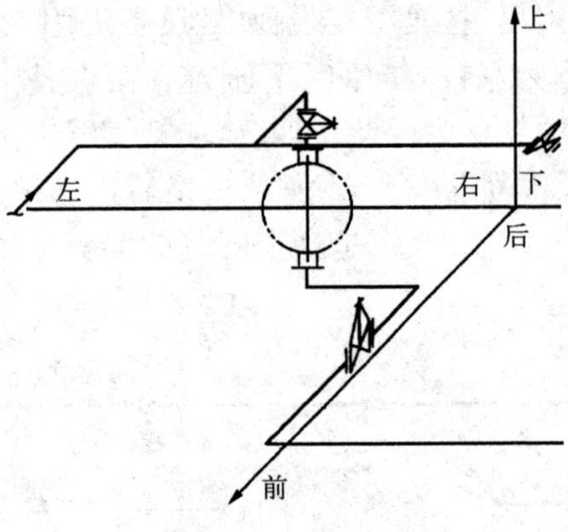

图 3 - 35 配管的斜等测轴测图

第四章　钣金展开放样基本方法

第一节　钣金展开的作图方法

钣金产品的展开下料是理论性和操作性均很强的技术，因此，系统地学习钣金展开知识对钣金工来说是十分必要的。本章将系统地介绍钣金展开常用的基本方法。

所谓放样法，就是将金属板材制品的表面全部或局部的形状，在纸面上或金属板上摊成平面图形的一种画图方法。如图 4－1(a)是把一个圆管从接口截开放平成一长方形，这个长方图形就是圆管的展开图。又如图 4－1(b)所示，是把一个直圆锥从接口截开放平成一扇形，这个扇形图就是直圆锥的展开图。把这个长方形图或扇形图画在金属板上，按照图线留出必要的加工余量，再将其余部分剪去，就是现场放样的展开图。

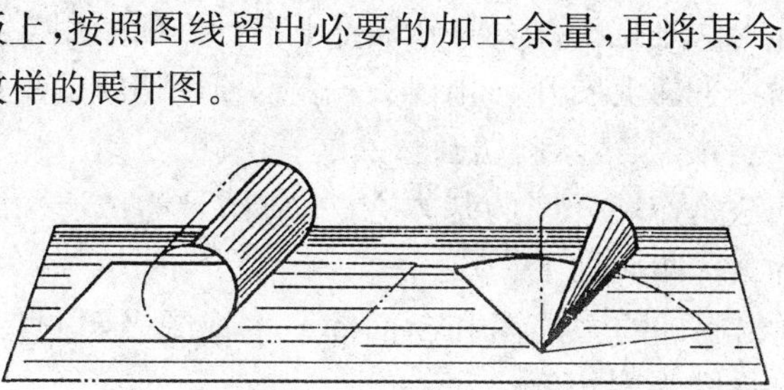

(a) 圆管　　(b) 圆锥

图 4－1　展开图

金属板制品或构件形状千变万化，不都像上述两例那样简单。绘制简单制品的展开图，一般需要画出制品的主视图、俯视图或左视图；绘制复杂制品的展开图时，还需画出制品的辅助视图和较多的断面图。无论制品的外形如何复杂，都可用作图展开法或计算展开法解决。在作图展开法中，按其作图的方法不同又可分为平行线法、放射线法和三角形法三种。其中三角形展开法能将所有的可展形体的表面展开。平行线展开法和放射线展开法是三角形展开法的特例。当构件表面的素线或棱线平行时，而且在某一投影面的投影中构件表面的素线或棱线都表现为彼此平行的实长线，即可采用平行线展开法；当构件表面的素线或棱线能够汇交于一点，即构件为锥体时应采用放射线展开法；当构件表面的素线和棱线既不相互平行又不能汇交于一点时，应采用三角形展开法。

在作构件的展开图时，应首先通过对构件表面素线或棱线进行分析，找到其主要特点，然后在上述的三种基本作图方法中选取可行和简便的一种。

一、平行线展开法

（一）平行线展开法简介

当形体表面具有平行的边线或棱的构件，如圆管、矩形管、椭圆管以及由这类管所组成的各种构件，均可用平行线法作展开图。平行线法实际上就是把构件表面分成若干平行平面或用素线分成若干梯形小平面在平面上展开，如图 4－2 表示顶部切缺的矩形管的视图及展开图。图 4－3 表示斜切圆管的展开图。

平行线法是作展开图的基本方法，应用最为广泛。用平行线法作展开图的大体步骤如下：

（1）画出制件的主视图和断面图。主视图表示制件的高度，断面图表示制件的周围长度。

（2）将断面图分成若干等分（如为多边形以棱线交点），等分点越多展开图越精确，当制件断面或表面上遇折线时，须在折点处加画一条辅助平行线（图 4－2 的 1 点）。

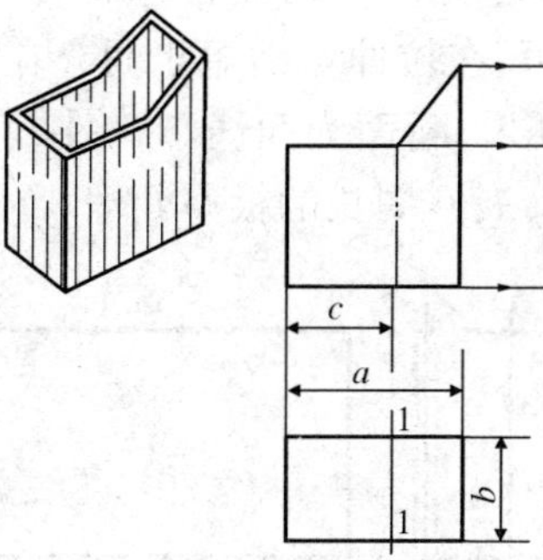

图 4-2 切缺矩形管的展开

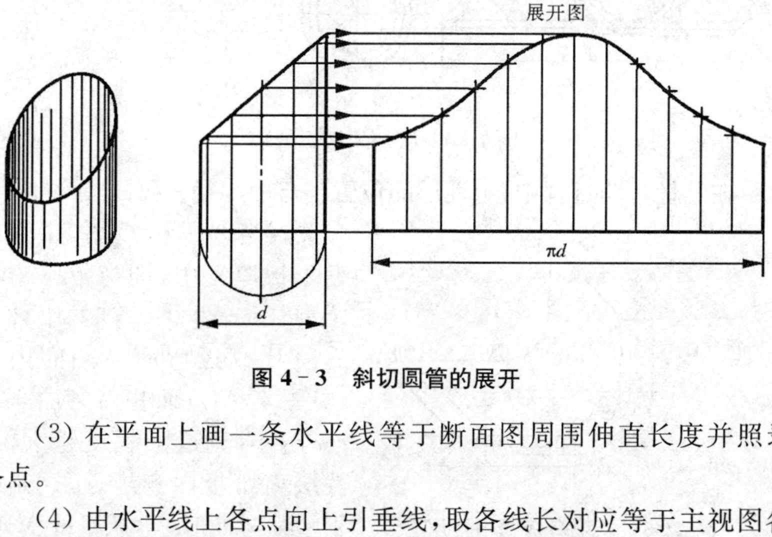

图 4-3 斜切圆管的展开

(3) 在平面上画一条水平线等于断面图周围伸直长度并照录各点。

(4) 由水平线上各点向上引垂线,取各线长对应等于主视图各素线高度。

(5) 用直线或光滑曲线连接各点,便得出了制件的展开图。

(6) 板厚处理与构件质量密切相关,不可忽视。当板厚 t 大于 1.5 mm,构件尺寸要求又精确时,作展开图就要考虑板厚的影响,否则会产生构件尺寸不准、质量差,甚至造成废品。为了消除这种影响,展开放样时必须对板厚进行处理,其处理方法如下:

断面形状为“曲线”形构件的板厚处理。当板料弯曲时，外层材料受拉而伸长，内层材料受压而缩短，在拉伸与缩短之间存在着一个长度保持不变的纤维层，称为中性层。断面为曲线形构件的展开长度，以中性层为准，如图 4－4 为圆筒展开周长的板厚处理。

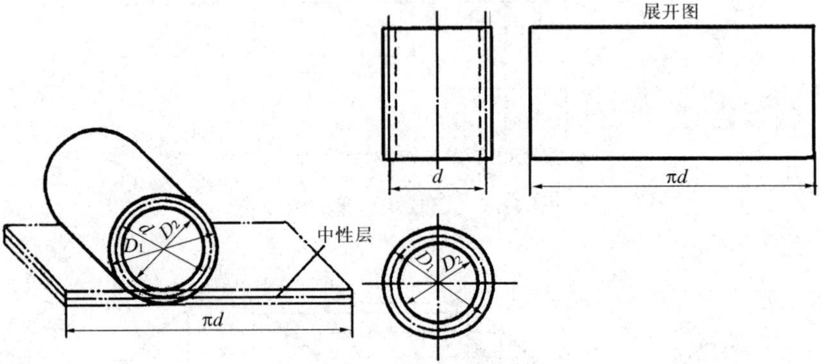

图 4－4　圆筒的板厚处理

在塑性弯曲过程中，中性层的位置与弯曲半径 r 和板厚 t 的比值有关。当 $r/t>0.5$ 时，中性层近于板厚正中，即与板厚中心层重合。若 $r/t\leqslant5$ 时，中性层的位置靠近弯曲中心的内侧（见图 4－5），而相对弯曲半径 r/t 越小，则变形程度越大，中性层离弯板内侧越近，这是由于塑性弯曲时，弯板厚度变薄，其断面产生畸变的缘故。

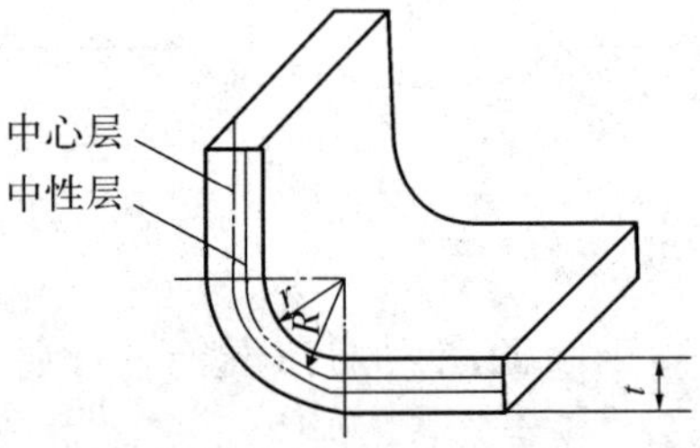

图 4－5　圆弧弯板的中性层

中性层的位置可由下式计算：

$$R=r+kt$$

式中　R——中性层半径（mm）；

　　　r——弯板内半径（mm）；

t——钢板厚度(mm)；

k——中性层位置系数，其值见表 4－1。

表 4－1　中性层位置系数 k、k_1 的值

r/t	≤0.1	0.2	0.25	0.3	0.4	0.5	0.8	1.0	1.5	2.0	3.0	4.0	5.0	≥6.5
k	0.23	0.28	0.3	0.31	0.32	0.33	0.34	0.35	0.37	0.40	0.43	0.45	0.48	0.5
k_1	0.3	0.33	0.35			0.36	0.38	0.40	0.42	0.44	0.47	0.475	0.48	0.5

注：k——适于有压料情况的 V 形或 U 形压弯。

k_1——适于无压料情况的 V 形压弯。

② 断面形状为“折线”形状构件的板厚处理。图 4－6 所示为圆弧弯板，当弯板折成直角件时($r/t=0.5\sim0.6$)，按 $r=0.5t$ 计算，此时弯板料长 L：$L=a+b-2r+\frac{\pi R}{2}$，式中 $R=r+kt$。查表 4－1，取 $k=k_1=0.36$，将 R、k 代入上式得：

$$
\begin{aligned}
L &= a+b-2\times0.5t+\frac{\pi}{2}(0.5t+0.36t)\\
&= a+b+0.35t
\end{aligned}
$$

设 $\Delta=0.35t$，则

$$L=a+b+\Delta$$

即按里口计算，折一个直角须加一个 Δ 值。

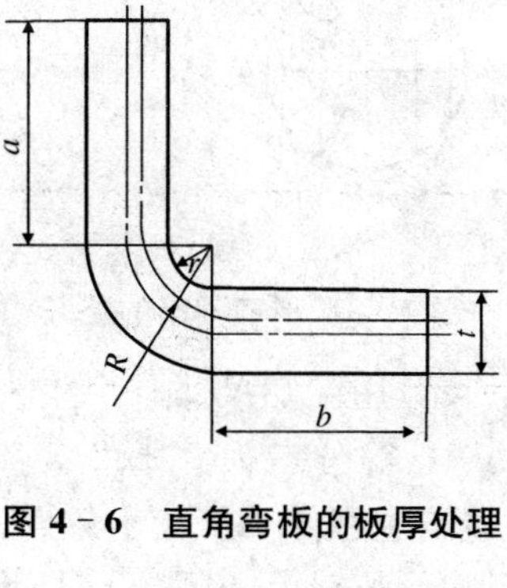

图 4－6　直角弯板的板厚处理

上述理论也适用于钢板制成折线形构件的板厚处理，如图 4－7 所示为板材折成⊔槽，其料长 L：$L=a+b+c+\frac{0.35t}{90^\circ}(\alpha+\beta)$。如果方管是由四块板料拼焊而成，则因拼接的情况不同而有不同的板厚处理。例如，相邻两块板料夹住另两块料时，则相邻两板的下料宽度就有所不同，一块应按里皮下料，一块应按外皮或板厚中心下料。这要在实际工作中根据具体情况做灵活恰当的板厚处理。

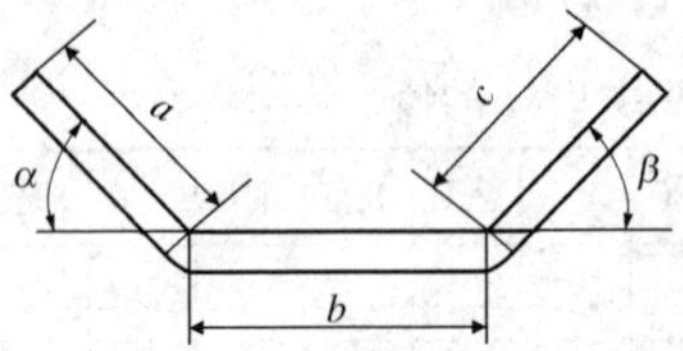

图 4－7　折板件的板厚处理

板厚处理除构件展开长度外，对不同的构件还有不同的处理要求，例如圆方过渡接头的高度处理以及相贯构件的接口等，这些问题将在以后具体构件展开中处理，不在这里集中论述。

（二）展开实例

【例 1】 正圆柱的展开（斜口圆筒的展开），见图 4－8(a)。

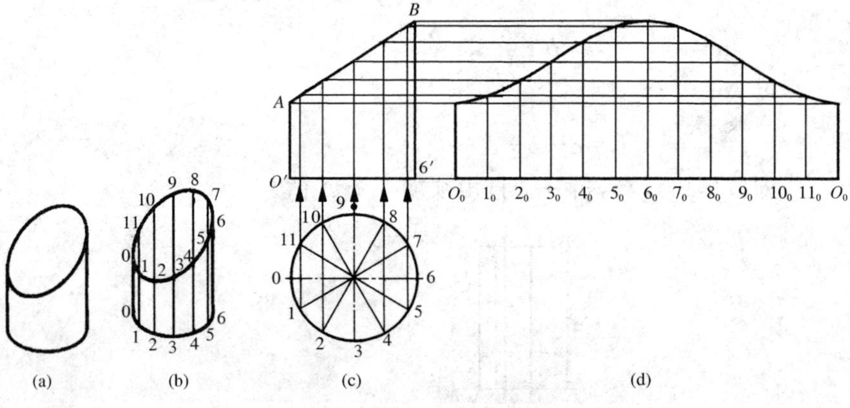

图 4－8　斜口圆筒的展开

① 如图 4－8(c)所示，用已知尺寸画出主视图和俯视图，等分俯视图圆周（在本例 $n=12$），等分点为 0、1、2、3、4、5、6、7、8、9、10、11，过各等分点作上垂直线与主视图 AB 交于各点，由点向右作水平线。

② 在主视图 $O'6'$ 的延长线上，截取 O_0O_0 等于底圆展开长度，并

将它分成 12 等分。

③ 自底圆展开线上各等分点作上垂直线，与主视图 AB 上各点向右作水平线对应相交(使它们分别等于圆柱上相应素线的长度)。

④ 用光滑曲线把各端点连接起来，即得所求的展开图[4－8(d)]。

【例 2】 斜正六棱柱的展开(图 4－9)。

① 如图 4－9 所示，用已知尺寸画出主视图和俯视图，作直线 $1'1'$ 与主视图上的 11 线平行。

② 作直线 $1'1'$ 的平行线 $2'2'$、$3'3'$、$4'4'$(平行线间距等于主视图上的 a)。

③ 过主视图上的点 1、2、3、4 分别作直线 11、22、33、44 的垂直线，与直线 $1'1'$、$2'2'$、$3'3'$、$4'4'$ 对应相交。

④ 将上述交点用直线连接起来，就得到斜六棱柱的 1/2 展开图。

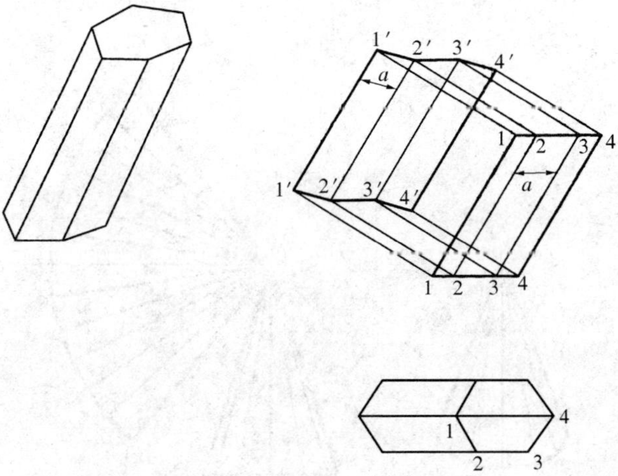

图 4－9　斜正六棱柱的展开

二、放射线展开法

放射线展开法主要应用于锥体一类的展开图。

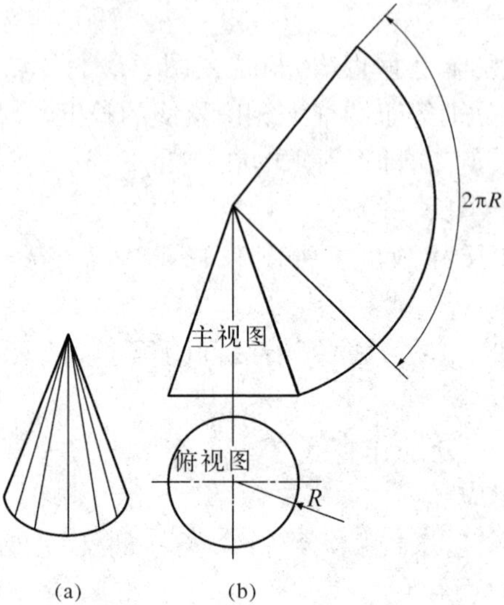

图 4-10 正圆锥的展开

（一）放射线展开法简介

图 4-10(a)为一个正圆锥的立体图，图 4-10(b)为其主视图和俯视图。正圆锥体的展开图是一个扇形，该扇形的半径等于主视图上的斜边长度，而扇形的弧长则等于俯视图上的圆周长。

将这个正圆锥的底部圆周 12 等分，通过等分点与圆锥体的顶点“O”连接，如图 4-11(a)所示，这样在主视图和展开图上都相应地出现了一组放射线 O_1、O_2、O_3、…［见图 4-11(b)］。

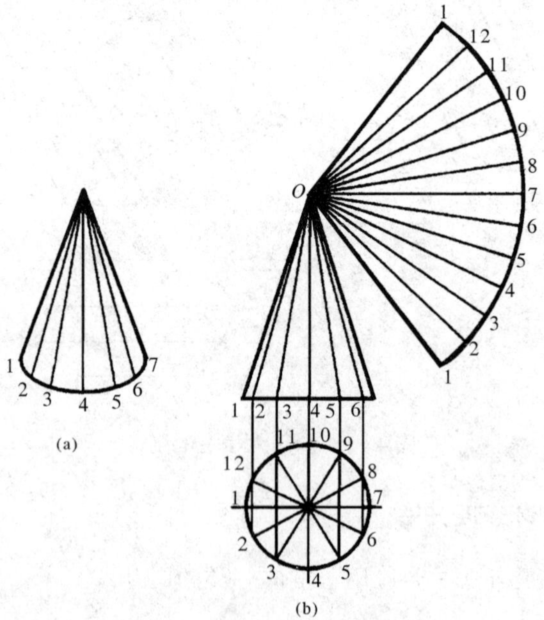

图 4-11 正圆锥的放射线法展开

展开图上的各弧长 12、23…分别等于俯视图上弧长 12、23…的圆弧长。

展开图上的 O_1、O_2、O_3…各线长度相等，而且均等于主视图上的斜边 O_7（O_1）线的长度。因为主视图上的 O_7（O_1）线反映了 O_2、O_3…O_6 各线的实长。

通过以上分析可知，凡是正圆锥被任意截取的制件，就不难作出它们的展开图。现以图 4－12(a)中上部斜截正圆锥为例，来说明其展开步骤和方法。

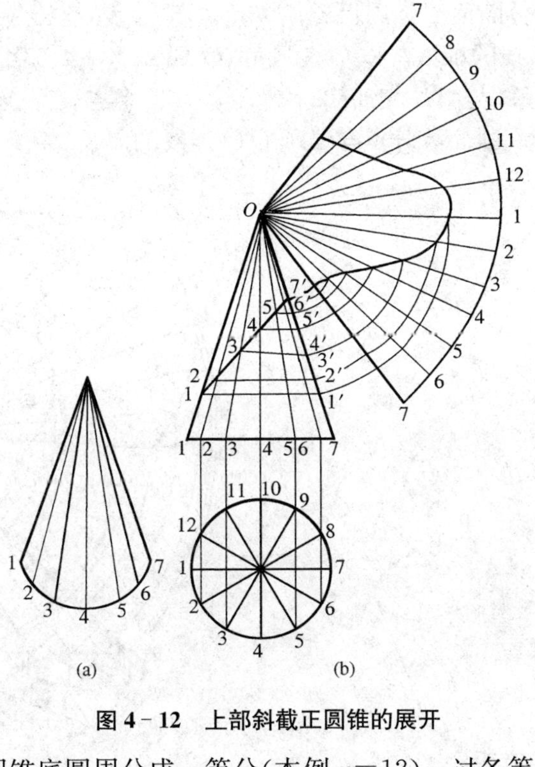

图 4－12　上部斜截正圆锥的展开

① 将圆锥底圆周分成 n 等分（本例 $n=12$）。过各等分点画出素线，并标出各素线与截面的交点。

② 用旋转法求出各素线的实长，及其被截去的线段实长。

③ 在展开图上把扇形的圆心角也分成相同的 12 等分。

④ 在展开图 O_1、O_2、O_3…各线段上分别量取主视图上各相对应素线的实长，即求出各点的位置，用光滑曲线将各点连接起来，即得展开图。

（二）展开实例

【例 3】 斜圆台的展开。

① 图 4－13 为斜圆台的实物立体图，图 4－14 按已知尺寸画出主视图和 1/2 断面图。延长 AD 与 BC 相交于 O 点，由 O 点引下垂直线交于 AB 延长线于 O'。

② 6 等分断面半圆周得 B、1、2、3、4、5、A 点，连接各点与 O'。

③ 实长线的求法。以 O' 为圆心，O' 到 1、2、3、4、5 各点距离为半径画同心圆弧，与 AB 交 1′、2′、3′、4′、5′ 点，将各交点与 O 相连，与 CD 交点，得底断面等分点与锥顶 $O'O$ 连线的实长。

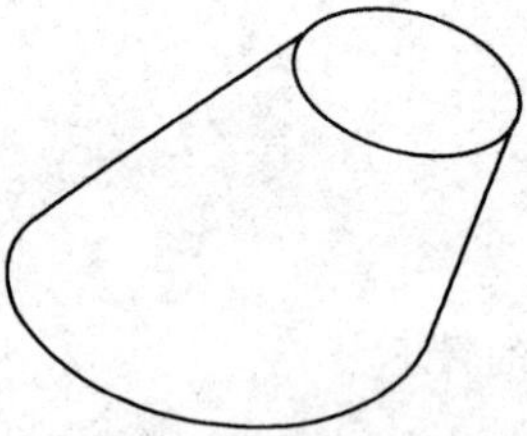

图 4－13　斜圆台的实物立体图

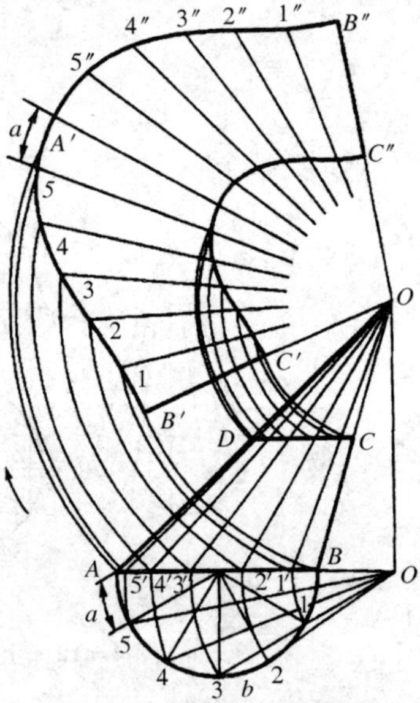

图 4－14　斜圆台的展开

④ 展开图法。以点 O 为圆心，OB、O_1'、O_2'…OA 为半径画同心圆弧。在以 OB 为半径的圆弧上，任意取 B 点为圆心，以断面等分弧长 a

为半径画圆弧，交于以O_1'为半径的圆弧于1点。以1为圆心、a为半径画圆弧，交于以O_2'为半径的圆弧于2点。以下用同样的方法求得3、4、5、A'、$5''$、$4''$ … B''各点。通过各点连成$B'A'B''$光滑曲线，并向点O作放射线。再以点O为中心，点O到CD线各点长为半径画同心圆弧，与各放射线对应相交，连接各交点得$C'C''$曲线，即得到斜圆台的展开图。

【例4】 90°两节渐缩圆管弯头的展开见图4-15。

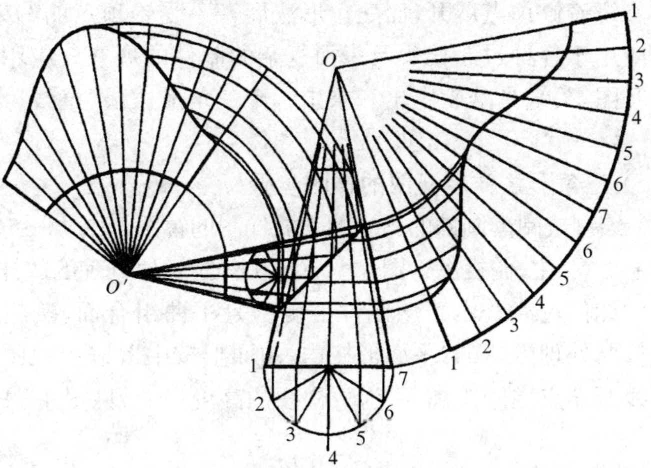

图4-15 90°两节渐缩圆管弯头的展开图

① 将下部圆锥断面圆分成12等分。过等分点画出素线，并标出各素线与截面的交点。

② 用旋转法求出各素线的实长，及其被截去的线段实长。

③ 在展开图上把扇形的圆心角也分成相同的12等分。

④ 在展开图O_1、O_2、O_3…各线段上分别量取主视图上各相对应素线的实长，即求出各点的位置，用光滑曲线连接各点，即得展开图。

上部圆锥与下部圆锥作法基本相同，只不过是斜口一个在上一个在下。

三、三角形法展开

当钣金制件的表面（平面或曲面）不宜或不能用平行线法或放射

线法展开时，常采用三角形法展开。画展开图时将制件的表面分为一定数量的三角形平面或曲面，然后求得三角形平面或曲面各周边的实长，再由已求出三角形边长的实长，依次画出各三角形的实形，从而得出整个制件表面的展开图。这种应用三角形作图原理求作展开图的方法，称为三角形法或三角线法。

三角形法和放射线法展开，都是把制件表面分成若干三角形，但放射线法绕着锥顶点展开，而三角形法展开不受锥顶点的约束，所以它广泛应用于各种过渡接头及表面复杂的制件的展开。应用三角形法作展开图，关键是准确定出和求出各个三角形边长（棱线、素线）的实长。

（一）三角形法作展开图的作图步骤

（1）绘制或阅读制件的施工图和放样图的视图。图 4－16(a)是方圆接头施工图（主、俯视图），图 4－16(b)为经过板厚处理的放样图。这两个图样如何过渡？由于该制件的侧壁是平曲组合面，按施工图和放样图板厚处理方法的“平面形按内，曲面形按中”，以主视图所示板厚中心线两端点之间距离 h_1 为放样图的高度尺寸，见图 4－16(c)。

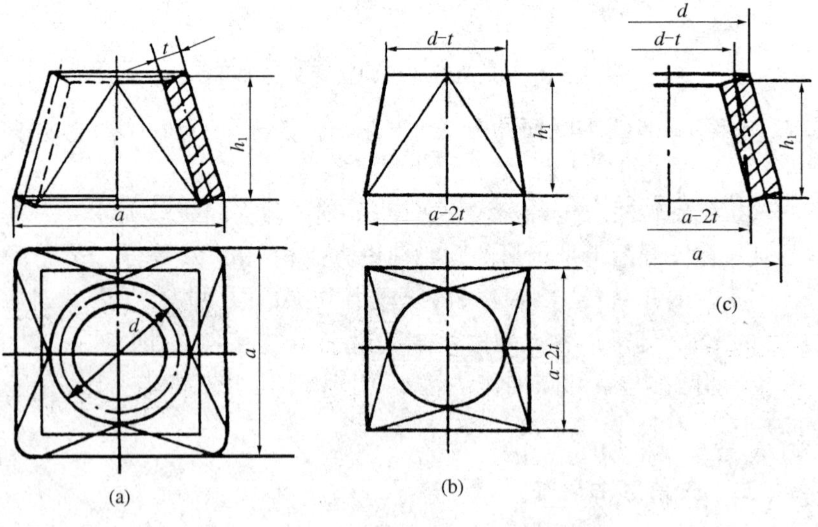

图 4－16　方圆接头的施工图和放样图

(2) 把制件表面分为若干三角形平面或曲面。

(3) 定出或求得三角形 3 个边的实长。当给定视图不能反映制件上的棱线、素线、端面边线的实长时，用直角三角形法或旋转法求得实长。

(4) 以三角形各边的实长，按顺序依次作出各个三角形，即得制件表面的展开图。

（二）展开实例

如图 4－17 所示，11′7′71 为 90°变径管。其上、下断面均为正圆形，不是圆锥体的组成部分，因此不能用放射线法；又因各展开线互不平行，又都不是实长，如 33′与 44′既不平行又不是实长，因此也不能采用平行法，显然只能采用三角形法。作法如下：将正面图分成若干个三角形，在本例题中将半圆分成 12 个三角形，如△7′76、△66′7′、△656′、△6′5′5…△12′1′。若已知每个三角形的三边长度就可以求得所有三角形的面积。现已知大、小圆每个等分弧弦长 j_1 和 j_2，但未知各线段的实长，因此只要求得 7′6、6′6、6′5、55′…12′等

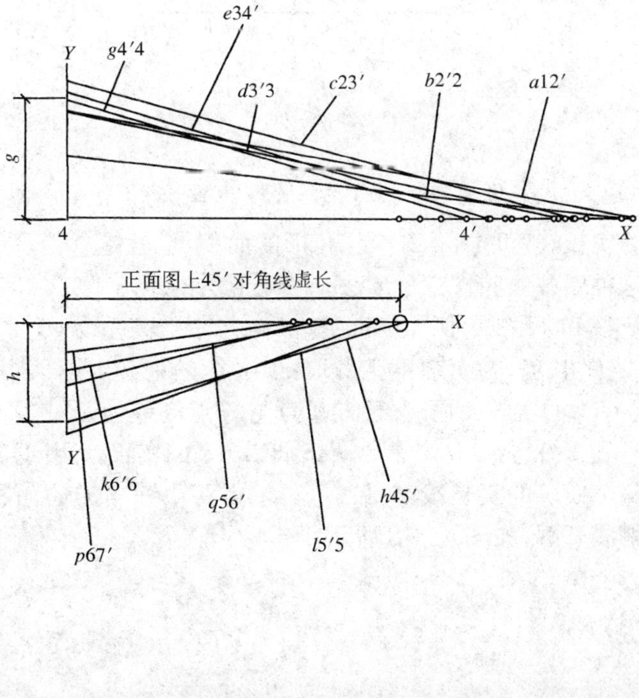

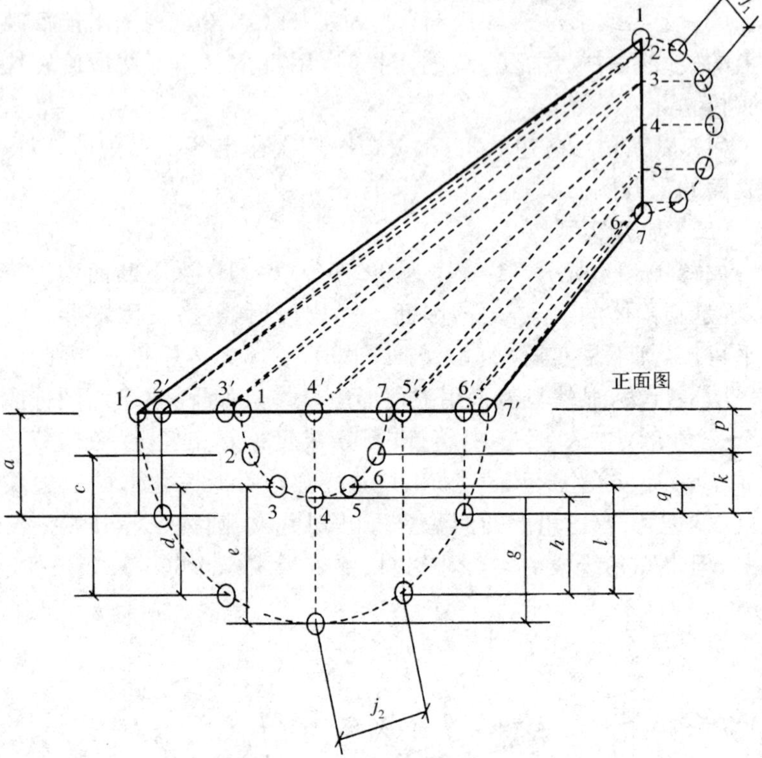

图 4－17 上下为正圆斜 90°变径管

各斜线的实长，就可求得 12 个三角形的面积，也就是求得了展开图。因此把这种展开法叫作三角形法。三角形法的难点就是求实长的过程，举 45′线和 44′线为例加以说明。4 点与 4′点高差为 g，在 X 轴线上截取 44′的长度，在 Y 轴线上截取 g，并将该两点相连，所得的斜线 $g4'4$ 即为 44′的实长。同理，已知 4 点与 5′点高差为 h，在 X 轴线上截取 45′，在 Y 轴上截取 h，斜线 $h45'$ 即为 45′的实长。用同样方法分别求得每个线段的实长线 j_1 和 j_2，再求得每个三角形的面积，从而最终获得展开图，如图 4－18 所示。

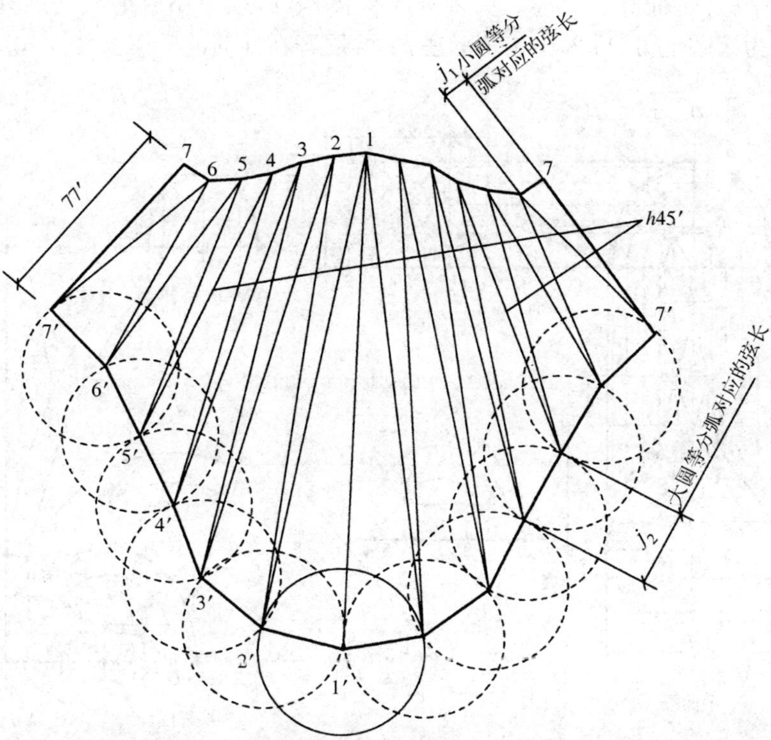

粗实线为展开图

图 4－18　上下为正圆斜 90°变径管的展开图

举例说明:直角三角形斜边长度 $h45'$为实长。(当直角三角形的短边为 h 而长边为正面图中的 $45'$斜线时,则其斜边 $h45'$为 $45'$斜线的实长。)

另一种方法为混合法,即在某种构件的展开中有时同时应用三角形法和平行法,或同时应用三角形法和放射线法。

图 4－19 所示为一种排气罩,是一种较为复杂的构件。首先画放大样图。第一步,根据给定的 A、B、C 和 R_0、R_1、R_2 及 $8'$、$8''$、$8''$、$8'$开孔尺寸画侧面图 $1688'1'1$ 和正面图,最后画平面图。从侧面图中看到我们把整个排气罩分成了 7 种展开料。其中,①为柱体展开,采

用平行法；而②、③、④、⑤、⑥属于锥体构件，须采用放射线法展开；⑦为天圆地方，应采用三角形法，⑦的展开在此简略。

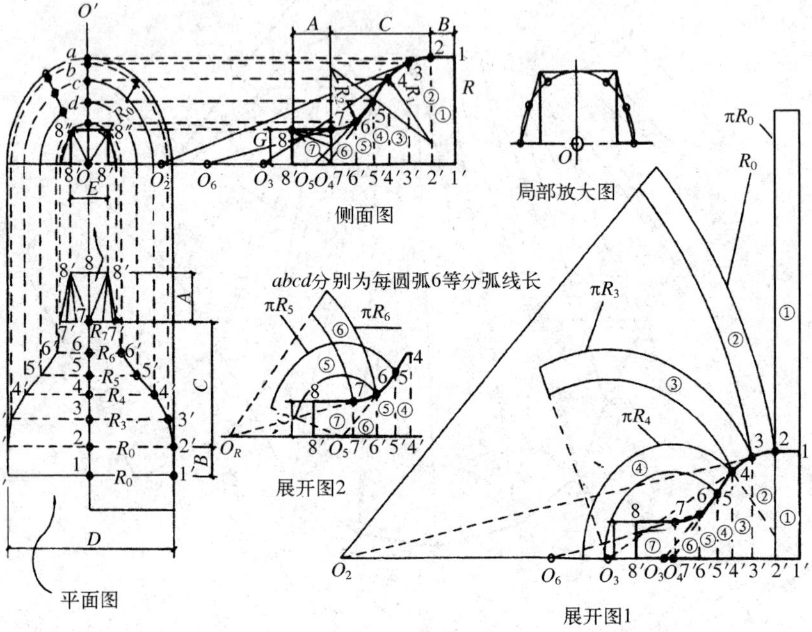

图 4－19 排气罩

图 4－20 为上题中的机器罩的展开。在本例中可用两种方法展开，一种是平行法，另一种是三角形法，其结果是相同的。

从平行法的展开图中看到 $4'4''$、$3'3''$、$2'2''$ 都相互平行，又都代表着实长，因此，若能获得 $a'1$ 断面图就可以按平行法展开。$1'a$ 的断面线在平面图上是 $1a'7$ 曲线，但它并不是实长曲线，要分别求 $7c'$、$c'b'$、$b'a'$ 的实长线。在此仅举一线为例求其实长线。如何求得 $b'a'$ 的实长？在断面曲线中量取 $b'a'$ 长度以作水平尺寸，$b'a'$ 两点的高差为 $7''c''$，此时斜线为 $b'a'$ 的实长线，简称 a''。用同样方法分别求得 b''、c'' 实长。在 $a'1$ 的延长线上截取该断面的轴线实长，即为 $7''1''$ 的断面轴线，然后用平行法将 $4'4''$、$3'3''$、$2'2''$ 平行移至展开图中即完成展开图。

该机器罩也可用三角形法展开，步骤如下：第一步，把侧面图的圆弧分成 6 等分，每等分弧弦长为 R_1，在正面图中 4′4″、3′3″、2′2″均为实长又互为平行，要求 3°4、3°6、61°对角线的实图 4－19 排气罩长。求实长线方法在此举 43°为例说明。在 X 轴上截取 3°4 长度，Y 轴上截取 3°和 4 点的高差，则相连的线 4′3°为实长，简称为 a。用同样方法分别求出 b、c 实长。现已知每个三角形的三边实长，就可以用三角形法进行展开。展开结果与平行法展开图相同。从上例中不难看出，对一种构件有时同时适用两种展开法，因此必须灵活掌握不同展开法。

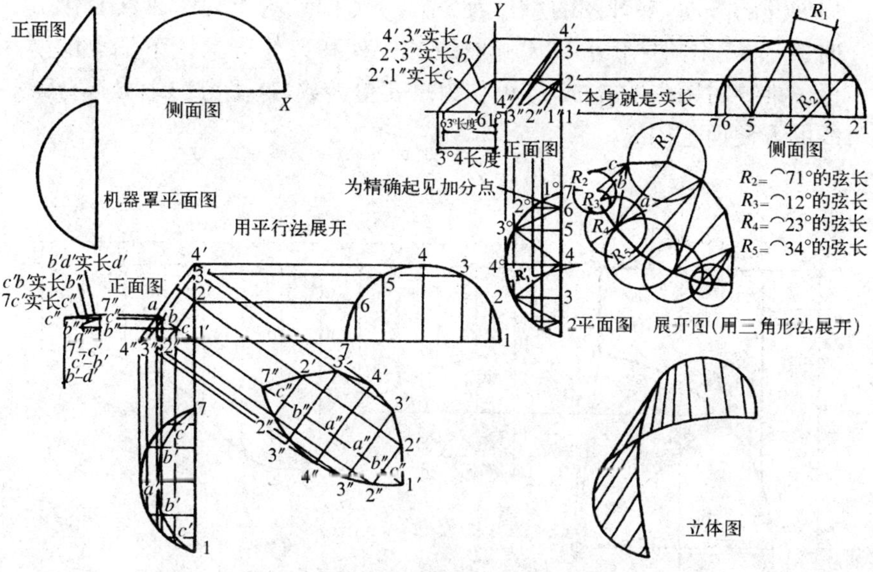

图 4－20　用三角形法作展开图

第二节　钣金展开的计算方法

钣金展开的计算方法是根据构件的已知几何尺寸，推导计算出形成构件展开样板所需要的几何参数，对于可展曲面，一般可以直接推导出展开图上边界曲线的方程，但习惯上仍求出曲线上各等分素线端点的位置。对于不可展曲面，可计算出近似展开时所需的长度、半径等几何参数。

计算出展开所需的参数后，可利用它们绘制构件的展开图，也可把数据传送给数控系统进行自动加工。计算方法与作图方法比较，其具有展开准确、迅速、适于大型构件和为计算机辅助展开提供算法基础等特点。

图 4－21 所示为圆柱面截断圆柱管的展开。构件的已知尺寸是 R、H、r 和 e。展开平面的直角坐标系为 xOy，x 方向设为圆柱管圆周展开的方向，展开图的总长为 $2\pi R$；y 方向设为圆柱管素线长度方向，需推导出圆柱管下口展开曲线的方程和各等分素线下端点的坐标。推导时图中的 β_i 或 φ_i 可作为自变量参数，这里考虑划分等分素线的方便而选用 β_i。

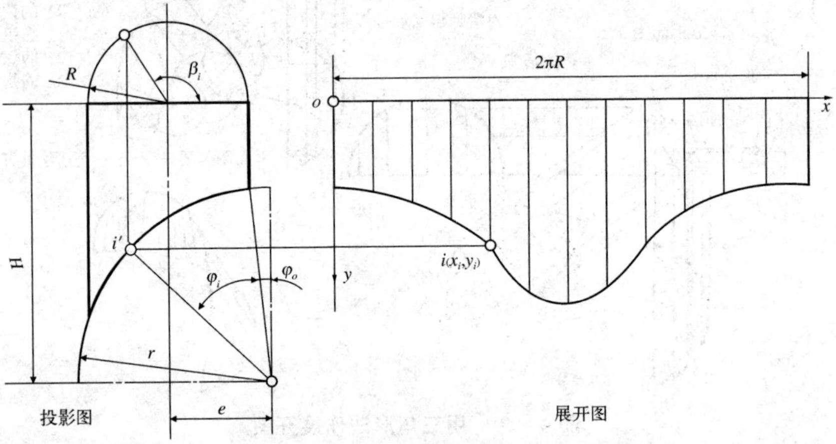

图 4－21　圆柱面截断圆柱管的展开

圆柱管下口上任意点 I 对应展开图上的 i 点，其直角坐标为 x_i、y_i。I 点所在素线在圆周上的位置可由参数 β_i 所对应的弧长确定，I 点所在素线长度可通过几何关系求得。下口展开曲线上任意点（x_i，y_i）的坐标为：

$$x_i = R \cdot \beta_i \cdot \frac{\pi}{180}$$

$$y_i = H - r^2 - (e - R \cdot \cos\beta_i)^2$$

当 $R=100$，$H=400$，$r=260$，$e=120$，圆周等分数量 $N=12$ 时，由上式计算出各等分素线下端点坐标值见表 4-2。

表 4-2　各等分素线下端点的坐标值

β_i	x_i	y_i	β_i	x_i	y_i
0°	0	140.77	210°	366.52	242.15
30°	52.36	142.15	240°	418.88	203.28
60°	104.72	149.60	270°	471.24	169.35
90°	157.08	169.35	300°	523.60	149.60
120°	209.44	203.28	330°	575.96	142.15
150°	261.80	242.15	360°	628.32	140.77
180°	314.16	261.44			

当构件的结构形状发生变化时，有时会很容易从已知公式得到新的计算公式，这也是钣金展开计算方法的又一重要特点。比如当圆柱管与截圆柱面正交时，$e=0$，有计算公式：

$$\begin{cases} x_i = R \cdot \beta_i \cdot \dfrac{\pi}{180} \\ y_i = H - \sqrt{r^2 - R_2 \cdot \cos^2\beta_i} \end{cases}$$

当圆柱管与截圆柱面正交且半径相等时，$e=0$，$R=r$，有计算公式：

$$\begin{cases} x_i = R \cdot \beta_i \cdot \dfrac{\pi}{180} \\ y_i = H - R \cdot |\sin\beta_i| \end{cases}$$

图 4-22 所示为斜截圆锥管的展开。构件的已知尺寸是 R、H、H_1 和 γ 角。因展开图呈扇形，故选用 θoa 极坐标系，θ 方向为圆锥管圆周方向的展开角度，a 方向为素线上端点到锥顶的距离。推导时以下端口转角 φ_i 为自变量参数，图中的 b_i、α_i 和 x_i 为推导时用到的中间变量。

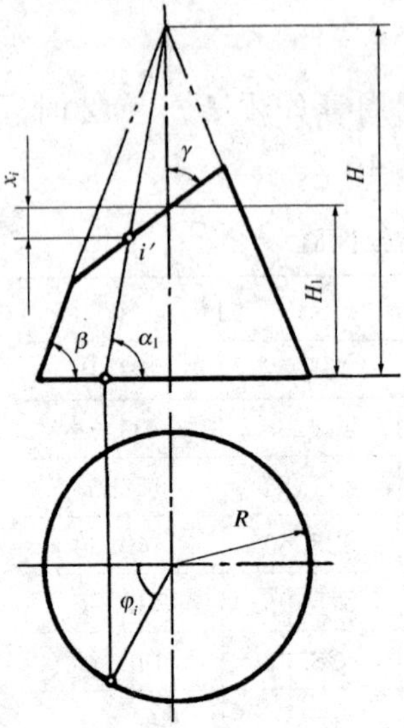

投影图

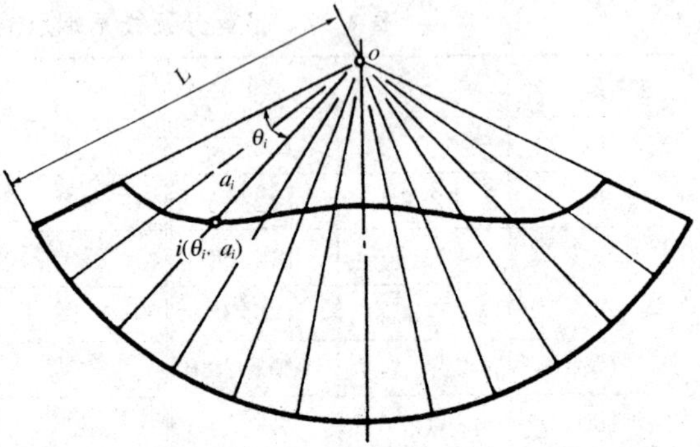

展开图

图 4－22　斜截圆锥管的展开

圆锥管的底圆展开为扇状展开图的外端圆弧，长度等于底圆周长，半径 $L=\sqrt{R^2+H^2}$。圆锥管的上口展开为一条曲线，上口任意点 I 对应展开图上 $i(\theta_i,a_i)$ 点。曲线参数方程的推导过程如下：

$$\begin{cases} \dfrac{a_i}{L}=\dfrac{H-H_1+x_i}{H} \\ b_i=R\cdot\cos\varphi_i\cdot\tan(90°-\gamma) \end{cases}$$

由式：$x_i=b_i-\dfrac{H_1-x_i}{\tan\alpha_i}\cdot\tan(90°-\gamma)=b_i-\dfrac{H_1-x_i}{H}\cdot b_i$

可解出：$x_i=\dfrac{(H-H_i)b_i}{H-b_i}$

代入第一式并整理有 $\dfrac{a_i}{L}=1-\dfrac{H_1-b_i}{H-b_i}$，于是可得曲线的参数方程：

$$\begin{cases} \theta_i=\dfrac{R}{L}\varphi_i \\ a_i=L(1-\dfrac{H_1-R\cdot\cos\varphi_i\tan(90°-\gamma)}{H-R\cdot\cos\varphi_i\tan(90°-\gamma)}) \end{cases}$$

式中：$L=R^2+H^2$

当 $R=190$，$H=480$，$H_1=235$，$\gamma=56°$，底圆等分数 $N=12$ 时，$L=\sqrt{190^2+480^2}=516.24$，计算出各等分素线上端点的坐标值见表 4－3。

表 4－3　各等分素线上端点的坐标值

φ_i(°)	θ_i(°)	a_i	φ_i(°)	θ_i(°)	a_i
0	0	359.48	210	77.29	214.01
30	11.04	342.75	240	88.33	232.46
60	22.08	304.09	270	99.37	263.50
90	33.12	263.50	300	110.41	304.09
120	44.17	232.46	330	121.46	342.75
150	55.21	214.01	360	132.50	359.48
180	66.25	207.97			

当 $\gamma=90°$ 时，构件成为圆锥台管，这时的计算方程为：

$$\theta_i=RL\varphi_i$$

图 4－23 为由两圆锥面截断的正螺旋面投影图。构件的已知尺寸为 D、D_1、d 和 H。该构件为不可展曲面，展开时沿径向作 N 等分，然后计算出每个四边形曲面单元的边和对角线长度，再用拼画三角形的方法绘出构件的展开图。有关的几何参量计算如下：

$$\alpha=\frac{360°}{N},\delta=\frac{1}{2N}(D_1-D)$$

$$a_i=\frac{1}{2}(D-d)\quad(i=0,1,\cdots,N)$$

$$e_i=\frac{D_1}{2}-a_i-i\cdot\delta\quad(i=0,1,\cdots,N)$$

$$b_i=\sqrt{(\frac{2\pi\cdot e_i-1}{N})^2+\delta^2+(\frac{H}{N})^2}\quad(i=1,2,\cdots,N)$$

$$c_i=\sqrt{\left[\frac{2\pi\cdot(e_i-1+a_i-1)}{N}\right]^2+\delta^2+(\frac{H}{N})^2}\quad(i=1,2,\cdots,N)$$

$$d_i=\sqrt{(e_i-1-e_i\cdot\cos\alpha+a_i-1)^2+e_i^2\cdot\sin^2\alpha+(\frac{H}{N})^2}\quad(i=1,2,\cdots,N)$$

图 4-24 为根据计算数据绘制的展开图。

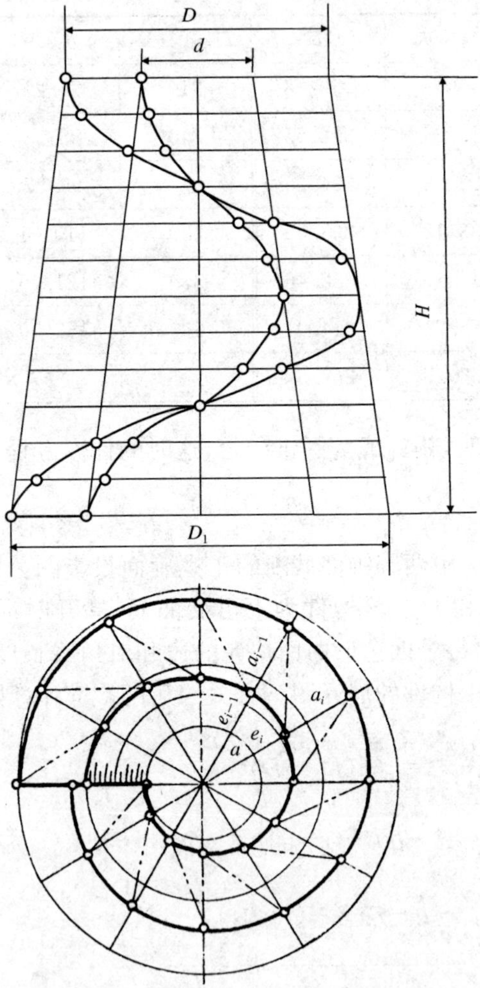

图 4-23 两圆锥面截断的正螺旋面投影图

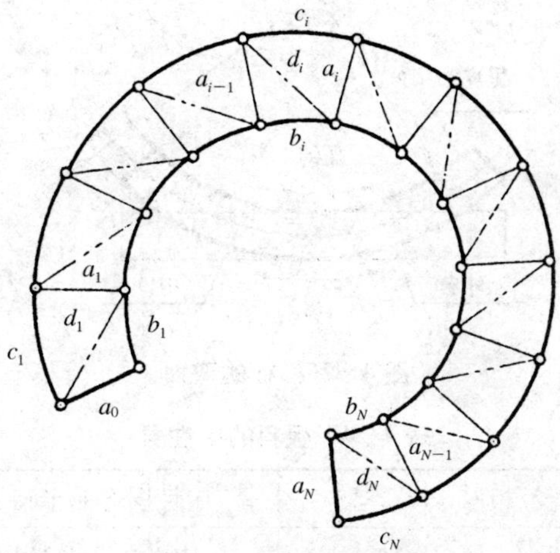

图 4-24　两圆锥面截断的正螺旋面展开图

第三节　钣金展开中的板厚处理

钣金构件的展开图都是按照假设板厚为零的放样图来绘制的。当板料较厚时，必须按照一定规律来消除板厚的影响，以得到形状合适的放样图和展开图，保证制成后的构件符合设计要求，这个过程称为板厚处理。

一、厚板构件弯曲时的板厚处理

1. 曲面板构件弯曲时的板厚处理

板厚为 t 的平板弯曲成弧状时（图 4-25），板的外皮受拉力变长，里皮受压缩变短，在里皮与外皮之间有一个位置的长度在弯曲前后不发生变化，称该位置为板料的中性层。显然在曲面板进行弯曲时，应以其中性层尺寸为准进行放样和展开。板料中性层的选取见表 4-4。

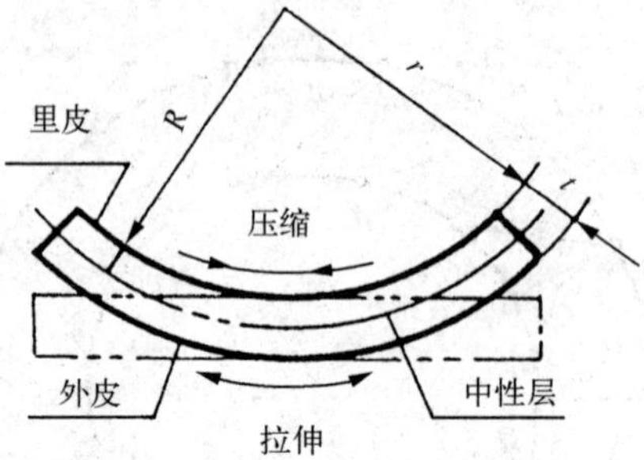

图 4－25 板的弯曲

表 4－4 板料的中性层

里皮弯曲半径/板厚(r/t)>5					中性层弯曲半径 $R=r+0.5t$				
里皮弯曲半径/板厚(r/t)≤5					中性层弯曲半径 $R=r+xt$				
r/t	0.1	0.25	0.5	0.8	1	2	3	4	5
x	0.3	0.35	0.38	0.41	0.42	0.46	0.47	0.48	0.49

图 4－26 为圆柱管的投影图、放样图和展开图。放样图按圆柱管中性层直径 d_0 绘制。图 4－27 为圆锥管的投影图、放样图和展开图。放样图按圆锥管中性层锥面绘制大小端直径 D_0、d_0 和高度 H_0，L 和 θ 的大小可由下式算得：$L=\sqrt{H_0^2+(\frac{D_0-d_0}{2})^2}$，$\theta=180°(D_0-d_0)/L$。

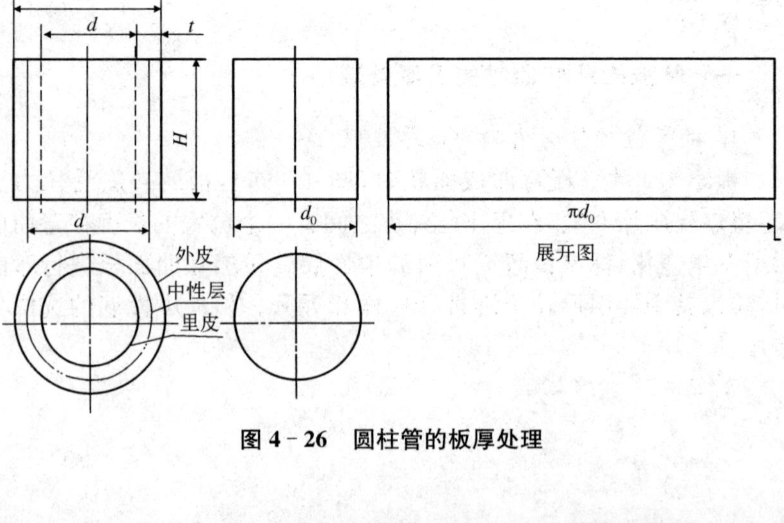

图 4－26 圆柱管的板厚处理

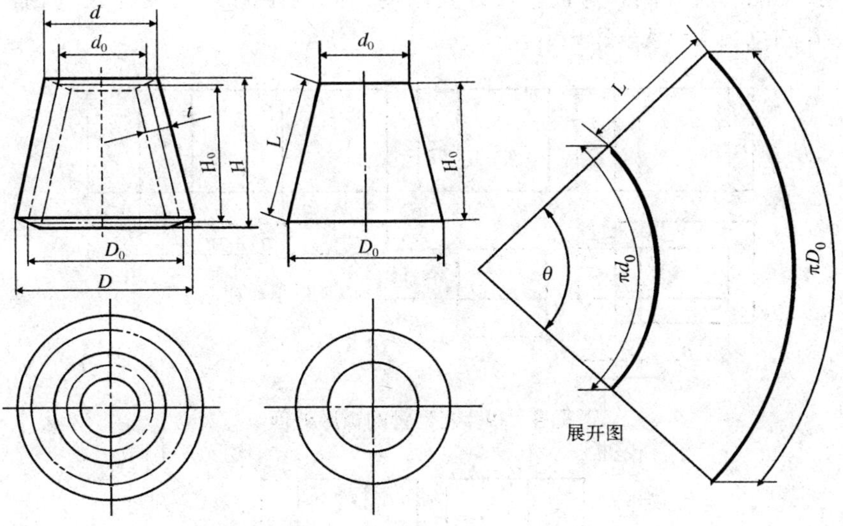

图 4－27　圆锥管的板厚处理

2．平板构件弯折时的板厚处理

图 4－28 中，板厚为 t 的平板弯折成斜角形状，里皮弯折半径很小可忽略不计，即里皮在弯折前后长度不变，仍为 L_1+L_2；外皮的弯折半径约等于板厚 t，长度变长，所以对于平板构件应以里皮尺寸为准绘制放样图并展开。

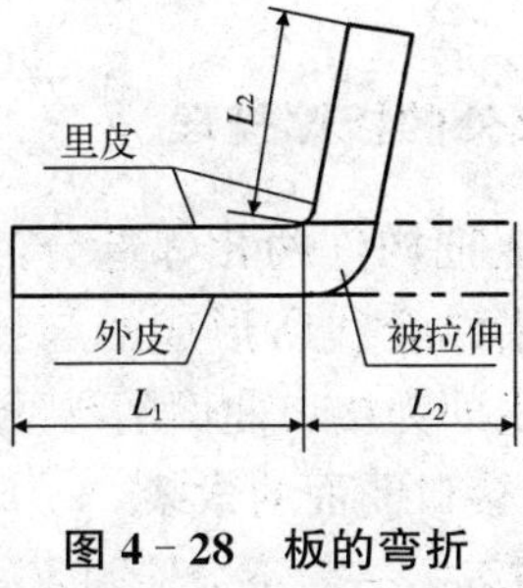

图 4－28　板的弯折

图 4－29 为矩形管的投影图、放样图和展开图。放样图按里皮尺寸 A、B 绘制，展开图总长为 $2A+2B$。图 4－30 为双向弯折板的

投影图和展开图。弯板中段以其两内角间的距离 B 为放样长度，展开图总长 $L=A+B+C$。

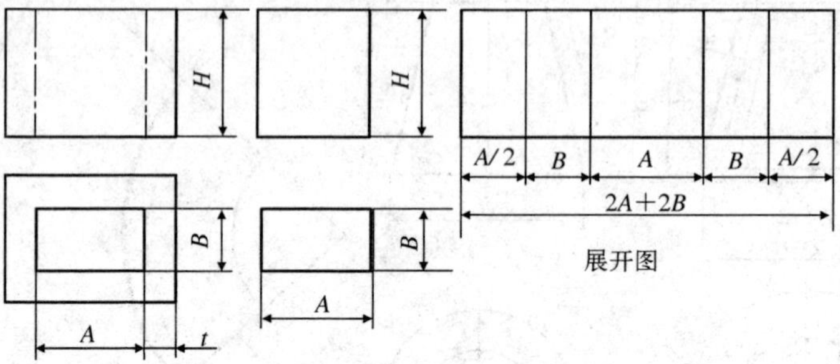

图 4－29　矩形管的板厚处理

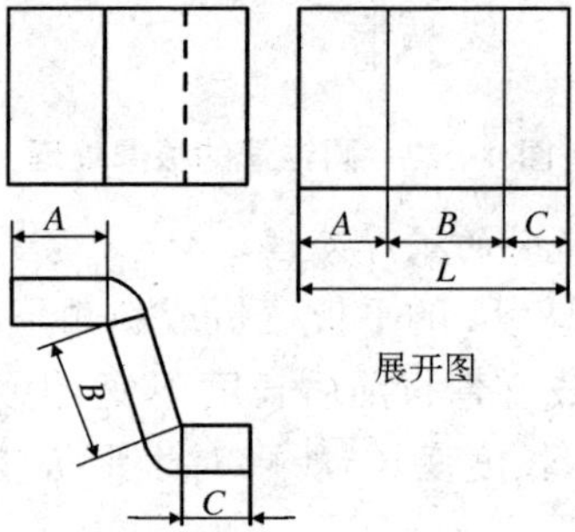

图 4－30　双向弯折板的板厚处理

二、厚板构件接口处的板厚处理

钣金行业中，习惯上把构件两相邻部分的对接处称为接口。构件表面成形后，接口处沿结合线所形成的与板厚宽度相同的带状曲面称为接口曲面，结合线即为接口曲面的导线，过导线上任一点并垂直于构件表面的直线为接口曲面的素线。

当构件的两表面对接时，一般不会使两表面的接口曲面完全贴合，而是沿接口曲面上的某一条结合线相交，该结合线可能位于表面的外皮，也可能在里皮；或者一部分在外皮，另一部分在里皮。接口处板厚处理的任务就是要找出这条实际结合线，并按它来进行放样和展开。

1. 圆柱管与平板结合时的板厚处理

图 4-31 中，圆柱管与斜置平板相接。用经过圆柱管轴线的平面进行剖切，与圆柱管交于直素线，与平板交于直线。当两交线的夹角大于 90°时(圆柱管左半)，圆柱管里皮与平板表面接触；当两交线的夹角小于 90°时(圆柱管右半)，圆柱管外皮与平板表面接触；当两交线的夹角等于 90°时，圆柱管里皮和外皮沿接口曲面的整个素线同时与平面表面接触。A 向视图中的粗实线给出了实际结合线的实形。

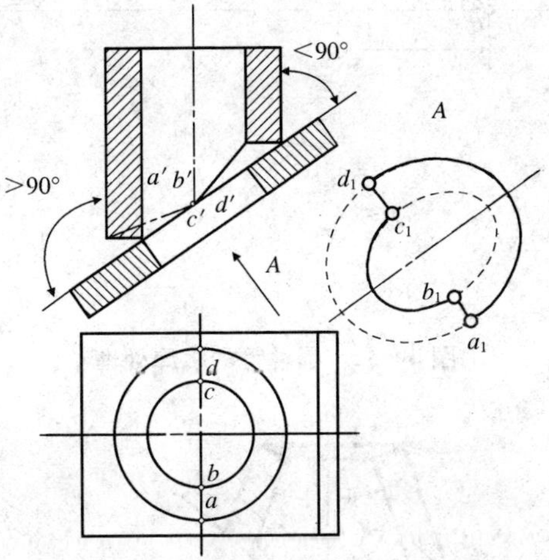

图 4-31　圆柱管与平板的实际结合线

图 4-32 给出了圆柱管的投影图、放样图和展开图。放样图的直径取 $d+t$，十二条等分素线中，左半五条按里皮确定实际长度，右半五条按外皮确定实际长度，中间两条里、外皮长度相同。

2. 圆锥管与平板结合时的板厚处理

图 4-33 中，圆锥管与斜置平板相接。实际结合线的判断方法与圆柱管的相似，即用经过圆锥管轴线的平面剖切圆锥管和平板，所得两交线夹角大于 90°时为里皮接触，小于 90°时为外皮接触，等于 90°时为里、外皮连同接口曲面素线同时接触，此处为里、外皮接触的

分界位置。该分界位置一般不在投影中间的O'点，而是随锥角α和平板与轴线夹角β的不同有所偏移。

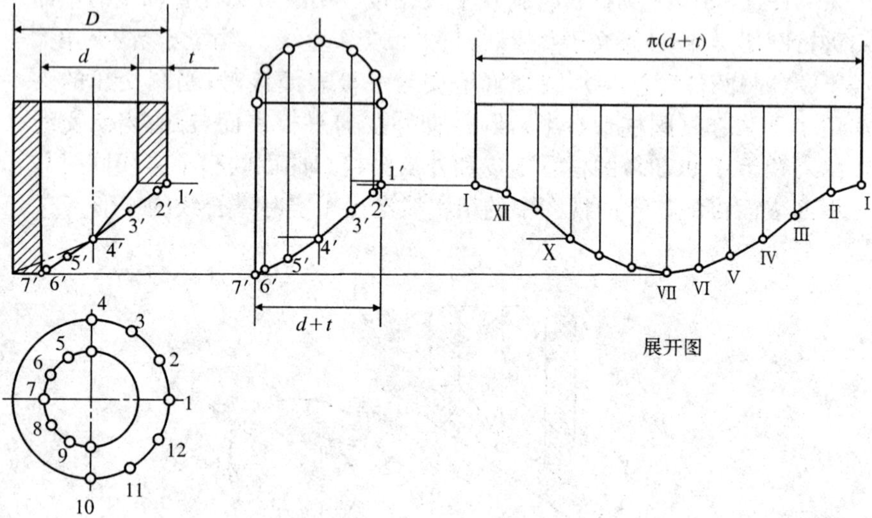

图 4－32　圆柱管的板厚处理

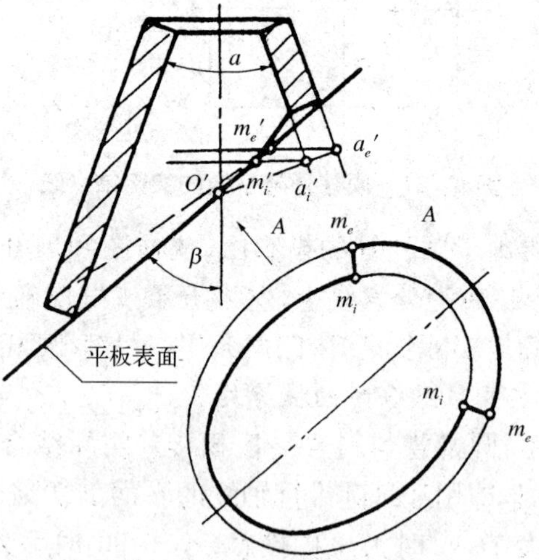

图 4－33　圆锥管与平板的实际结合线

为求出里、外皮接触的分界位置，过 O' 点作圆锥轮廓线的垂线，再过垂线与里、外皮轮廓的交点 a_i' 和 a_e' 作轴线的垂线，它们与平板表面分别交于 m_i' 和 m_e'，空间这两点的连线即为圆锥管接口曲面上处于分界位置的素线。A 向视图中的粗实线给出了实际结合线的实形。

图 4-34 为圆锥管的投影图、放样图和展开图。放样图按中性层圆锥面尺寸画出，m_0' 点为中性层上里、外皮接触的分界位置，其左侧为里皮接触，右侧为外皮接触。$e_0'm_0'$ 和 $m_0'c_0'$ 即为实际结合线转化到中性层上的投影。

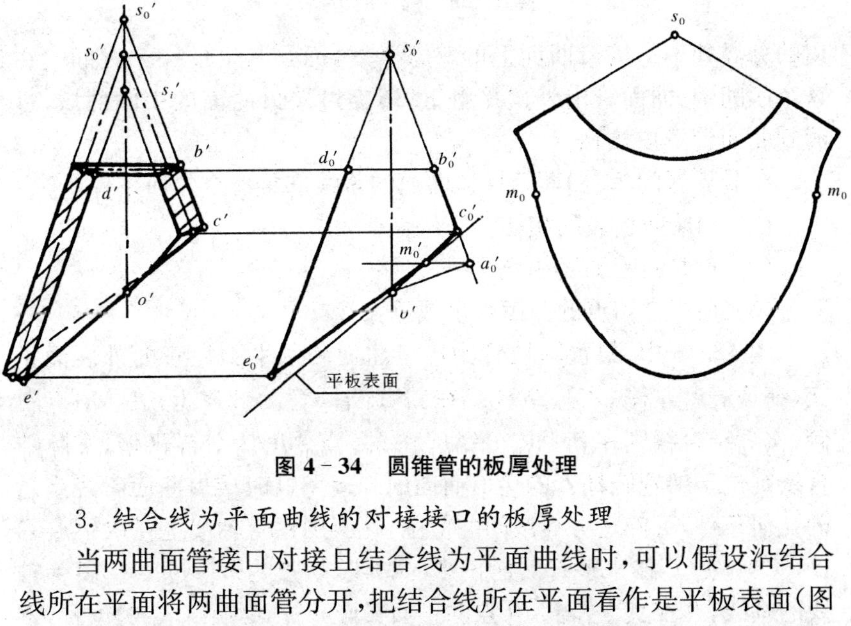

图 4-34　圆锥管的板厚处理

3. 结合线为平面曲线的对接接口的板厚处理

当两曲面管接口对接且结合线为平面曲线时，可以假设沿结合线所在平面将两曲面管分开，把结合线所在平面看作是平板表面（图 4-35），然后按曲面管与平板表面结合时的板厚处理方法进行处理。

4. 曲面管与曲面板结合时的板厚处理

曲面管与曲面板结合时的情况与其和平面板结合时有些类似，即用经过曲面管轴线的平面剖切曲面管和曲面板，当两交线的夹角大于 90°时，曲面管里皮和曲面板表面接触；当两交线的夹角小于 90°时，曲面管外皮和曲面板表面接触。与平面板情形不同的是，里、外

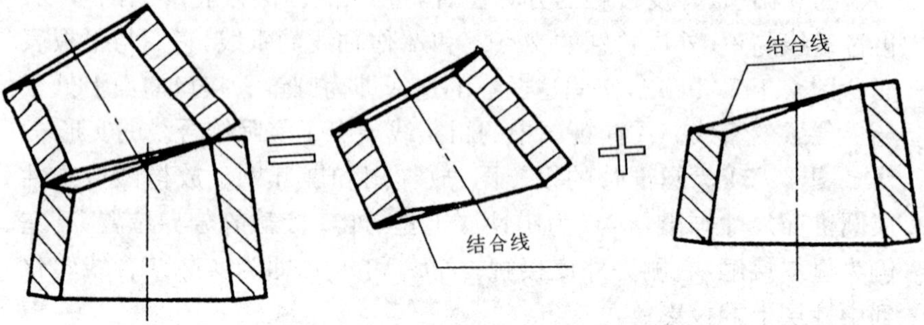

图 4-35 构件的分解

皮的分界处不是接口曲面上的一条素线，而是其上的一个区间。在这个区间中，曲面管由外皮接触，逐渐经过接口曲面的中间区域，过渡到曲面管里皮接触。

在分界区间里，曲面管接口曲面的素线满足三个几何条件：

(1) 和曲面板表面相切。

(2) 和曲面管轴线相交。

(3) 和经过切点的曲面管素线垂直。

图 4-36 中，斜置圆柱管的接口曲面和水平圆柱管的外表面相交，在 M_1 点左侧，实际结合线在斜置圆柱管的外皮上；在 M_2 点右侧，实际结合线则在其里皮上；M_1 和 M_2 点之间为分界区域，实际结合线则位于斜置圆柱管的接口曲面内。运用这时接口曲面素线满足的几何条件，可确定分界区间的范围：在斜圆柱管轴线上任取一点 K (k'、k'')。过 k'' 作水平管侧面投影的切线，切点为 m''；过 k' 作斜管轴线的垂线，并在其上得到 M 点的正面投影 m'。更换 K 点的位置，重复上面的过程，可得到点 M 的正面投影 m' 的轨迹，它与斜管里、外皮和水平管表面两交线的交点 m_1' 和 m_2' 即为分界区间两端点 M_1 和 M_2 的正面投影。

5. 构件接口处铲坡口时的板厚处理

为改善厚板构件的施工条件，提高焊接强度，或调整接口的接触部位，有时需在接口处铲坡口。

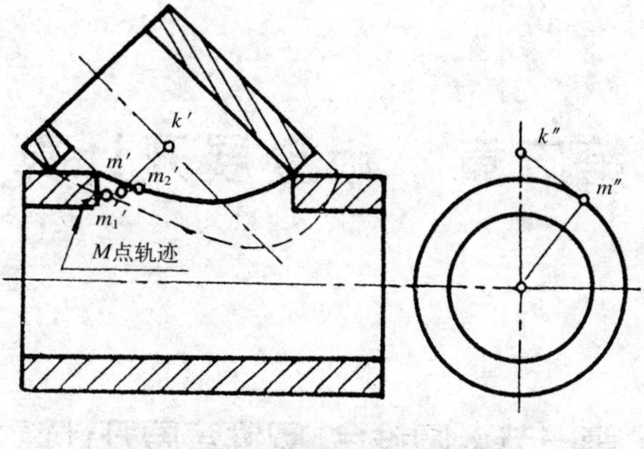

图 4-36 两圆柱管结合时的板厚处理

图 4-37 为三节直角弯头铲坡口的情形。图 4-37(a)为 X 形坡口,相邻两管都在中性层处接触,放样图均取构件中性层尺寸,这种坡口在组装时,一般内外都要进行焊接。图 4-37(b)为直角坡口,相邻管间由它们的接口曲面对接,外侧为里皮与里皮接触,内侧为外皮和外皮接触。这种坡口组装时若只从外部焊接,内侧接口内部将留有较大缝隙,削弱弯头强度。图 4-37(c)为 V 形坡口,相邻管间均为里皮接触,放样图中各等分素线长度取里皮尺寸,这种坡口便于施工和提高构件强度。

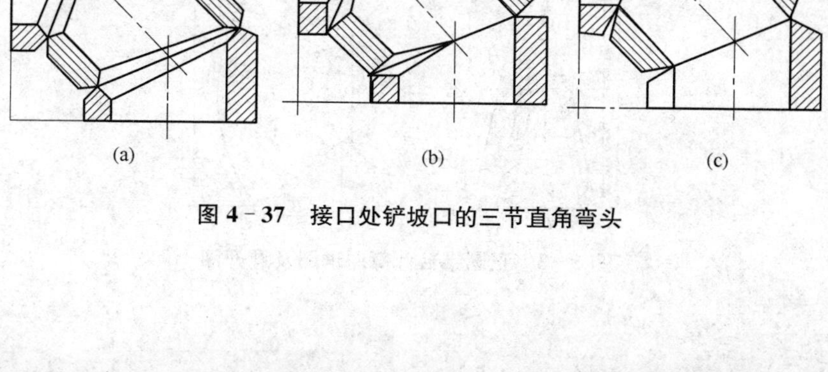

图 4-37 接口处铲坡口的三节直角弯头

第五章　钣金展开计算

第一节　圆锥台、圆锥管展开计算

一、圆锥台展开计算

1. 正圆锥台展开计算(图 5-1)

图 5-2 为正圆锥台施工图,图 5-3 为计算原理图及展开图。

图 5-1　正圆锥台立体图

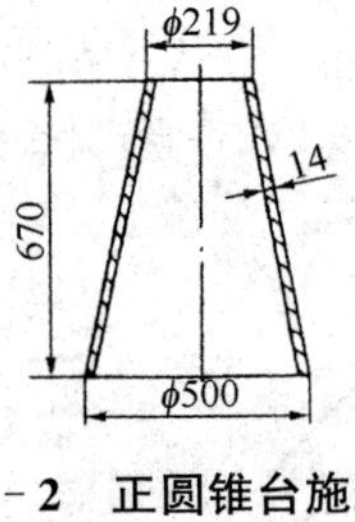

图 5-2　正圆锥台施工图

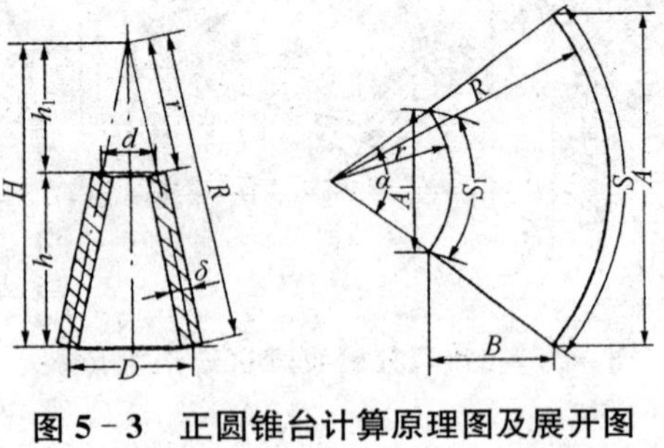

图 5-3　正圆锥台计算原理图及展开图

① 整锥台高　$H=\frac{Dh}{D-d}=\frac{486\times670}{486-205}=1\ 159(\text{mm})$

② 上部锥台高　$h_1=H-h=1\ 159-670=489(\text{mm})$

③ 整圆锥展开半径

$$R=\sqrt{H^2+(\frac{D}{2})^2}=\sqrt{1\ 159^2+243^2}=1\ 184(\text{mm})$$

④ 上部圆锥展开半径

$$r=\frac{h_1R}{H}=\frac{489\times1\ 184}{1\ 159}=500(\text{mm})$$

⑤ 展开料夹角　$\alpha=\frac{180°D}{R}=\frac{180°\times486}{1\ 184}=74°$

⑥ 展开料大端弧长　$S=\pi D=\pi\times486=1\ 527(\text{mm})$

⑦ 展开料小端弧长　$S_1=\pi d=\pi\times205=644(\text{mm})$

⑧ 展开料大端弦长

$$A=2R\sin\frac{\alpha}{2}=2\times1\ 184\times\sin37°=1\ 425(\text{mm})$$

⑨ 展开料小端弦长

$$A_1=2r\sin\frac{\alpha}{2}=2\times500\times\sin37°=602(\text{mm})$$

⑩ 大小端弦心距

$$B=(R-r)\cos\frac{\alpha}{2}=(1\ 184-500)\times\cos37°=546(\text{mm})$$

式中　D——大端中径；

d——小端中径；

h——锥台两端中心线点间垂直距离。

2. 直角斜圆锥台展开计算(图 5-4)

图 5-5 为一直角斜圆锥台施工图，图 5-6 为计算原理图及展开图。

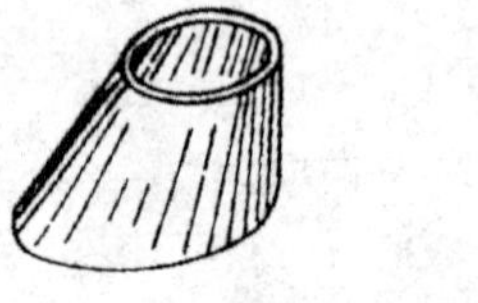

图 5－4　直角斜圆锥台立体图

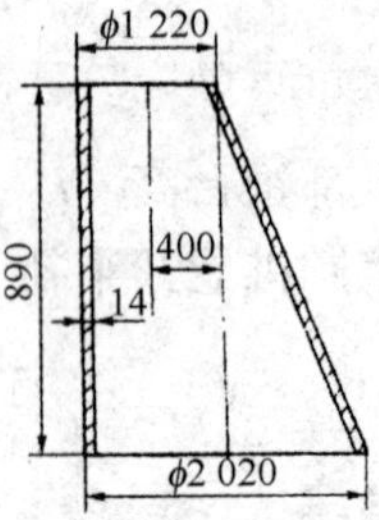

图 5－5　直角斜圆锥台施工图

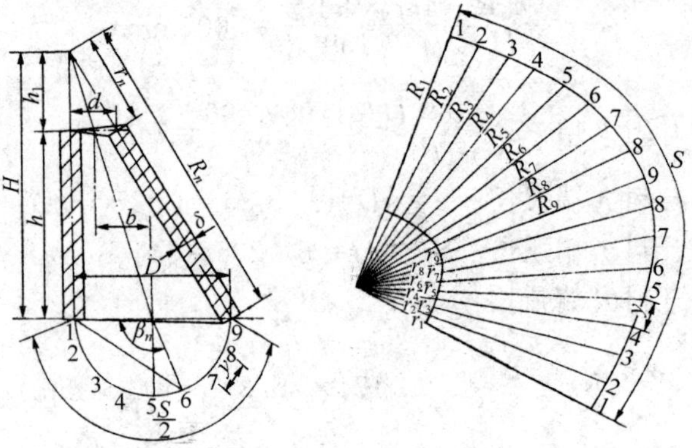

图 5－6　直角斜圆锥台计算原理图及展开图

① 整斜圆锥高

$$H=\frac{Dh}{D-d}=\frac{2\,006\times890}{2\,006-1\,206}=2\,232(\text{mm})$$

② 上部斜锥高　$h_1=H-h=2\,232-890=1\,342(\text{mm})$

③ 整斜圆锥任一展开半径　$R_n=\sqrt{(D\sin\frac{\beta_n}{2})^2+H^2}$

如 $R_6=\sqrt{(2\,006\times\sin\frac{112.5^\circ}{2})^2+2\,232^2}=2\,786(\text{mm})$

④ 上部斜圆锥任一展开半径　$r_n=\frac{R_nh_1}{H}$

如 $r_6=\frac{2\,786\times1\,342}{2\,232}=1\,675(\text{mm})$

⑤ 大端每等分弦长

$$y=D\sin\frac{180^\circ}{m}=2\,006\times\sin 11.25^\circ=391(\mathrm{mm})$$

⑥ 大端展开弧长　$S=\pi D=\pi\times2\,006=6\,302(\mathrm{mm})$

式中　D——大端中径；

d——小端中径；

h——锥台高；

β_n——圆周各等分点与同一直径夹角；

m——大端圆周等分数。

图 5－7　钝角斜圆锥台立体图

3. 钝角、锐角斜圆锥台展开计算(图 5－7)

(1) 计算公式

图 5－8、图 5－9 分别为钝角、锐角斜圆锥台计算公式符号示意图及展开图。

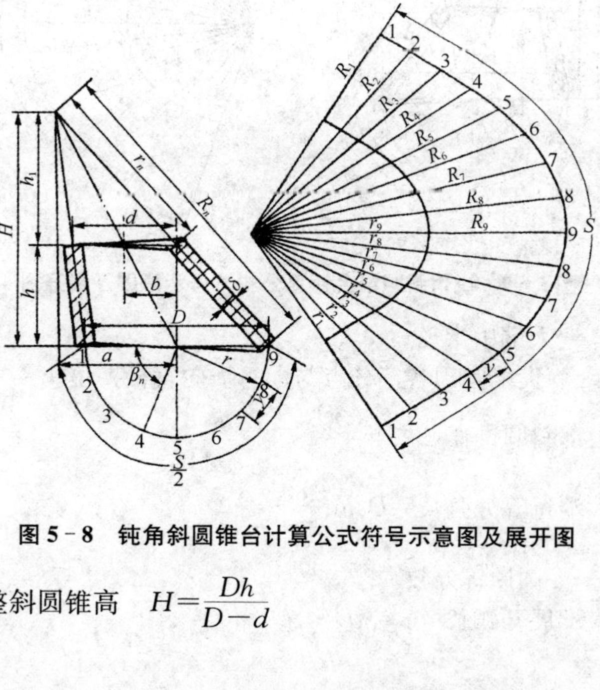

图 5－8　钝角斜圆锥台计算公式符号示意图及展开图

① 整斜圆锥高　$H=\dfrac{Dh}{D-d}$

式中　D——大端中径；

d——小端中径；

h——两端中心径点间垂直距离。

② 上部斜圆锥高　$h_1=H-h$

③ 大端中心与锥顶偏心距　$a=\dfrac{Hb}{h}$

式中　b——两端口偏心距。

④ 整斜圆锥任一展开半径

$$R_n=\sqrt{a^2+r^2-2ar\cos\beta_n+H^2}$$

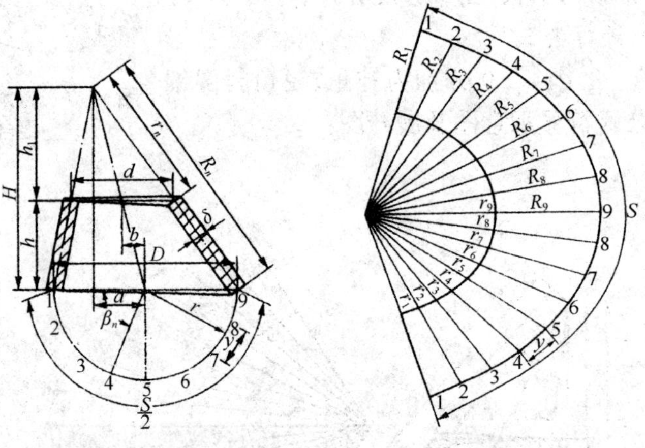

图 5－9　锐角斜圆锥台计算公式符号示意图及展开图

式中　r——大端中半径；

β_n——大端圆周各等分点与同一横向直径夹角。

⑤ 上部斜圆锥任一展开半径　$r_n=\dfrac{h_1R_n}{H}$

⑥ 大端每等分弦长$=D\sin\dfrac{180^\circ}{m}$

式中　m——圆周等分数。

⑦ 大端展开弧长　$S=\pi D$

（2）举例

［**例 1**］　图 5－10 为一钝角斜圆锥台施工图。

［**解**］

① $H=\dfrac{Dh}{D-d}=\dfrac{1\,608\times 894}{1\,608-908}=2\,054(\text{mm})$

② $h_1=H-h=2\,054-894=1\,160(\text{mm})$

③ $a=\dfrac{Hb}{h}=\dfrac{2\,054\times 450}{894}=1\,034(\text{mm})$

④ $R_n=\sqrt{a^2+r^2-2ar\cos\beta_n+H^2}$

如 $R_7=\sqrt{1\,034^2+804^2-2\times 1\,034\times 804\times\cos 135°+2\,054^2}$

$=2\,666(\text{mm})$

⑤ $r_n=\dfrac{h_1R_n}{H}$

如 $r_7=\dfrac{1\,160\times 2\,666}{2\,054}=1\,505(\text{mm})$

⑥ $y=D\sin\dfrac{180°}{m}=1\,608\times\sin 11.25°=314(\text{mm})$

⑦ $S=\pi D=\pi\times 1\,808=5\,052(\text{mm})$

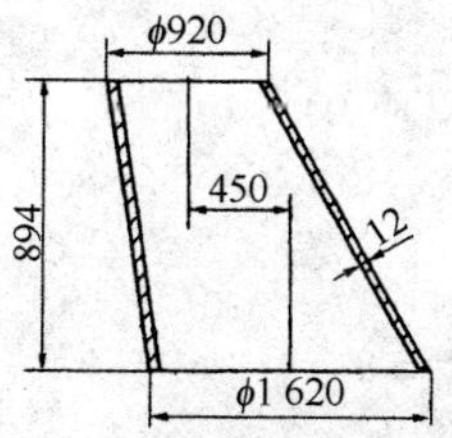

图 5－10　钝角斜圆锥台施工图

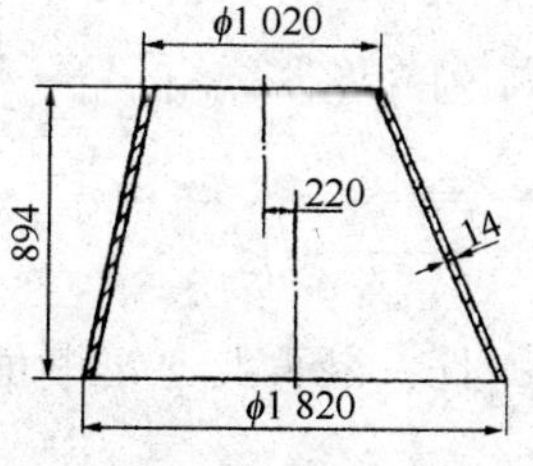

图 5－11　锐角斜圆锥台施工图

［**例 2**］　如图 5－11 为一锐角斜圆锥台施工图。

［**解**］

① $H=\dfrac{Dh}{D-d}=\dfrac{1\,806\times 894}{1\,806-1\,006}=2\,018(\text{mm})$

② $h_1=H-h=2\,018-894=1\,124(\text{mm})$

③ $a=\frac{Hb}{h}=\frac{2\,018\times 220}{894}=497(\text{mm})$

④ $R_n=\sqrt{a^2+r^2-2ar\cos\beta_n+H^2}$

如 $R_2=\sqrt{492^2+903^2-2\times 492\times 903\times\cos 22.5°+2\,018^2}$

$=2\,075(\text{mm})$

⑤ $r_n=\frac{h_1 R_n}{H}$

如 $r_2=\frac{1\,124\times 2\,074}{2\,018}=1\,155(\text{mm})$

⑥ $y=D\sin\frac{180°}{m}=1\,806\times 0.195=352(\text{mm})$

⑦ $S=\pi D=\pi\times 1\,806=5\,674(\text{mm})$

4. 带斜度、锥度管类断面展开计算(图 5－12)

由于管体较长不便于制作、运输、安装和维修,需在适当位置截断(如图 5－13 中 A—A、B—B 断面),再用法兰连接或对接。

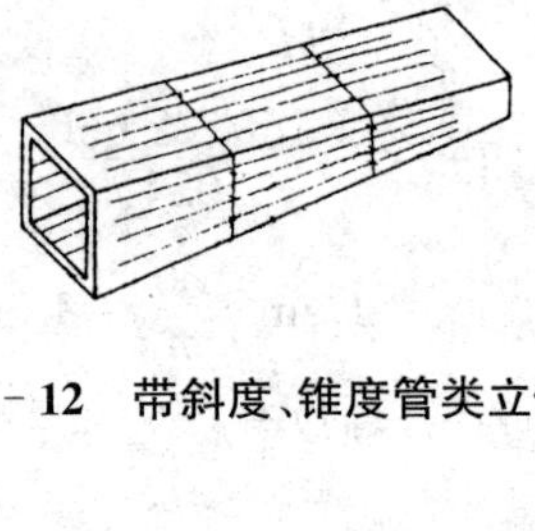

图 5－12　带斜度、锥度管类立体图

(1) 计算公式

① 斜角　$\alpha=\cot\frac{1}{x}$

式中　$\frac{1}{x}$——斜度。

② 任一断面与基准断面高差　$f_n=l_n\tan\alpha$

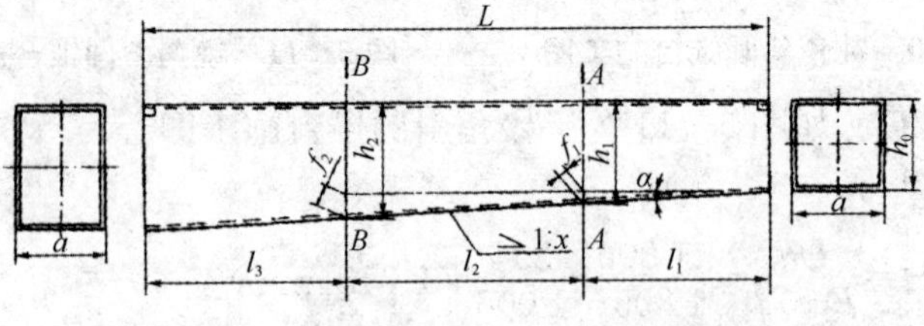

图 5－13　带斜度方管计算公式符号示意图

式中　l_n——水平距离。

③ 任一断面高度

带斜度：$h_n=h_0\pm f_n$

带锥度：$h_n=h_0\pm 2f_n$

式中　h_0——基准断面高；

$\pm$——以小端为基准用“+”，大端用“-”。

(2) 举例

[**例1**]　如图5-14为一下部倾斜排废水管施工图，试计算A—A、B—B、C—C断面尺寸，以便下料。

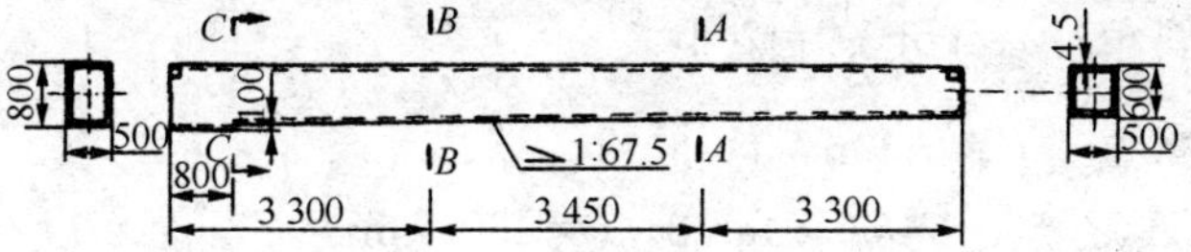

图5-14　下部倾斜排废水管施工图

[解]

① 斜角　$\alpha=\cot\dfrac{1}{67.5}=0.85°$

② 高差　$f_n=l_n\tan\alpha$

A—A 之 $f_1=l_1\tan\alpha=3\,300\times\tan 0.85°=49(\text{mm})$

B—B 之 $f_2=l_2\tan\alpha=6\,750\times\tan 0.85°=101(\text{mm})$

C—C 之 $f_3=l_3\tan\alpha=9\,250\times\tan 0.85°=138(\text{mm})$

③ 高度　$h_n=h_0+f_n$

A—A 之 $h_1=h_0+f_1=600+49=649(\text{mm})$

B—B 之 $h_2=h_0+f_2=600+101=701(\text{mm})$

C—C 之 $h_3=h_0+f_3=600+138=738(\text{mm})$

④ 断面尺寸

A—A　500 mm×649 mm

B—B　500 mm×701 mm

C—C　500 mm×738 mm

［**例2**］ 如图5－15为一排烟方锥管施工图，试计算 A—A、B—B断面尺寸，以便下料。

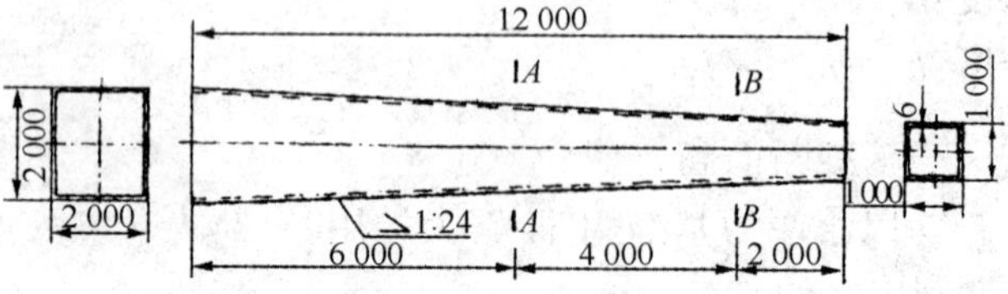

图5－15 排烟方锥管施工图

［**解**］

① 斜角 $\alpha=\cot\dfrac{1}{24}=2.4°$

② 高差 $f_n=l_n\tan\alpha$

A—A之 $f_1=6\,000\times\tan 2.4°=250(\text{mm})$

B—B之 $f_2=10\,000\times\tan 2.4°=417(\text{mm})$

③ 高度 $h_n=h_0-2f_n$

A—A之 $h_1=2\,000-2\times250=1\,500(\text{mm})$

B—B之 $h_2=2\,000-2\times417=1\,166(\text{mm})$

④ 断面尺寸

A—A 1 500 mm×1 500 mm

B—B 1 166 mm×1 166 mm

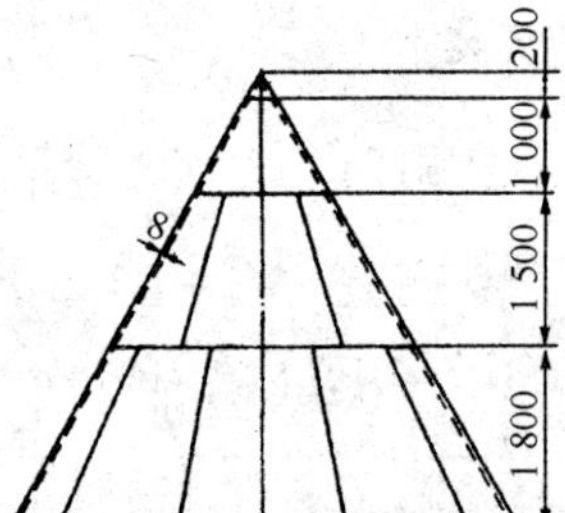

图5－16 锥体施工图

［**例3**］ 如图5－16为一粗丁醇接收罐锥体施工图，试计算三断面直径，以便下料。

［**解**］

① 半顶角

$$\alpha=\cot\frac{2\,500}{4\,500}=29°$$

② 半直径差 $f_n = l_n \tan\alpha$（从大端到小端分别为 f_1、f_2、f_3）

断面 $f_1 = 1\,800 \times \tan 29° = 1\,000$（mm）

断面 $f_2 = 3\,300 \times \tan 29° = 1\,834$（mm）

断面 $f_3 = 4\,300 \times \tan 29° = 2\,389$（mm）

③ 任一断面直径　$D_n = D_0 - 2f_n$

断面 $D_1 = 5\,000 - 2 \times 1\,000 = 3\,000$（mm）

断面 $D_2 = 5\,000 - 2 \times 1\,834 = 1\,332$（mm）

断面 $D_3 = 5\,000 - 2 \times 2\,389 = 222$（mm）

5. 双折边锥体展开计算（图 5－17）

对于双折边锥体的下料方法，一般通过放样取得展开数据。通过几年无数次冲压或旋压实践，总结出精确计算公式，现介绍如下。

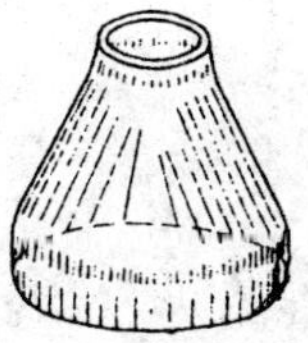

图 5－17　双折边锥体立体图

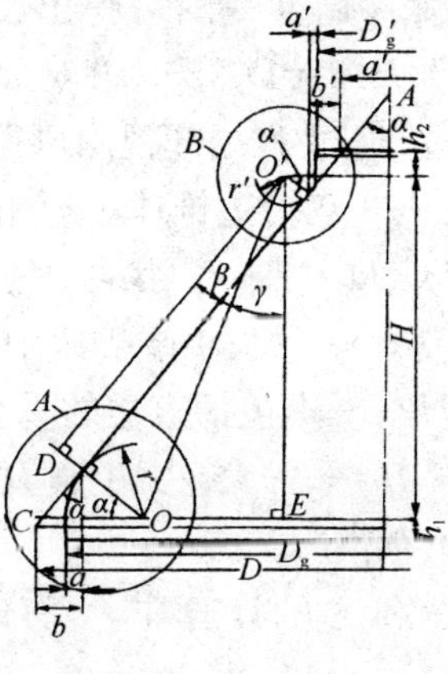

图 5－18　双折边锥体计算原理图

（1）计算公式（图 5－18）

① 展开后大端半径

$$\frac{D}{2} = \frac{D_g}{2} - r(1 - \cos\alpha) + \left(\frac{\pi r\alpha}{180°} + h_1\right)\sin\alpha \qquad (1)$$

② 展开后小端半径

$$\frac{d}{2} = \frac{D'_g}{2} + r'(1 - \cos\alpha) - \left(\frac{\pi r'\alpha}{180°} + h_2\right)\sin\alpha \qquad (2)$$

表达式推导如下：

顶角 α 的求法：过 O'、O 分别作 AC 的平行线和垂直线交于 D 点，得直角三角形 $O'DO$，则

$$\beta=\arcsin\left[\frac{r+r'}{\sqrt{[(D_g/2)-r-(D'_g/2)-r']^2+H^2}}\right]$$

过 O' 作 EO 的垂线，得直角三角形 $O'EO$，可得：

$$\gamma=\arctan\left[\frac{(D_g/2)-r-(D'_g/2)-r'}{H}\right]$$

$\alpha=\beta+\gamma$，当 $(D_g/2-r-D_g/2-r')$ 为负值时，γ 为负值，如[例 2]。

通过 A 局部视图可得出：$a=r(1-\cos\alpha)$，$b=(\pi r\alpha/180°+h_1)\sin\alpha$。即 $D/2=D_g/2-a+b$，将 a、b 代入即得式(1)。

同理，通过 B 局部视图可得式(2)。

式中 α——双折边锥体半顶角；

D_g、D'_g——大、小端中径；

r、r'——大、小端折边中半径；

H——不包括直边的垂直高；

h_1、h_2——大、小端直边高。

(2) 举例

在 β 和 γ 的计算中，γ 有时出现负值，易混淆，今举两例加以说明。

[例 1] 如图 5－19 为一双折边锥体，数据为不带括号部分，其中 β、γ 皆为正角。

[解] $\beta=11.51°$，$\gamma=14.71°$，$\alpha=11.51°+14.71°=26.22°$，$D/2=1\,558$(mm)，$d/2=584$(mm)。

[例 2] 如图 5－19 为一双折边锥体，数据为括号内部分，其 β 角为正角，γ 为负角，$\alpha=\beta-\gamma$。

[解] $\beta=37.3°$，$\gamma=-2.57°$，$\alpha=37.3°+(-2.57°)=34.73°$，$D/2=657$(mm)，$d/2=375$(mm)。

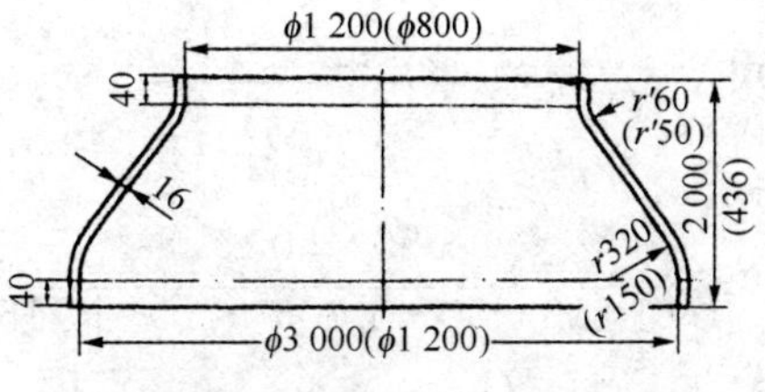

图 5－19　双折边锥体两实例

(3) 说明

① 计算出半顶角和大、小端直径后，便可用展开正锥台的方法作展开料。

② 公式也适于单折边锥体。

③ 不论用模具冲压或旋压，皆有修切余量，所以留余量不必太大。

6. 波形膨胀节展开计算(图 5－20)

波形膨胀节的标准 JB 1121—1983，其结构型式有：立式、卧式、内衬套式。不论哪种型式，其下料方法有两种，一是按双折边锥体的计算公式计算下料，此法适于大型允许出现纵缝的膨胀节；二是局部放实样取得展开料半径，此法适于小型 ϕ900 mm 以下不允许出现纵缝的膨胀节，下面分别叙述。

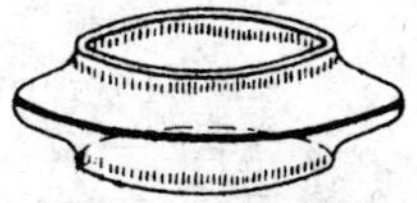

图 5－20　波形膨胀节立体图

(1) 计算法

如图 5－21 所示，为一膨胀节施工图，图 5－22 为计算原理图。现计算如下：

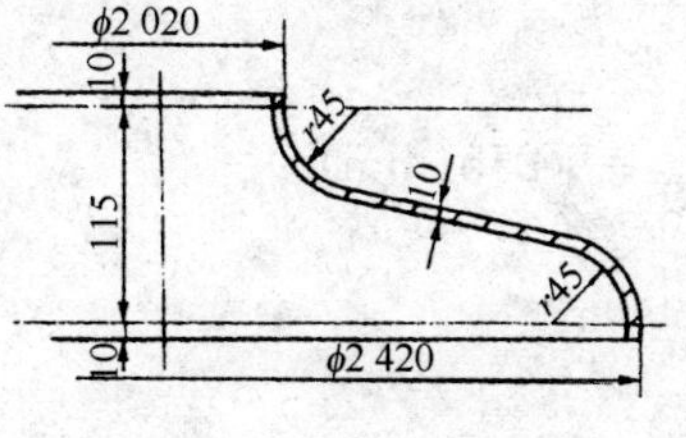

图 5－21　膨胀节施工图

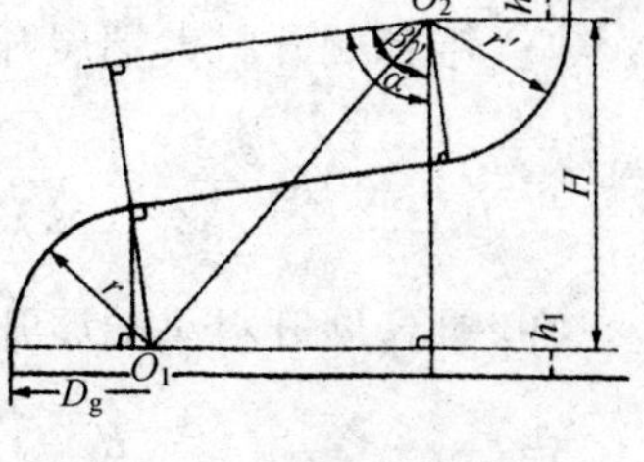

图 5－22　膨胀节计算原理图

① $\beta=\arcsin\dfrac{r+r'}{\sqrt{(\frac{D_g}{2}-r-\frac{D_g'}{2}-r')^2+H^2}}$

$=\arcsin\dfrac{50+50}{\sqrt{(1\,205-50-1\,005-50)^2+115^2}}=41°$

② $\gamma=\arctan\dfrac{\frac{D_g}{2}-r-\frac{D_g'}{2}-r'}{H}$

$=\arctan\dfrac{1\,205-50-1\,005-50}{115}=41°$

③ $\alpha=\beta+\gamma=82°$

④ $\dfrac{D}{2}=\dfrac{D_g}{2}-r\cdot(1-\cos\alpha)+(\pi r\cdot\dfrac{\alpha}{180°}+h_1)\cdot\sin\alpha$

$=1\,205-50\times(1-\cos 82°)+(\pi\times50\times\dfrac{82°}{180°}+10)\times\sin 82°$

$=1\,243(\text{mm})$

⑤ $\dfrac{d}{2}=\dfrac{D_g'}{2}+r'\cdot(1-\cos\alpha)-(\pi r'\cdot\dfrac{\alpha}{180°}+h_2)\cdot\sin\alpha$

$=1\,005+50\times(1-\cos 82°)-(\pi\times50\times\dfrac{82°}{180°}+10)\times\sin 82°=$
$967(\text{mm})$

⑥ 展开后锥台底角　$\lambda=90°-\alpha=90°-82°=8°$

⑦ 展开后锥台高度

$$H'=\frac{D-d}{2}\cdot\tan\lambda=\frac{2\,486-1\,934}{2}\times\tan 8°=39(\text{mm})$$

⑧ 锥台展开料大端展开半径

$$R_1=\frac{D}{2\cdot\cos\lambda}=\frac{2\,486}{2\times\cos 8°}=1\,255(\text{mm})$$

⑨ 锥台展开料小端展开半径

$$R_2=\frac{d}{2\cdot\cos\lambda}=\frac{1\,934}{2\times\cos 8°}=976.5(\text{mm})$$

⑩ 锥台展开料缺口大端弧长

$$S=\pi(2R_1-D)=\pi\times(2\times1\ 255-2\ 486)=75(\text{mm})$$

式中　D、d——展开后形成锥台大小端中直径；

D_g、D'_g——双折边锥体大小端公称直径，为计算的需要，这里指中直径；

r、r'——双折边锥体大小端过渡段中半径；

h_1、h_2——双折边锥体大小端直边高；

H——双折边锥体不包括两端直边的垂直高。

表达式推导见双折边锥体料计算。

根据以上计算数据，可得出展开后正锥台，如图 5-23 所示。膨胀节展开图，如图 5-24 所示。

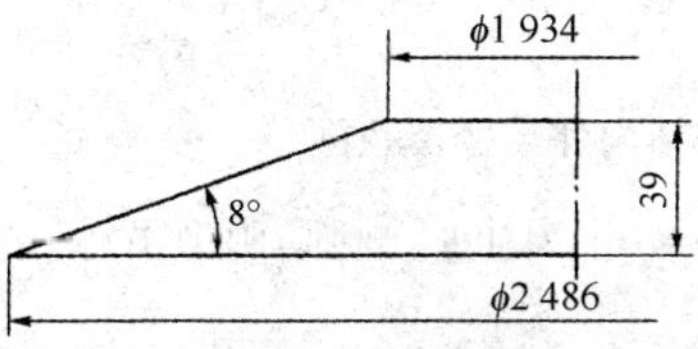

图 5-23　展开后正锥台

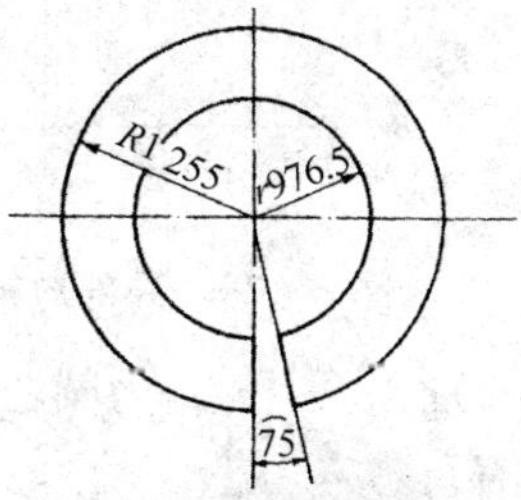

图 5-24　用计算法求得的膨胀节展开图

⑪ 经旋压后实测高度　设计高度 135 mm，实际高度 145 mm，增加了 10 mm。由此看来，若用旋压法成型，端部被拉伸变薄，下料时稍加余量就足以车削平口，因为两端的 10 mm 即已为车削余量。

(2) 放样法

如图 5-25 所示为软化水预热器膨胀节施工图，图 5-26 所示为局部放样膨胀节圆环内外半径示意图，其放样步骤如下。

① 作垂直距离等于 72.5 mm 的平行线 AA、BB；

② 大小端中半径差 $e=\dfrac{480-320}{2}=80(\text{mm})$；

③ 在两平行线上分别定出 C、F 两点，并使其投影等于 80 mm，然后以 32.5 mm 确定 O_1 和 O_2 两圆心；

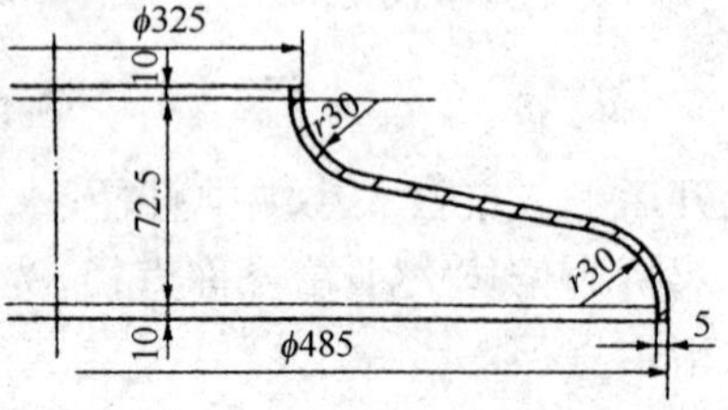

图 5－25 预热器膨胀节施工图

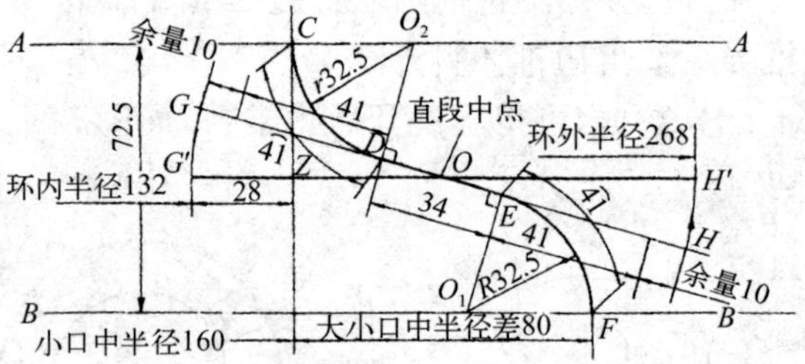

图 5－26 局部放样膨胀节圆环内外半径示意图

④ 分别以 O_1 和 O_2 为圆心，以 32.5 mm 为半径画弧，并作两弧的切线得 GH；

⑤ 分别过 O_1 和 O_2 作 GH 的垂线，得垂足 E、D；

⑥ 分别截取 CD、DE、EF 的弧长等于 41 mm、34 mm、41 mm；

⑦ 以直段 DE 的中点 O 为基点，分别向两端截取 $OG=OH=$ 68 mm；

⑧ 以 O 为圆心，将 GH 转至水平位置得 $G'H'$；

⑨ 过 C 点作 $G'H'$ 的垂线得 Z 点，实测 $G'Z$ 等于 28 mm，那么内环半径则为 $160-28=132$(mm)，外环半径则为 $132+41\times2+34+20=268$(mm)，展开图见图 5－27；

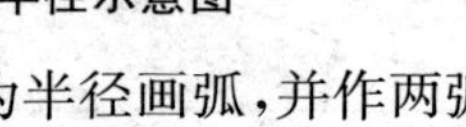

图 5－27 用放样法求得的膨胀节展开图

⑩ 经上下模具对压成型后实测：设计

高度 92.5 mm，实际为 100 mm，增高了 7.5 mm，说明对压后发生了拉伸变薄。下料时大小端各加 10 mm 的车削余量就足够了，余量太大，翻边时会产生裂纹。

7. 圆锥外加强环料展开计算（图 5－28）

此部件包括：圆筒及其上附支承同心圆环，主锥体及其上附支锥体，连接筋板。本节主要叙述支锥体。

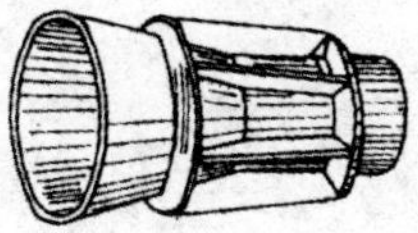

图 5－28　圆锥外加强环料立体图

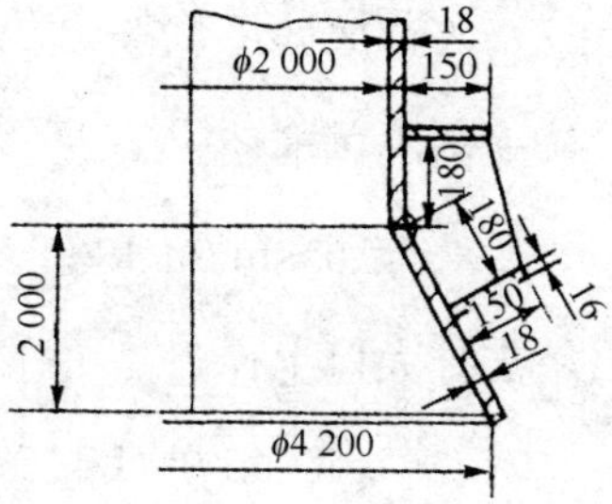

图 5－29　锥体与圆筒加强环施工图

图 5－29 为锥体与圆筒加强环施工图，图 5－30 为计算原理图，图 5－31 为展开图。

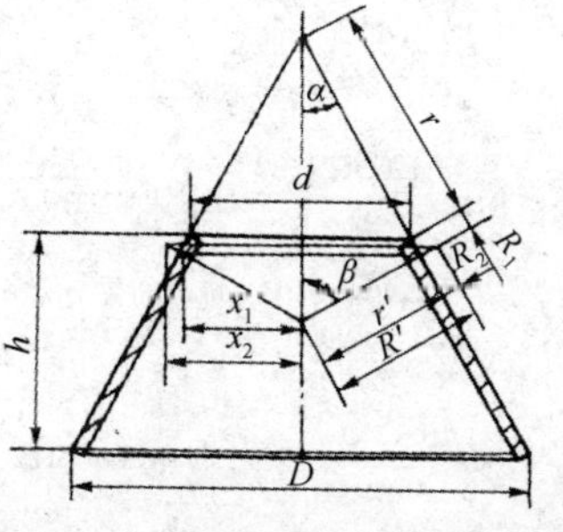

图 5－30　锥体与圆筒计算原理图

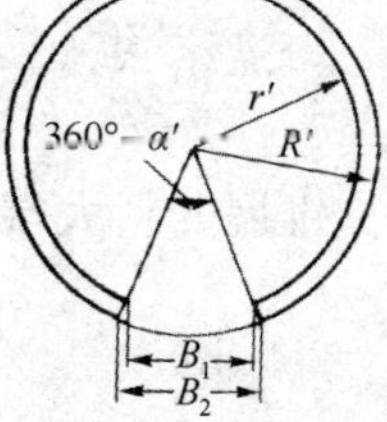

图 5－31　锥体与圆筒加强环展开图

① 主锥半顶角

$$\alpha=\arctan\frac{D-d}{2h}=\arctan\frac{4\,236-2\,036}{2\times2\,000}=28.81^\circ$$

② 主锥小口展开半径

$$r=\frac{d}{2\sin\alpha}=\frac{2\,036}{2\times\sin 28.81^\circ}=2\,112.4(\text{mm})$$

③ 支锥半顶角　$\beta=90°-\alpha=90°-28.81°=61.19°$

④ 支锥小口展开半径

$$r'=(r+R_1)\cdot\tan\alpha=(2\,112.4+188)\times\tan 28.81°=1\,265(\mathrm{mm})$$

⑤ 支锥大口展开半径

$$R'=r'+R_2=1\,265+150=1\,415(\mathrm{mm})$$

⑥ 支锥小口半径

$$x_1=r'\sin\beta=1\,265\times\sin 61.19°=1\,108(\mathrm{mm})$$

⑦ 支锥大口半径

$$x_2=R'\sin\beta=1\,415\times\sin 61.19°=1\,240(\mathrm{mm})$$

⑧ 支锥展开料包角

$$\alpha'=\frac{360°x_2}{R'}=\frac{360°\times 1\,240}{1\,415}=315.48°$$

⑨ 支锥展开料小端弦长

$$B_1=2r'\sin\frac{360°-\alpha'}{2}=2\times 1\,265\times\sin\frac{44.52°}{2}=958(\mathrm{mm})$$

⑩ 支锥展开料大端弦长

$$B_2=2R'\sin\frac{360°-\alpha'}{2}=2\times 1\,415\times\sin\frac{44.52°}{2}=1\,072(\mathrm{mm})$$

式中　D、d——主锥大小端外皮半径；

h——主锥外皮间垂直距离；

R_1、R_2——设计给出，按中径计算。

二、圆锥管弯头及裤形管展开计算

1. 圆管—圆锥管直角弯头展开计算

圆管与圆锥管均属于回转体。在回转体相贯中，若轴线相交且平行于投影面同时又共切于球面时，其相贯线为平面曲线。由于曲线垂直于投影面，因此，相贯线在该面上投影为一直线（两管对应边线交点的连线），如图 5－32 所示。图中已知尺寸为 $D(D=2R)$、d、h 及 B。

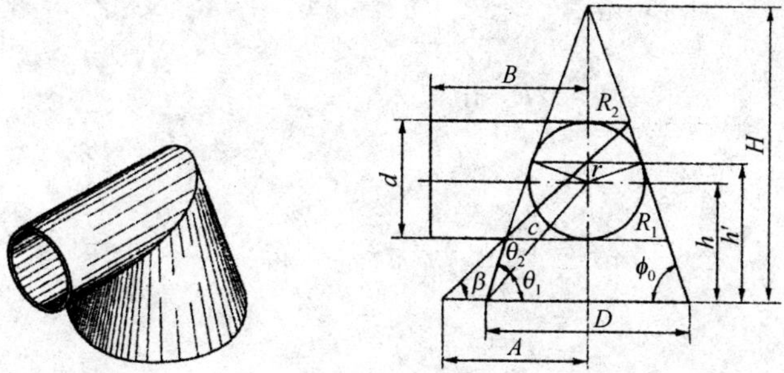

图 5－32　圆管—圆锥管直角弯头图

（1）计算公式

$$c=\sqrt{R^2+h^2}$$

$$\tan\theta_1=\frac{h}{R}$$

$$\sin\theta_2=\frac{r}{c}$$

$$\phi_0=\theta_1+\theta_2$$

$$H=R\tan\phi_0$$

$$R_1=\frac{H-h+r}{\tan\phi_0}$$

$$R_2=\frac{H-(h+r)}{\tan\phi_0}$$

$$\tan\beta=\frac{d}{R_1+R_2}$$

$$h'=h+r\cos\phi_0$$

$$A=h'\cot\beta$$

$$\tan\phi_n=\frac{H}{R\cos\alpha_n}$$

$$f_n=\frac{\sin\phi_n\sin\beta(A-R\cos\alpha_n)}{\sin\phi_0\sin(\phi_n\mp\beta)}$$

$$R_0=\sqrt{R^2+H^2}$$

$$\alpha=\frac{360°R}{R_0}$$

$$L=2R_0\sin\frac{\alpha}{2}$$

$$B'=B+\frac{1}{2}(R_2-R_1)$$

$$y_n=r\tan(90°-\beta)\cos\alpha_n$$

$$m_1=\frac{\pi D}{n}\qquad m_2=\frac{\pi d}{n}$$

式中各符号之意义参阅图 5－33 至图 5－34 所示。

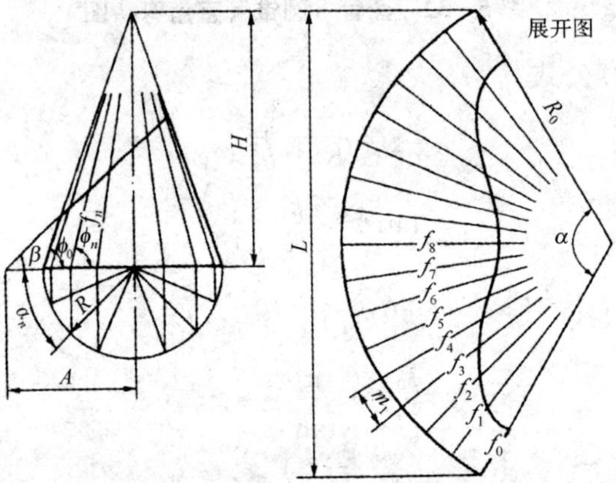

图 5－33　圆锥管直角弯头展开图

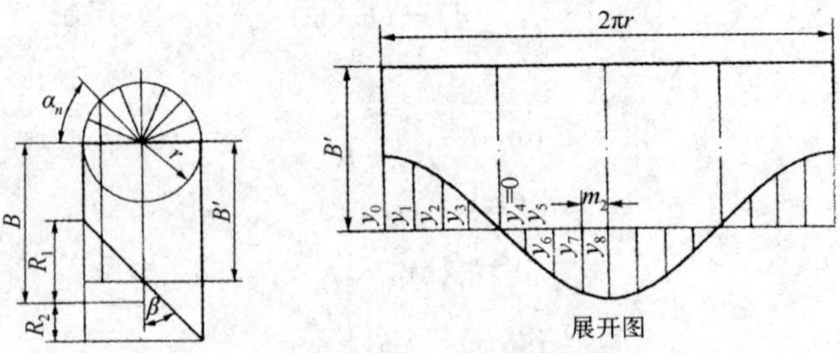

图 5－34　圆管展开图

(2) 举例

[例]　设一圆管与圆锥管组成两节直角弯头，已知尺寸：$D=660$，$R=330$，$d=380$，$r=190$，$h=375$，$B=520$，试计算放样。

[解]

① 有关参数计算(图 5-32)：

$$c=\sqrt{330^2+375^2}=499.5$$

$$\tan\theta_1=\frac{375}{330}=1.136\,36\quad \theta_1=48.65^\circ$$

$$\tan\theta_2=\frac{190}{499.5}=0.380\,4\quad \theta_2=22.35^\circ$$

$$\phi_0=\theta_1+\theta_2=48.65^\circ+22.35^\circ=71^\circ$$

$$H=330\tan 71^\circ=958.4$$

$$R_1=\frac{958.4-375+190}{\tan 71^\circ}=266.3$$

$$R_2=\frac{958.4-(375+190)}{\tan 71^\circ}=135.5$$

$$\tan\beta=\frac{380}{266.3+135.5}=0.945\,7\quad \beta=43.4^\circ$$

$$h'=375+190\cos 71^\circ=437$$

$$A=437\cot 43.4^\circ=462$$

② 圆锥管展开尺寸计算(图 5-33)：

设：圆周等分数 $n=16$，则 $\alpha_1=\frac{360^\circ}{16}=22.5^\circ$，$\alpha$ 角以此值递增。

$$\tan\phi_1=\frac{958.4}{330\cos 22.5^\circ}=3.143\,5\quad \phi_1=72.4^\circ$$

$$\tan\phi_2=\frac{958.4}{330\cos 45^\circ}=4.107\,3\quad \phi_2=76.3^\circ$$

$$\tan\phi_3=\frac{958.4}{330\cos 67.5^\circ}=7.589\,5\quad \phi_3=82.5^\circ$$

$$\tan\phi_4=\frac{958.4}{330\cos 90^\circ}=\infty\quad \phi_4=90^\circ$$

$$f_0=\frac{\sin 71^\circ \sin 43.4^\circ(462-330\cos 0^\circ)}{\sin 71^\circ \sin(71^\circ-43.4^\circ)}=195.8$$

$$f_1=\frac{\sin 72.4^\circ \sin 43.4^\circ(462-330\cos 22.5^\circ)}{\sin 71^\circ \sin(72.4^\circ-43.4^\circ)}=224.4$$

$$f_2=\frac{\sin 76.3^\circ \sin 43.4^\circ(462-330\cos 45^\circ)}{\sin 71^\circ \sin(76.3^\circ-43.4^\circ)}=297.3$$

$$f_3=\frac{\sin 82.5^\circ \sin 43.4^\circ(462-330\cos 67.5^\circ)}{\sin 71^\circ \sin(82.5^\circ-43.4^\circ)}=383.5$$

$$f_4=\frac{\sin 90^\circ \sin 43.4^\circ(462-330\cos 90^\circ)}{\sin 71^\circ \sin(90^\circ-43.4^\circ)}=462$$

$$f_5=\frac{\sin 82.5^\circ \sin 43.4^\circ(462-330\cos 112.5^\circ)}{\sin 71^\circ \sin(82.5^\circ+43.4^\circ)}=523.2$$

$$f_6=\frac{\sin 76.3^\circ \sin 43.4^\circ(462-330\cos 135^\circ)}{\sin 71^\circ \sin(76.3^\circ+43.4^\circ)}=565$$

$$f_7=\frac{\sin 72.4^\circ \sin 43.4^\circ(462-330\cos 157.5^\circ)}{\sin 71^\circ \sin(72.4^\circ+43.4^\circ)}=590$$

$$f_8=\frac{\sin 71^\circ \sin 43.4^\circ(462-330\cos 180^\circ)}{\sin 71^\circ \sin(71^\circ+43.4^\circ)}=597.5$$

$$R_0=\sqrt{330^2+958.4^2}=1\,013.6$$

$$\alpha=\frac{330\times 360^\circ}{1\,013.6}=117.2^\circ$$

$$L=2\times 1\,013.6\sin\frac{117.2^\circ}{2}=1\,730$$

$$m_1=\frac{660\pi}{16}=129.6$$

③ 圆管展开尺寸计算(图 5－34)：

$$B'=520+\frac{1}{2}(135.5-266.3)=454.6$$

$$y_0=190\tan(90^\circ-43.4^\circ)\cos 0^\circ=201$$

$$y_1=201\cos 22.5^\circ=185.7$$

$$y_2=201\cos 45^\circ=142$$

$$y_3=201\cos 67.5^\circ=77$$

$$y_4=201\cos 90^\circ=0$$

$$y_5=-y_3,y_6=-y_2,y_7=-y_1,y_8=-y_0$$

$$m_2=\frac{380\pi}{16}=74.6$$

按以上各式计算之值即可作出各管展开图，如图 5－33、图 5－34 所示，说明省略。

2. 两节任意角圆锥管弯头展开计算

图 5－35 所示为两节任意角圆锥管弯头，已知尺寸为 D、d、h_1、h_2 及 α。从图中可以看出，如果将管Ⅰ调转 180°后便可与管Ⅱ构成一正截头圆锥台，这样，圆锥管弯头展开图便可通过圆锥台管展开图求得。就是说首先按已知尺寸计算出圆锥台管展开图，再按斜切圆锥管放样计算法求出第Ⅱ节斜切后各素线 f_n 实长，并从圆锥台管展开图各素线上依次截取所求实长，剩余部分即为第Ⅰ节展开图，如图 5－35 所示。

(1) 计算公式

① 有关参数计算[图 5－35(a)]：

$$h-h_1+h_2$$

$$\tan\phi_0=\frac{2h}{D-d}$$

$$\tan\phi_1=\frac{2h_1}{D}$$

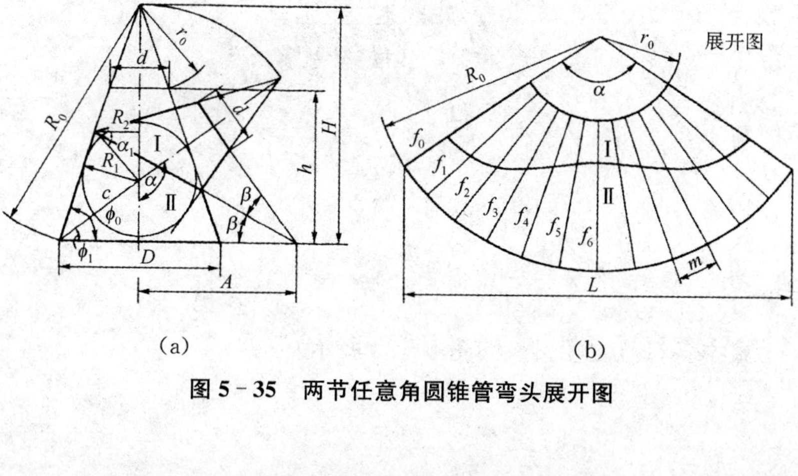

(a)　(b)

图 5－35　两节任意角圆锥管弯头展开图

$$c=\sqrt{(\frac{D}{2})^2+h_1^2}$$

$$R_1=c\sin(\phi_0-\phi_1)$$

$$\alpha_1=180°-(\phi_0+\frac{\alpha}{2})$$

$$\beta=90°-\frac{\alpha}{2}$$

$$a=\frac{R_1}{\sin\frac{\alpha}{2}}$$

$$R_2=a\cos\alpha_1$$

$$A=(h_1+a\sin\alpha_1)\cot\beta-R_2$$

$$H=\frac{Dh}{D-d}$$

② 圆锥管展开计算[图 5－35(b)]：

$$\tan\phi_n=\frac{2H}{D\cos\alpha_n}$$

$$f_n=\frac{\sin\phi_n\sin\beta(A-\frac{D}{2}\cos\alpha_n)}{\sin\phi_0\sin(\phi_n\mp\beta)}$$

$$R_0=\sqrt{(\frac{D}{2})^2+H^2}$$

$$r_0=\sqrt{(\frac{d}{2})^2+(H-h)^2}$$

$$\alpha_0=180°\frac{D}{R_0}$$

$$L=2R_0\sin\frac{\alpha_0}{2}$$

$$m=\frac{\pi D}{n}$$

式中各符号之意义参阅图 5－35 所示。

(2) 举例

[**例**]　设两圆锥管组成的任意角度弯头(图 5－35),已知尺寸 $D=510$, $d=240$, $h_1=225$, $h_2=345$, $\alpha=120°$,试计算放样。

[**解**]　① 有关参数计算:

$h=225+345=570$

$\tan\phi_0=\frac{2\times570}{510-240}=4.2222\quad \phi_0=76.7°$

$\tan\phi_1=\frac{2\times225}{510}=0.8824\quad \phi_1=41.4°$

$c=\sqrt{(\frac{510}{2})^2+225^2}=340$

$R_1=340\sin(76.7°-41.4°)=196.5$

$\alpha_1=180°-(76.7°+\frac{120°}{2})=43.3°$

$\beta=90°-\frac{120°}{2}=30°$

$a=\frac{196.5}{\sin\frac{120°}{2}}=226.9$

$R_2=226.9\cos 43.3°=165$

$A=(225+226.9\sin 43.3°)\cot 30°-165=494.2$

$H=\frac{510\times570}{510-240}=1076.7$

② 圆锥管展开尺寸计算:

设圆锥管断面圆周等分数 $n=16$,则 $\alpha_1=\frac{360°}{16}=22.5°$,$\alpha$ 角以此值递增。

$\tan\phi_1=\frac{2\times1076.7}{510\cos 22.5°}=4.57\qquad \phi_1=77.7°$

$\tan\phi_2=\frac{2\times1076.7}{510\cos 45°}=5.9714\qquad \phi_2=80.5°$

$\tan\phi_3=\frac{2\times1076.7}{510\cos 67.5°}=11.0335\qquad \phi_3=84.8°$

$$\tan\phi_4=\frac{2\times1\,076.7}{510\cos 90^\circ}=\infty \qquad \phi_4=90^\circ$$

$\phi_5=\phi_3,\phi_6=\phi_2,\phi_7=\phi_1,\phi_8=\phi_0$

$$f_0=\frac{\sin\phi_0\sin 30^\circ(494.2-\frac{510}{2}\cos 0^\circ)}{\sin\phi_0\sin(76.7^\circ-30^\circ)}=164.3$$

$$f_1=\frac{\sin 77.7^\circ\sin 30^\circ(494.2-\frac{510}{2}\cos 22.5^\circ)}{\sin 76.7^\circ\sin(77.7^\circ-30^\circ)}=175.5$$

$$f_2=\frac{\sin 80.5^\circ\sin 30^\circ(494.2-\frac{510}{2}\cos 45^\circ)}{\sin 76.7^\circ\sin(80.5^\circ-30)}=206$$

$$f_3=\frac{\sin 84.8^\circ\sin 30^\circ(494.2-\frac{510}{2}\cos 67.5^\circ)}{\sin 76.7^\circ\sin(84.8^\circ-30^\circ)}=248.3$$

$$f_4=\frac{\sin 90^\circ\sin 30^\circ(494.2-\frac{510}{2}\cos 90^\circ)}{\sin 76.7^\circ\sin(90^\circ-30^\circ)}=293.2$$

$$f_5=\frac{\sin 84.8^\circ\sin 30^\circ(494.2-\frac{510}{2}\cos 112.5^\circ)}{\sin 76.7^\circ\sin(84.8^\circ+30^\circ)}=333.6$$

$$f_6=\frac{\sin 80.5^\circ\sin 30^\circ(494.2-\frac{510}{2}\cos 135^\circ)}{\sin 76.7^\circ\sin(80.5^\circ+30^\circ)}=364.9$$

$$f_7=\frac{\sin 77.7^\circ\sin 30^\circ(494.2-\frac{510}{2}\cos 157.5^\circ)}{\sin 76.7^\circ\sin(77.7^\circ+30^\circ)}=384.5$$

$$f_8=\frac{\sin 76.5^\circ\sin 30^\circ(494.2-\frac{510}{2}\cos 180^\circ)}{\sin 76.5^\circ\sin(76.5^\circ+30^\circ)}=391$$

$$R_0=\sqrt{(\frac{510}{2})^2+1\,076.7^2}=1\,106.5$$

$$r_0=\sqrt{(\frac{240}{2})^2+(1\,076.7-570)^2}=525.7$$

$$\alpha_0=\frac{180^\circ\times510}{1\,106.5}=83^\circ$$

$$L=2\times1\,106.5\sin\frac{83^\circ}{2}=1\,466.3$$

$$m=\frac{510\pi}{16}=100.1$$

按以上各式计算之值即可作出展开图，如图 5－35(b)所示，说明省略。

3. 裤形管展开计算

图 5－36 所示裤形三通管是由大小相同的斜圆锥管组合而成，已知尺寸为 D、d、A 及 β。

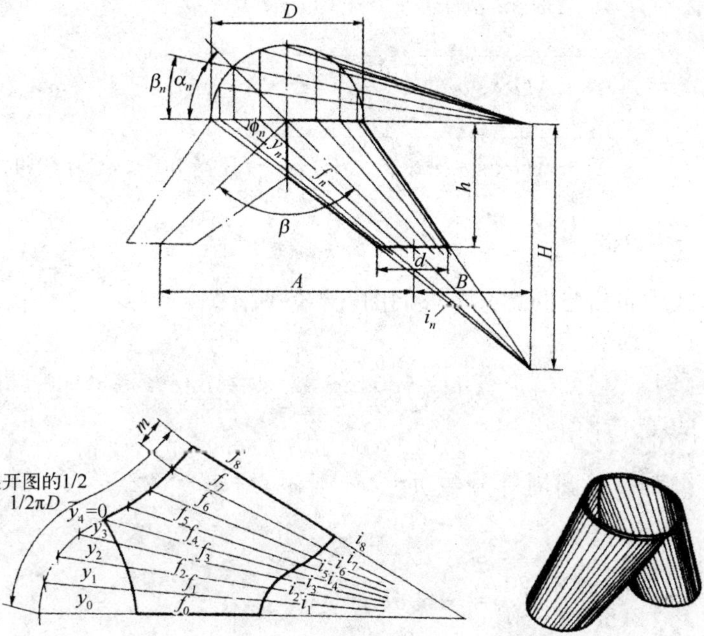

图 5－36　裤形管及展开图

(1) 计算公式

$$B=\frac{Ad}{2(D-d)}$$

$$H=\left(\frac{A}{2}+B\right)\cot\frac{\beta}{2}$$

$$h=\frac{A}{2}\cot\frac{\beta}{2}$$

$$\tan\phi_n=\frac{H}{A+\frac{D}{2}\cos\alpha_n}$$

$$\tan\beta_n=\frac{D\sin\alpha_n}{2A+D\cos\alpha_n}$$

$$y_n=\frac{D\cos\alpha_n}{2\cos\beta_n}\sqrt{\cos^2\beta_n\tan^2\phi_n+1}$$

$$i_n=\sqrt{B^2+Bd\cos\alpha_n+(\frac{d}{2})^2+(H-h)^2}$$

$$f_n=\sqrt{A^2+AD\cos\alpha_n+(\frac{D}{2})^2+H^2}-(y_n+i_n)\text{（当 }0\leqslant\alpha\leqslant 90^\circ\text{时）}$$

$$f_n=\sqrt{A^2+AD\cos\alpha_n+(\frac{D}{2})^2+H^2}-i_n\text{（当 }90^\circ<\alpha\leqslant 180^\circ\text{时）}$$

$$m=D\sin\frac{180^\circ}{n}$$

式中各符号的意义可参阅图 5－36 所示。

(2) 举例

［**例**］ 已知裤形管 $D=680$ mm，$d=320$ mm，$A=1\ 160$ mm，$\beta=90^\circ$，试展开计算。

［**解**］ 设圆周等分数 $n=16$，则 $\alpha_1=\frac{360^\circ}{16}=22.5^\circ$，$\alpha$ 角以此值递增。

$$B=\frac{1\ 160\times 320}{2(680-320)}=515.6(\text{mm})$$

$$H=(\frac{1\ 160}{2}+515.6)\cot\frac{90^\circ}{2}=1\ 095.6(\text{mm})$$

$$h=\frac{1\ 160}{2}\cot\frac{90^\circ}{2}=580(\text{mm})$$

$$\tan\phi_0=\frac{1\ 095.6}{1\ 160+\frac{680}{2}\cos 0^\circ}=0.730\ 4\quad \phi_0=36.1^\circ$$

$$\tan\phi_1=\frac{1\,095.6}{1\,160+340\cos 22.5^\circ}=0.743\,2 \quad \phi_1=36.6^\circ$$

$$\tan\phi_2=\frac{1\,095.6}{1\,160+340\cos 45^\circ}=0.782\,4 \quad \phi_2=38^\circ$$

$$\tan\phi_3=\frac{1\,095.6}{1\,160+340\cos 67.5^\circ}=0.849\,2 \quad \phi_3=40.3^\circ$$

$$\tan\phi_4=\frac{1\,095.6}{1\,160+340\cos 90^\circ}=0.944\,5 \quad \phi_4=43.4^\circ$$

$$\tan\beta_0=\frac{680\sin 0^\circ}{2\times1\,160+680\cos 0^\circ}=0 \quad \beta_0=0^\circ$$

$$\tan\beta_1=\frac{680\sin 22.5^\circ}{2\times1\,160+680\cos 22.5^\circ}=0.088\,3 \quad \beta_1=5^\circ$$

$$\tan\beta_2=\frac{680\sin 45^\circ}{2\times1\,160+680\cos 45^\circ}=0.171\,7 \quad \beta_2=9.7^\circ$$

$$\tan\beta_3=\frac{680\sin 67.5^\circ}{2\times1\,160+680\cos 67.5^\circ}=0.243\,47 \quad \beta_3=13.7^\circ$$

$$\tan\beta_4=\frac{680\sin 90^\circ}{2\times1\,160+680\cos 90^\circ}=0.293\,1 \quad \beta_4=16.3^\circ$$

$$y_0=\frac{680\cos 0^\circ}{2\cos 0^\circ}\sqrt{\cos^2 0^\circ\tan^2 36.1^\circ+1}=420.8(\text{mm})$$

$$y_1=\frac{680\cos 22.5^\circ}{2\cos 5^\circ}\sqrt{\cos^2 5^\circ\tan^2 36.6^\circ+1}=392.2(\text{mm})$$

$$y_2=\frac{680\cos 45^\circ}{2\cos 9.7^\circ}\sqrt{\cos^2 9.7^\circ\tan^2 38^\circ+1}=307.8(\text{mm})$$

$$y_3=\frac{680\cos 67.5^\circ}{2\cos 13.7^\circ}\sqrt{\cos^2 13.7^\circ\tan^2 40.3^\circ+1}=173.5(\text{mm})$$

$$y_4=\frac{680\cos 90^\circ}{2\cos 16.3^\circ}\sqrt{\cos^2 16.3^\circ\tan^2 43.4^\circ+1}=0$$

$$i_0=\sqrt{515.6^2+515.6\times320\cos 0^\circ+\left(\frac{320}{2}\right)^2+(1\,095.6-580)^2}$$
$$=849.9(\text{mm})$$

$$i_1=\sqrt{515.6^2+515.6\times320\cos 22.5^\circ+160^2+(1\,095.6-580)^2}$$
$$=842.4(\text{mm})$$

$$i_2=\sqrt{515.6^2+515.6\times 320\cos 45^\circ+160^2+(1\,095.6-580)^2}$$
$$=821(\mathrm{mm})$$

$$i_3=\sqrt{515.6^2+515.6\times 320\cos 67.5^\circ+160^2+(1\,095.6-580)^2}$$
$$=787.7(\mathrm{mm})$$

$$i_4=\sqrt{515.6^2+515.6\times 320\cos 90^\circ+160^2+(1\,095.6-580)^2}$$
$$=746.5(\mathrm{mm})$$

$$i_5=\sqrt{515.6^2+515.6\times 320\cos 112.5^\circ+160^2+(1\,095.6-580)^2}$$
$$=703(\mathrm{mm})$$

$$i_6=\sqrt{515.6^2+515.6\times 320\cos 135^\circ+160^2+(1\,095.6-580)^2}$$
$$=663.8(\mathrm{mm})$$

$$i_7=\sqrt{515.6^2+515.6\times 320\cos 157.5^\circ+160^2+(1\,095.6-580)^2}$$
$$=636.3(\mathrm{mm})$$

$$i_8=\sqrt{515.6^2+515.6\times 320\cos 180^\circ+160^2+(1\,095.6-580)^2}$$
$$=626.3(\mathrm{mm})$$

$$f_0=\sqrt{1\,160^2+1\,160\times 680\cos 0^\circ+(\frac{680}{2})^2+1\,095.6^2}-(420.8+849.9)$$
$$=586.8(\mathrm{mm})$$

$$f_1=\sqrt{1\,160^2+1\,160\times 680\cos 22.5^\circ+340^2+1\,095.6^2}-(392.2+842.4)$$
$$=606.7(\mathrm{mm})$$

$$f_2=\sqrt{1\,160^2+1\,160\times 680\cos 45^\circ+340^2+1\,095.6^2}-(307.8+821)$$
$$=665.4(\mathrm{mm})$$

$$f_3=\sqrt{1\,160^2+1\,160\times 680\cos 67.5^\circ+340^2+1\,095.6^2}-(173.5+787.7)$$
$$=760.4(\mathrm{mm})$$

$$f_4=\sqrt{1\,160^2+1\,160\times 680\cos 90^\circ+340^2+1\,095.6^2}-746.5$$

$=884.9(\text{mm})$

$f_5=\sqrt{1\,160^2+1\,160\times680\cos 112.5°+340^2+1\,095.6^2}-703$

$=833(\text{mm})$

$f_6=\sqrt{1\,160^2+1\,160\times680\cos 135°+340^2+1\,095.6^2}-663.8$

$=786.2(\text{mm})$

$f_7=\sqrt{1\,160^2+1\,160\times680\cos 157.5°+340^2+1\,095.6^2}-636.3$

$=755.9(\text{mm})$

$f_8=\sqrt{1\,160^2+1\,160\times680\cos 180°+340^2+1\,095.6^2}-626.3$

$=742(\text{mm})$

$m=680\sin\dfrac{180°}{16}=132.66(\text{mm})$

根据以上各式计算的值即可作出展开图，如图 5－36 所示，说明省略。

第二节　三通管展开计算

一、等径三通管展开计算

1. 等径直交三通管展开计算

在等径圆管相贯中，若两管轴线相交且平行于基本投影面时，其相贯线为平面曲线，曲线的正面投影积聚成交叉二直线，作图时可直接画出，如图 5－37 所示。已知尺寸为 d、t、h、l。竖直管展开曲线坐标值与水平管开孔宽度可用下式计算：

$$y_n=\frac{1}{2}d\cos\alpha_n$$

$$m=\frac{\pi}{n}(d-t)$$

式中　y_n——展开曲线坐标值或开孔宽度(mm)；

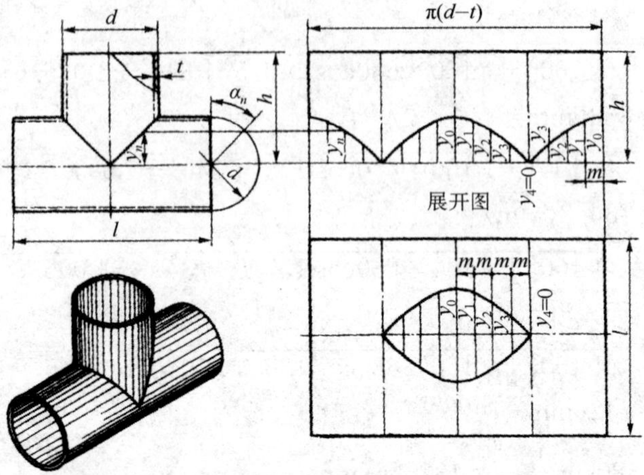

图 5-37 等径直交三通管立体图及展开图

d——圆管外径(mm)；

t——板厚(mm)；

n——圆管断面等分数；

α_n——圆管断面等分角(°)；

m——圆管展开周长等分距离(mm)。

［**例**］ 设一等径直交三通管圆管外径 $d=420$ mm，板厚 $t=6$ mm，水平管长度 $l=1\ 000$ mm，竖直管高度 $h=450$ mm，试用计算法作其展开图。

［**解**］ 设圆管展开周长等分数 $n=16$，由于展开曲线以 1/4 圆周角为对称，等分角分至 90°为止。$\alpha_1=\dfrac{360°}{16}=22.5°$，$\alpha_2=45°$，$\alpha_3=67.5°$，$\alpha_4=90°$。

展开曲线坐标值：

$$y_0=\frac{1}{2}\times 420\cos 0°=210(\text{mm})$$

$$y_1=\frac{1}{2}\times 420\cos 22.5°=194(\text{mm})$$

$$y_2=\frac{1}{2}\times 420\cos 45°=148.5(\text{mm})$$

$$y_3=\frac{1}{2}\times 420\cos 67.5^{\circ}=80.4(\text{mm})$$

$$y_4=\frac{1}{2}\times 420\cos 90^{\circ}=0$$

展开周长 $S=\pi(420-6)=1\,300.6(\text{mm})$

$$m=\frac{1\,300.6}{16}=81.3(\text{mm})$$

根据以上各式计算的值即可作出展开图，如图 5－37 所示。

为使用方便，将等径直交三通管不同等分数展开曲线坐标值及开孔宽度系数列于表 5－1。

表 5－1 等径直交三通管展开曲线坐标值及开孔宽度系数值

（单位：mm）

y_n \ n	12	16	24	32	40	48
y_0	0.5d	0.5d	0.5d	0.5d	0.5d	0.5d
y_1	0.433d	0.461 9d	0.483d	0.490 4d	0.493 8d	0.495 7d
y_2	0.25d	0.353 6d	0.433d	0.461 9d	0.475 5d	0.483d
y_3	0	0.191 3d	0.353 6d	0.415 7d	0.445 5d	0.461 9d
y_4		0	0.25d	0.353 6d	0.404 5d	0.433d
y_5			0.129 4d	0.277 8d	0.353 6d	0.396 7d
y_6			0	0.191 3d	0.293 9d	0.353 6d
y_7				0.097 5d	0.227d	0.304 4d
y_8				0	0.154 5d	0.25d
y_9					0.078 2d	0.191 3d
y_{10}					0	0.129 4d
y_{11}						0.065 3d
y_{12}						0

注：d——圆管外径；y_n——展开周长等分点至曲线坐标值；n——展开周长等分数。

2. 等径斜交三通管展开计算

图 5-38 所示为等径斜交三通管的施工图样。斜三通和正交三通的不同处是重叠的两条相贯线投影长度不一样，但相贯点和正交三通一样在无坡口处理时均是外壁接触，所以放样图仍是用外径画出。

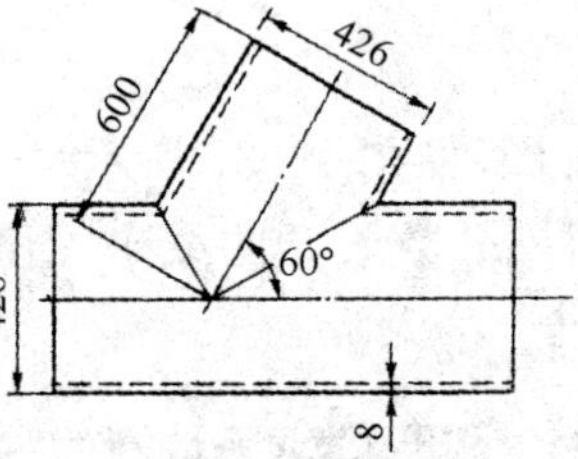

图 5-38 等径斜交三通管展开图

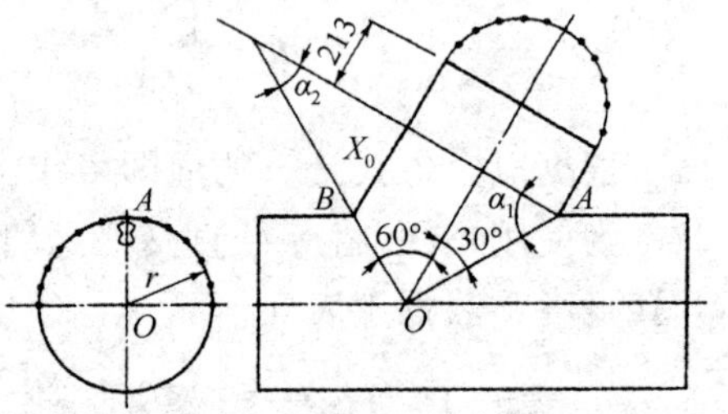

图 5-39 三通管计算展开草图

根据形体分析画出计算用草图如图 5-39 图示。图中相贯线 OA 和 OB 各平分两轴线夹角，并且各是插管半圆周部分的截面垂直投影。如图过 A 点作插管轴线的垂面和 OB 截面的夹角为 α_2，垂面和 OA 截面的夹角为 α_1。即得到：

$$\alpha_1 = 90° - 30° = 60°$$
$$\alpha_2 = 90° - 60° = 30°$$

此构件为成品管时用样板去画线下料，因此圆管画线样板展开周长 $L = 2\pi rR = 2\pi(213+1) = 1\ 344.6(\text{mm})$，$L$ 可作 24 等分展开。因是对称图形，计算时只要求出半圆周的素线实长值就可。

OA 部分用 $X_n = R\tan\alpha(1-\cos\phi_n)$

OB 部分用 $X_n = \tan\alpha(L - R\cos\phi_n)$

圆周展开用 $L_n = \pi r\phi_n/180°$

对于 OA 和 OB 两截面所在的圆管部分就可以分别用公式计算展开。因 OA 和 OB 是垂直投影，和正交三通相同，只要计算出 1/4 圆管部分的展开尺寸就可。OB 部分以 x_0 线为展开样板中心线，OA 部分 $x_0=0$。主管开孔以过 A、B 两点的素线为展开样板的轴向中心线，可仍然利用 OA 和 OB 的展开计算值画出开孔样板。

公式中已知：$\alpha_1=60°$（用于 OA 部分）

$\alpha_2=30°$（用于 OB 部分）

$R=D/2=213(\text{mm})$

$L_1=R=213(\text{mm})$（用于 OA 部分）

$L_2=R\tan\alpha\tan\alpha=213\tan 60°\tan 60°$

$=639(\text{mm})$（用于 OB 部分）

$r=214(\text{mm})$

圆周作 24 等分展开时，在 1/4 圆周中 ϕ_n 在 0°～90°的范围内取值，即每等分为 15°。将以上三公式以 ϕ_n 为变量编程计算后的结果列表见表 5-2。

表 5-2　等径斜交三通展开计算值

（单位：mm）

变量 ϕ_n 值	0°	15°	30°	45°	60°	75°	90°
对应 L_n 值	0	56	112	168.1	224.1	280.1	336.2
对应 X_{n1} 值	0	12.6	49.4	108.1	184.5	273.4	369
对应 X_{n2} 值	246	250.1	262.4	282	307.4	337.1	369

插管样板作法：如图 5-40 所示，取线段长度 $L=1\,344.6$ mm，并且将其 4 等分，过各等分点作 L 线的垂线，定中间垂线为展开样板中心线，同时也为 OB 部分展开的 x_0 线，两边缘的 1/4 部分为 OA 部分，端点为 A 点。然后将这两个 1/4 部分各自按 L_n 值 6 等分，过各等分点作 L 线垂线，在垂线上以 L_n 和 X_{n1}、X_{n2} 的对应值各自取点并光滑连接各点即 1/2 曲线的部分展开。如图对称作图作出另 1/2 部分，距离 L 线 231 作平行线和过 L 线两端作垂线相交得矩形即为插管直段部分展开，和曲线部分合起来即插管全部的展开图形。

主管开孔样板作法：如图 5-41 所示，在作样板材料上取线段 $L=1\,344.6$ mm，并且 4 等分，过各等分点作 L 线的垂线，在 L 线两边距离 369 处各作平行线，以 L 线上中心垂线为 X_0 线，在 1/4 部分

各作 OA 和 OB 部分的曲线展开(作法同插管的展开),对称作 1/4 部分的曲线,中心部分即为开孔图形。画线下料时 X_0 中心线应和主管轴线平行,L 线应和插管 x_0 线对正。

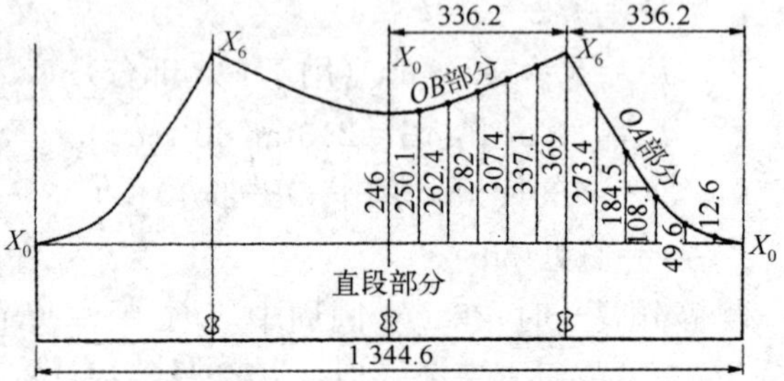

图 5-40 插管的计算展开图

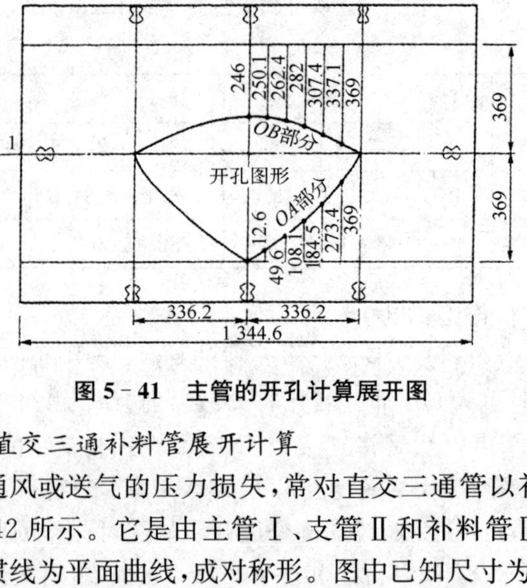

图 5-41 主管的开孔计算展开图

3. 等径直交三通补料管展开计算

为减少通风或送气的压力损失,常对直交三通管以补料过渡连接,如图 5-42 所示。它是由主管Ⅰ、支管Ⅱ和补料管Ⅲ组合而成的。三管相贯线为平面曲线,成对称形。图中已知尺寸为 d、H、l、b、t 及 45°。展开曲线坐标值 y_n 可用下式计算:

(1) 计算公式

$$y_n = \frac{1}{2} d \cot \beta \cos \alpha_n$$

式中　$\beta=\frac{1}{2}(180°-45°)=67.5°$，将 β 值代入上式则得：

$$y_n=\frac{1}{2}d\cot 67.5°\cos\alpha_n=0.2071d\cos\alpha_n$$

$$c=\sqrt{2}b \qquad h=H-b$$

式中　d——圆管外径(mm)；

α_n——圆管断面等分角(°)。

(2) 举例

［例］　图 5－42 所示为等径直交三通补料管，已知外径 $d=460$ mm，板厚 $t=8$ mm，$l=1\,300$ mm，$H=720$ mm，$b=335$ mm，试用计算法作出展开图。

［解］　设展开周长等分数 $n=16$，则 $\alpha_1=\frac{360°}{16}=22.5°$，$\alpha$ 角以此值递增。展开曲线坐标值 y_n：

$y_0=0.2071\times460\cos 0°=95.266$(mm)

$y_1=y_0\cos\alpha_1=95.266\cos 22.5°=88$(mm)

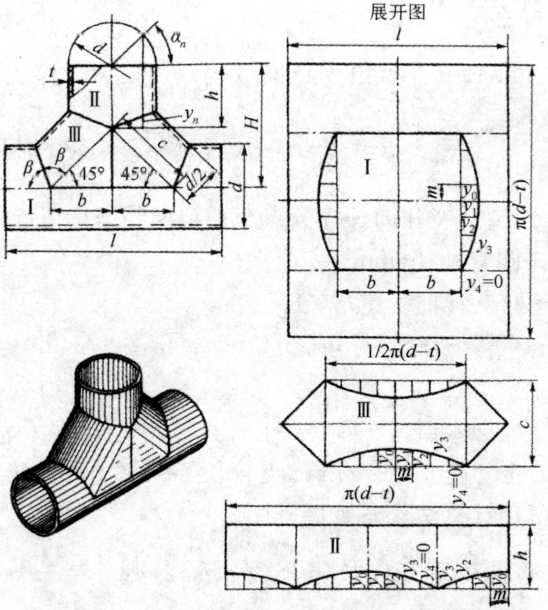

图 5－42　等径直交三通补料管立体图及展开图

$y_2=y_0\cos\alpha_2=95.266\cos 45°=67.4$(mm)

$y_3=y_0\cos\alpha_3=95.266\cos 367.5°=36.5$(mm)

$y_4=y_0\cos\alpha_4=95.266\cos 90°=0$

$c=\sqrt{2}\times 335=473.8$(mm)

$h=720-335=385$(mm)

圆管周长 $S=\pi(460-8)=1\,420$(mm)

等分距　$m=\frac{1\,420}{16}=88.75$(mm)

根据以上各式计算的值即可作出各管展开图，如图 5－42 所示，说明省略。

4. 等径 Y 形管展开计算

等径 Y 形管也是三通管的一种，其相贯线为平面曲线。当各管轴线平行于正投影面时，其相贯线在正面投影为三条汇交于一点的直线，绘图时可直接画出，如图 5－43 所示。已知尺寸为 d、h、l、t 及 β。各管展开曲线坐标值 y_n 可用下式计算：

(1) 计算公式

$$y_n=\frac{1}{2}d\tan\frac{\beta}{4}\cos\alpha_n\text{（当 }0\leqslant\alpha\leqslant 90°\text{时）}$$

$$y_n=\frac{1}{2}d\cot\frac{\beta}{2}\cos\alpha_n\text{（当 }90°<\alpha\leqslant 180°\text{时）}$$

式中　y_n——圆管展开周长等分点至截口曲线坐标值(mm)；

d——圆管外径(mm)；

β——两支管轴线交角(°)；

α_n——圆管断面等分角(°)。

(2) 举例

[例]　设已知等径 Y 形管(图 5－43)圆管直径 $d=180$ mm，板厚 $t=3$ mm，主管高 $h=150$ mm，支管长 $l=260$ mm。两支管轴线交角 $\beta=80°$，试用计算法作各管展开图。

[解]　设圆管展开周长等分数 $n=12$，则 $\alpha_1=\frac{360°}{12}=30°$，$\alpha_2=$

60°,α_3=90°,α_4=120°,α_5=150°,α_6=180°。展开曲线坐标值 y_n：

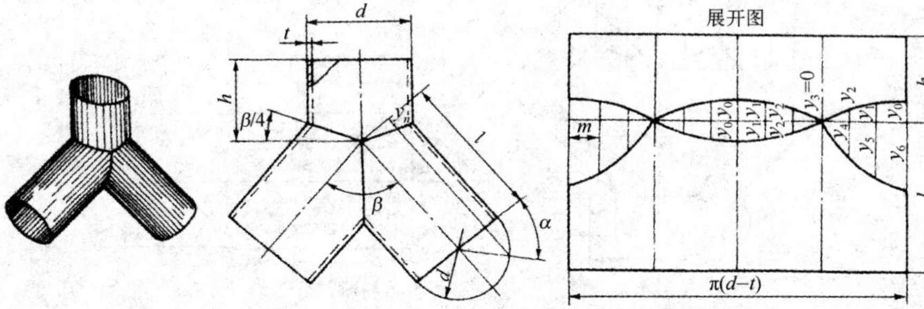

图 5-43　等径 Y 形管及展开图

$$y_0=\frac{1}{2}\times180\tan\frac{80^\circ}{4}\cos0^\circ=32.76(\text{mm})$$

$$y_1=y_0\cos\alpha_1=32.76\cos30^\circ=28.4(\text{mm})$$

$$y_2=y_0\cos\alpha_2=32.76\cos60^\circ=16.4(\text{mm})$$

$$y_3=y_0\cos\alpha_3=32.76\cos90^\circ=0$$

$$y_4=\frac{1}{2}\times180\cot\frac{80^\circ}{2}\cos120^\circ=-53.6(\text{mm})$$

$$y_5=\frac{1}{2}\times180\cot\frac{80^\circ}{2}\cos150^\circ=-92.9(\text{mm})$$

$$y_6=\frac{1}{2}\times180\cot\frac{80^\circ}{2}\cos180^\circ=-107.3(\text{mm})$$

圆管周长　$S=\pi(180-3)=556(\text{mm})$

等分距　$m=\frac{556}{12}=46.34(\text{mm})$

根据以上各式计算的值即可作出各管展开图(y_4、y_5、y_6取绝对值),如图 5-43 所示。

5. 等径 Y 形补料圆柱三通管(图 5-44)

图 5-44　等径 Y 形补料圆柱三通管

图 5-45 是等径 Y 形补料圆柱三通管的投影图和展开图。下部两斜管轴线互相垂直,两管间夹有一等径圆柱面补料。各管间的结合线均为平面曲线,其正面投影积聚为直线。

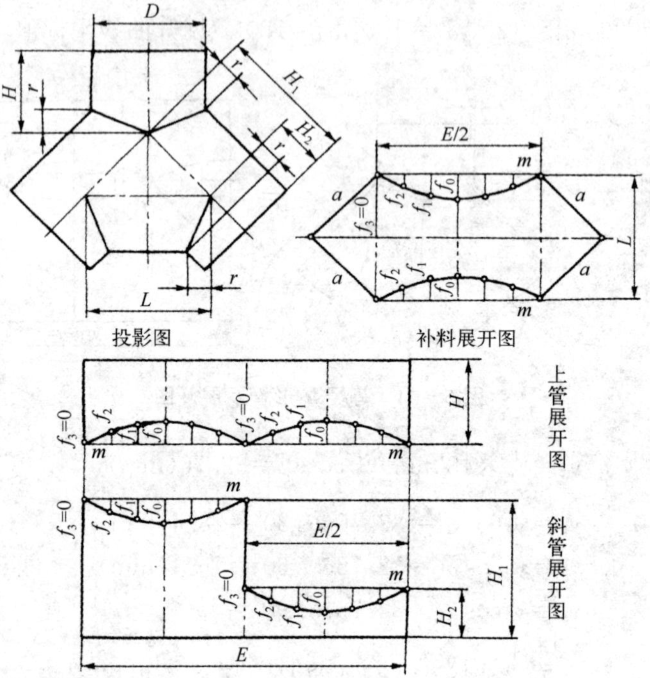

图 5-45 等径 Y 形补料圆柱三通管投影图及展开图

构件的已知尺寸有 D、H、H_1 和 H_2。

(1) 计算公式

$$E=\pi D \qquad m=\frac{E}{n}$$

$$r=\frac{1}{2}D\cdot\tan 22.5^\circ \qquad a=H_1-H_2$$

$$L=\sqrt{2}\,a$$

$$f_i=r\cdot\cos\alpha_i \qquad i=0,1,\cdots,\frac{n}{4}$$

式中 n——展开时圆管圆周等分数量；

α_i——展开时的等分角度。

(2) 举例

［例］ 已知等径 Y 形补料圆柱三通管的尺寸为 $D=250$，$H=$

180，$H_1=305$，$H_2=110$，计算展开数据。

取 $n=12$，则等分角度 α_i 的计算增量为 $\frac{360°}{12}=30°$。

$$E=3.1415926\times250=785.4$$

$$m=\frac{785.4}{12}=65.45$$

$$r=\frac{1}{2}\times250\times\tan22.5°=51.78$$

$$a=305-110=195$$

$$L=\sqrt{2}\times195=275.78$$

$$f_0=51.78\times\cos0°=51.78$$

$$f_1=51.78\times\cos30°=44.82$$

$$f_2=51.78\times\cos60°=25.89$$

$$f_3=51.78\times\cos90°=0$$

根据以上数据，运用平行线法可画出各管和补料的展开图。

6. 等径人字形三通管展开计算

图 5-46 所示为两组多节等径直角弯头组成的人字形三通管。已知尺寸为弯头中心半径 R、圆管外径 d、板厚 t 及节数 $N(N=4)$。

为避免作图烦琐，应使人字形管只在两节内结合（只切割两节管）。通过计算得出：当由四节等径直角弯头组成的人字形三通管中心半径 $R\geqslant1.336d$ 时，只在两节内结合。若 R 小于上述比值时则在三节内结合（切割三节管）。为避免切割三节管，设计人字形三通管时，应取 $R\geqslant1.4d$。管Ⅱ切口部分素线长度 b_n 可通过计算得出：

（1）计算公式

$$b_n=\frac{1}{2}d\cos\alpha_n(\tan15°+\cot30°)=d\cos\alpha_n$$

式中　d——圆管外径（mm）；

α_n——圆管断面等分角（°）。

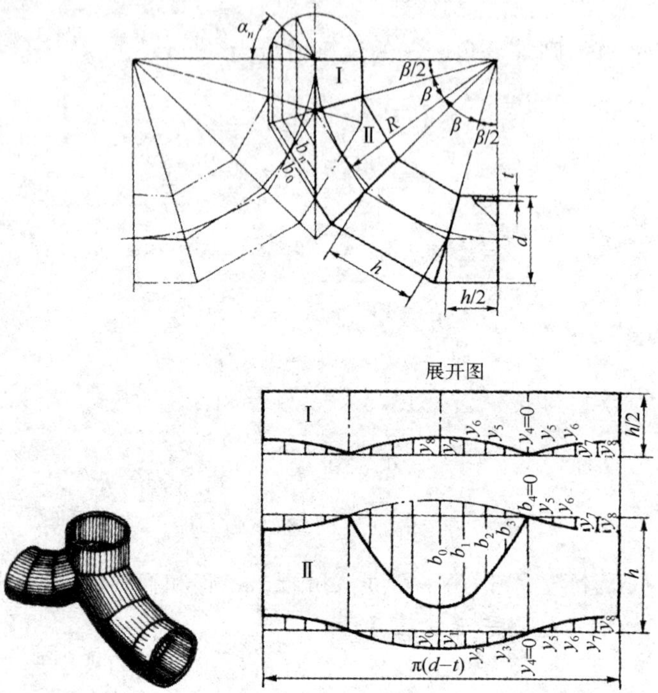

图 5-46 等径人字形三通管及展开图

(2) 举例

［例］ 设已知人字形三通管中心半径 $R=550$ mm，圆管外径 $d=380$ mm，板厚 $t=6$ mm，节数 $N=4$，试展开计算。

［解］ 设圆管展开周长等分数 $n=16$，则 $\alpha_1=\frac{360^\circ}{16}=22.5^\circ$，$\alpha$ 角以此值递增。

$$b_0=380\cos 0^\circ=380(\text{mm})$$

$$b_1=380\cos 22.5^\circ=351(\text{mm})$$

$$b_2=380\cos 45^\circ=268.7(\text{mm})$$

$$b_3=380\cos 67.5^\circ=145.4(\text{mm})$$

$$b_4=380\cos 90^\circ=0$$

再查表 5－8 得：

$$\frac{h}{2}=0.2679R=0.2679\times550=147.34(\text{mm})$$

$$h=2\times147.3=294.6(\text{mm})$$

$$y_0=0.134(380-2\times6)=49.3(\text{mm})$$

$$y_1=0.1238(380-2\times6)=45.6(\text{mm})$$

$$y_2=0.0947(380-2\times6)=34.8(\text{mm})$$

$$y_3=0.0513(380-2\times6)=18.9(\text{mm})$$

$$y_4=0$$

$$y_5=-0.0513\times380=-19.5(\text{mm})$$

$$y_6=-0.0947\times380=-36(\text{mm})$$

$$y_7=-0.1238\times380=-47(\text{mm})$$

$$y_8=-0.134\times380=-51(\text{mm})$$

圆管周长 $S=\pi(380-6)=1\,175(\text{mm})$

展开图作法：作管Ⅰ展开时由于管Ⅰ以中线为对称同时连接两路等径直角弯头，并且均为外皮接触，其曲线坐标值为 y_8、y_7、y_6、y_5、y_4（$y_4=0$），见图 5－46。

作管Ⅱ展开时先以求出的 h、$\pi(d-t)$ 及 y_n 值作出完整的中节Ⅱ展开图，然后在竖直中线上由上曲线向下截取 b_0，并在两侧各素线上依次对称截取 b_1、b_2、b_3、b_4（$b_4=0$）。通过各截点连成光滑曲线为切口实形，得管Ⅱ展开图。

二、异径三通管展开计算

1. 异径直角三通管展开计算（即正交异径三通管）

图 5－47 所示为正交异径圆管三通的两面视图。此种构件在设备制造及管道施工中经常可以遇到，也是施工中常见到的形体展开。此构件可用两种方法进行展开。

（1）用图解法展开

在设备制造和小直径的管道施工中，这种构件的展开因插管的直径均较小，所以一般施工中多将插管用图解法放样作出下料样板。插管成型后用插管在大直径的主管上直接用实物画线开孔。而且在插管的展开放样时对于相贯线的求作，可以利用侧视图中相贯线的积聚性而不必在正面视图中求作相贯线的投影。所以用三通的侧视图就可以直接用平行线法作出插管的展开图形。

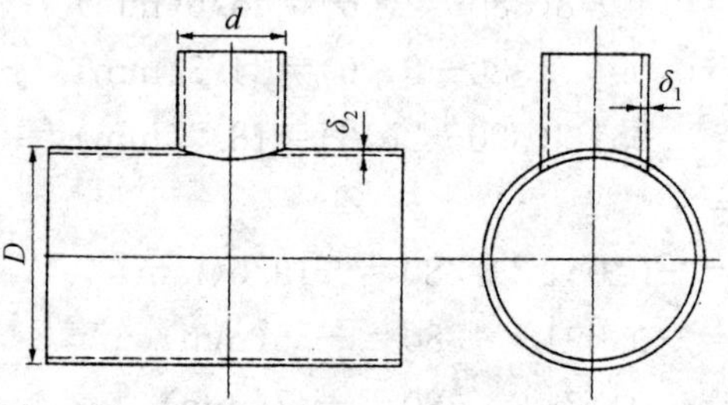

图 5 - 47 正交异径圆管三通示意图

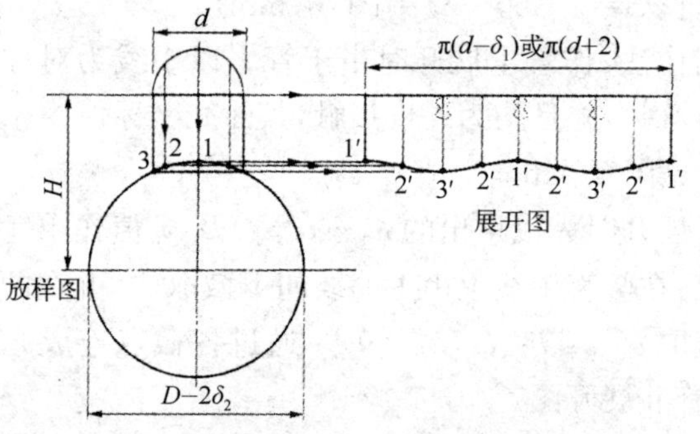

图 5 - 48 正交异径圆管三通的放样展开图

插管展开图的作法：这种构件一般是要求插管在设备开孔后插入筒体内，相贯线处是插管的外径和筒体的内径接触，所以插管的放样图应用外径画出，而筒体用内径画出。如图 5 - 48 所示，用筒体内径和插管外径画出放样图。在放样图中将插管的圆周作 8 等分，过各等分点作圆管轴线的平行线，交相贯线上得 1、2、3 点，过各点作插管轴线的垂线。展开图中在插管底边的延长线上截取圆管的展开长度，并将其 8 等分，过各等分点作底边的垂线和从放样图中的水平引线对应交于 1′、2′、3′各点，光滑连接各点即得到相贯线的展开曲线，连接各端点即得到插管的展开图形。

插管的展开长度如是卷管时应用插管的中径展开，如是成品管时应用插管的外径加上样板厚度展开，用油毡纸作样板时厚度可取 2 mm。同时，放样图中可看出在插管半圆周中仍是对称图形，所以在展开放样时只要求出 1/4 圆周的素线实长值，就可作出全部的展开图形。

主管的开孔图作法：一般情况插管直径较小时，主管的开孔可用插管的实物在主管上画线开孔，如条件不容许而必须画线开孔时用图解法作图，如图 5－49 所示。在放样图中将相贯线的投影作 6 等分，过各等分点作圆管轴线的平行线，和圆管的平面投影相交于 1、2、3、4 各点。在展开图中将放样图中的轴线 $O1$ 延长，在延长线上截取线段 L 等于相贯线的弧长展开长度并同样作 6 等分，过各等分点作垂线和过放样图中各交点的水平线对应交于 1′、2′、3′、4′各点，光滑连接各点并对应作图就可得到主管的全部开孔图形。主管的开孔可用计算和作图相结合的方法作出，其中相贯线的弧长展开长度计算可用计算公式 $L=0.017\,453R\alpha$，式中 $\alpha=2\arcsin(r/R)$。

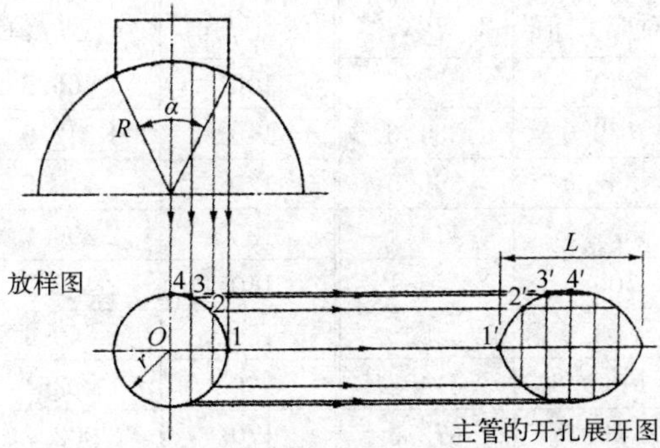

图 5－49　正交异径圆管三通主管的开孔放样展开图

(2) 用计算法展开

此类三通在烟道或地下输送管线时常用于较大直径的管线，在施工中用图解法放样作图工作量就十分大，所以在这种情况下一般都用计算法进行插管的展开和主管的开孔。为计算的方便，设 $D=3\,048$ mm，$d=2\,048$ mm，$H=1\,824$ mm，$\delta_1=\delta_2=24$ mm。放样图中主管用内径画出，插管用外径画出，展开图中插管的展开长度用中径画出。

插管的展开选用公式：

$$X_n=H-\sqrt{R^2-(r\sin\phi_n)^2}$$

和

$$L_n=\pi r_1\phi_n/180$$

式中已知：$H=1\,824$ mm；

$R=1\,500$ mm(放样图中主管取内径)；

$r=1\,024$mm(放样图中支管取外径)；

$r_1=1\,012$ mm(展开图中支管取中径)。

将已知数值代入公式进行编程计算。因圆管半径较大，所以圆周取 36 等分，即用圆周每等分 $\phi_n=10°$来分别计算周长展开值 L_n和其对应圆管素线实长值 X_n，见表 5-3。

表 5-3 插管的计算展开值

(单位：mm)

变量 ϕ_n值	对应 L_n值	对应 X_n值	变量 ϕ_n值	对应 L_n值	对应 X_n值
0°	0	324	100°	1 766.3	713.6
10°	176.6	334.6	110°	1 942.9	673.3
20°	353.3	365.5	120°	2 119.5	614.2
30°	529.9	414.1	130°	2 296.2	545.5
40°	706.5	476.1	140°	2 472.8	476.1
50°	883.1	545.5	150°	2 649.4	414.1
60°	1 059.8	614.2	160°	2 826	365.5
70°	1 236.4	673.3	170°	3 002.7	334.6
80°	1 413	713.6	180°	3 179.3	324
90°	1 589.6	727.9	190°	3 355.9	334.6

插管计算展开图作法：因是对称图形，从表中可以看出只要作出90°以内 X_n值就可以知道 90°～180°的对称 X_n值。一般求得 180°以内值就可以作出一半的展开图形，再对称作出另一半展开图形。利用表中的 X_n和 L_n的数值取点，并光滑连接各点，就可求得插管的展开图形，见图 5-50。

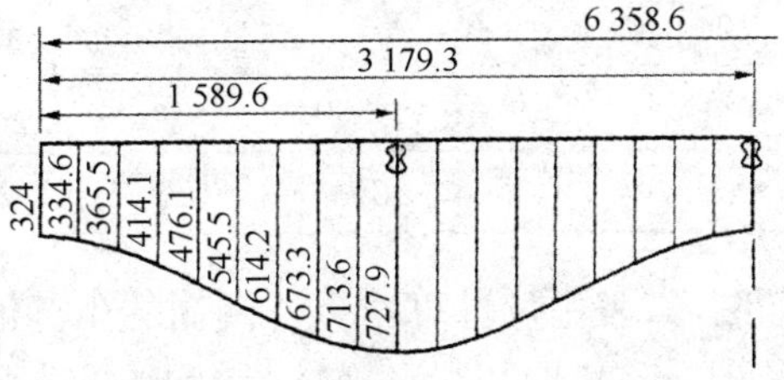

图 5-50　正交异径圆管三通插管的 1/2 计算展开图

主管计算开孔图作法：在图解法作开孔图时因作图的误差和取点较少，相贯线的曲线一般不够光滑，同时开孔也不够准确，所以直径较小时尽量用插管进行实物画线开孔。但在较大直径的三通管开孔时就比较困难，尤其是为节省材料，主管在下料时需先行开孔和钢板拼接，需用展开计算。一般展开计算是将相贯线的展开长度进行等分，在各等分点的垂线上计算出对应插管的弦长来取点作曲线。根据形体分析用编程计算法展开下料十分方便而且准确。因为开孔展开图形的曲线是一个以相贯线投影展开长度 L 为长轴、插管外径为短轴的椭圆，所以主管的开孔可利用计算公式：

$$Y_n=\sqrt{b^2(a^2-X_n^2)/a^2}$$

先计算出长、短轴半轴值：

$$\alpha=2\arcsin(r/R)=2\arcsin(1\,024/1\,500)=86.11^\circ$$
$$a=l/2=0.017\,453R\alpha/2=1\,127.2(\text{mm})$$
$$b=r/2=1\,024/2=512(\text{mm})$$

将求出的长、短轴的半轴值 a、b 代入公式进行编程计算，式中 X_n取值范围在 0～1 127.2 mm 之间，为光滑曲线，在前面可用 200 mm

为单位取值，然后以 100 mm 为单位取值。因编程计算便于根据曲线作图的需要随时增加取值点。将计算结果列表见表 5-4。

表 5-4　主管开孔计算展开值

（单位：mm）

变量 X_n 值	0	200	400	500	600	700
对应 Y_n 值	512	503.9	478.7	458.9	433.4	401.3
变量 X_n 值	800	900	1 000	1 050	1 100	1 127.2
对应 Y_n 值	360.7	308.3	236.3	186.2	111.8	0

因是轴对称图形，表中仅计算出 1/4 圆周的坐标值。

展开图作法见图 5-51 的图示：作一十字中心线为 X、Y 轴，从原点开始以 X_n 和 Y_n 的值对应取点并光滑连接即得到 1/4 的展开曲线，对称作图即可得到全部的展开图形。在下料时可根据材料的具体尺寸，利用对应的长、短轴数值在任何位置取值进行排板下料，提前开孔避免了成形后开孔时材料的浪费，可参考图中钢板材料的排放示意图。

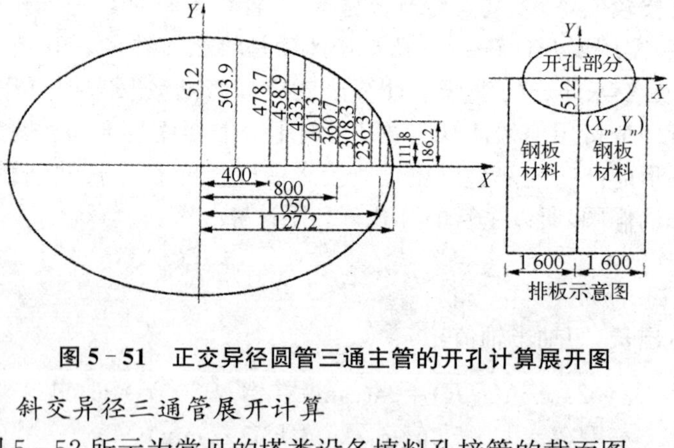

图 5-51　正交异径圆管三通主管的开孔计算展开图

2. 斜交异径三通管展开计算

图 5-52 所示为常见的塔类设备填料孔接管的截面图。

此构件是斜交异径三通形体，也是施工中常见到的类型。接管一般插入筒体，所以放样图应是筒体用内径，接管用外径。展开图中应根据下料时的情况来决定，此例中接管为卷管，所以展开图中展开

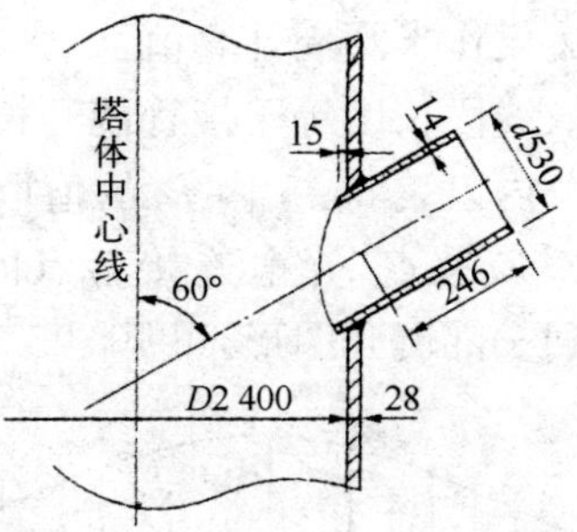

图 5-52　斜交异径圆管三通接管的截面图

长度用接管的中径展开。此类构件因相贯线的求作较麻烦，所以一般都用计算法展开接管，然后用接管进行实物画线开孔。选用被圆柱面斜切圆管的展开计算公式：

$$X_n = H - \sqrt{R^2 - (r\sin\phi_n)^2}/\sin\alpha - r\cos\phi_n/\tan\alpha$$
$$L_n = \pi r_1 \phi_n/180$$

式中已知：$H = 1\,228/\sin 60° + 246 = 1\,664$(mm)；

$R = 1\,200 - 15 = 1\,185$(mm)；

$r = 530/2 = 265$(mm)(接管放样半径)；

$r_1 = (530-12)/2 = 258$(mm)(接管展开半径)。

将以上数值代入公式，以 15°为单位等分圆周，分别计算得 L_n 和 X_n 的对应值，见表 5-5。

表 5-5　斜交异径圆管三通接管计算展开值

(单位：mm)

变量 ϕ_n 值	0	15	30	45	60	75	90
对应 X_n 值	142.7	150.2	171.8	204.7	245	288.4	330
对应 L_n 值	0	67.5	135	202.6	270	337.5	405.3
变量 ϕ_n 值	105	120	135	150	165	180	
对应 X_n 值	367.6	398	406.2	437	445.7	449	
对应 L_n 值	472.8	540	607.9	675	743	810.5	

因是对称图形,故仅作半圆周计算值。

展开图形作法:取线段长度等于接管展开长度 1 621 mm,并且 4 等分线段,在 1/2 等分内以表 5-5 内 L_n 的值取点并过各点作垂线,在垂线上用 X_n 的值对应取点,光滑连接各点即得到 1/2 的展开图形,对称作图即可得到全部展开图形,可见图 5-53 的图示。

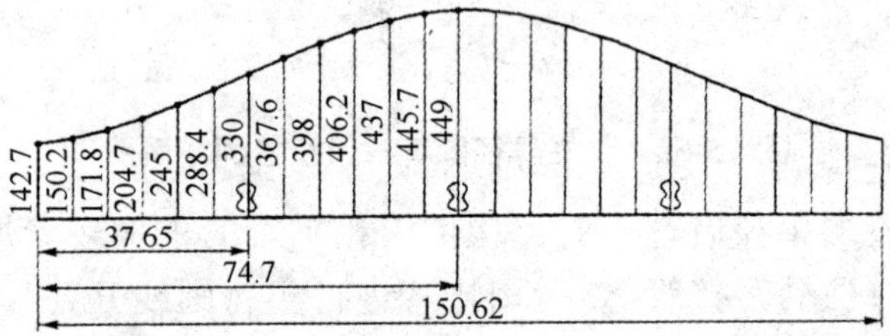

图 5-53　斜交异径圆管三通接管计算展开图

3. 异径偏心斜交三通管展开计算(图 5-54)

本例与异径斜交三通管料计算公式基本相同,只是增加了偏心距 e,因而推导从略。

(1) 计算公式

图 5-55 为计算公式符号示意图。

① 支管任一实长素线 l_n

图 5-54　异径偏心斜交三通管立体图

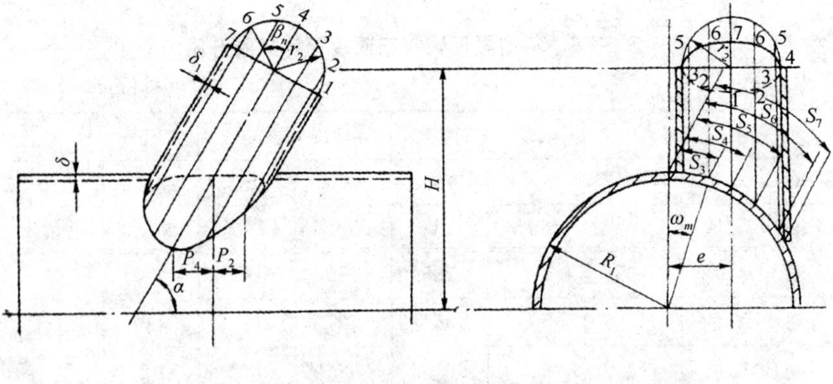

图 5-55　异径偏心斜交三通管计算公式符号示意图

$$l_n=\frac{H-\sqrt{R_1^2-(e\pm r_2\sin\beta_n)^2}\pm r_2\sin\beta_n\cos\alpha}{\sin\alpha}$$

式中　R_1——主管外半径；

r_2——支管内半径；

e——偏心距；

β_n——圆周各等分点与同一直径夹角，根号内从左视图用度数，以右从主视图用度数。

② 主管与同一直径夹角　$\omega_n=\sin^{-1}\frac{e\pm r_2\sin\beta_n}{R_1}$

③ 主管纵向直径至各分点弧长　$S_n=\pi R_1\frac{\omega_n}{180°}$

④ 孔实形横向距离 P_n（图 5－56）

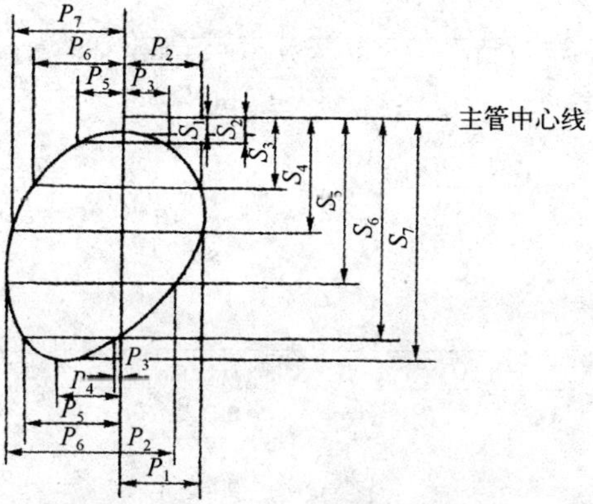

图 5－56　孔实形横向距离

$$P_n=\frac{r_2\sin\beta_n}{\sin\alpha}\pm[R_1-\sqrt{R_1^2-(e\pm r_2\sin\beta_n)^2}]\text{ctg}\,\alpha$$

式中　β_n——中括号左从主视图用度数，中括号内从左视图用度数。

⑤ 支管钢板下料展开长 $S=\pi D_2$（图 5－57）

式中　D_2——支管中径。

(2) 举例

图 5－58 为一异径偏心斜交三通管施工图。

① $l_n=\dfrac{H-\sqrt{R_1^2-(e\pm r_2\sin\beta_n)^2}\pm r_2\sin\beta_n\cos\alpha}{\sin\alpha}$

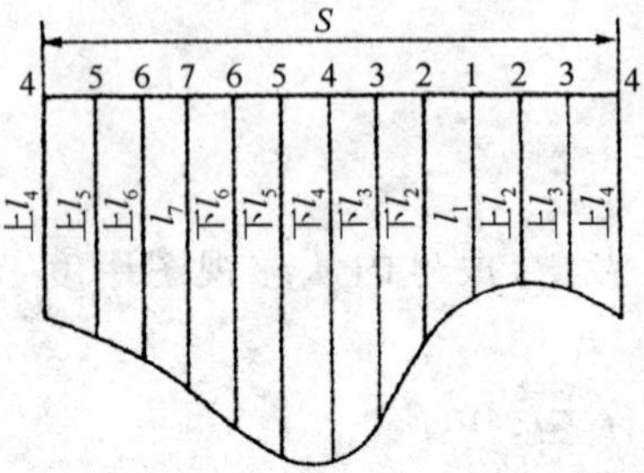

图 5－57　支管钢板下料展开图

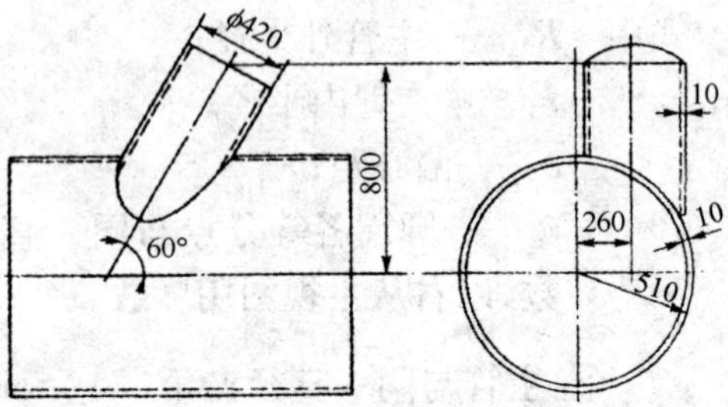

图 5－58　异径偏心斜交三通管施工图

如上 $l_3=\dfrac{800-\sqrt{510^2-(260-200\times\sin 60°)^2}-200\times\sin 30°\cos 60°}{\sin 60°}$

$=286(\text{mm})$

下 $l_3=\dfrac{800-\sqrt{510^2-(260+200\times\sin 60°)^2}-200\times\sin 30°\cos 60°}{\sin 60°}$

$=555(\text{mm})$

如上 $l_5=\dfrac{800-\sqrt{510^2-(260-200\times\sin 60°)^2}+200\times\sin 30°\cos 60°}{\sin 60°}$

$=401(\text{mm})$

下 $l_5=\dfrac{800-\sqrt{510^2-(260+200\times\sin 60°)^2}+200\times\sin 30°\cos 60°}{\sin 60°}$

$=671(\text{mm})$

② $\omega_n=\arcsin\dfrac{e\pm r_2\sin\beta_n}{R_1}$

如上 $\omega_3=\arcsin\dfrac{260-200\times\sin 60°}{510}=9.8°$

下 $\omega_3=\arcsin\dfrac{260+200\times\sin 60°}{510}=58.15°$

③ $S_n=\pi R_1\dfrac{\omega_n}{180°}$

如上 $S_3=\pi\times 510\times\dfrac{9.8°}{180°}=87(\text{mm})$

下 $S_3=\pi\times510\times\frac{58.15^\circ}{180^\circ}=518(\text{mm})$

④ $P_n=\frac{r_2\sin\beta_n}{\sin\alpha}\pm[R_1-\sqrt{R_1^2-(e\pm r_2\sin\beta_n)^2}]\times\cot\alpha$

如上 $P_3=\frac{200\times\sin30^\circ}{\sin60^\circ}-[510-\sqrt{510^2-(260-200\times\sin60^\circ)^2}]\times\cot60^\circ=111(\text{mm})$

下 $P_6=\frac{200\times\sin60^\circ}{\sin60^\circ}+[510-\sqrt{510^2-(260+200\times\sin38^\circ)^2}]\times\cot60^\circ=286(\text{mm})$

⑤ $S=\pi D_2=\pi\times410=1\,288(\text{mm})$

4. 异径斜交两段管料计算(图 5-59)

如图 5-60 所示，为催化剂出口管施工图，将支管设计为两段，两段料的计算如下。图5-61 为展开图。

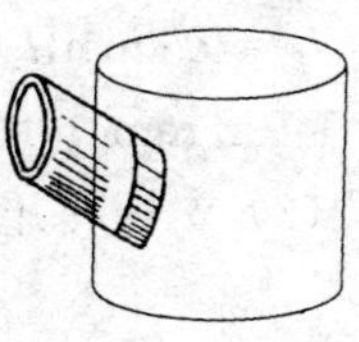

图 5-59　异径斜交两段管料立体图

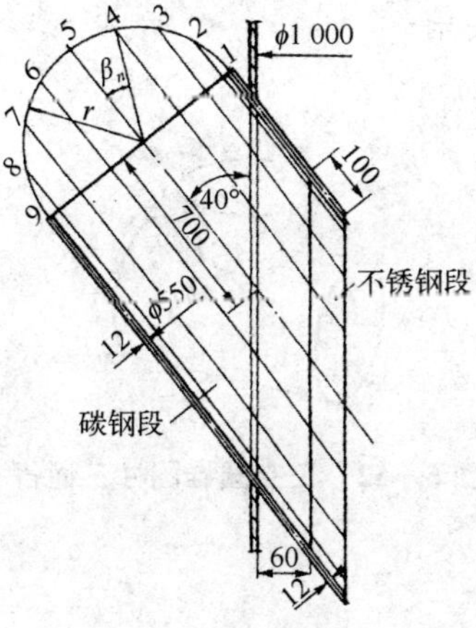

图 5-60　异径斜交两段管出口管施工图

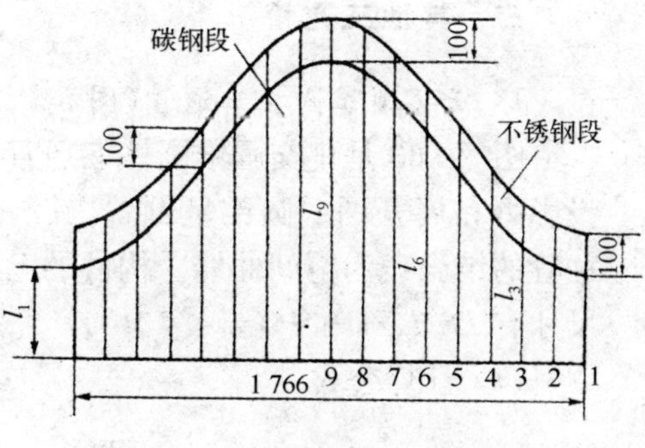

图 5-61　异径斜交两段管展开图

(1) 筒体内碳钢段实长

$$l=\frac{60}{\sin40^\circ}=93(\text{mm})$$

(2) 碳钢段各素线实长

$$l_n = 700 \pm \frac{r \cdot \sin\beta_n}{\tan\alpha} + l$$

$$l_4 = 700 - \frac{281 \times \sin 22.5^\circ}{\tan 40^\circ} + 93 = 665(\mathrm{mm})$$

$$l_6 = 700 + \frac{281 \times \sin 22.5^\circ}{\tan 40^\circ} + 93 = 921(\mathrm{mm})$$

同理得：

$l_1=458$ mm，$l_2=484$ mm，$l_3=556$ mm，$l_5=335$ mm，$l_7=1\ 030$ mm，$l_8=1\ 102$ mm，$l_9=1\ 128$mm。

(3) 支管展开长

$$S = \pi D = \pi \times 562 = 1\ 766(\mathrm{mm})$$

式中 r——支管中半径；

“±”——以中点5为基点，往小侧用“－”，往大侧用“＋”；

β_n——各等分点与同一纵向直径夹角；

D——支管中径。

三、其他三通管

1. 正交圆锥圆柱三通管(图5-62)

图5-62 正交圆锥圆柱三通管

图5-63是正交圆锥圆柱三通管的投影图和展开图。圆锥呈倒置，其与圆柱管的结合线为空间曲线。构件的已知尺寸有D、d、H和H_1。

(1) 计算公式

$$R = \frac{D}{2} \qquad r = \frac{d}{2}$$

$$\varphi_i = \arctan\frac{H_1}{r\cos\alpha_i}$$

$$\varphi_i'=\arctan\frac{H_1}{r\sin\alpha_i}$$

$$\gamma_i=\arccos\left[\frac{1}{R}(H_1-H)\cos\varphi_i\right]$$

$$\beta_i=180°-\varphi_i-\gamma_i$$

$$a_i=(H_1-H+R\cos\beta_i)\cot\varphi'_i$$

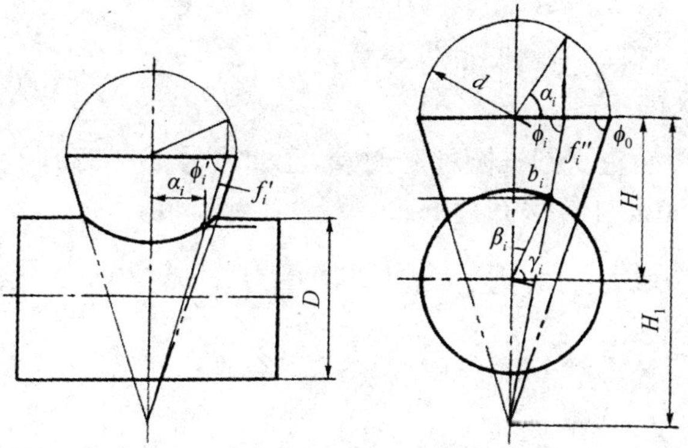

投影图

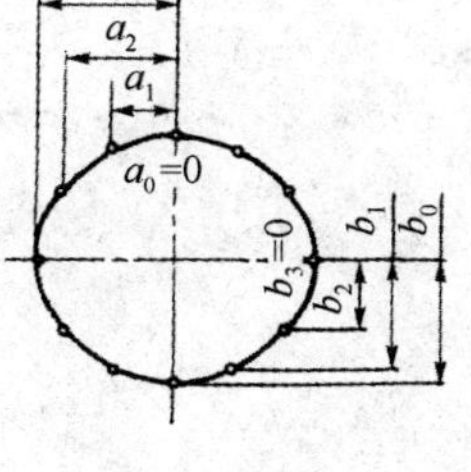

圆柱管开孔

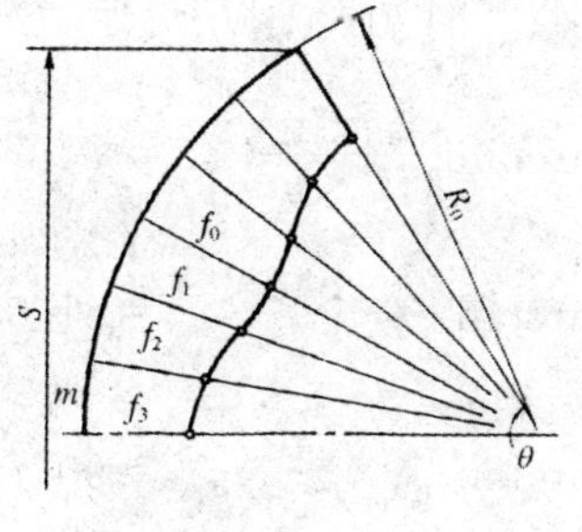

圆锥管展开图

图 5－63　正交圆锥圆柱三通管投影图和展开图

$$b_i=R\cdot\beta_i\frac{\pi}{180°}$$

$$f_i=\frac{\tan\varphi_i}{\sin\varphi_0}(r\cos\alpha_i-R\sin\beta_i)(0^\circ\leqslant\alpha_i<90^\circ)$$

$$f_{\frac{n}{4}}=\frac{H-R}{\sin\varphi_0}(\alpha_i=90^\circ)$$

$$R_0=\sqrt{r^2+H_1^2}\qquad\theta=180^\circ\frac{d}{R_0}$$

$$S=2R_0\sin\frac{\theta}{2}\qquad m=\frac{\pi d}{n}$$

式中　n——圆锥上口圆周等分数量。

(2) 举例

[**例**]　一正交圆锥圆柱三通管，已知尺寸 $D=320$，$d=340$，$H=290$，$H_1=540$，计算展开数据。

[**解**]　取 $n=12$，则 α_i 的计算增量为$\frac{360^\circ}{12}=30^\circ$。

$$R=\frac{320}{2}=160(\text{mm})$$

$$r=\frac{340}{2}=170(\text{mm})$$

$$\varphi_0=\arctan\frac{540}{170\times\cos 0^\circ}=72.53^\circ$$

$$\varphi_1=\arctan\frac{540}{170\times\cos 30^\circ}=74.77^\circ$$

$$\varphi_2=\arctan\frac{540}{170\times\cos 60^\circ}=81.05^\circ$$

$$\varphi_3=\arctan\frac{540}{170\times\cos 90^\circ}=90^\circ$$

$$\varphi_0'=\arctan\frac{540}{170\times\sin 0^\circ}=90^\circ$$

$$\varphi_1'=\arctan\frac{540}{170\times\sin 30^\circ}=81.05^\circ$$

$$\varphi_2'=\arctan\frac{540}{170\times\sin 60^\circ}=74.77^\circ$$

$$\varphi_3'=\arctan\frac{540}{170\times\sin 90^\circ}=72.53^\circ$$

$$\gamma_0=\arccos\left[\frac{1}{160}(540-290)\times\cos 72.53^\circ\right]=62.03^\circ$$

$$\gamma_1=\arccos\left[\frac{1}{160}(540-290)\times\cos 74.77^\circ\right]=65.77^\circ$$

$$\gamma_2=\arccos\left[\frac{1}{160}(540-290)\times\cos 81.05^\circ\right]=75.93^\circ$$

$$\gamma_3=\arccos\left[\frac{1}{160}(540-290)\times\cos 90^\circ\right]=90^\circ$$

$$\beta_0=180^\circ-72.53^\circ-62.03^\circ=45.44^\circ$$

$$\beta_1=180^\circ-74.77^\circ-65.77^\circ=39.46^\circ$$

$$\beta_2=180^\circ-81.05^\circ-75.93^\circ=23.02^\circ$$

$$\beta_3=180^\circ-90^\circ-90^\circ=0^\circ$$

$$a_0=(540-290+160\times\cos 45.44^\circ)\times\cot 90^\circ=0$$

$$a_1=(540-290+160\times\cos 39.46^\circ)\times\cot 81.05^\circ=58.83$$

$$a_2=(540-290+160\times\cos 23.02^\circ)\times\cot 74.77^\circ=108.16$$

$$a_3=(540-290+160\times\cos 0^\circ)\times\cot 72.53^\circ=129.04$$

$$b_0=160\times 45.44^\circ\times\frac{3.1415926}{180^\circ}=126.89$$

$$b_1=160\times 39.46^\circ\times\frac{3.1415926}{180^\circ}=110.19$$

$$b_2=160\times 23.02^\circ\times\frac{3.1415926}{180^\circ}=64.28$$

$$b_3=160\times0°\times\frac{3.141\,592\,6}{180°}=0$$

$$f_0=\frac{\tan 72.53°}{\sin 72.53°}(170\times\cos 0°-160\times\sin 45.44°)=186.53$$

$$f_1=\frac{\tan 74.77°}{\sin 72.53°}(170\times\cos 30°-160\times\sin 39.46°)=175.35$$

$$f_2=\frac{\tan 81.05°}{\sin 72.53°}(170\times\cos 60°-160\times\sin 23.02°)=149.32$$

$$f_3=\frac{290-160}{\sin 72.53°}=136.29$$

$$R_0=\sqrt{170^2+540^2}=566.13$$

$$\theta=180°\times\frac{340}{566.13}=108.1°$$

$$S=2\times566.13\times\sin\frac{108.1°}{2}=916.6$$

$$m=\frac{3.141\,592\,6\times340}{12}=89.01$$

根据上面数据可绘出圆柱管开孔和圆锥管的展开图，图 5－63 中，圆锥管的展开图只画出了一半。

2. 裤形椭圆锥三通管(图 5－64)

图 5－65 是裤形椭圆锥三通管的投影图和展开图。构件由左、右两平行圆口椭圆锥管拼合而成，两管间的结合线为平面曲线，正面投影为直线。构件的已知尺寸有 D、d、β 和 H。

图 5－64　裤形椭圆锥三通管

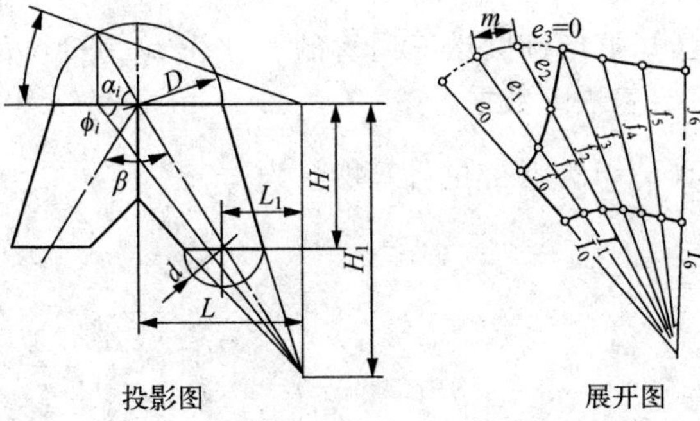

图 5-65 裤形椭圆锥三通管投影图和展开图

(1) 计算公式

$$R=\frac{D}{2} \qquad r=\frac{d}{2}$$

$$m=\frac{\pi D}{n} \qquad H_1=\frac{HD}{D-d}$$

$$L=H_1\tan\frac{\beta}{2} \qquad L_1=(H_1-H)\tan\frac{\beta}{2}$$

$$\varphi_i=\arctan\frac{H_1}{L+R\cos\alpha_i} \quad (i=0,1,\cdots,\frac{n}{2})$$

$$\gamma_i=\arctan\frac{R\sin\alpha_i}{L+R\cos\alpha_i} \quad (i=0,1,\cdots,\frac{n}{2})$$

$$g_i=\sqrt{(L+R\cos\alpha_i)^2+R^2\sin^2\alpha_i+H_1^2} \quad (i=0,1,\cdots,\frac{n}{2})$$

$$l_i=\sqrt{(L_1+r\cos\alpha_i)^2+r^2\sin^2\alpha_i+(H_1-H)^2} \quad (i=0,1,\cdots,\frac{n}{2})$$

$$e_i=g_i\frac{R\cos\alpha_i}{(L+R\cos\alpha_i)} \quad (i=0,1,\cdots,\frac{n}{4})$$

$$f_i=\begin{cases} g_i-e_i-l_i & (i=0,1,\cdots,\frac{n}{4}) \\ g_i-l_i & (i=\frac{n}{4}+1,\frac{n}{4}+2,\cdots,\frac{n}{2}) \end{cases}$$

(2) 举例

[例] 已知裤形椭圆锥三通管的尺寸为 $D=330, d=150, \beta=60^\circ, H=290$，计算展开数据。

[解] 取 $n=12$，则 α_i 的计算增量为 $\frac{360^\circ}{12}=30^\circ$。

$$R=\frac{330}{2}=165$$

$$r=\frac{150}{2}=75$$

$$m=\frac{3.1415926\times 330}{12}=86.39$$

$$H_1=\frac{290\times 330}{330-150}=531.67$$

$$L=531.67\times\tan\frac{60^\circ}{2}=306.96$$

$$L_1=(531.67-290)\times\tan\frac{60^\circ}{2}=139.53$$

$$\varphi_0=\arctan\frac{531.67}{306.96+165\times\cos 0^\circ}=48.40^\circ$$

$$\varphi_1=\arctan\frac{531.67}{306.96+165\times\cos 30^\circ}=49.76^\circ$$

$$\varphi_2=\arctan\frac{531.67}{306.96+165\times\cos 60^\circ}=53.78^\circ$$

$$\varphi_3=\arctan\frac{531.67}{306.96+165\times\cos 90^\circ}=60^\circ$$

$$\varphi_4=\arctan\frac{531.67}{306.96+165\times\cos 120^\circ}=67.11^\circ$$

$$\varphi_5=\arctan\frac{531.67}{306.96+165\times\cos 150^\circ}=72.85^\circ$$

$$\varphi_6=\arctan\frac{531.67}{306.96+165\times\cos 180^\circ}=75.05^\circ$$

$$\gamma_0=\arctan\frac{165\times\sin 0^\circ}{306.96+165\times\cos 0^\circ}=0^\circ$$

$$\gamma_1=\arctan\frac{165\times\sin 30^\circ}{306.96+165\times\cos 30^\circ}=10.39^\circ$$

$$\gamma_2=\arctan\frac{165\times\sin 60^\circ}{306.96+165\times\cos 60^\circ}=20.15^\circ$$

$$\gamma_3=\arctan\frac{165\times\sin 90^\circ}{306.96+165\times\cos 90^\circ}=28.26^\circ$$

$$\gamma_4=\arctan\frac{165\times\sin 120^\circ}{306.96+165\times\cos 120^\circ}=32.48^\circ$$

$$\gamma_5=\arctan\frac{165\times\sin 150^\circ}{306.96+165\times\cos 150^\circ}=26.70^\circ$$

$$\gamma_6=\arctan\frac{165\times\sin 180^\circ}{306.96+165\times\cos 180^\circ}=0^\circ$$

$$g_0=\sqrt{(306.96+165\times\cos 0^\circ)^2+165^2\times\sin^2 0^\circ+531.67^2}$$
$$=710.93$$

$$g_1=\sqrt{(306.96+165\times\cos 30^\circ)^2+165^2\times\sin^2 30^\circ+531.67^2}$$
$$=701.32$$

$$g_2=\sqrt{(306.96+165\times\cos 60^\circ)^2+165^2\times\sin^2 60^\circ+531.67^2}$$
$$=674.37$$

$$g_3=\sqrt{(306.96+165\times\cos 90^\circ)^2+165^2\times\sin^2 90^\circ+531.67^2}$$
$$=635.71$$

$$g_4=\sqrt{(306.96+165\times\cos 120^\circ)^2+165^2\times\sin^2 120^\circ+531.67^2}$$
$$=594.54$$

$$g_5=\sqrt{(306.96+165\times\cos 150^\circ)^2+165^2\times\sin^2 150^\circ+531.67^2}$$

$=562.49$

$$g_6=\sqrt{(306.96+165\times\cos 180^\circ)^2+165^2\times\sin^2 180^\circ+531.67^2}$$
$=550.30$

$$l_0=\sqrt{(139.53+75\times\cos 0^\circ)^2+75^2\times\sin^2 0^\circ+(531.67-290)^2}$$
$=323.15$

$$l_1=\sqrt{(139.53+75\times\cos 30^\circ)^2+75^2\times\sin^2 30^\circ+(531.67-290)^2}$$
$=318.78$

$$l_2=\sqrt{(139.53+75\times\cos 60^\circ)^2+75^2\times\sin^2 60^\circ+(531.67-290)^2}$$
$=306.53$

$$l_3=\sqrt{(139.53+75\times\cos 90^\circ)^2+75^2\times\sin^2 90^\circ+(531.67-290)^2}$$
$=288.96$

$$l_4=\sqrt{(139.53+75\times\cos 120^\circ)^2+75^2\times\sin^2 120^\circ+(531.67-290)^2}$$
$=270.25$

$$l_5=\sqrt{(139.53+75\times\cos 150^\circ)^2+75^2\times\sin^2 150^\circ+(531.67-290)^2}$$
$=255.68$

$$l_6=\sqrt{(139.53+75\times\cos 180^\circ)^2+75^2\times\sin^2 180^\circ+(531.67-290)^2}$$
$=250.14$

$$e_0=710.93\times\frac{165\times\cos 0^\circ}{306.96+165\times\cos 0^\circ}=248.55$$

$$e_1=701.32\times\frac{165\times\cos 30^\circ}{306.96+165\times\cos 30^\circ}=222.77$$

$$e_2=674.37\times\frac{165\times\cos 60^\circ}{306.96+165\times\cos 60^\circ}=142.85$$

$$e_3=635.71\times\frac{165\times\cos 90^\circ}{306.96+165\times\cos 90^\circ}=0$$

$f_0=710.93-248.55-323.15=139.23$

$f_1=701.32-222.77-318.78=159.77$

$f_2=674.37-142.85-306.53=224.99$

$f_3=635.71-0-288.96=346.75$

$f_4=594.54-270.25=324.29$

$f_5=562.49-255.68=306.81$

$f_6=550.30-250.14=300.16$

由上面数据可画出构件的展开图，图 5－65 中只画出了展开图的一半。画图时先用数据 m 和 g_i（素线总长）运用三角线法画出椭圆柱管各等分素线的位置，然后在各素线上相应量取 e_i 和 f_i，完成展开图。

3. Y 形圆锥圆柱三通管（图 5－66）

图 5－67 是 Y 形圆锥圆柱三通管的投影图和展开图。构件由两节等径圆柱管和一节圆锥管结合而成，三节管轴线相交，圆锥管轴线等分两圆柱管轴线的夹角。它们间的结合线均为平面曲线，正面投影为直线。构件的已知尺寸为 D、H、β、d 和 L。

(1) 计算公式

$$R=\frac{D}{2} \qquad r=\frac{d}{2}$$

$$\theta_1=\arctan\frac{r}{L} \qquad \theta_2=\arccos\frac{R}{\sqrt{r^2+L^2}}$$

图 5－66　Y 形圆锥圆柱三通管

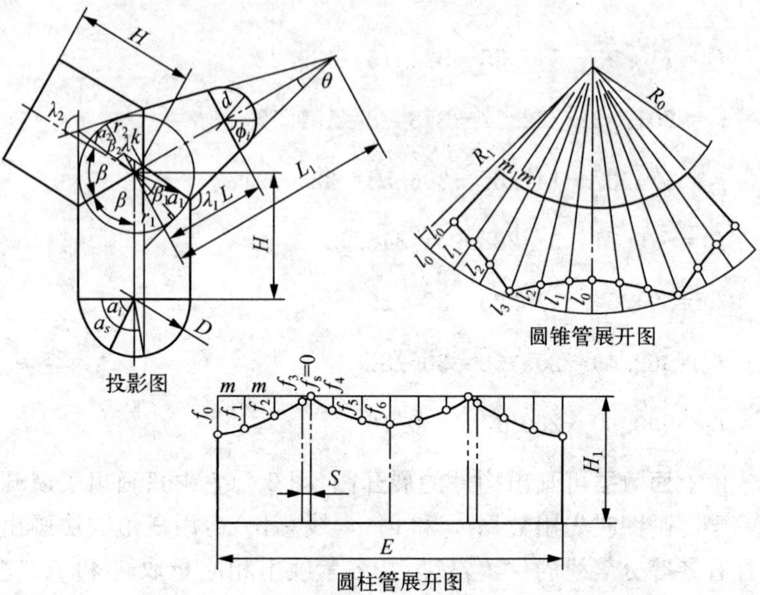

图 5-67　Y 形圆锥圆柱三通管投影图和展开图

$\theta=90°-\theta_1-\theta_2$　　　$L_1=L+\frac{r}{\tan\theta}$

$r_1=L_1\tan\theta$

$\lambda_1=180°-\beta+\theta$　　　$\lambda_2=180°-\beta-\theta$

$\beta_1=90°+\theta-\frac{\lambda_1}{2}$　　　$\beta_2=90°-\theta-\frac{\lambda_2}{2}$

$a_1=\frac{R}{\sin\frac{\lambda_1}{2}}$　　　$a_2=\frac{R}{\sin\frac{\lambda_2}{2}}$

$\lambda=\arctan\frac{a_1\sin\beta_1+a_2\sin\beta_2}{a_1\cos\beta_1+a_2\cos\beta_2}$

$k=\frac{a_2\sin(\lambda-\beta_2)}{\sin(90°-\lambda)}$

圆柱管的展开：

$E=\pi D \qquad m=\frac{E}{n}$

$H_1=H+k\cos\beta$

$\alpha_s=180°-\arccos\frac{k\cos(90°-\beta)}{R}$

$$f_i=\begin{cases}R\cdot|\cos\alpha_i|\cdot\tan(90-\beta)+k\cos\beta & 0\leqslant\alpha_i\leqslant\alpha_s\\(R\cdot|\cos\alpha_i|-k\sin\beta)\cdot\tan(\beta-\lambda) & \alpha_s<\alpha_i\leqslant180°\end{cases}$$

$S=R(\alpha_s-90°)\frac{\pi}{180°}$

圆锥管的展开：

$m_1=\frac{\pi d}{n_1} \qquad R_1=\sqrt{r_1^2+L_1^2}$

$R_0=\sqrt{r^2+(L_1-L)^2}$

$l_i=R_1\frac{k+r_1\cos\varphi_i\tan\lambda}{L_1+r_1\cos\varphi_i\tan\lambda} \quad (i=0,1,\cdots,\frac{n_1}{4})$

式中 n——圆柱管端口圆周等分数量；

n_1——圆锥管端口圆周等分数量。

(2) 举例

［**例**］ 已知Y形圆锥圆柱三通管，$D=290$，$H=305$，$\beta=60°$，$d=160$，$L=260$，计算展开数据。

［**解**］ 取$n=n_1=12$，则α_i和φ_i的计算增量均为$\frac{360°}{12}=30°$。

$R=\frac{290}{2}=145$

$r=\frac{160}{2}=80$

$\theta_1=\arctan\frac{80}{260}=17.1°$

$$\theta_2=\arccos\frac{145}{\sqrt{80^2+260^2}}=57.79^\circ$$

$$\theta=90^\circ-17.1^\circ-57.79^\circ=15.11^\circ$$

$$L_1=260+\frac{80}{\tan 15.11^\circ}=556.29$$

$$r_1=556.29\times\tan 15.11^\circ=150.2$$

$$\lambda_1=180^\circ-60^\circ+15.11^\circ=135.11^\circ$$

$$\lambda_2=180^\circ-60^\circ-15.11^\circ=104.89^\circ$$

$$\beta_1=90^\circ+15.11^\circ-\frac{135.11^\circ}{2}=37.56^\circ$$

$$\beta_2=90^\circ-15.11^\circ-\frac{104.89^\circ}{2}=22.45^\circ$$

$$a_1=\frac{145}{\sin\frac{135.11^\circ}{2}}=156.88$$

$$a_2=\frac{145}{\sin\frac{104.89^\circ}{2}}=182.9$$

$$\lambda=\arctan\frac{156.88\times\sin 37.56^\circ+182.9\times\sin 22.45^\circ}{156.88\times\cos 37.56^\circ+182.9\times\cos 22.45^\circ}$$
$$=29.42^\circ$$

$$k=\frac{182.9\times\sin(29.42^\circ-22.45^\circ)}{\sin(90^\circ-29.42^\circ)}=25.48$$

展开圆柱管：

$$E=3.1415926\times290=911.06$$

$$m=\frac{911.06}{12}=75.92$$

$$H_1=305+25.48\times\cos 60^\circ=317.74$$

$$\alpha_s=180°-\arccos\frac{25.48\times\cos(90°-60°)}{145}=98.75°$$

$$f_0=145\times|\cos 0°|\times\tan(90°-60°)+25.48\times\cos 60°=96.46$$

$$f_1=145\times|\cos 30°|\times\tan(90°-60°)+25.48\times\cos 60°=85.24$$

$$f_2=145\times|\cos 60°|\times\tan(90°-60°)+25.48\times\cos 60°=54.6$$

$$f_3=145\times|\cos 90°|\times\tan(90°-60°)+25.48\times\cos 60°=12.74$$

$$f_4=(145\times|\cos 120°|-25.48\times\sin 60°)\times\tan(60°-29.42°)=29.8$$

$$f_5=(145\times|\cos 150°|-25.48\times\sin 60°)\times\tan(60°-29.42°)=61.17$$

$$f_6=(145\times|\cos 180°|-25.48\times\sin 60°)\times\tan(60°-29.42°)=72.64$$

$$S=145\times(98.75°-90°)\times\frac{3.1415926}{180°}=22.14$$

展开圆锥管：

$$m_1=\frac{3.1415926\times160}{12}=41.89$$

$$R_1=\sqrt{150.2^2+556.29^2}=576.21$$

$$R_0=\sqrt{80^2+(556.29-260)^2}=306.9$$

$$l_0=576.21\times\frac{25.48+150.2\times\cos 0°\times\tan 29.42°}{556.29+150.2\times\cos 0°\times\tan 29.42°}=99.05$$

$$l_1=576.21\times\frac{25.48+150.2\times\cos 30°\times\tan 29.42°}{556.29+150.2\times\cos 30°\times\tan 29.42°}=90.45$$

$$l_2=576.21\times\frac{25.48+150.2\times\cos 60°\times\tan 29.42°}{556.29+150.2\times\cos 60°\times\tan 29.42°}=65.29$$

$$l_3=576.21\times\frac{25.48+150.2\times\cos 90°\times\tan 29.42°}{556.29+150.2\times\cos 90°\times\tan 29.42°}=26.39$$

根据以上数据,可分别用平行线法和放射线法画出圆柱管和圆锥管的展开图。

4. Y形圆柱圆锥三通管(图5-68)

图5-68 Y形圆柱圆锥三通管

图5-69是Y形圆柱圆锥三通管的投影图和展开图。构件由两节轴线长度相等的圆锥管和一节圆柱管结合而成,圆柱管轴线等分两圆锥管轴线所成的夹角。各管间的结合线为平面曲线,正面投影为直线。构件的已知尺寸有 D、H、d、L 和 β。

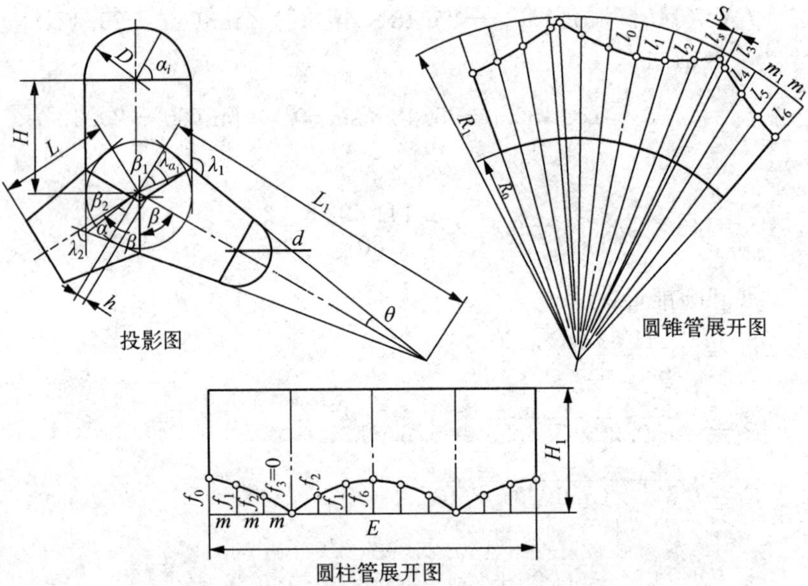

图5-69 Y形圆柱圆锥三通管投影图和展开图

(1) 计算公式

$$R=\frac{D}{2} \qquad r=\frac{d}{2}$$

$$\theta_1=\arctan\frac{r}{L} \qquad \theta_2=\arccos\frac{R}{\sqrt{r^2+L^2}}$$

$\theta=90^{\circ}-\theta_1-\theta_2$ $\qquad L_1=L+\dfrac{r}{\tan\theta}$

$\lambda_1=180^{\circ}-\beta+\theta$ $\qquad \lambda_2=180^{\circ}-\beta-\theta$

$r_1=L_1\tan\theta$

$\beta_1=90^{\circ}+\theta-\dfrac{\lambda_1}{2}$ $\qquad \beta_2=90^{\circ}-\theta-\dfrac{\lambda_2}{2}$

$a_1=\dfrac{R}{\sin\dfrac{\lambda_1}{2}}$ $\qquad a_2=\dfrac{R}{\sin\dfrac{\lambda_2}{2}}$

$$\lambda=\arctan\frac{a_1\sin\beta_1+a_2\sin\beta_2}{a_1\cos\beta_1+a_2\cos\beta_2}$$

$$k=\frac{a_2\sin(\lambda-\beta_2)}{\sin(90^{\circ}-\beta+\lambda)}$$

圆柱管的展开：

$E=\pi D$ $\qquad m=\dfrac{E}{n}$

$H_1=H+k$

$$f_i=R\cdot\cos\alpha_i\cdot\tan(\beta-\lambda)\quad \left(i=0,1,\cdots,\frac{n}{4}\right)$$

圆锥管的展开：

$m_1=\dfrac{2\pi r_1}{n_1}$ $\qquad R_1=\sqrt{r_1^2+L_1^2}$

$R_0=\sqrt{r^2+(L_1-L)^2}$ $\qquad h=\dfrac{a_2\sin(\lambda-\beta_2)}{\sin(90^{\circ}-\lambda)}$

$$\varphi_s=\arccos\left[\frac{L_1\cdot k\cdot\cos(90^{\circ}-\beta)}{r_1\cdot(L_1-k\sin(90^{\circ}-\beta))}\right]$$

$$S=r_1(90^{\circ}-\varphi_s)\cdot\frac{\pi}{180^{\circ}}$$

$$l_i=\begin{cases} R_1\dfrac{r_1\cos\varphi_i\tan(90°-\beta)}{L_1+r_1\cos\varphi_i\tan(90°-\beta)} & (0\leqslant\varphi_i\leqslant\varphi_s) \\ R_1\dfrac{h-r_1\cos\varphi_i\tan\lambda}{L_1-r_1\cos\varphi_i\tan\lambda} & (\varphi_s<\varphi_i\leqslant 180°) \end{cases}$$

式中 n——圆柱管端口圆周等分数量；

n_1——圆锥管端口圆周等分数量。

(2) 举例

[例] 已知一Y形圆柱圆锥三通管，$D=300$，$H=310$，$d=200$，$L=320$，$\beta=60°$，计算展开数据。

[解] 取 $n=n_1=12$，则 α_i 和 φ_i 的计算增量均为 $\dfrac{360°}{12}=30°$。

$$R=\frac{300}{2}=150$$

$$r=\frac{200}{2}=100$$

$$\theta_1=\arctan\frac{100}{320}=17.35°$$

$$\theta_2=\arccos\frac{150}{\sqrt{100^2+320^2}}=63.42°$$

$$\theta=90°-17.35°-63.42°=9.23°$$

$$L_1=320+\frac{100}{\tan 9.23°}=935.38$$

$$\lambda_1=180°-60°+9.23°=129.23°$$

$$\lambda_2=180°-60°-9.23°=110.77°$$

$$r_1=935.38\times\tan 9.23°=152$$

$$\beta_1=90°+9.23°-\frac{129.23°}{2}=34.62°$$

$$\beta_2=90°-9.23°-\frac{110.77°}{2}=25.39°$$

$$a_1=\frac{150}{\sin\frac{129.23°}{2}}=166.03$$

$$a_2=\frac{150}{\sin\frac{110.77°}{2}}=182.26$$

$$\lambda=\arctan\frac{166.03\times\sin 34.62°+182.26\times\sin 25.39°}{166.03\times\cos 34.62°+182.26\times\cos 25.39°}=29.79°$$

$$k=\frac{182.26\times\sin(29.79°-25.39°)}{\sin(90°-60°+29.79°)}=16.18$$

展开圆柱管：

$$E=3.141\,592\,6\times 300=942.48$$

$$m=\frac{942.48}{12}=78.54$$

$$H_1=310+16.18=326.18$$

$$f_0=150\times\cos 0°\times\tan(60°-29.79°)=87.34$$

$$f_1=150\times\cos 30°\times\tan(60°-29.79°)=75.64$$

$$f_2=150\times\cos 60°\times\tan(60°-29.79°)=43.67$$

$$f_3=150\times\cos 90°\times\tan(60°-29.79°)=0$$

展开圆锥管：

$$m_1=\frac{2\times 3.141\,592\,6\times 152}{12}=79.59$$

$$R_1=\sqrt{152^2+935.38^2}=947.65$$

$$R_0=\sqrt{100^2+(935.38-320)^2}=623.45$$

$$h=\frac{182.26\times\sin(29.79°-25.39°)}{\sin(90°-29.79°)}=16.11$$

$$\varphi_s=\arccos\left[\frac{935.38\times16.18\times\cos(90°-60°)}{152\times(935.38-16.18\times\sin(90°-60°))}\right]=84.66°$$

$$S=152\times(90°-84.66°)\times\frac{3.1415926}{180°}=14.17$$

$$l_0=947.65\times\frac{152\times\cos0°\times\tan(90°-60°)}{935.38+152\times\cos0°\times\tan(90°-60°)}=81.28$$

$$l_1=947.65\times\frac{152\times\cos30°\times\tan(90°-60°)}{935.38+152\times\cos30°\times\tan(90°-60°)}=71.21$$

$$l_2=947.65\times\frac{152\times\cos60°\times\tan(90°-60°)}{935.38+152\times\cos60°\times\tan(90°-60°)}=42.46$$

$$l_s=947.65\times\frac{152\times\cos84.66°\times\tan(90°-60°)}{935.38+152\times\cos84.66°\times\tan(90°-60°)}=8.2$$

$$l_3=947.65\times\frac{16.11-152\times\cos90°\times\tan29.79°}{935.38-152\times\cos90°\times\tan29.79°}=16.32$$

$$l_4=947.65\times\frac{16.11-152\times\cos120°\times\tan29.79°}{935.38-152\times\cos120°\times\tan29.79°}=57.72$$

$$l_5=947.65\times\frac{16.11-152\times\cos150°\times\tan29.79°}{935.38-152\times\cos150°\times\tan29.79°}=85.76$$

$$l_6=947.65\times\frac{16.11-152\times\cos180°\times\tan29.79°}{935.38-152\times\cos180°\times\tan29.79°}=95.59$$

根据以上数据,可用放射线法和平行线法分别画出圆锥管和圆柱管的展开图。

第三节　弯头展开计算

一、两节等径圆柱弯头

1. 两节等径直角圆柱弯头展开计算(图 5－70)

如图 5－71 所示，构件由两节长度相等的等径圆柱管成直角对接而成，已知尺寸为 H、d 和 t。下面为其中一节的计算展开。

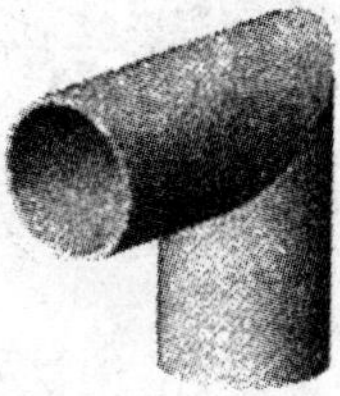

图 5－70　两节等径直角圆柱弯头

(1) 计算公式

考虑构件的板厚处理，竖直圆柱管左半和水平圆柱管下半为外皮接触，竖直圆柱管右半和水平圆柱管上半为里皮接触，计算等分素线长度时采用相应的直径计算。展开图的长度采用圆柱管的中心层直径 $d-t$ 来计算。有关计算公式如下：

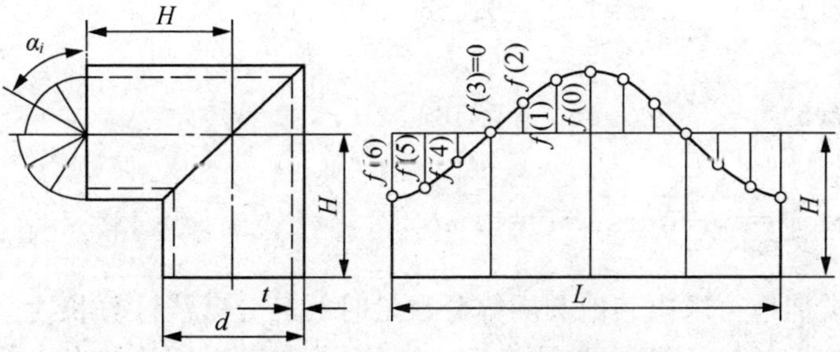

图 5－71　两节等径直角圆柱弯头投影图和展开图

$$L=\pi(d-t)$$

$$f(i)=\begin{cases}\dfrac{1}{2}(d-2t)\cos\alpha_i & (0^\circ\leqslant\alpha_i\leqslant 90^\circ)\\ -\dfrac{1}{2}d\cos\alpha_i & (90^\circ<\alpha_i\leqslant 180^\circ)\end{cases}$$

式中 d——圆柱管外径；

t——板料厚度；

L——展开图长度；

α_i——第 i 条等分素线对应的等分角度；

$f(i)$——第 i 条等分素线的计算长度。

由上面各式，当圆周的等分数量 $n=12$ 时，等分角度的计算增量为 360°/12=30°，各等分素线的计算长度为：

$$f(0)=\frac{1}{2}(d-2t)\cdot\cos 0°=0.5(d-2t)$$

$$f(1)=\frac{1}{2}(d-2t)\cdot\cos 30°=0.433(d-2t)$$

$$f(2)=\frac{1}{2}(d-2t)\cdot\cos 60°=0.25(d-2t)$$

$$f(3)=\frac{1}{2}(d-2t)\cdot\cos 90°=0$$

$$f(4)=-\frac{1}{2}d\cos 120°=0.25d$$

$$f(5)=-\frac{1}{2}d\cos 150°=0.433d$$

$$f(6)=-\frac{1}{2}d\cos 180°=0.5d$$

类似地可求出其他圆周等分数量时的等分素线计算长度。常用等分数量时的计算长度见表 5－6，使用时应代入相应的外径和板厚值。

(2) 举例

［**例**］ 已知两节等径直角圆柱弯头中心高 $H=650$，外径 $d=600$，板厚 $t=6$，圆周等分数取 $n=16$，求展开时各素线的计算长度。

［**解**］ 由已知条件，查表 5－6，当 $n=16$ 时有：

$$f(0)=0.5000(600-2\times 6)=294$$

表 5-6 两节等径直角圆柱弯头素线计算长度

等分数量(n)	素线计算长度		
12	$f(0)=0.500\,0(d-2t)$	$f(1)=0.433\,0(d-2t)$	$f(2)=0.250\,0(d-2t)$
	$f(3)=0.000\,0$	$f(4)=0.250\,0d$	$f(5)=0.433\,0d$
	$f(6)=0.500\,0d$		
16	$f(0)=0.500\,0(d-2t)$	$f(1)=0.461\,9(d-2t)$	$f(2)=0.353\,6(d-2t)$
	$f(3)=0.191\,3(d-2t)$	$f(4)=0.000\,0$	$f(5)=0.191\,3d$
	$f(6)=0.353\,6d$	$f(7)=0.461\,9d$	$f(8)=0.500\,0d$
24	$f(0)=0.500\,0(d-2t)$	$f(1)=0.483\,0(d-2t)$	$f(2)=0.433\,0(d-2t)$
	$f(3)=0.353\,6(d-2t)$	$f(4)=0.250\,0(d-2t)$	$f(5)=0.129\,4(d-2t)$
	$f(6)=0.000\,0$	$f(7)=0.129\,4d$	$f(8)=0.250\,0d$
	$f(9)=0.353\,6d$	$f(10)=0.433\,0d$	$f(11)=0.483\,0d$
	$f(12)=0.500\,0d$		
32	$f(0)=0.500\,0(d-2t)$	$f(1)=0.490\,4(d-2t)$	$f(2)=0.461\,9(d-2t)$
	$f(3)=0.415\,7(d-2t)$	$f(4)=0.353\,6(d-2t)$	$f(5)=0.277\,8(d-2t)$
	$f(6)=0.191\,3(d-2t)$	$f(7)=0.097\,5(d-2t)$	$f(8)=0.000\,0$
	$f(9)=0.097\,5d$	$f(10)=0.191\,3d$	$f(11)=0.277\,8d$
	$f(12)=0.353\,6d$	$f(13)=0.415\,7d$	$f(14)=0.461\,9d$
	$f(15)=0.490\,4d$	$f(16)=0.500\,0d$	
40	$f(0)=0.500\,0(d-2t)$	$f(1)=0.493\,8(d-2t)$	$f(2)=0.475\,5(d-2t)$
	$f(3)=0.445\,5(d-2t)$	$f(4)=0.404\,5(d-2t)$	$f(5)=0.353\,6(d-2t)$
	$f(6)=0.293\,9(d-2t)$	$f(7)=0.227\,0(d-2t)$	$f(8)=0.154\,5(d-2t)$
	$f(9)=0.078\,2(d-2t)$	$f(10)=0.000\,0$	$f(11)=0.078\,2d$
	$f(12)=0.154\,5d$	$f(13)=0.227\,0d$	$f(14)=0.293\,9d$
	$f(15)=0.353\,6d$	$f(16)=0.404\,5d$	$f(17)=0.445\,5d$
	$f(18)=0.475\,5d$	$f(19)=0.493\,8d$	$f(20)=0.500\,0d$

续表

等分数量(n)	素线计算长度		
48	$f(0)=0.500\ 0(d-2t)$	$f(1)=0.495\ 7(d-2t)$	$f(2)=0.483\ 0(d-2t)$
	$f(3)=0.461\ 9(d-2t)$	$f(4)=0.433\ 0(d-2t)$	$f(5)=0.396\ 7(d-2t)$
	$f(6)=0.353\ 6(d-2t)$	$f(7)=0.304\ 4(d-2t)$	$f(8)=0.250\ 0(d-2t)$
	$f(9)=0.191\ 3(d-2t)$	$f(10)=0.129\ 4(d-2t)$	$f(11)=0.065\ 3(d-2t)$
	$f(12)=0.000\ 0$	$f(13)=0.065\ 3d$	$f(14)=0.129\ 4d$
	$f(15)=0.191\ 3d$	$f(16)=0.250\ 0d$	$f(17)=0.304\ 4d$
	$f(18)=0.353\ 6d$	$f(19)=0.396\ 7d$	$f(20)=0.433\ 0d$
	$f(21)=0.461\ 9d$	$f(22)=0.483\ 0d$	$f(23)=0.495\ 7d$
	$f(24)=0.500\ 0d$		
64	$f(0)=0.500\ 0(d-2t)$	$f(1)=0.497\ 6(d-2t)$	$f(2)=0.490\ 4(d-2t)$
	$f(3)=0.478\ 5(d-2t)$	$f(4)=0.461\ 9(d-2t)$	$f(5)=0.441\ 0(d-2t)$
	$f(6)=0.415\ 7(d-2t)$	$f(7)=0.386\ 5(d-2t)$	$f(8)=0.353\ 6(d-2t)$
	$f(9)=0.317\ 2(d-2t)$	$f(10)=0.277\ 8(d-2t)$	$f(11)=0.235\ 7(d-2t)$
	$f(12)=0.191\ 3(d-2t)$	$f(13)=0.145\ 1(d-2t)$	$f(14)=0.097\ 5(d-2t)$
	$f(15)=0.049\ 0(d-2t)$	$f(16)=0.000\ 0$	$f(17)=0.049\ 0d$
	$f(18)=0.097\ 5d$	$f(19)=0.145\ 1d$	$f(20)=0.191\ 3d$
	$f(21)=0.235\ 7d$	$f(22)=0.277\ 8d$	$f(23)=0.317\ 2d$
	$f(24)=0.353\ 6d$	$f(25)=0.386\ 5d$	$f(26)=0.415\ 7d$
	$f(27)=0.441\ 0d$	$f(28)=0.461\ 9d$	$f(29)=0.478\ 5d$
	$f(30)=0.490\ 4d$	$f(31)=0.497\ 6d$	$f(32)=0.500\ 0d$

$f(1)=0.4619(600-2\times 6)=271.60$

$f(2)=0.3536(600-2\times 6)=207.92$

$f(3)=0.1913(600-2\times 6)=112.48$

$f(4)=0$

$f(5)=0.1913\times 600=114.78$

$f(6)=0.3536\times 600=212.16$

$f(7)=0.4619\times 600=277.14$

$f(8)=0.5000\times 600=300$

$L=\pi(d-t)=3.1416\times(600-6)=1866.11$

（3）几何作图

在上面计算的基础上，首先以 L 为长度、H 为高度作一矩形，把矩形上沿长度 L 分为 16 等份；然后过各等分点作上沿的垂直线，并在各垂直线的相应方向上量取对应素线的计算长度，得到各展开素线的端点。最后用光滑曲线把各端点连接起来，便得到弯头的展开图。

2. 两节任意度数圆管弯头展开计算（图 5－72）

此例大部分为成品管下料，所以都按外皮作展开样板。

本例适于一切两节圆管焊接弯头，如 60°、90°、135°等。

如图 5－73 所示，为两节圆管弯头计算原理图，并设弯头夹角 $\alpha=135°$，外径 $D_1=219$ mm，以下计算斜角部分素线长。

图 5－72　两节任意度数圆管弯头立体图

① 斜角　$\alpha_1=90°-\dfrac{\alpha}{2}=90°-67.5°=22.5°$

② 斜角部分素线长　$l_n=(r\pm r\sin\beta_n)\tan\alpha_1$

如　$l_2=(109.5-109.5\times\sin 60°)\times\tan 22.5°=6(\text{mm})$

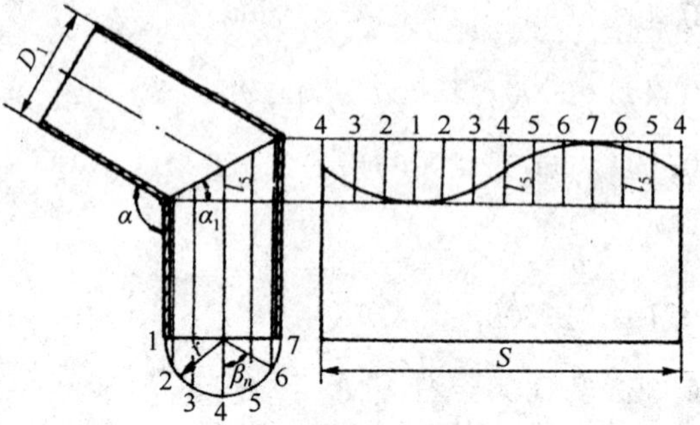

图 5-73 两节任意度数圆管弯头计算原理图

$l_6=(109.5+109.5\times\sin 60^\circ)\times\tan 22.5^\circ=84.64(\mathrm{mm})$

③ 外皮样板展开长 S，设样板厚为 1 mm

$S=\pi(D_1+t)=\pi\times(219+1)=691(\mathrm{mm})$

式中 r——管外皮半径；

β_n——圆周各等分点与同一纵向直径夹角；

D_1——管外皮直径；

t——样板厚度；

α——弯头夹角。

二、多节圆柱弯头展开计算

1. 任意度数圆管弯头展开计算(图 5-74)

(1) 计算公式

图 5-75 为钢板(或成品管)任意度数圆管弯头下料计算原理图。

图 5-74 任意度数圆管弯头立体图

① 端节任一素线长

$l_n=\tan\alpha_1(R\pm r\sin\beta_n)$

② 钢板下料展开长 $S=\pi D_3$

③ 成品管下料展开样板长

$S_1=\pi(D_1+t)$

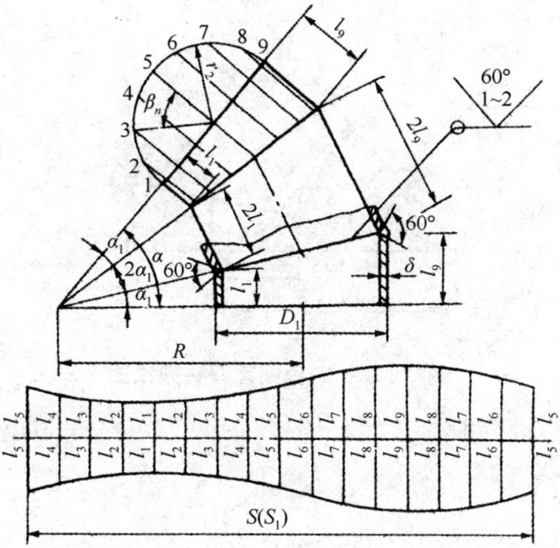

图 5-75　任意度数圆管弯头计算原理图

式中　α_1——端节角度；

R——弯头弯曲半径；

r——根据板接触情况分别为外皮半径 r_1、内皮半径 r_2、中半径 r_3；

β_n——圆周各等分点与同一直径夹角；

D_3——圆管中径；

D_1——圆管外径；

t——样板厚度。

（2）举例

［**例 1**］　图 5-76 为 50.53°圆管弯头施工图，用钢板下料，端节角度 $\alpha_1=\frac{50.53^\circ}{2(n-1)}=12.633^\circ$（式中 n 为节数，下同），外坡口。

［解］

① 端节任一素线长

$$l_n=\tan\alpha_1(R\pm r_2\sin\beta_n)$$

如：$l_2=\tan 12.633^\circ\times(1\,143-373\times\sin 67.5^\circ)=179(\text{mm})$

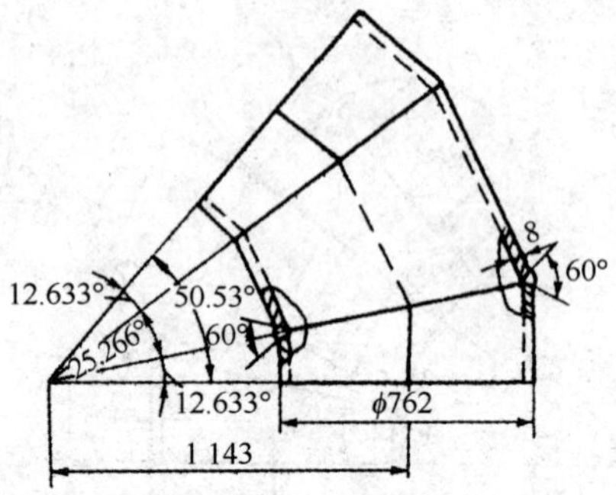

图 5-76 锐角圆管弯头施工图

$l_8 = \tan 12.633° \times (1\,143 + 373 \times \sin 67.5°) = 333(\text{mm})$

② 钢板下料展开样板长

$S = \pi D_3 = \pi \times 754 = 2\,369(\text{mm})$

［**例 2**］ 图 5-77 为 90°圆管弯头施工图，用钢板下料，端节角度 $\alpha_1 = \dfrac{90°}{2(n-1)} = 9°$，内坡口。

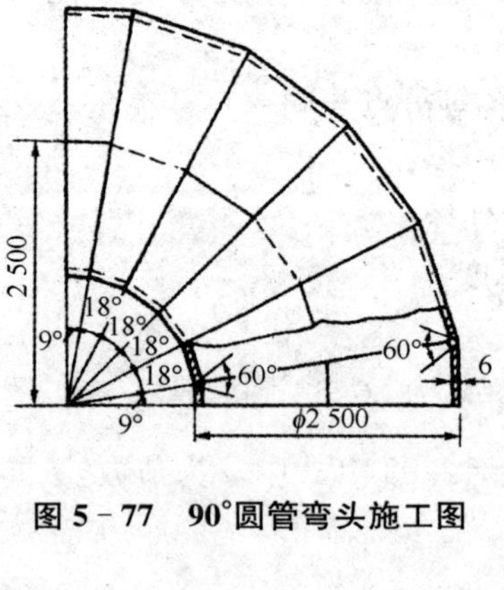

图 5-77 90°圆管弯头施工图

［**解**］

① 端节任一素线长

$l_n = \tan \alpha_1 (R \pm r_1 \sin \beta_n)$

如：$l_4=\tan 9°\times(2\,500-1\,250\times\sin 22.5°)=320(\text{mm})$

$l_6=\tan 9°\times(2\,500+1\,250\times\sin 22.5°)=472(\text{mm})$

② 钢板下料展开样板长

$$S=\pi D_3=\pi\times 2\,494=7\,835(\text{mm})$$

［**例 3**］ 图 5－78 为 90°圆管弯头施工图，用成品管下料。端节角度 $\alpha_1=\dfrac{90°}{2(n-1)}=15°$，外坡口。

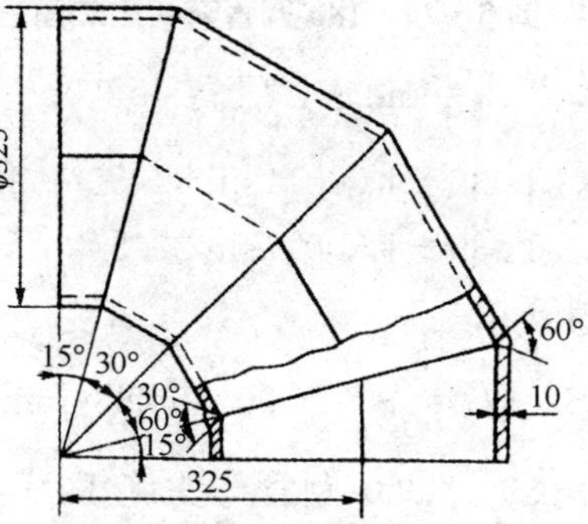

图 5－78 90°圆管弯头施工图

［**解**］

① 端节任一素线长

$$l_n=\tan\alpha_1(R\pm r_2\sin\beta_n)$$

如 $l_4=\tan 15°\times(325-162.5\times\sin 22.5°)=70(\text{mm})$

$l_6=\tan 15°\times(325+162.5\times\sin 22.5°)=104(\text{mm})$

② 成品管下料展开样板长

$$S_1=\pi(D_1+t)=\pi(325+1)=1\,024(\text{mm})$$

［**例 4**］ 图 5－79 为 180°圆管弯头施工图，共 11 节，端节角度 $\alpha_1=\dfrac{180°}{2(n-1)}=9°$，中半径 $r_3=1\,000$ mm，内外坡口。

［**解**］

① 端节任一素线长

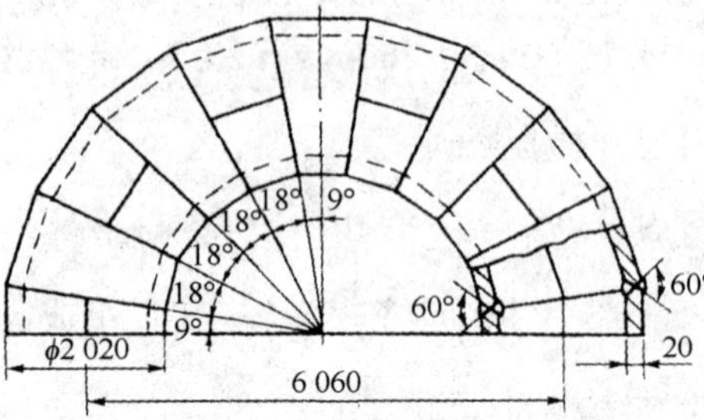

图 5－79　180°圆管弯头施工图

$$L_n = \tan\alpha_1(R \pm r_3 \sin\beta_n)$$

如$l_4 = \tan 9° \times (3\,030 - 1\,000 \times \sin 22.5°) = 419(\text{mm})$

$l_6 = \tan 9° \times (3\,030 + 1\,000 \times \sin 22.5°) = 541(\text{mm})$

② 钢板下料展开长

$$S = \pi D_3 = \pi \times 2\,000 = 6\,283(\text{mm})$$

［**例 5**］　图 5－80 为 360°圆管弯头施工图，16 大节，端节角度 $\alpha_1 = \frac{360°}{2n} = 11.25°$，内皮半径 $r_2 = 474$ mm，外坡口。

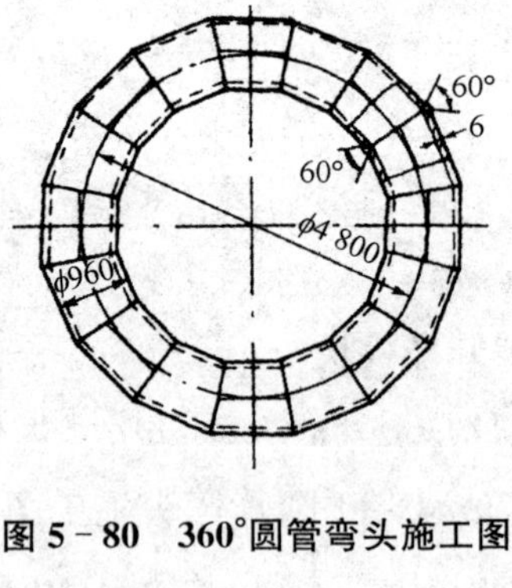

图 5－80　360°圆管弯头施工图

［**解**］

① 端节任一素线长

$$L_n = \tan\alpha_1(R \pm r_2 \sin\beta_n)$$

如$l_3 = \tan 11.25° \times (2\,400 - 474 \times \sin 45°) = 411(\mathrm{mm})$

$l_7 = \tan 11.25° \times (2\,400 + 474 \times \sin 45°) = 544(\mathrm{mm})$

② 钢板下料展开长

$$S = \pi D_3 = \pi \times 954 = 2\,997(\mathrm{mm})$$

2. 任意节角度的圆管弯头展开计算(图 5－81)

如图 5－82 所示为特殊节角度 90°圆管弯头计算原理图，这类弯头的用料计算较难，现简介素线的引出方法及计算方法。

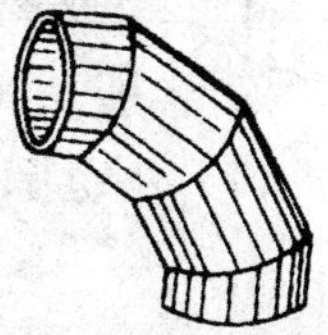

图 5－81　任意节角度圆管弯头立体图

1）各素线的产生

① 按已知弯头弯曲半径和角度画出弯头的弯曲半径圆弧线及 1/2 弯头节的角度线 HA，其交点 O_1 即为中间节正断面的圆心。以 O_1 为圆心，按内表面画出圆管 1/2 正断面图（因技术要求内表面接触，外表面加工出 30°坡口），并分为 12 等份。由各等分点作正断面线 HA 的垂线并延长与结合线 GB 相交，即得 30°(α_3)范围 1/2 素线。

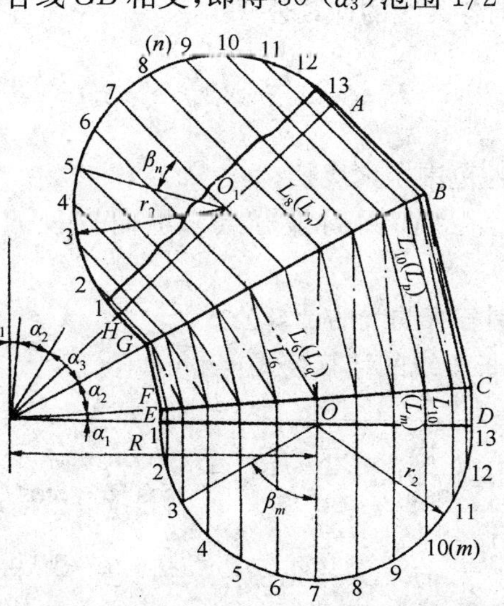

图 5－82　特殊节角度 90°圆管弯头计算原理图

L_m－α_1 节素线实长；L_n－α_3 节半素线实长；

L_p－α_2 节素线实长；L_q－α_2 节非实长过渡线

② 以 O 为圆心，按内表面画出 1/2 正断面图，并分为 12 等份，过各点作端口线 ED 的垂线并延长与结合线相交，即得 5°(α_1)范围各素线。

③ 连接以上两结合线的对应交点，即得出不规则节 25°(α_2)范围各素线。

④ 外沿素线的交点 $ABCDEFGH$ 即为半个焊接 90°弯头。

2）各展开线的计算公式

(1) α_1 范围各素线的公式

$$L_m = \tan\alpha_1 (R \pm r_2 \sin\beta_m)$$

式中 R——圆管弯曲半径；

r_2——圆管半径(椭圆半短轴)；

β_m——下正断面圆周等分点与纵向直径的夹角，m 为等分序号；+、－号以正断面纵向直径为界，内侧为－，外侧为+。

(2) α_3 范围各素线的计算公式

$$L_n = \tan\frac{\alpha_3}{2}(R \pm r_2 \sin\beta_n)$$

式中 L_n——α_3 范围半素线长；

β_n——上正断面圆周等分点与纵向直径的夹角，n 为等分序号。

(3) α_2 范围各有关线的计算公式

① 任一实长素线的计算公式：

$$L_p = \sqrt{\left(\frac{R}{\cos\alpha_1} \pm \frac{r_2\sin\beta_m}{\cos\alpha_1}\right)^2 + \left(\frac{R}{\cos\frac{\alpha_3}{2}} \pm \frac{r_2\sin\beta_n}{\cos\frac{\alpha_3}{2}}\right)^2 - 2\left(\frac{R}{\cos\alpha_1} \pm \frac{r_2\sin\beta_m}{\cos\alpha_1}\right)\left(\frac{R}{\cos\frac{\alpha_3}{2}} \pm \frac{r_2\sin\beta_n}{\cos\frac{\alpha_3}{2}}\right)\cos\alpha_2}$$

式中 α_1——邻下端节角度；

α_2——本节角度；

α_3——邻上端节角度；

m、n——分别为素线下、上两端点同一序号，$m=n$。

② 任一非实长过渡线的计算公式与上相同，以 L_q 代替 L_p，与 L_p 的不同点是：m、n 为过渡线两端点各自的序号，左侧 $m>n$、右侧 $m<n$，差为 1。

③ 任一实长过渡线的计算公式（用半径差原理求实长）

$$L'_q=\sqrt{L_q^2+[r_2(\cos\beta_m-\cos\beta_n)]^2}$$

式中　m、n——过渡线两端点非同一序号。

④ 本节上端椭圆半长轴的计算公式：$r_1=\dfrac{r_2}{\cos\dfrac{\alpha_3}{2}}$

⑤ 本节上端椭圆周任相邻两点间弦长计算公式（图 5-83 为求弦长计算原理图）：

$$b_x=\sqrt{[r_1(\sin\beta_n-\sin\beta_{n+1})]^2+[r_2(\cos\beta_{n+1}-\cos\beta_n)]^2}$$

r_1、r'_1——α_2 节上、下端椭圆半长轴；

b_x、b_y——α_2 节上、下端椭圆周任相邻两点间弦长；

β_m、β_n——α_1、α_3 节正断面圆周等分点与纵向直径的夹角。

式中　n——分点序号。

⑥ 本节下端椭圆半长轴的计算公式（图 5-83）：

$$r'_1=\frac{r_2}{\cos\alpha_1}$$

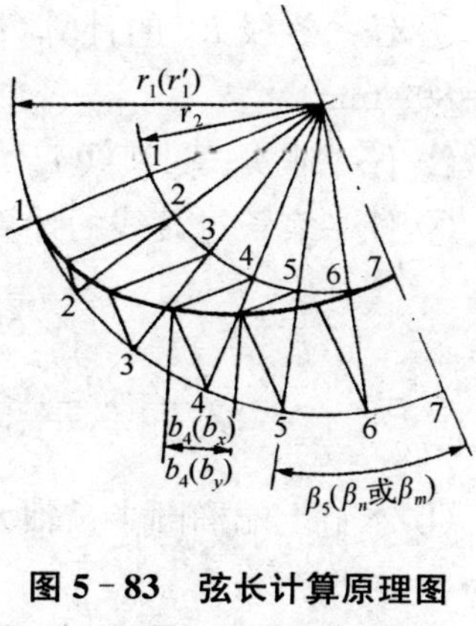

图 5-83　弦长计算原理图

⑦ 本节下端椭圆周任相邻两点间弦长计算公式（图 5-83）：

$$b_y=\sqrt{[r'_1(\sin\beta_m-\sin\beta_{m+1})]^2+[r_2(\cos\beta_{m+1}-\cos\beta_m)]^2}$$

式中 m——分点序号。

3）举例

［**例**］ 如图 5－84 所示为特殊节角度 90°圆管弯头施工图，计算其部分数据，以示计算过程。

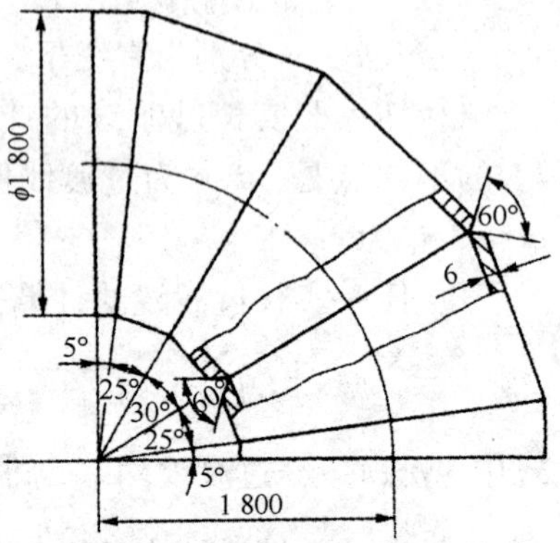

图 5－84 特殊节角度 90°圆管弯头施工图

［**解**］

（1）α_1 范围各素线 L_m 的计算

$$L_3 = \tan\alpha_1(R - r_2\sin\beta_m) = 89(\text{mm})$$

$$L_{11} = \tan\alpha_1(R + r_2\sin\beta_m) = 226(\text{mm})$$

（2）α_3 范围各素线 L_n 的计算

$$L_4 = \tan\frac{\alpha_3}{2}(R - r_2\sin\beta_n) = 312(\text{mm})$$

$$L_{10} = \tan\frac{\alpha_3}{2}(R + r_2\sin\beta_n) = 653(\text{mm})$$

（3）α_2 范围各有关线的计算

① 任一素线 L_p 的计算（应用 L_p 的表达式），如 $L_6 = 693$ mm，$L_8 = 899$ mm。

② 任一非实长过渡线 L_q 的计算，如 $L_5' = 665$ mm，$L_8' = 987$ mm。

③ 任一实长过渡线的计算

$$L_5'' = \sqrt{L_q^2 + [r_2(\cos\beta_m - \cos\beta_n)]^2} = 672(\text{mm})$$

$$L_8'' = \sqrt{L_q^2 + [r_2(\cos\beta_m - \cos\beta_n)]^2} = 991(\text{mm})$$

④ 本节上端椭圆半长轴 r_1 的计算

$$r_1 = \frac{r_2}{\cos\frac{\alpha_3}{2}} = \frac{900}{\cos 15^\circ} = 932(\text{mm})$$

⑤ 本节上端椭圆周任相邻两点间弦长 b_x 的计算

$$b_4=\sqrt{[r_1(\sin\beta_n-\sin\beta_{n+1})]^2+[r_2(\cos\beta_{n+1}-\cos\beta_n)]^2}=240(\text{mm})$$

⑥ 本节下端椭圆半长轴 r'_1 的计算

$$r'_1=\frac{r_2}{\cos\alpha_1}=\frac{900}{\cos 5^\circ}=903(\text{mm})$$

⑦ 本节下端椭圆周任相邻两点间弦长 b_y 的计算

$$b'_4=\sqrt{[r'_1(\sin\beta_m-\sin\beta_{m+1})]^2+[r_2(\cos\beta_{m+1}-\cos\beta_m)]^2}=236(\text{mm})$$

将以上各数据用三角形法作展开图，即得展开料（略）。

4）说明

① 为计算的需要，β 角从中间往两边递增，序号由弯头内侧往外递增。

② 用三角形法作不规则节展开样板时，为保证两端椭圆周长与对应端节椭圆周长相等，可用椭圆周计算公式检验。其公式为：

$$2p=\pi\sqrt{2(a^2+b^2)-\frac{(a-b)^2}{4}}$$

式中　$2p$——椭圆周长；

a——椭圆半长轴；

b——椭圆半短轴（圆管中心半径）。

③ 关于不规则节素线与过渡线：素线（实际上不规则节不能称为素线，为区分过渡线就称之为素线）在立面图上反映实长，算出来是真正的实长；而过渡线经过了曲面，算出来的投影长也不是真正的投影长（其差很小），当然算出来的实长也不反映真正的实长。因此，在作展开样板时，过渡线要酌情加一个值，至少只能大不能小。

④ 因为用三角形法作展开图，所以两端相邻两点间的椭圆弧长用弦长。

3. 多节等径直角弯头展开计算

管径较小的弯头可煨制，也可用等径圆管切割组合而成，不必作展开图。管径较大的弯头须分节放样作展开。一般弯头中心角及中心半径越大则节数越多。节数多的弯头结合处棱小光滑,可减少管路通风或排水的阻力,但相应的放样落料加工成形手续亦烦琐。

多节等径直角弯头是由若干截体圆管组合而成,节数的划分是有一定规律的,通常用几何作图得出,即按两端节和多中节。其中两端节相等,端节为每一中节的1/2,中间各节也都相等。图5-85为三节等径直角弯头,几何参数及放样展开计算公式如下:

$$\beta=\frac{90^\circ}{N-1}$$

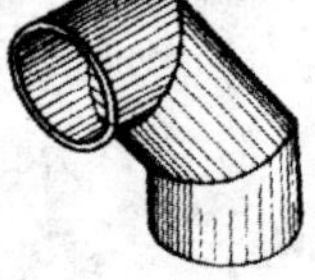

$$\frac{h}{2}=R\tan\frac{\beta}{2}$$

$$h=2R\tan\frac{\beta}{2}$$

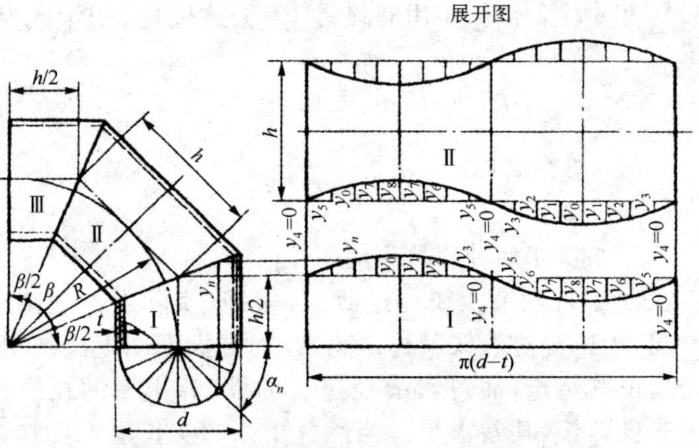

图5-85 三节等径直角弯头及展开图

$$y_n=\frac{1}{2}(d-2t)\tan\frac{\beta}{2}\cos\alpha_n\quad（当 0\leqslant\alpha\leqslant 90^\circ 时）$$

式中 β——中心角(°);

N——节数;

$h/2$、h——端节、中节轴线长度(mm);

y_n——展开曲线坐标值(mm);

R——弯头中心半径(mm)；

d——圆管外径(mm)；

t——板厚(mm)；

α_n——圆管断面等分角(°)。

［**例 1**］　已知三节等径直角弯头中心半径 $R=400$ mm，圆管外径 $d=380$ mm，板厚 $t=6$ mm，试用计算法作其展开图。

［**解**］　已知圆管断面圆周等分数 $n=16$，则 $\alpha_1=\frac{360^\circ}{16}=22.5^\circ$，$\alpha$ 角以此值递增。

$$\beta=\frac{90^\circ}{3-1}=45^\circ$$

$$\frac{h}{2}=400\tan\frac{45^\circ}{2}=165.7(\text{mm})$$

$$h=2\times165.7=331.4(\text{mm})$$

$$y_0=\frac{1}{2}(380-2\times6)\tan\frac{45^\circ}{2}\cos0^\circ=76.2(\text{mm})$$

$$y_1=y_0\cos\alpha_1=76.2\cos22.5^\circ=70.4(\text{mm})$$

$$y_2=y_0\cos\alpha_2=76.2\cos45^\circ=53.9(\text{mm})$$

$$y_3=y_0\cos\alpha_3=76.2\cos67.5^\circ=29.2(\text{mm})$$

$$y_4=y_0\cos\alpha_4=76.2\cos90^\circ=0$$

$$y_5=\frac{1}{2}\times380\tan\frac{45^\circ}{2}\cos\alpha_5=78.7\cos112.5^\circ=-30.1(\text{mm})$$

$$y_6=78.7\cos135^\circ=-55.6(\text{mm})$$

$$y_7=78.7\cos157.5^\circ=-72.7(\text{mm})$$

$$y_8=78.7\cos180^\circ=-78.7(\text{mm})$$

圆管周长 $S=\pi(380-6)=1\,175(\text{mm})$

根据以上各式计算的值即可作出展开图，如图 5－85。图5－86

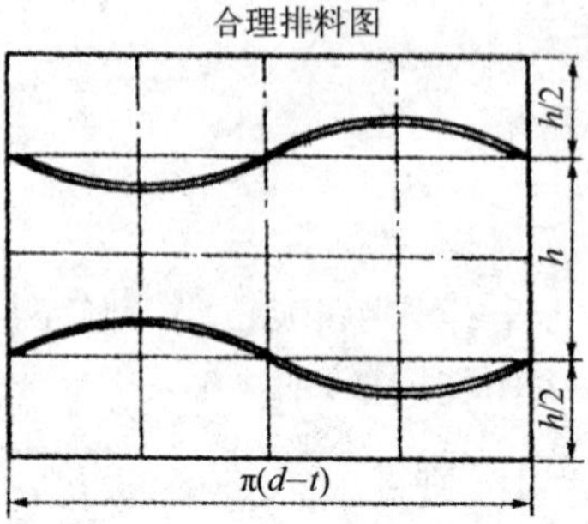

图 5-86　合理排料图

为合理排料图。

为便于使用，现将不同等分数的多节等径直角弯头展开曲线坐标值系数列于表 5-7～表 5-13 中。

［**例 2**］　已知四节等径直角弯头中心半径 $R=500$ mm，圆管外径 $d=400$ mm，板厚 $t=8$ mm，试用查表计算法作其展开图。

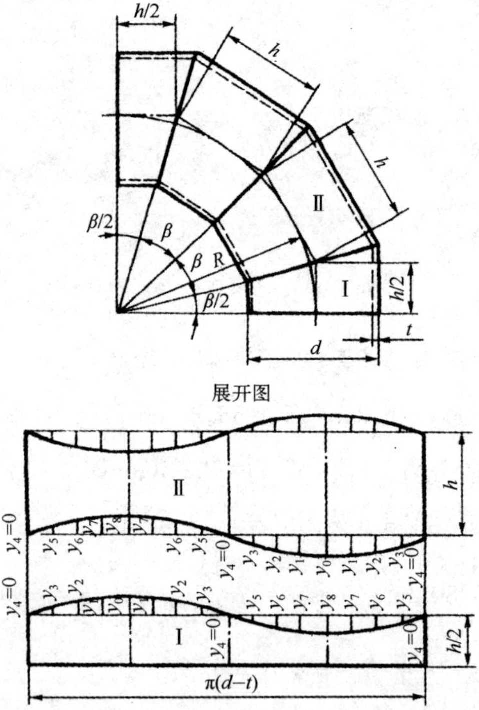

图 5-87　四节等径直角弯头展开图

［**解**］　设圆管展开周长等分数 $n=16$，查表 5-8 得：

$$\frac{h}{2}=0.2679R=0.2679\times500=134(\text{mm})$$

表 5-7 三节直角弯头展开曲线坐标值系数

$h/2$ \ n \ y_n	0.414 2R					
	12	16	24	32	40	48
y_0	$0.2071(d-2t)$	$0.2071(d-2t)$	$0.2071(d-2t)$	$0.2071(d-2t)$	$0.2071(d-2t)$	$0.2071(d-2t)$
y_1	$0.1794(d-2t)$	$0.1913(d-2t)$	$0.2(d-2t)$	$0.2031(d-2t)$	$0.2045(d-2t)$	$0.2053(d-2t)$
y_2	$0.1036(d-2t)$	$0.1464(d-2t)$	$0.1794(d-2t)$	$0.1913(d-2t)$	$0.197(d-2t)$	$0.2(d-2t)$
y_3	0	$0.0793(d-2t)$	$0.1464(d-2t)$	$0.1722(d-2t)$	$0.1845(d-2t)$	$0.1913(d-2t)$
y_4	$-0.1036d$	0	$0.1036(d-2t)$	$0.1464(d-2t)$	$0.1675(d-2t)$	$0.1794(d-2t)$
y_5	$-0.1794d$	$-0.0793d$	$0.0536(d-2t)$	$0.115(d-2t)$	$0.1464(d-2t)$	$0.1643(d-2t)$
y_6	$-0.2071d$	$-0.1464d$	0	$0.0793(d-2t)$	$0.1217(d-2t)$	$0.1464(d-2t)$
y_7		$-0.1913d$	$-0.0536d$	$0.0404(d-2t)$	$0.094(d-2t)$	$0.126(d-2t)$
y_8		$-0.2071d$	$-0.1036d$	0	$0.064(d-2t)$	$0.1036(d-2t)$
y_9			$-0.1464d$	$-0.0404d$	$0.0324(d-2t)$	$0.0793(d-2t)$
y_{10}			$-0.1794d$	$0.0793d$	0	$0.0536(d-2t)$
y_{11}			$-0.2d$	$0.115d$	$-0.0324d$	$0.027(d-2t)$
y_{12}			$-0.2071d$	$-0.1464d$	$-0.064d$	0

续表

$h/2$ \ n \ y_n	0. 414 2R					
	12	16	24	32	40	48
y_{13}				−0. 172 2d	−0. 094d	−0. 027d
y_{14}				−0. 191 3d	−0. 121 7d	−0. 053 6d
y_{15}				−0. 203 1d	−0. 146 4d	−0. 079 3d
y_{16}				−0. 207 1d	−0. 167 5d	−0. 103 6d
y_{17}					−0. 184 5d	−0. 126d
y_{18}					−0. 197d	−0. 146 4d
y_{19}					−0. 204 5d	−0. 164 3d
y_{20}					−0. 207 1d	−0. 179 4d
y_{21}						−0. 191 3d
y_{22}						−0. 2d
y_{23}						−0. 205 3d
y_{24}						−0. 207 1d

注：$h/2$——端节轴线长度；h——中节轴线长度；R——弯头中心半径；y_n——展开周长等分点至曲线坐标值；d——圆管外径；t——板厚；n——展开周长等分数。

表 5-8 四节直角弯头展开曲线坐标值系数

y_n \ n \ $h/2$	0.267 9R					
	12	16	24	32	40	48
y_0	0.134(d−2t)	0.134(d−2t)	0.134(d−2t)	0.134(d−2t)	0.134(d−2t)	0.134(d−2t)
y_1	0.116(d−2t)	0.123 8(d−2t)	0.129 4(d−2t)	0.131 4(d−2t)	0.132 3(d−2t)	0.132 8(d−2t)
y_2	0.067(d−2t)	0.094 7(d−2t)	0.116(d−2t)	0.123 8(d−2t)	0.127 4(d−2t)	0.129 4(d−2t)
y_3	0	0.051 3(d−2t)	0.094 7(d−2t)	0.111 4(d−2t)	0.119 4(d−2t)	0.123 8(d−2t)
y_4	−0.067d	0	0.067(d−2t)	0.094 7(d−2t)	0.108 4(d−2t)	0.116(d−2t)
y_5	−0.116d	−0.051 3d	0.034 7(d−2t)	0.074 4(d−2t)	0.094 7(d−2t)	0.106 3(d−2t)
y_6	−0.134d	−0.094 7d	0	0.051 3(d−2t)	0.078 7(d−2t)	0.094 7(d−2t)
y_7		−0.123 8d	−0.034 7d	0.026 1(d−2t)	0.060 8(d−2t)	0.081 6(d−2t)
y_8		−0.134d	−0.067d	0	0.041 4(d−2t)	0.067(d−2t)
y_9			−0.094 7d	−0.026 1d	0.021(d−2t)	0.051 3(d−2t)
y_{10}			−0.116d	−0.051 3d	0	0.034 7(d−2t)
y_{11}			−0.129 4d	−0.074 4d	−0.021d	0.017 5(d−2t)
y_{12}			−0.134d	−0.094 7d	−0.041 4d	0

续表

$h/2$ \ n \ y_n	0.267 9R					
	12	16	24	32	40	48
y_{13}				−0.111 4d	−0.060 8d	−0.017 5d
y_{14}				−0.123 8d	−0.078 7d	−0.034 7d
y_{15}				−0.131 4d	−0.094 7d	−0.051 3d
y_{16}				−0.134d	−0.108 4d	−0.067d
y_{17}					−0.119 4d	−0.081 6d
y_{18}					−0.127 4d	−0.094 7d
y_{19}					−0.132 3d	−0.106 3d
y_{20}					−0.134d	−0.116d
y_{21}						−0.123 8d
y_{22}						−0.129 4d
y_{23}						−0.132 8d
y_{24}						−0.134d

注：$h/2$——端节轴线长度；R——弯头中心半径；y_n——展开周长等分点至曲线坐标值；d——圆管外径；t——板厚；n——展开周长等分数。

表5-9 五节直角弯头展开曲线坐标值系数

y_n \ n \ $h/2$	0.198 9R					
	12	16	24	32	40	48
y_0	0.099 4$(d-2t)$	0.099 4$(d-2t)$	0.099 4$(d-2t)$	0.099 4$(d-2t)$	0.099 4$(d-2t)$	0.099 4$(d-2t)$
y_1	0.086 1$(d-2t)$	0.091 9$(d-2t)$	0.096 1$(d-2t)$	0.097 5$(d-2t)$	0.098 2$(d-2t)$	0.098 6$(d-2t)$
y_2	0.049 7$(d-2t)$	0.070 3$(d-2t)$	0.086 1$(d-2t)$	0.091 9$(d-2t)$	0.094 6$(d-2t)$	0.096 1$(d-2t)$
y_3	0	0.038 1$(d-2t)$	0.070 3$(d-2t)$	0.082 7$(d-2t)$	0.088 6$(d-2t)$	0.091 9$(d-2t)$
y_4	$-$0.049 7d	0	0.049 7$(d-2t)$	0.070 3$(d-2t)$	0.080 5$(d-2t)$	0.086 1$(d-2t)$
y_5	$-$0.086 1d	$-$0.038 1d	0.025 7$(d-2t)$	0.055 3$(d-2t)$	0.070 3$(d-2t)$	0.078 9$(d-2t)$
y_6	$-$0.099 4d	$-$0.070 3d	0	0.038 1$(d-2t)$	0.058 5$(d-2t)$	0.070 3$(d-2t)$
y_7		$-$0.091 9d	$-$0.025 7d	0.019 4$(d-2t)$	0.045 1$(d-2t)$	0.060 5$(d-2t)$
y_8		$-$0.099 4d	$-$0.049 7d	0	0.030 7$(d-2t)$	0.049 7$(d-2t)$
y_9			$-$0.070 3d	$-$0.019 4d	0.015 6$(d-2t)$	0.038 1$(d-2t)$
y_{10}			$-$0.086 1d	$-$0.038 1d	0	0.025 7$(d-2t)$
y_{11}			$-$0.096 1d	$-$0.055 3d	$-$0.015 6d	0.013$(d-2t)$
y_{12}			$-$0.099 4d	$-$0.070 3d	$-$0.030 7d	0

续表

$h/2$ / n / y_n	0. 198 9R					
	12	16	24	32	40	48
y_{13}				−0. 082 7d	−0. 045 1d	−0. 013d
y_{14}				−0. 091 9d	−0. 058 5d	−0. 025 7d
y_{15}				−0. 097 5d	−0. 070 3d	−0. 038 1d
y_{16}				−0. 099 4d	−0. 080 5d	−0. 049 7d
y_{17}					−0. 088 6d	−0. 060 5d
y_{18}					−0. 094 6d	−0. 070 3d
y_{19}					−0. 098 2d	−0. 078 9d
y_{20}					−0. 099 4d	−0. 086 1d
y_{21}						−0. 091 9d
y_{22}						−0. 096 1d
y_{23}						−0. 098 6d
y_{24}						−0. 099 4d

注：$h/2$——端节轴线长度；R——弯头中心半径；y_n——展开周长等分点至曲线坐标值；d——圆管外径；t——板厚；n——展开周长等分数。

表 5－10 六节直角弯头展开曲线坐标值系数

y_n \ n \ $h/2$	0.158 38R					
	12	16	24	32	40	48
y_0	$0.0792(d-2t)$	$0.0792(d-2t)$	$0.0792(d-2t)$	$0.0792(d-2t)$	$0.0792(d-2t)$	$0.0792(d-2t)$
y_1	$0.0686(d-2t)$	$0.0732(d-2t)$	$0.0765(d-2t)$	$0.0777(d-2t)$	$0.0782(d-2t)$	$0.0785(d-2t)$
y_2	$0.0396(d-2t)$	$0.056(d-2t)$	$0.0686(d-2t)$	$0.0732(d-2t)$	$0.0753(d-2t)$	$0.0765(d-2t)$
y_3	0	$0.0303(d-2t)$	$0.056(d-2t)$	$0.0658(d-2t)$	$0.0706(d-2t)$	$0.0732(d-2t)$
y_4	$-0.0396d$	0	$0.0396(d-2t)$	$0.056(d-2t)$	$0.064(d-2t)$	$0.0686(d-2t)$
y_5	$-0.0686d$	$-0.0303d$	$0.0205(d-2t)$	$0.044(d-2t)$	$0.056(d-2t)$	$0.0628(d-2t)$
y_6	$-0.0792d$	$-0.056d$	0	$0.0303(d-2t)$	$0.0465(d-2t)$	$0.056(d-2t)$
y_7		$-0.0732d$	$-0.0205d$	$0.0155(d-2t)$	$0.036(d-2t)$	$0.0482(d-2t)$
y_8		$-0.0792d$	$-0.0396d$	0	$0.0245(d-2t)$	$0.0396(d-2t)$
y_9			$-0.056d$	$-0.0155d$	$0.0124(d-2t)$	$0.0303(d-2t)$
y_{10}			$-0.0686d$	$-0.0303d$	0	$0.0205(d-2t)$
y_{11}			$-0.0765d$	$-0.044d$	$-0.0124d$	$0.0103(d-2t)$
y_{12}			$-0.0792d$	$-0.056d$	$-0.0245d$	0

续表

y_n \ n \ $h/2$	0.158 38R					
	12	16	24	32	40	48
y_{13}				−0.065 8d	−0.036d	−0.010 3d
y_{14}				−0.073 2d	−0.046 5d	−0.020 5d
y_{15}				−0.077 7d	−0.056d	−0.030 3d
y_{16}				−0.079 2d	−0.064d	−0.039 6d
y_{17}					−0.070 6d	−0.048 2d
y_{18}					−0.075 3d	−0.056d
y_{19}					−0.078 2d	−0.062 8d
y_{20}					−0.079 2d	−0.068 6d
y_{21}						−0.073 2d
y_{22}						−0.076 5d
y_{23}						−0.078 5d
y_{24}						−0.079 2d

注：$h/2$——端节轴线长度；R——弯头中心半径；y_n——展开周长等分点至曲线坐标值；d——圆管外径；t——板厚；n——展开周长等分数。

表 5-11 七节直角弯头展开曲线坐标值系数

y_n \ n \ $h/2$	0.131 65R					
	12	16	24	32	40	48
y_0	0.065 8$(d-2t)$	0.065 8$(d-2t)$	0.065 8$(d-2t)$	0.065 8$(d-2t)$	0.065 8$(d-2t)$	0.065 8$(d-2t)$
y_1	0.057$(d-2t)$	0.060 8$(d-2t)$	0.063 6$(d-2t)$	0.064 5$(d-2t)$	0.065$(d-2t)$	0.065 2$(d-2t)$
y_2	0.032 9$(d-2t)$	0.046 5$(d-2t)$	0.057$(d-2t)$	0.060 8$(d-2t)$	0.062 6$(d-2t)$	0.063 6$(d-2t)$
y_3	0	0.025 2$(d-2t)$	0.046 5$(d-2t)$	0.054 7$(d-2t)$	0.058 6$(d-2t)$	0.060 8$(d-2t)$
y_4	−0.032 9d	0	0.032 9$(d-2t)$	0.046 5$(d-2t)$	0.053 2$(d-2t)$	0.057$(d-2t)$
y_5	−0.057d	−0.025 2d	0.017$(d-2t)$	0.036 6$(d-2t)$	0.046 5$(d-2t)$	0.052 2$(d-2t)$
y_6	−0.065 8d	−0.046 5d	0	0.025 2$(d-2t)$	0.038 7$(d-2t)$	0.046 5$(d-2t)$
y_7		−0.060 8d	−0.017d	0.012 8$(d-2t)$	0.029 9$(d-2t)$	0.04$(d-2t)$
y_8		−0.065 8d	−0.032 9d	0	0.020 3$(d-2t)$	0.032 9$(d-2t)$
y_9			−0.046 5d	−0.012 8d	0.010 3$(d-2t)$	0.025 2$(d-2t)$
y_{10}			−0.057d	−0.025 2d	0	0.017$(d-2t)$
y_{11}			−0.063 6d	−0.036 6d	−0.010 3d	0.008 6$(d-2t)$
y_{12}			−0.065 8d	−0.046 5d	−0.020 3d	0

续表

$h/2$ \ n \ y_n	0. 131 65R					
	12	16	24	32	40	48
y_{13}				$-0.054\,7d$	$-0.029\,9d$	$-0.008\,6d$
y_{14}				$-0.060\,8d$	$-0.038\,7d$	$-0.017d$
y_{15}				$-0.064\,5d$	$-0.046\,5d$	$-0.025\,2d$
y_{16}				$-0.065\,8d$	$-0.053\,2d$	$-0.032\,9d$
y_{17}					$-0.058\,6d$	$-0.04d$
y_{18}					$-0.062\,6d$	$-0.046\,5d$
y_{19}					$-0.065d$	$-0.052\,2d$
y_{20}					$-0.065\,8d$	$-0.057d$
y_{21}						$-0.060\,8d$
y_{22}						$-0.063\,6d$
y_{23}						$-0.065\,2d$
y_{24}						$-0.065\,8d$

注：$h/2$——端节轴线长度；R——弯头中心半径；y_n——展开周长等分点至曲线坐标值；d——圆管外径；t——板厚；n——展开周长等分数。

表 5-12　八节直角弯头展开曲线坐标值系数

y_n \ n \ $h/2$	0.112 67R					
	12	16	24	32	40	48
y_0	$0.056\,3(d-2t)$	$0.056\,3(d-2t)$	$0.056\,3(d-2t)$	$0.056\,3(d-2t)$	$0.056\,3(d-2t)$	$0.056\,3(d-2t)$
y_1	$0.048\,8(d-2t)$	$0.052(d-2t)$	$0.054\,4(d-2t)$	$0.055\,2(d-2t)$	$0.055\,6(d-2t)$	$0.055\,9(d-2t)$
y_2	$0.028\,2(d-2t)$	$0.039\,8(d-2t)$	$0.048\,8(d-2t)$	$0.052(d-2t)$	$0.053\,6(d-2t)$	$0.054\,4(d-2t)$
y_3	0	$0.021\,6(d-2t)$	$0.039\,8(d-2t)$	$0.046\,8(d-2t)$	$0.050\,2(d-2t)$	$0.052(d-2t)$
y_4	$-0.028\,2d$	0	$0.028\,2(d-2t)$	$0.039\,8(d-2t)$	$0.045\,6(d-2t)$	$0.048\,8(d-2t)$
y_5	$-0.048\,8d$	$-0.021\,6d$	$0.014\,6(d-2t)$	$0.031\,3(d-2t)$	$0.039\,8(d-2t)$	$0.044\,7(d-2t)$
y_6	$-0.056\,3d$	$-0.039\,8d$	0	$0.021\,6(d-2t)$	$0.033\,1(d-2t)$	$0.039\,8(d-2t)$
y_7		$-0.052d$	$-0.014\,6d$	$0.011(d-2t)$	$0.025\,6(d-2t)$	$0.034\,3(d-2t)$
y_8		$-0.056\,3d$	$-0.028\,2d$	0	$0.017\,4(d-2t)$	$0.028\,2(d-2t)$
y_9			$-0.039\,8d$	$-0.011d$	$0.008\,8(d-2t)$	$0.021\,6(d-2t)$
y_{10}			$-0.048\,8d$	$-0.021\,6d$	0	$0.014\,6(d-2t)$
y_{11}			$-0.054\,4d$	$-0.031\,3d$	$-0.008\,8d$	$0.007\,4(d-2t)$
y_{12}			$-0.056\,3d$	$-0.039\,8d$	$-0.017\,4d$	0

续表

$h/2$ / n / y_n	0.112 67R					
	12	16	24	32	40	48
y_{13}				$-0.0468d$	$-0.0256d$	$-0.0074d$
y_{14}				$-0.052d$	$-0.0331d$	$-0.0146d$
y_{15}				$-0.0552d$	$-0.0398d$	$-0.0216d$
y_{16}				$-0.0563d$	$-0.0456d$	$-0.0282d$
y_{17}					$-0.0502d$	$-0.0343d$
y_{18}					$-0.0536d$	$-0.0398d$
y_{19}					$-0.0556d$	$-0.0447d$
y_{20}					$-0.0563d$	$-0.0488d$
y_{21}						$-0.052d$
y_{22}						$-0.0544d$
y_{23}						$-0.0559d$
y_{24}						$-0.0563d$

注：$h/2$——端节轴线长度；R——弯头中心半径；y_n——展开周长等分点至曲线坐标值；d——圆管外径；t——板厚；n——展开周长等分数。

表 5-13　十节直角弯头展开曲线坐标值系数

y_n \ n \ $h/2$	0.087 5R					
	12	16	24	32	40	48
y_0	$0.0437(d-2t)$	$0.0437(d-2t)$	$0.0437(d-2t)$	$0.0437(d-2t)$	$0.0437(d-2t)$	$0.0437(d-2t)$
y_1	$0.0379(d-2t)$	$0.0404(d-2t)$	$0.0423(d-2t)$	$0.0429(d-2t)$	$0.0432(d-2t)$	$0.0434(d-2t)$
y_2	$0.0219(d-2t)$	$0.0309(d-2t)$	$0.0379(d-2t)$	$0.0404(d-2t)$	$0.0416(d-2t)$	$0.0423(d-2t)$
y_3	0	$0.0167(d-2t)$	$0.0309(d-2t)$	$0.0364(d-2t)$	$0.039(d-2t)$	$0.0404(d-2t)$
y_4	$-0.0219d$	0	$0.0219(d-2t)$	$0.0309(d-2t)$	$0.0354(d-2t)$	$0.0379(d-2t)$
y_5	$-0.0379d$	$-0.0167d$	$0.0113(d-2t)$	$0.0243(d-2t)$	$0.0309(d-2t)$	$0.0347(d-2t)$
y_6	$-0.0437d$	$-0.0309d$	0	$0.0167(d-2t)$	$0.0257(d-2t)$	$0.0309(d-2t)$
y_7		$-0.0404d$	$-0.0113d$	$0.0085(d-2t)$	$0.0199(d-2t)$	$0.0266(d-2t)$
y_8		$-0.0437d$	$-0.0219d$	0	$0.0135(d-2t)$	$0.0219(d-2t)$
y_9			$-0.0309d$	$-0.0085d$	$0.0068(d-2t)$	$0.0167(d-2t)$
y_{10}			$-0.0379d$	$-0.0167d$	0	$0.0113(d-2t)$
y_{11}			$-0.0423d$	$-0.0243d$	$-0.0068d$	$0.0057(d-2t)$
y_{12}			$-0.0437d$	$-0.0309d$	$-0.0135d$	0

续表

$h/2$ \ n \ y_n	0.087 5R					
	12	16	24	32	40	48
y_{13}				−0.036 4d	−0.019 9d	−0.005 7d
y_{14}				−0.040 4d	−0.025 7d	−0.011 3d
y_{15}				−0.042 9d	−0.030 9d	−0.016 7d
y_{16}				−0.043 7d	−0.035 4d	−0.021 9d
y_{17}					−0.039d	−0.026 6d
y_{18}					−0.041 6d	−0.030 9d
y_{19}					−0.043 2d	−0.034 7d
y_{20}					−0.043 7d	−0.037 9d
y_{21}						−0.040 4d
y_{22}						−0.042 3d
y_{23}						−0.043 4d
y_{24}						−0.043 7d

注：$h/2$——端节轴线长度；R——弯头中心半径；y_n——展开周长等分点至曲线坐标值；d——圆管外径；t——板厚；n——展开周长等分数。

$h=2\times134=268(\mathrm{mm})$

$y_0=0.134(400-2\times8)=51.5(\mathrm{mm})$

$y_1=0.1238(400-2\times8)=47.5(\mathrm{mm})$

$y_2=0.0947(400-2\times8)=36.4(\mathrm{mm})$

$y_3=0.0513(400-2\times8)=19.7(\mathrm{mm})$

$y_4=0$

$y_5=-0.0513\times400=-20.5(\mathrm{mm})$

$y_6=-0.0947\times400=-37.9(\mathrm{mm})$

$y_7=-0.1238\times400=-49.5(\mathrm{mm})$

$y_8=-0.134\times400=-53.6(\mathrm{mm})$

圆管周长 $S=\pi(400-8)=1231.5(\mathrm{mm})$

根据以上各式计算之值即可作出展开图，如图 5－87 所示。

三、任意度数牛角弯头展开计算

1. 计算公式

图 5－88 为任意度数牛角弯头的立体图。图 5－89、图 5－90、图 5－91 为符号示意图及展开图。

图 5－88　任意度数牛角弯头立体图

① 正圆锥台高　$h=2(m-1)R\tan\alpha$

式中　m——弯头节数；

R——弯曲半径；

α——端节角度。

② 任一小锥台高　$h_1=2R\tan\alpha$

③ 相邻断面半径差　$f_1=\dfrac{r_1-r_5}{m-1}$

式中　r_1、r_5——大锥台大、小端内半径。

④ 任一小锥台实长素线　$L_1=\sqrt{h_1^2+f_1^2}$

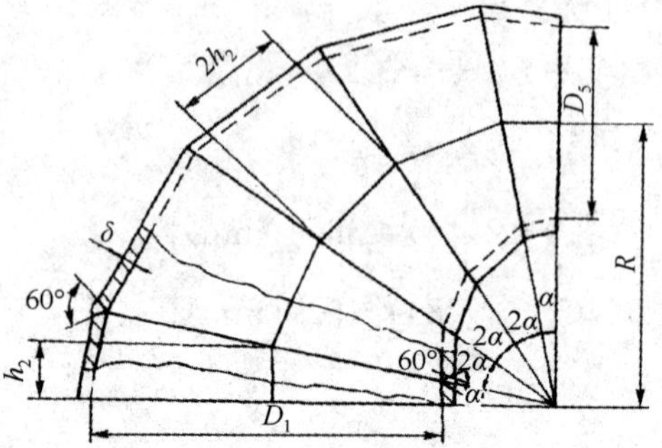

图 5-89 牛角弯头符号示意图

⑤ 整圆锥高 $H=\dfrac{D_1 h}{D_1-D_5}$

式中 D_1、D_5——大、小端内直径。

⑥ 展开半径 $P=\sqrt{H^2+r_1^2}$

⑦ 顶圆锥展开半径 $P_1=\dfrac{PD_5}{D_1}$

⑧ 展开料夹角 $\omega=\dfrac{180^\circ D_1'}{P}$

式中 D_1'——大端外径。

⑨ 展开料大端每等分弦长 $y=2P\sin\dfrac{\omega}{2n}$

式中 n——大端圆周等分数。

⑩ 大端弦长 $B=2P\sin\dfrac{\omega}{2}$

⑪ 大端外皮弧长 $S=\pi D_1'$

⑫ 实长素线(以 A 放大说明之)

a. 任一实长素线被截后比值

$$\frac{1}{K}=\frac{R\pm r_3\sin\beta_n}{R\pm r_2\sin\beta_n} \tag{1}$$

式中 r_2、r_3——小锥台大、小端内半径。

公式(1)推导如下：

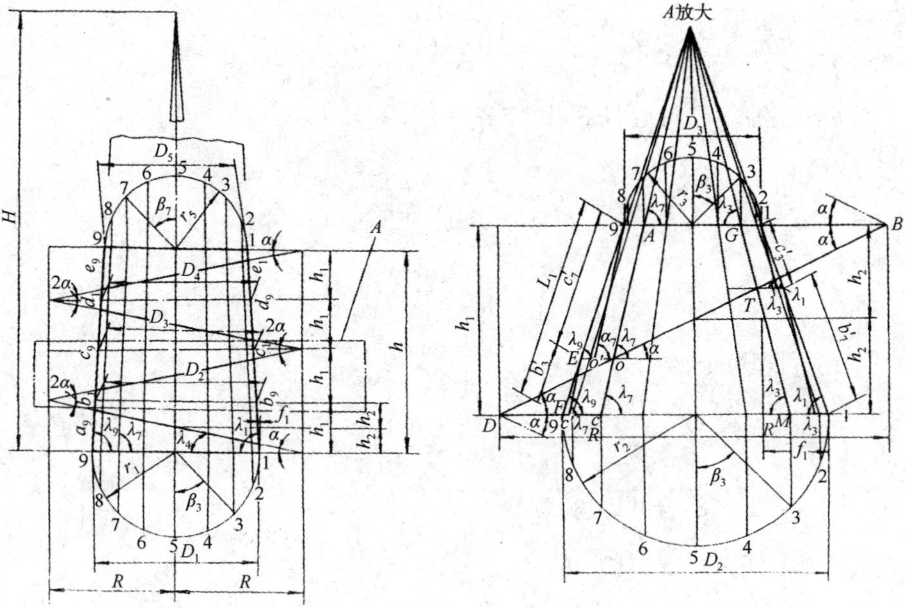

图 5-90　变成锥台符号示意图

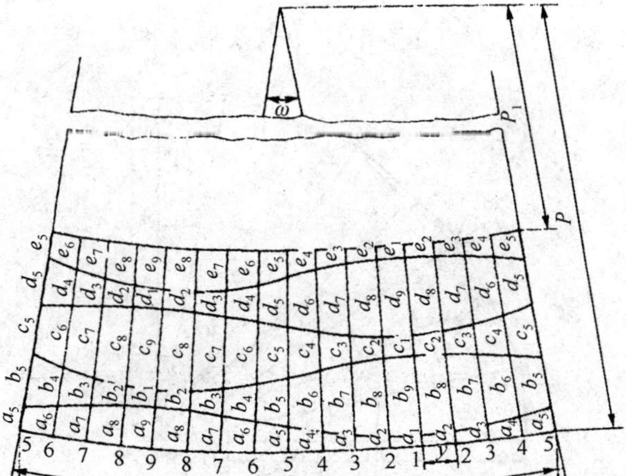

图 5-91　成品管下料展开图

在△AoB 和△coD 中 $\frac{oc}{oA}=\frac{cD}{AB}$

在△$o'9E$ 和△$c'EF$ 中 $\frac{Ec'}{o'9}=\frac{EF}{9E}$

∵ $oc=Ec'$ $oA=o'9$ ∴ $\frac{cD}{AB}=\frac{EF}{9E}$

$$\frac{b'_3}{c'_7}=\frac{R-r_2\sin\beta_n}{R+r_3\sin\beta_n} \tag{2}$$

同理可证得

$$\frac{c'_3}{b'_7}=\frac{R-r_3\sin\beta_n}{R+r_2\sin\beta_n} \tag{3}$$

将(2)、(3)合并即得式(1)。

b. 任一短端实长 $b'_3=\frac{L_1}{1+K}, c'_3=\frac{L_1}{1+K}$

c. 任一长端实长 $b'_7=L_1-c'_3, c'_7=L_1-b'_3$

2. 举例

[例] 图 5－92 为 90°五节牛角弯头施工图。

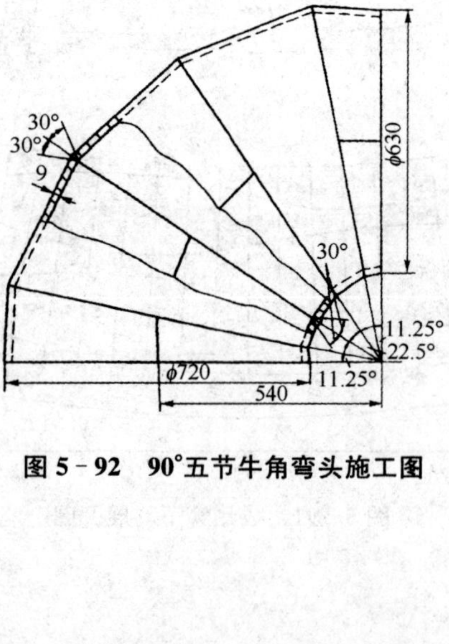

图 5－92 90°五节牛角弯头施工图

[解]

① $h=2(m-1)R\tan\alpha=8\times540\times\tan 11.25°=860(\text{mm})$

② $h_1=2R\tan\alpha=2\times540\times\tan 11.25°=215(\text{mm})$

③ $f_1=\dfrac{r_1-r_5}{m-1}=\dfrac{351-306}{4}=11.25(\text{mm})$

④ $L_1=\sqrt{h_1^2+f_1^2}=\sqrt{215^2+11.25^2}=215.3(\text{mm})$

⑤ $H=\dfrac{D_1h}{D_1-D_5}=\dfrac{702\times860}{702-612}=6\,708(\text{mm})$

⑥ $P=\sqrt{H^2+r_1^2}=\sqrt{6\,708^2+351^2}=6\,717(\text{mm})$

⑦ $P_1=\dfrac{PD_5}{D_1}=\dfrac{6\,717\times612}{702}=5\,856(\text{mm})$

⑧ $\omega=\dfrac{180°\times D_1'}{P}=\dfrac{180°\times720}{6\,717}=19.3°$

⑨ $y=2P\sin\dfrac{\omega}{2n}=2\times6\,717\times\sin\dfrac{19.3°}{32}=141(\text{mm})$

⑩ $B=2P\sin\dfrac{\omega}{2}=2\times6\,717\times\sin\dfrac{19.3°}{2}=2\,252(\text{mm})$

⑪ $S=\pi D_1'=\pi\times720=2\,262(\text{mm})$

⑫ 实长素线(见图 5－90A 放大)

试计算第二锥台之 G'、b_3';c_3'、b_7'(指为实长线一部分,但不是之半,应特别注意)以示计算过程:

a. 大端内半径 $r_2=r_1-f_1=351-11.25\approx340(\text{mm})$

b. 小端内半径 $r_3=r_1-2f_1=351-22.5=328.5(\text{mm})$

c. b_3'与 c_7'之值

$$\frac{1}{K}=\frac{R-r_2\sin 45°}{R+r_3\sin 45°}=\frac{540-340\times\sin 45°}{540+328.5\times\sin 45°}=\frac{1}{2.578}$$

$$b'_3=\frac{L_1}{1+K}=\frac{215.3}{3.578}\approx60(\text{mm})$$

$$c'_7=L_1-b'_3=215.3-60\approx155(\text{mm})$$

d. c'_3与b'_7之值

$$\frac{1}{K}=\frac{R-r_3\sin45°}{R+r_2\sin45°}=\frac{540-328.5\times\sin45°}{540+340\times\sin45°}=\frac{1}{2.536}$$

$$c'_3=\frac{L'}{1+K}=\frac{215.3}{3.536}\approx61(\text{mm})$$

$$b'_7=L'_1-c'_3=215.3-61\approx154(\text{mm})$$

(3) 说明

① 本类弯头以成品锥管下料为好，所以展开长度 $S=\pi D'_1$。

② 图 5－89、图 5－90 画法如下：

a. 按照设计弯曲半径 R、端节角度 α、大小口直径（根据设计要求分别为内、外、中径，本文为内径）画出图 5－89 之直角线及节角度线，并画出中线上每节角度切线，此切线的计算公式 $h'_1=R\tan\alpha$。

b. 用以上 h'_1和大小口直径画出锥台图。

③ 以图 5－89 直角顶点为圆心，以节角度线上至管轮廓线各点距离为半径，移植于图 5－89 上，使长、短侧分别集中于一侧，便画出完全符合设计要求的图 5－89。

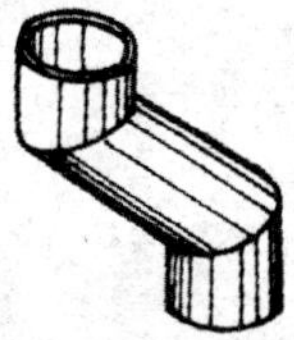

图 5－93 蛇形管料立体图

四、蛇形管料展开计算

图 5－93 为蛇形管料立体图，图 5－94 为分离器至煤磨下料管施工图，图 5－95 为计算原理图。

① 端节任一素线长　$l_n=\tan\alpha(R\pm r\sin\beta_n)$

如　$l_3=\tan10°\times(480-232\times\sin30°)=64(\text{mm})$

$l_5=\tan10°\times(480+232\times\sin30°)=105(\text{mm})$

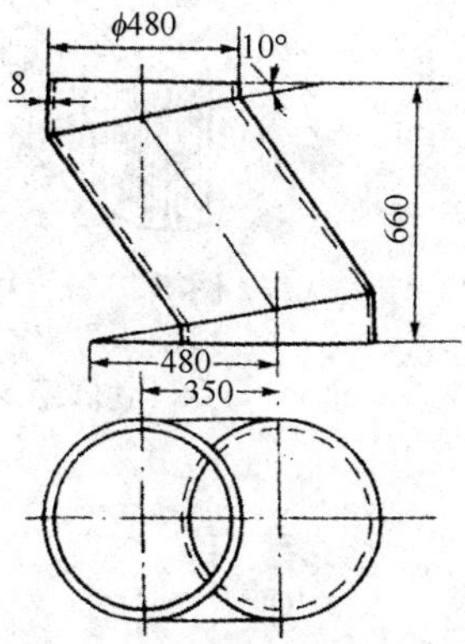

图 5-94 蛇形管料施工图

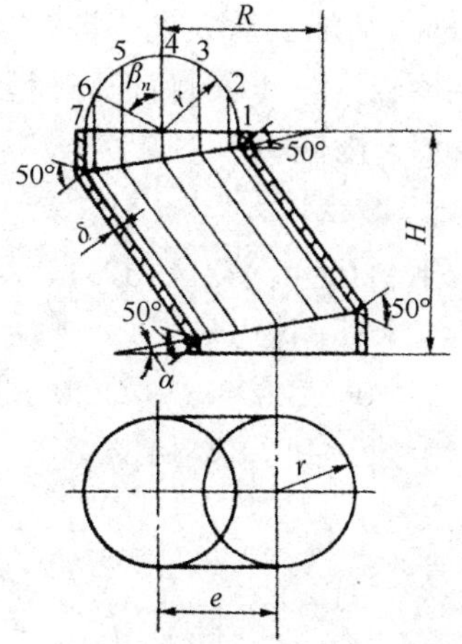

图 5-95 蛇形管料计算原理图

② 中间节素线长(图 5-96)

$$L=\sqrt{(H-2R\tan\alpha)^2+e^2}$$
$$=\sqrt{(660-2\times480\times\tan10^\circ)^2+350^2}$$
$$=603(\mathrm{mm})$$

③ 钢板下料展开长度 $S=\pi D=\pi\times472=1\,483(\mathrm{mm})$

④ 料宽 $B=L+2R\tan\alpha=603+2\times480\times\tan10^\circ=772(\mathrm{mm})$

式中 α——端节角度；

R——弯曲半径；

r——内半径；

β_n——圆周各等分点与同一直径夹角；

H——蛇形管高度；

e——偏心距；

D——中径。

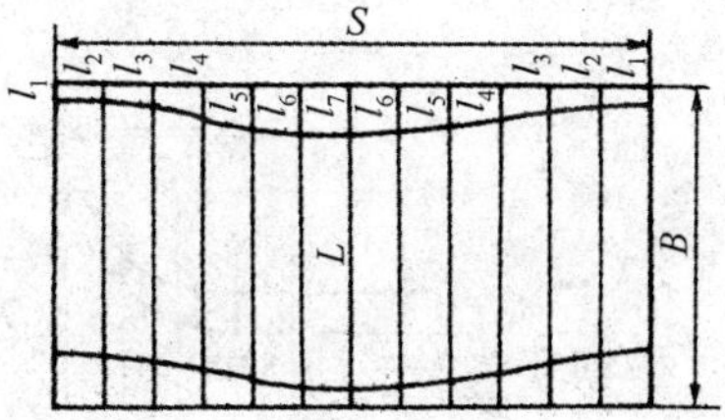

图 5-96 钢板下料展开图

五、方螺旋 90°渐缩弯头料计算(图 5-97)

如图 5-98 所示为方螺旋 90°渐缩弯头施工图和展开图，其形状较特殊，又加上从大到小渐缩且螺旋上升，所以料计算难度较大。下面将计算过程叙述如下。

(1) 内侧板

410－145.5＋π×145.5÷2＝493(mm)

下料尺寸：－3×197×493×497(mm)

(2) 外侧板

410－220.5＋π×220.5÷2＝536(mm)

下料尺寸：－3×197×536×497(mm)

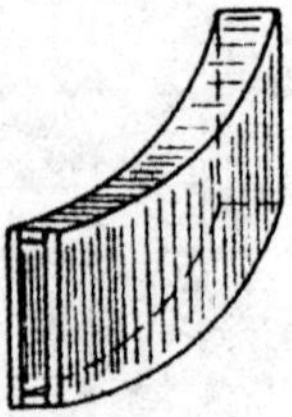

图 5－97 方螺旋 90°渐缩弯头料立体图

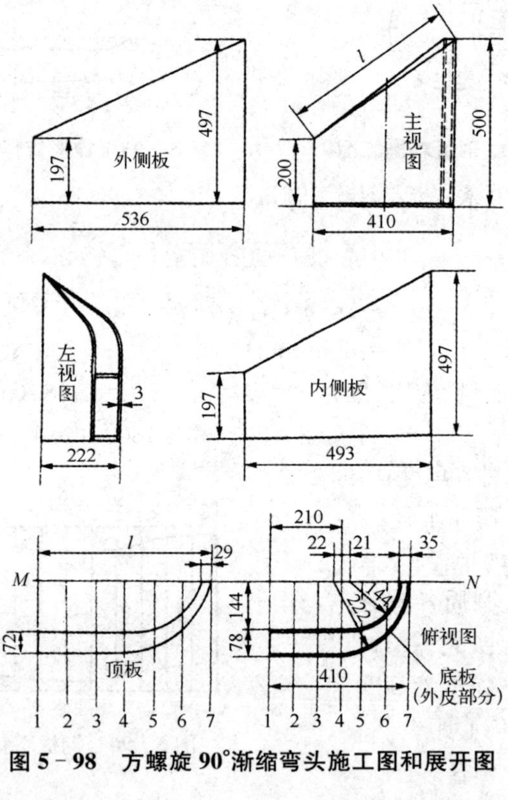

图 5－98 方螺旋 90°渐缩弯头施工图和展开图

(3) 底板

底板平行于水平面，所以俯视图上的外皮范围即为底板实形，可按给定尺寸画出。

(4) 顶板

本例的顶板实形计算较复杂，用放实样方法较简单，下面叙述放实样过程。

① 将主视图的 l 线截取至俯视图 MN 的延长线上，并将 l 长度分成与俯视图相等的等分数 1、2、…、7；

② 由俯视图 MN 线上至两里皮的各距离，分别截取至 l 的各等分垂线上，圆滑连接各点即得顶板实形。

六、被斜截圆筒料计算（图 5－99）

此例一般用于球磨机收尘落料筒，与两节弯头的一节筒体基本相似，但计算方法不同。

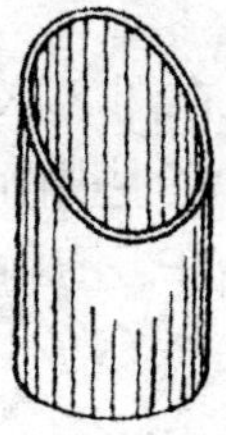

图 5－99　被斜截圆筒料立体图

1. 计算公式

图 5－100 为落料筒示意图，图 5－101 为直接在筒体上画切割线展开图。

① 任一素线　$l_n = H \pm r\sin\beta_n\tan\alpha$

式中　H——圆筒中心高；

r——成品管下料外皮半径；

α——斜截角度。

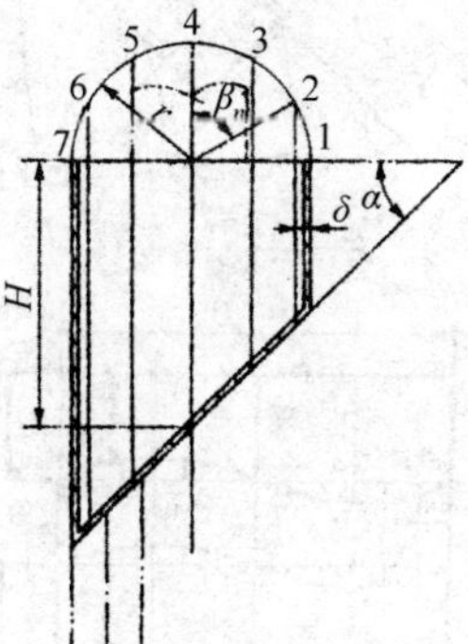

图 5－100　落料筒示意图

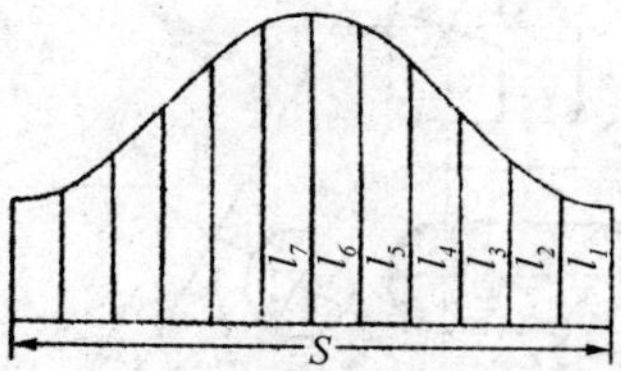

图 5－101　成品管下料展开图

② 成品管展开长度　$S = \pi D_1$

式中　D_1——外径。

2. 举例

［例］ 如图 5－100 为一收尘器落料筒，用成品管割制。$H=900\ \text{mm}$，$D=820\ \text{mm}$，$\alpha=45°$。

［解］

① $l_n=H\pm r\sin\beta_n\tan\alpha$

如 $l_2=900-410\times\sin 60°\times\tan 45°=545(\text{mm})$

$l_6=900+410\times\sin 60°\times\tan 45°=1\ 255(\text{mm})$

② $S=\pi D_1=\pi\times 820=2\ 576(\text{mm})$

七、迂回成直角的四节弯头展开计算

在图 5－102 中，管Ⅰ与管Ⅱ在左视图中反映结合实形，管Ⅲ与管Ⅳ在主视图中反映结合实形；中间两管不反映实形，不能直接作两管展开。图中已知尺寸为 a、d、h、h_1、h_2、l、t、β 及 α。

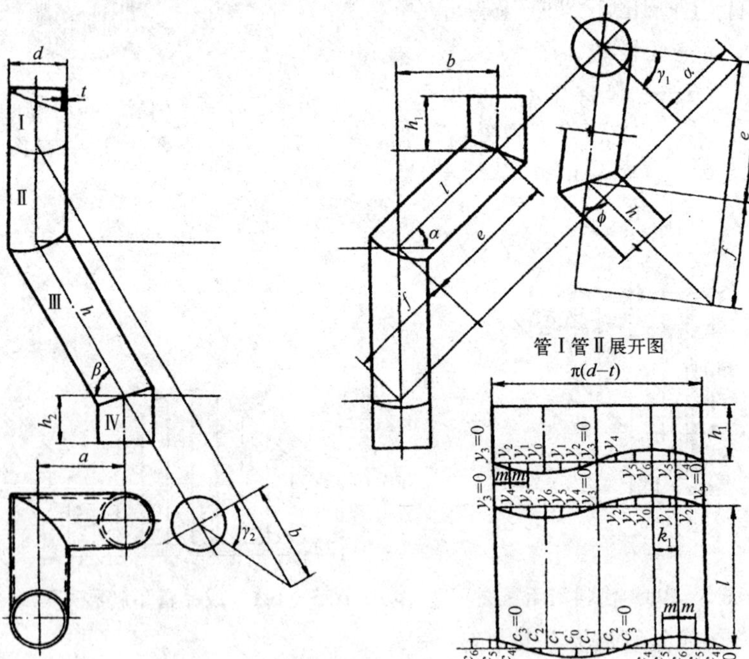

图 5－102 迂回成直角的四节弯头展开图

计算公式：当 $\alpha=45°$时

$$y_n=\frac{1}{2}(d-2t)\cot(\frac{90°+45°}{2})\cos\alpha_n（当 0\leqslant\alpha\leqslant90°时）$$

$$y_n=\frac{1}{2}d\cot(\frac{90°+45°}{2})\cos\alpha_n（当 90°<\alpha\leqslant180°时）$$

$$c_n=\frac{1}{2}(d-2t)\tan\frac{\phi}{2}\cos\alpha_n（当 0\leqslant\alpha\leqslant90°时）$$

$$c_n=\frac{1}{2}d\tan\frac{\phi}{2}\cos\alpha_n（当 90°<\alpha\leqslant180°时）$$

管Ⅲ与管Ⅳ：当 $\beta=60°$时

$$y_n=\frac{1}{2}(d-2t)\cot(\frac{90°+60°}{2})\cos\alpha_n（当 0\leqslant\alpha\leqslant90°时）$$

$$y_n=\frac{1}{2}d\cot(\frac{90°+60°}{2})\cos\alpha_n（当 90°<\alpha\leqslant180°时）$$

$$\cos\phi-\frac{f}{h}$$

$$k_1=\frac{\pi d\gamma_1}{360°}$$

$$k_2=\frac{\pi d\gamma_2}{360°}$$

其中 $f=h\sin 60°\cos 45°=0.612\,3h$

$$\tan\gamma_1=1.414\cot\beta$$

$$\tan\gamma_2=1.414\tan\beta$$

式中 y_n、c_n——展开曲线坐标值(mm)；

α_n——圆管断面等分角(°)；

ϕ——计算角(°)；

γ_1、γ_2——错心角(°)；

k_1、k_2——错心弧长(mm)。

［**例**］ 设已知迂回成直角的四节等径弯头 $h=380$ mm，$h_1=130$ mm，$h_2=180$ mm，$l=400$ mm，$d=150$ mm，$t=2$ mm，$\beta=60°$，$\alpha=45°$，试计算展开。

［**解**］ 设圆周等分数 $n=12$，$\alpha_1=\frac{360°}{12}=30°$，$\alpha$ 角以此值递增。由于 α 为特殊角，求Ⅰ、Ⅱ节展开时可直接查表（$\beta=135°$）得：

$y_0=0.2071\times(150-2\times2)=30.2$(mm)

$y_1=0.1794\times(150-2\times2)=26.2$(mm)

$y_2=0.1036\times(150-2\times2)=15.1$(mm)

$y_3=0$

$y_4=-0.1036\times150=-15.5$(mm)

$y_5=-0.1794\times150=-26.9$(mm)

$y_6=-0.2071\times150=-31.1$(mm)

求Ⅲ、Ⅳ节展开图线坐标值（$\beta=150°$）：

$$y_0=\frac{1}{2}\times(150-2\times2)\cot\frac{150°}{2}\cos0°=19.56\text{(mm)}$$

$y_1=y_0\cdot\cos30°=16.9$(mm)

$y_2=y_0\cdot\cos60°=9.78$(mm)

$y_3=y_0\cdot\cos90°=0$

$$y_4=\frac{1}{2}\times150\cot\frac{150°}{2}\cos120°=-10\text{(mm)}$$

$$y_5=\frac{1}{2}\times150\cot\frac{150°}{2}\cos150°=-17.4\text{(mm)}$$

$$y_6=\frac{1}{2}\times150\cot\frac{150°}{2}\cos180°=-20.1\text{(mm)}$$

求中间两节展开曲线坐标值 c_n：

$$\cos\phi=\frac{f}{h}=\frac{0.612\,3h}{h}=0.612\,3(\text{mm})$$

$$\phi=52.2^\circ$$

$$c_0=\frac{1}{2}(150-2\times 2)\tan\frac{52.2^\circ}{2}\cos 0^\circ=35.8(\text{mm})$$

$$c_1=c_0\cdot\cos\alpha_1=35.8\cos 30^\circ=31(\text{mm})$$

$$c_2=c_0\cdot\cos\alpha_2=35.8\cos 60^\circ=17.9(\text{mm})$$

$$c_3=c_0\cdot\cos\alpha_3=35.8\cos 90^\circ=0$$

$$c_4=\frac{1}{2}\times 150\tan\frac{52.2^\circ}{2}\cos 120^\circ=-18.4(\text{mm})$$

$$c_5=\frac{1}{2}\times 150\tan\frac{52.2^\circ}{2}\cos 150^\circ=-31.8(\text{mm})$$

$$c_6=\frac{1}{2}\times 150\tan\frac{52.2^\circ}{2}\cos 180^\circ=-36.7(\text{mm})$$

错心角：$\gamma_1=1.414\cot 60^\circ=0.816\,5^\circ\quad \gamma_1=39.2^\circ$

$$\gamma_2=1.414\tan 60^\circ=2.449\,5^\circ\quad \gamma_2=67.8^\circ$$

$$k_1-\frac{\pi(150-2)\times 39.2^\circ}{360^\circ}=50.6(\text{mm})$$

$$k_2=\frac{\pi(150-2)\times 67.8^\circ}{360^\circ}=87.6(\text{mm})$$

展开周长：$S=\pi(150-2)=465(\text{mm})$

$$m=\frac{\pi(150-2)}{12}=38.746(\text{mm})$$

展开图画法：管Ⅰ展开图是以中线为截口按已求坐标值 y_3（$y_3=0$）、y_2、y_1、y_0、y_1、y_2、y_3、…、y_6、y_5、y_4、y_3 作出。管Ⅱ上端展开曲线坐标值与管Ⅰ相对应为 y_3、y_4、y_5、y_6、y_5、y_4、y_3、y_2、y_1、y_0、y_1、y_2、y_3。其下端由管Ⅰ里口线（y_6）向右截取偏心距 k_1 定为下口 c_6，向左

依次为 c_5、c_4、c_3（$c_3=0$）、c_2、c_1、c_0、c_1、…、c_6；向右截取 c_5、c_4、c_3，通过各截点连成光滑曲线得管Ⅱ展开图。同理作出管Ⅲ、管Ⅳ展开图，如图 5－103 所示。

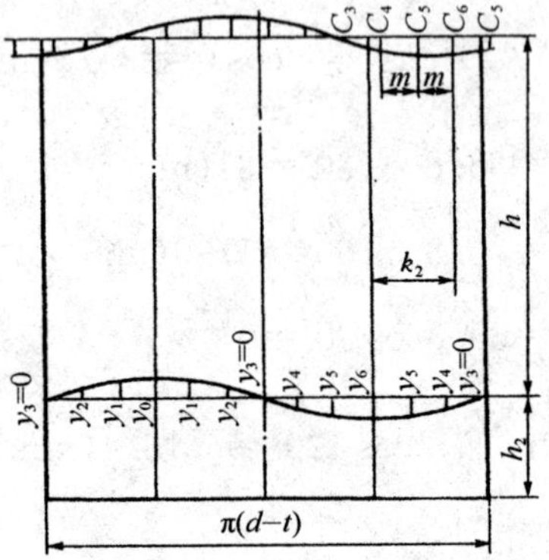

图 5－103 管Ⅲ、管Ⅳ展开图

第四节 方圆连接管展开计算

本节主要介绍方圆连接管（俗称“天圆地方”）料计算，通过列举典型实例，如两端口平行、垂直、相交，正心、单偏心、双偏心，了解方圆连接管料的计算方法。

计算基准：方按里皮，圆按中径，高按圆端中心径点至方端里皮点间垂直距离。方按里皮，还要视加工手段而定，如手工折弯，成型后的尺度会偏小，因折不出设计的清角，此时应按板料折一个直角加 0.4δ（板厚）的新理论加一个值；如压力机折弯，在强大的压力下，成型后的尺度接近设计尺度（此理论为：压力机尖角镦压理论）。

画展开图时，用交规法截取圆端弦长 y，与过渡线得交点，但 y 值是弦长而不是弧长，总弧长很可能小于实际弧长，所以截取时应稍加大为合理，最后量取总弧长以验证之。过渡线经过了曲面，投影长不是真正的投影长，实长当然也不是真正实长，所以截取过渡线时，应稍大为合理。

一、正心方圆连接管料计算（图 5－104）

图 5－105 为正心方圆连接管施工图，图5－106 为计算原理图。

图 5－104　正心方圆连接管料立体图

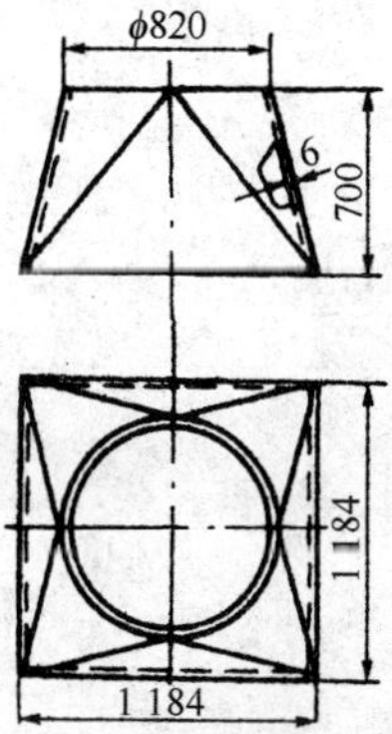

图 5－105　正心方圆连接管施工图

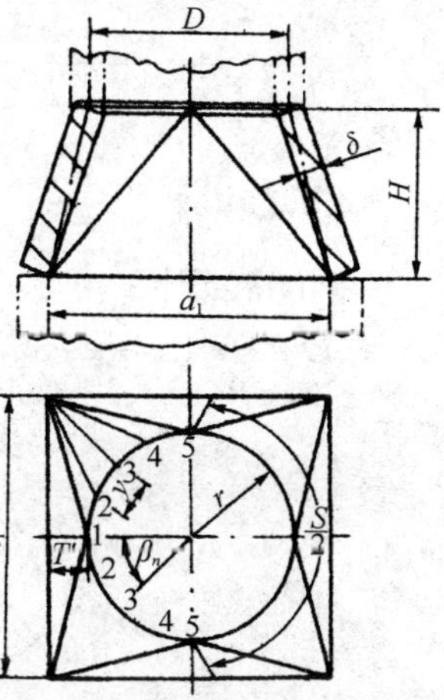

图 5－106　正心方圆连接管计算原理图

（1）任一实长过渡线 l_n（图 5－107）

$$l_n=\sqrt{(\frac{a_1}{2}-r\sin\beta_n)^2+(\frac{a_1}{2}-r\cos\beta_n)^2+H^2}$$

如 $l_3=\sqrt{(\frac{1\,172}{2}-407\times\sin 45°)^2+(\frac{1\,172}{2}-407\times\cos 45°)^2+700^2}=$ 817（mm）

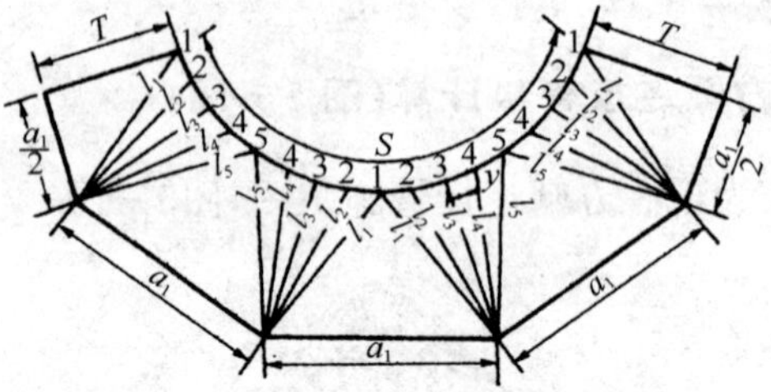

图 5-107　正心方圆连接管折弯展开图

(2) 任一平面三角形高的实长

$$T=\sqrt{(\frac{a_1}{2}-r)^2+H^2}$$

$$=\sqrt{(\frac{1\,172}{2}-407)^2+700^2}$$

$$=723(\text{mm})$$

(3) 圆端展开长

$S=\pi D=\pi\times 814=2\,557(\text{mm})$(图 5-108)

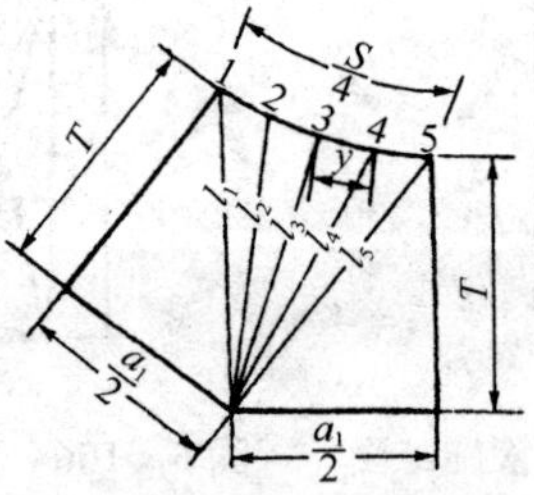

图 5-108　正心方圆连接管$\frac{1}{4}$切断展开图

(4) 圆端每等分弦长

$$y=D\sin\frac{180°}{m}=814\times\sin\frac{180°}{16}=159(\text{mm})$$

式中　a_1——方端里皮；

r——圆端中心半径；

β_n——圆周各等分点与同一横向直径夹角；

H——圆端中径点至方端里皮点间垂直距离；

D——圆端中径；

m——圆周等分数。

二、正心矩方圆连接管料计算（图 5－109）

图 5－109　正心矩方圆连接管料立体图

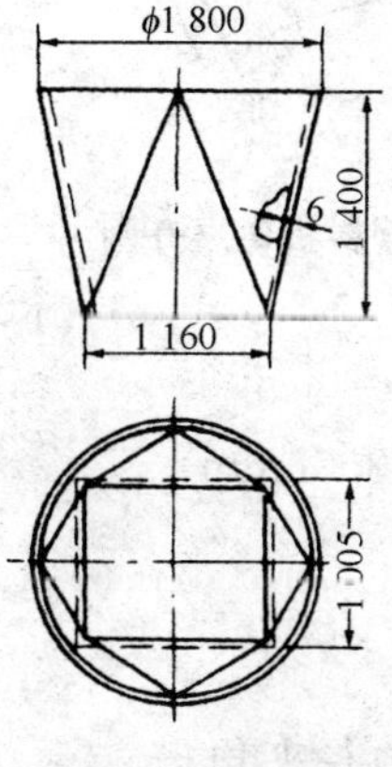

图 5－110　正心矩方圆连接管施工图

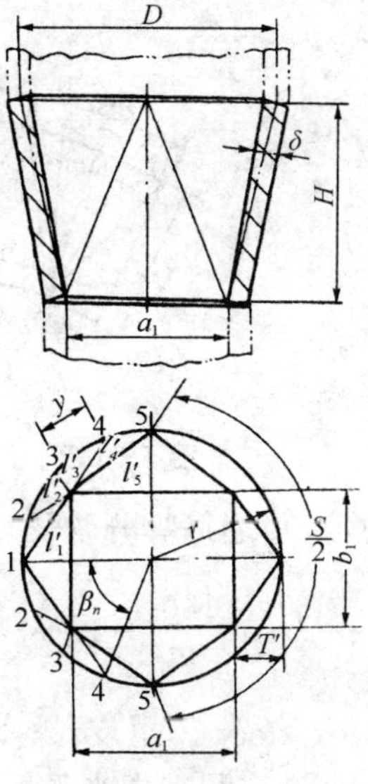

图 5－111　正心矩方圆连接管料计算原理图

图 5－110 为料仓至绞刀连接管施工图，图 5－111 为计算原理图。

（1）任一实长过渡线

$$l_n=\sqrt{(\frac{b_1}{2}-r\sin\beta_n)^2+(\frac{a_1}{2}-r\cos\beta_n)^2+H^2}$$

如 $l_4=\sqrt{(496.5-897\times\sin 67.5°)^2+(574-897\times\cos 67.5°)^2+1\,400^2}$

$=1\,457(\mathrm{mm})$

(2) 任一平面三角形高的实长

$$T=\sqrt{(\frac{a_1}{2}-r)^2+H^2}$$

$$=\sqrt{(574-897)^2+1\,400^2}=1\,437(\text{mm})$$

(3) 圆端展开长

$S=\pi D=\pi\times1\,794=5\,636(\text{mm})$(图 5-112)

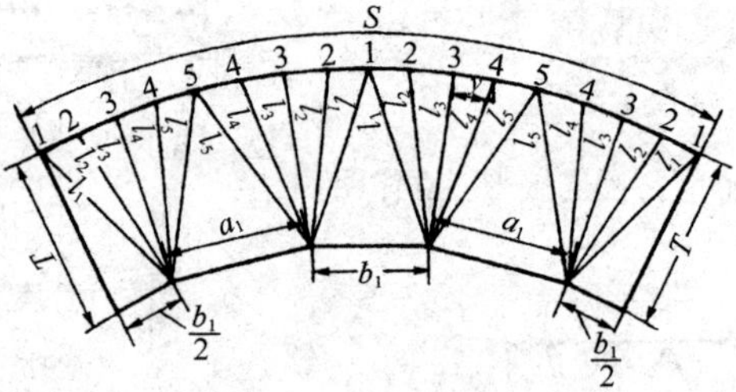

图 5-112 正心矩方圆连接管料折弯展开图

(4) 圆端每等分弦长

$$y=D\sin\frac{180^\circ}{m}=1\,794\times\sin 11.25^\circ=350(\text{mm})$$

式中 a_1、b_1——里皮长；

r——圆端中半径；

β_n——圆周各等分点与同一横向直径夹角；

H——圆端中径点至方端里皮点间垂直距离；

D——圆端中心径；

m——圆周等分数。

三、圆方偏心过渡连接管展开计算

图 5-113 所示为顶圆直径底方尺寸相等偏心过渡连接管。已知尺寸为顶圆中径 d、底方里口 a、高 h 及偏心距 y。

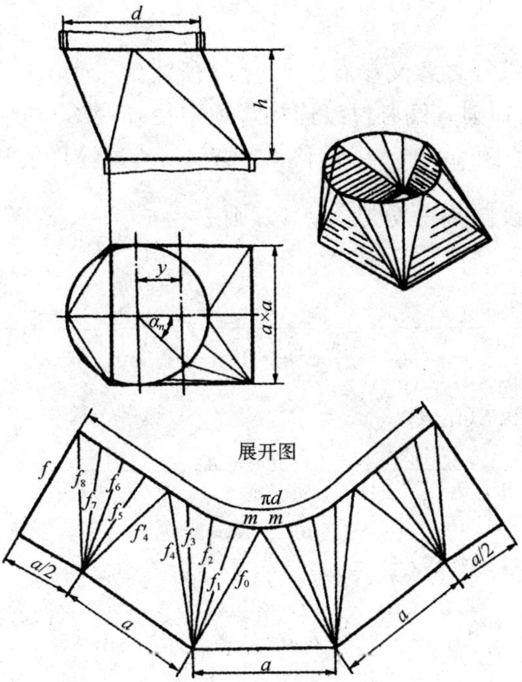

图 5-113　圆方偏心过渡连接管展开图

计算公式：

$$f_n=\sqrt{(\frac{a}{2}+y-\frac{d}{2}\cos\alpha_n)^2+(\frac{d}{2}\sin\alpha_n-\frac{a}{2})^2+h^2}$$ （当 $0\leqslant\alpha<90°$时）

$$f'_n=\frac{1}{2}\sqrt{(a-2y)^2+(d\sin\alpha_n-a)^2+4h^2}$$ （当 $\alpha=90°$时）

$$f_n=\frac{1}{2}\sqrt{(a-2y+d\cos\alpha_n)^2+(d\sin\alpha_n-a)^2+4h^2}$$ （当 $90°<\alpha\leqslant180°$时）

$$f=\sqrt{y^2+h^2}$$

$m=\frac{\pi d}{n}$

式中各符号之意义参看图 5－113 所注。

[例] 已知圆方偏心过渡连接管圆中径 $d=480$ mm,方里口 $a=480$ mm,偏心距 $y=150$ mm,高 $h=375$ mm,试计算展开数据。

[解] 设圆周等分数 $n=16$,则 $\alpha_1=\frac{360°}{16}=22.5°$,$\alpha$ 角以此值递增。

$$f_0=\sqrt{(\frac{480}{2}+150-\frac{480}{2}\cos 0°)^2+(\frac{480}{2}\sin 0°-\frac{480}{2})^2+375^2}$$
$$=469.8(\text{mm})$$

$$f_1=\sqrt{(\frac{480}{2}+150-\frac{480}{2}\cos 22.5°)^2+(\frac{480}{2}\sin 22.5°-\frac{480}{2})^2+375^2}$$
$$=436.9(\text{mm})$$

$$f_2=\sqrt{(\frac{480}{2}+150-\frac{480}{2}\cos 45°)^2+(\frac{480}{2}\sin 45°-\frac{480}{2})^2+375^2}$$
$$=440.6(\text{mm})$$

$$f_3=\sqrt{(\frac{480}{2}+150-\frac{480}{2}\cos 67.5°)^2+(\frac{480}{2}\sin 67.5°-\frac{480}{2})^2+375^2}$$
$$=479.4(\text{mm})$$

$$f_4=\sqrt{(\frac{480}{2}+150-\frac{480}{2}\cos 90°)^2+(\frac{480}{2}\sin 90°-\frac{480}{2})^2+375^2}$$
$$=541(\text{mm})$$

$$f'_4=\frac{1}{2}\sqrt{(480-2\times150)^2+(480-480)^2+4\times375^2}=385.6(\text{mm})$$

$$f_5=\frac{1}{2}\sqrt{(480-2\times150+480\cos 112.5°)^2+(480\sin 112.5°-480)^2+4\times375^2}$$
$$=375.4(\text{mm})$$

$$f_6=\frac{1}{2}\sqrt{(480-2\times150+480\cos135°)^2+(480\sin135°-480)^2+4\times375^2}$$
$$=389.8(\text{mm})$$

$$f_7=\frac{1}{2}\sqrt{(480-2\times150+480\cos157.5°)^2+(480\sin157.5°-480)^2+4\times375^2}$$
$$=424.2(\text{mm})$$

$$f_8=\frac{1}{2}\sqrt{(480-2\times150+480\cos180°)^2+(480\sin180°-480)^2+4\times375^2}$$
$$=469.8(\text{mm})$$

$$f=\sqrt{150^2+375^2}=403.9(\text{mm})$$

$$m=\frac{480\pi}{16}=94.25(\text{mm})$$

根据以上各式计算的值即可作出展开图，如图 5－113 所示。

四、矩形顶圆底连接管展开计算（图 5－114）

图 5－115 为矩形顶圆底连接管的投影图和展开图。构件上、下口平行，前后对称；在左右方向上，上、下口互相偏离，其大小由参数 e 确定。构件由四块三角形平面板片和四个斜椭圆锥面板片围成，其已知尺寸为 L、W、D、H 和 e。

图 5－114 矩形顶圆底连接管立体图

1. 计算公式

$$m=\frac{\pi D}{n}$$

$$h=\sqrt{(\frac{D}{2}+e-L)^2+H^2}$$

$$a_i=\sqrt{(L-e-\frac{D}{2}\cos\alpha_i)^2+(\frac{D}{2}\sin\alpha_i-\frac{W}{2})^2+H^2}\ (i=0,1,\cdots,\frac{n}{4})$$

$$b_i=\sqrt{[\frac{D}{2}\sin(\alpha_i-90°)-e]^2+[\frac{D}{2}\cos(\alpha_i-90°)-\frac{W}{2}]^2+H^2}$$

$$(i=\frac{n}{4},\frac{n}{4}+1,\cdots,\frac{n}{2})$$

式中　n——连接管下口圆周等分数量。

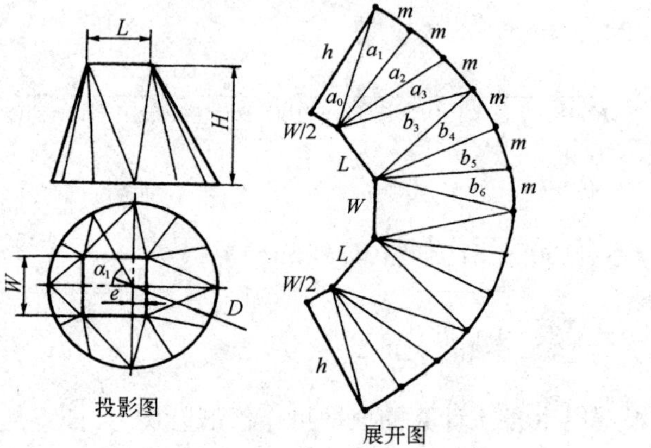

图 5-115　矩形顶圆底连接管投影图和展开图

2. 举例

［**例**］　已知矩形顶圆底连接管的尺寸为 $L=140$，$W=130$，$D=360$，$H=250$，$e=30$，计算展开数据。

［**解**］　取 $n=12$，则等分角度 α_i 的计算增量为 $\frac{360°}{12}=30°$。

$$m=\frac{3.1415926\times360}{12}=94.25$$

$$h=\sqrt{(\frac{360}{2}+30-140)^2+250^2}=259.62$$

$$a_0=\sqrt{(140-30-\frac{360}{2}\times\cos 0°)^2+(\frac{360}{2}\times\sin 0°-\frac{130}{2})^2+250^2}$$
$$=267.63$$

$$a_1=\sqrt{(140-30-\frac{360}{2}\times\cos 30°)^2+(\frac{360}{2}\times\sin 30°-\frac{130}{2})^2+250^2}$$
$$=255.4$$

$$a_2=\sqrt{(140-30-\frac{360}{2}\times\cos 60°)^2+(\frac{360}{2}\times\sin 60°-\frac{130}{2})^2+250^2}$$
$$=266.76$$

$$a_3=\sqrt{(140-30-\frac{360}{2}\times\cos 90°)^2+(\frac{360}{2}\times\sin 90°-\frac{130}{2})^2+250^2}$$
$$=296.35$$

$$b_3=\sqrt{[\frac{360}{2}\times\sin(90°-90°)-30]^2+[\frac{360}{2}\times\cos(90°-90°)-\frac{130}{2}]^2+250^2}$$
$$=276.81$$

$$b_4=\sqrt{[\frac{360}{2}\times\sin(120°-90°)-30]^2+[\frac{360}{2}\times\cos(120°-90°)-\frac{130}{2}]^2+250^2}$$
$$=272.69$$

$$b_5=\sqrt{[\frac{360}{2}\times\sin(150°-90°)-30]^2+[\frac{360}{2}\times\cos(150°-90°)-\frac{130}{2}]^2+250^2}$$
$$=281.02$$

$$b_6=\sqrt{[\frac{360}{2}\times\sin(180°-90°)-30]^2+[\frac{360}{2}\times\cos(180°-90°)-\frac{130}{2}]^2+250^2}$$
$$=298.71$$

根据以上数据，可用三角线法绘出构件的展开图。

五、长圆顶矩形底连接管展开计算（图 5－116）

图 5－117 是长圆顶矩形底连接管的投影图和展开图。构件上、下口平行，表面由两块梯形平面板片、两块三角形平面板片和四个斜椭圆锥面板片围成，其已知尺寸为 L、L_1、W、H 和 R。

图 5－116　长圆顶矩形底连接管立体图

1. 计算公式

$$m=\frac{\pi R}{n} \qquad a=\sqrt{\frac{L^2}{4}+(\frac{W}{2}-R)^2+H^2}$$

$$f_i=\sqrt{(\frac{L-L_1}{2}-R\cos\alpha_i)^2+(\frac{W}{2}-R\sin\alpha_i)^2+H^2}$$

$$(i=0,1,\cdots,\frac{n}{2})$$

式中　n——上口半圆周等分数量。

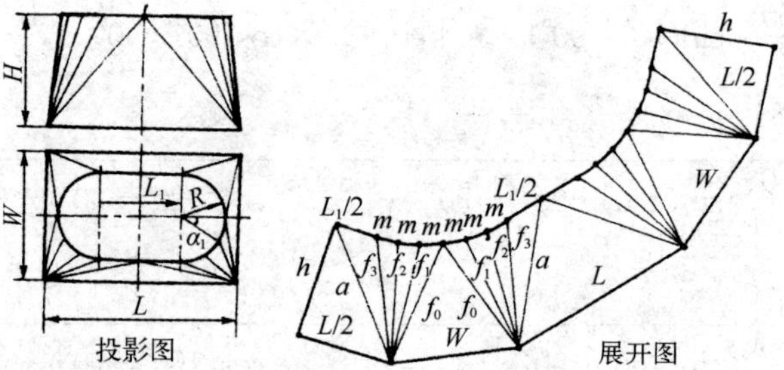

图 5-117　长圆顶矩形底连接管投影图和展开图

2. 举例

［**例**］　已知一长圆顶矩形底连接管的尺寸为 $L=400$，$L_1=160$，$W=260$，$H=230$，$R=90$，计算展开数据。

［**解**］　取 $n=6$，则等分角度 α_i 的计算增量为 $\frac{180°}{6}=30°$。

$$m=\frac{3.1415926\times90}{6}=47.12$$

$$a=\sqrt{\frac{400^2}{4}+(\frac{260}{2}-90)^2+230^2}=307.41$$

$$f_0=\sqrt{(\frac{400-160}{2}-90\times\cos0°)^2+(\frac{260}{2}-90\times\sin0°)^2+230^2}$$

$$=265.89$$

$$f_1=\sqrt{(\frac{400-160}{2}-90\times\cos30°)^2+(\frac{260}{2}-90\times\sin30°)^2+230^2}$$

$$=248.78$$

$$f_2=\sqrt{(\frac{400-160}{2}-90\times\cos 60°)^2+(\frac{260}{2}-90\times\sin 60°)^2+230^2}$$
$$=247.46$$

$$f_3=\sqrt{(\frac{400-160}{2}-90\times\cos 90°)^2+(\frac{260}{2}-90\times\sin 90°)^2+230^2}$$
$$=262.49$$

根据以上数据，可用三角线法绘出构件的展开图。

六、圆顶矩形斜底连接管展开计算(图 5-118)

图 5-119 是圆顶矩形斜底连接管的投影图和展开图。构件上、下口不平行，其表面由四块三角形平面板片和四个斜椭圆锥面板片围成。应该注意的是，由于下口平面倾斜，前、后两块三角形平面板片与相邻的斜椭圆锥面板片在上口上的过渡点，不在圆周最前和最后的象限点上，而是要把下口矩形前、后两条边延长，过其与上口平面的交点作上口圆的切线，所得切点即为过渡点。构件的已知尺寸有 D、L、L_1、W、H_1 和 H_2。

图 5-118　圆顶矩形斜底连接管立体图

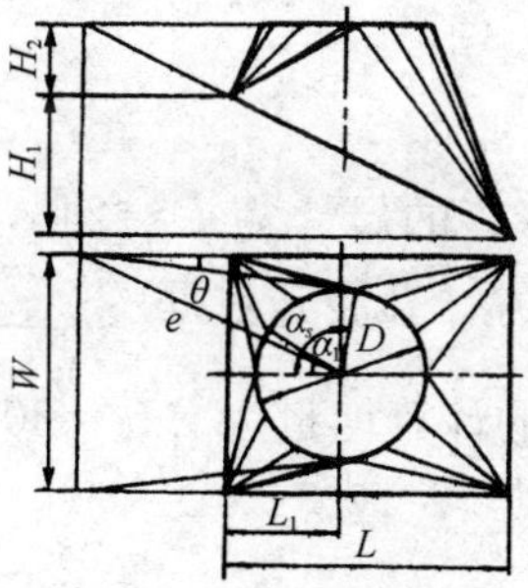

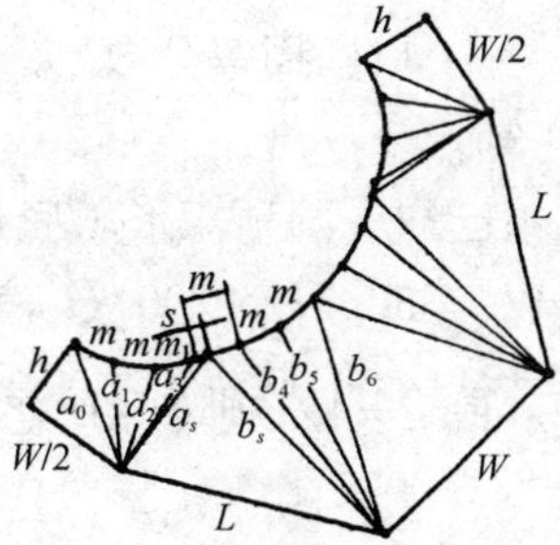

图 5-119　圆顶矩形斜底连接管投影图和展开图

1. 计算公式

$$L_2=L\frac{H_2}{H_1}+L_1 \qquad e=\sqrt{L_2^2+\frac{W^2}{4}}$$

$$\theta_1=\arcsin\frac{W}{2e} \qquad \theta_2=\arcsin\frac{D}{2e}$$

$$\theta=\theta_1-\theta_2 \qquad \alpha_s=\theta+90^\circ$$

$$m=\frac{\pi D}{n} \qquad s=\frac{\pi D\theta}{360^\circ}$$

$$h=\sqrt{(L_1-\frac{D}{2})^2+H_2^2}$$

$$a_i=\sqrt{(L_1-\frac{D}{2}\cos\alpha_i)^2+(\frac{W}{2}-\frac{D}{2}\sin\alpha_i)^2+H_2^2}\,(i=0,1,\cdots,\frac{n}{4})$$

$$b_i=\sqrt{(L-L_1+\frac{D}{2}\cos\alpha_i)^2+(\frac{W}{2}-\frac{D}{2}\sin\alpha_i)^2+(H_1+H_2)^2}$$

$$(i=\frac{n}{4}+1,\frac{n}{4}+2,\cdots,\frac{n}{2})$$

$$a_s=\sqrt{(L_1-\frac{D}{2}\cos\alpha_s)^2+(\frac{W}{2}-\frac{D}{2}\sin\alpha_s)^2+H_2^2}$$

$$b_s=\sqrt{(L-L_1+\frac{D}{2}\cos\alpha_s)^2+(\frac{W}{2}-\frac{D}{2}\sin\alpha_s)^2+(H_1+H_2)^2}$$

式中 n——上口圆周等分数量。

2. 举例

[例] 已知一圆顶矩形斜底连接管的尺寸为 $D=240$，$L=400$，$L_1=160$，$W=330$，$H_1=200$，$H_2=100$，计算展开数据。

[解] 取 $n=12$，则等分角度 α_i 的计算增量为 $\frac{360^\circ}{12}=30^\circ$。

$$L_2=400\times\frac{100}{200}+160=260$$

$$e=\sqrt{360^2+\frac{330^2}{4}}=396.01$$

$$\theta_1=\arcsin\frac{330}{2\times396.01}=24.62°$$

$$\theta_2=\arcsin\frac{240}{2\times396.01}=17.64°$$

$$\theta=24.62°-17.64°=6.98°$$

$$a_s=6.98°+90°=96.98°$$

$$m=\frac{3.1415926\times240}{12}=62.83$$

$$s=\frac{3.1415926\times240\times6.98°}{360°}=14.62$$

$$h=\sqrt{(160-\frac{240}{2})^2+100^2}=107.7$$

$$a_0=\sqrt{(160-\frac{240}{2}\times\cos0°)^2+(\frac{330}{2}-\frac{240}{2}\times\sin0°)^2+100^2}$$
$$=197.04$$

$$a_1=\sqrt{(160-\frac{240}{2}\times\cos30°)^2+(\frac{330}{2}-\frac{240}{2}\times\sin30°)^2+100^2}$$
$$=155.47$$

$$a_2=\sqrt{(160-\frac{240}{2}\times\cos60°)^2+(\frac{330}{2}-\frac{240}{2}\times\sin60°)^2+100^2}$$
$$=154.05$$

$$a_3=\sqrt{(160-\frac{240}{2}\times\cos90°)^2+(\frac{330}{2}-\frac{240}{2}\times\sin90°)^2+100^2}$$
$$=193.97$$

$$b_4=\sqrt{(400-160+\frac{240}{2}\times\cos120°)^2+(\frac{330}{2}-\frac{240}{2}\times\sin120°)^2+(200+100)^2}$$
$$=355.15$$

$$b_5=\sqrt{(400-160+\frac{240}{2}\times\cos150°)^2+(\frac{330}{2}-\frac{240}{2}\times\sin150°)^2+(200+100)^2}$$
$$=345.75$$

$$b_6=\sqrt{(400-160+\frac{240}{2}\times\cos180°)^2+(\frac{330}{2}-\frac{240}{2}\times\sin180°)^2+(200+100)^2}$$

$=362.80$

$$a_s=\sqrt{(160-\frac{240}{2}\times\cos 96.98°)^2+(\frac{330}{2}-\frac{240}{2}\times\sin 96.98°)^2+100^2}$$

$=206.36$

$$b_s=\sqrt{(400-160+\frac{240}{2}\times\cos 96.98°)^2+(\frac{330}{2}-\frac{240}{2}\times\sin 96.98°)^2+(200+100)^2}$$

$=378.05$

根据以上数据，运用三角线法可绘出构件的展开图。

七、圆顶菱形底连接管展开计算（图 5－120）

1. 计算公式

图 5－121 为计算公式符号示意图。

图 5－122 为折弯展开图。

图 5－120　圆顶菱形底连接管立体图

① 长角范围实长过渡线 l_n

$$l_n=\sqrt{(r\sin\beta_n)^2+(a_1-r\cos\beta_n)^2+H^2}$$

式中　r——圆端中半径；

a_1、b_1——分别为里皮半长；

β_n——圆周各等分点与同一横向直径夹角；

H——圆端中径点至方端里皮点间距离。

② 短角范围实长过渡线 l_n

$$l_n=\sqrt{(b_1-r\sin\beta_n)^2+(r\cos\beta_n)^2+H_2}$$

③ 长角实长过渡线　$T=\sqrt{(a_1-r)^2+H^2}$

④ 圆端展开弧长　$S=\pi D$

⑤ 圆端每等分弦长　$y=D\sin\frac{180°}{m}$

式中　m——圆周等分数。

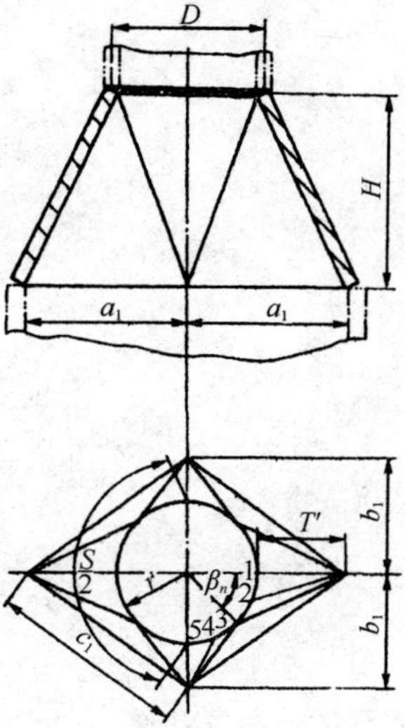

图 5-121　圆顶菱形底连接管公式符号示意图

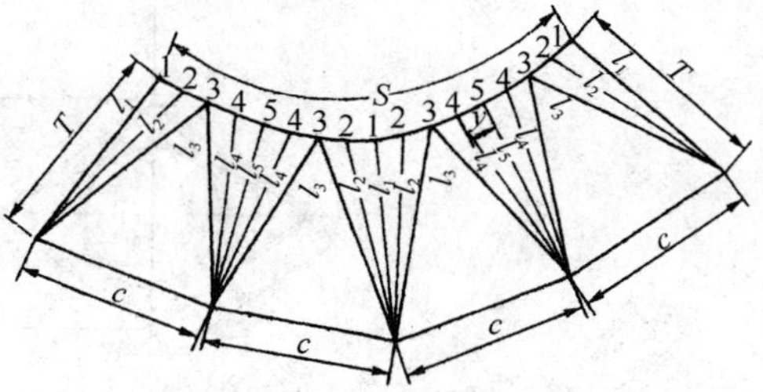

图 5-122　圆顶菱形底连接管折弯展开图

2. 举例

[**例**]　图 5-123 为圆顶菱形底连接管施工图。

[**解**]

① 长角 $l_n=\sqrt{(r\times\sin\beta_n)^2+(a_1-r\cos\beta_n)^2+H^2}$

如　$l_3=\sqrt{(108\times\sin45°)^2+(231-108\times\cos45°)^2+276^2}$

$=325(\text{mm})$

② 短角 $l_n=\sqrt{(b_1-r\sin\beta_n)^2+(r\cos\beta_n)^2+H^2}$

如　$l_4=\sqrt{(162-108\times\sin67.5°)^2+(108\times\cos67.5°)^2+276^2}$

$=286(\text{mm})$

③ $T=\sqrt{(a_1-r)^2+H^2}=\sqrt{(231-108)^2+276^2}$

$=302(\text{mm})$

④ $S=\pi D=\pi\times216=679(\text{mm})$

⑤ $y=D\sin\frac{180°}{m}=216\times\sin 11.25°=42.14(\text{mm})$

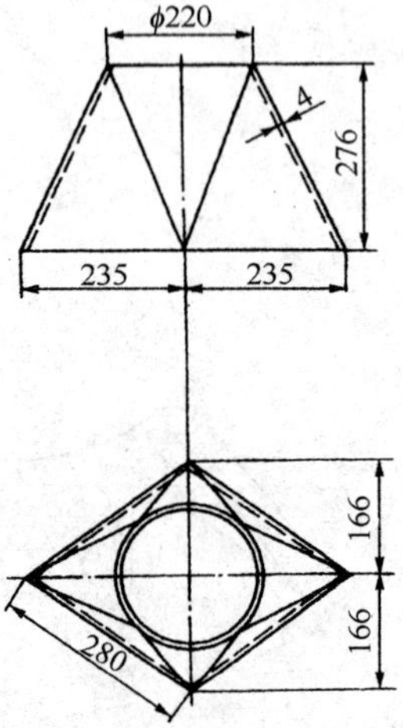

图 5-123　圆顶菱形底连接管施工图

八、圆斜顶矩形底双偏心连接管展开计算(图 5-124)

在实际工作中经常遇到此类方圆连接管,有的是同心正方,有的是单偏心正方,有的是单偏心矩方,形式各异,但计算原理相同,今推出具有代表性的实例,以示计算方法。

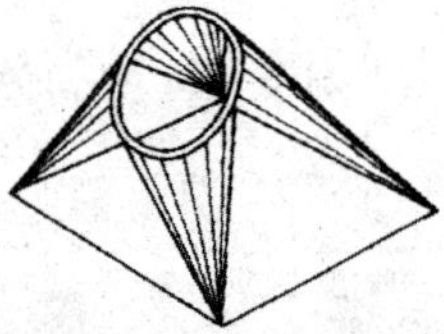

图 5-124　圆斜顶矩形底双偏心连接管立体图

槽制时,可视具体情况整体折弯或切成两瓣、四瓣皆可。

1. 计算公式

图 5-125 为计算公式符号示意图,图 5-126 为折弯展开图。

① 横向倾斜差

$$c_n=\frac{a_1}{2}\pm e-r\sin\beta_n\cos\alpha$$

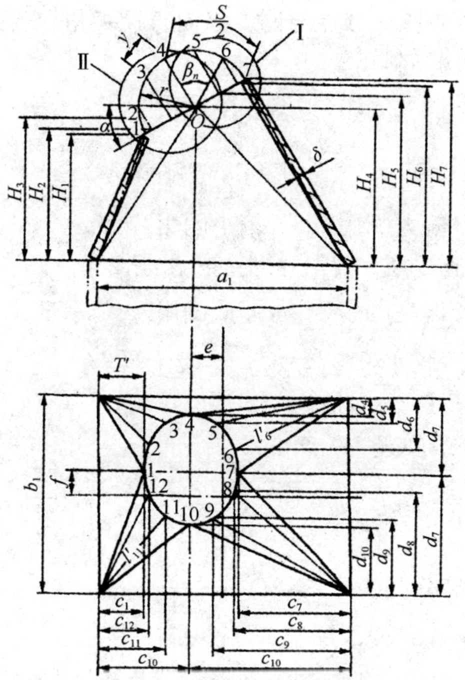

图 5-125 圆斜顶矩形底双偏心连接管公式符号图

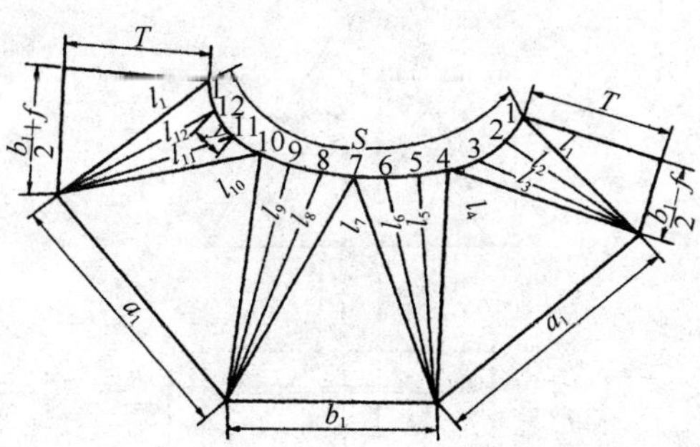

图 5-126 圆斜顶矩形底双偏心连接管折弯展开图

式中 a_1、b_1——里皮长；

e、f——横纵向偏心距；

r——圆端中心半径；

β_n——圆端各等分点与同一纵向直径夹角；

α——圆端倾斜角；

"±"——偏大侧用"+"，偏小侧用"-"。

② 纵向倾斜差 $d_n=\frac{b_1}{2}\pm f-r\cos\beta_n$

式中 "±"——偏大侧用"+"，偏小侧用"-"。

③ 任一过渡线高 $H_n=H\pm r\sin\beta_n\sin\alpha$

式中 "±"——偏高侧用"+"，偏低侧用"-"。

④ 任一过渡线实长 $l_n=\sqrt{c_n^2+d_n^2+H_n^2}$

⑤ 圆端展开长 $s=\pi D$

式中 D——圆端中径。

⑥ 对口实长 $T=\sqrt{(\frac{a_1}{2}-e-r\sin\beta_n\cos\alpha^2)^2+H_1^2}$

⑦ 圆端每等分弦长 $y=D\sin\frac{180°}{m}$

式中 m——圆周等分数。

2. 举例

［**例**］ 图 5-127 为一圆斜顶矩方底双偏心连接管施工图。

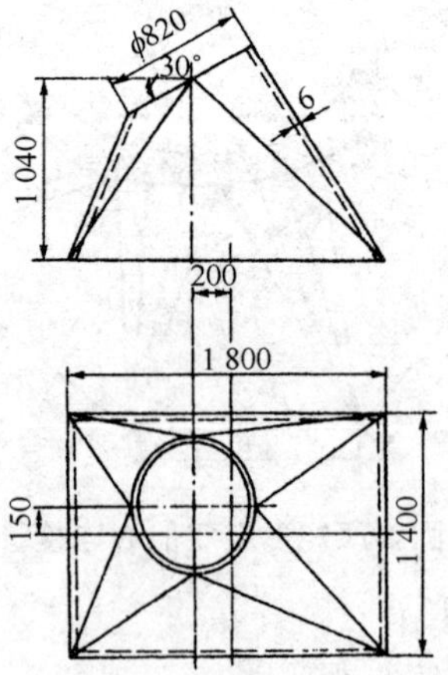

图 5-127 圆斜顶矩方底双偏心连接管施工图

［解］ 求 l_{11} 线如下：

① $c_n=\frac{a_1}{2}\pm e-r\sin\beta_n\cos\alpha$

$c_{11}=894-200-407\times\sin 30°\times\cos 30°=518(\text{mm})$

② $d_n=\frac{b_1}{2}\pm f-r\cos\beta_n$

$d_{11}=694+150-407\times\cos 30°=491.5(\text{mm})$

③ $H_n=H\pm r\sin\beta_n\sin\alpha$

$H_{11}=1\,040-407\times\sin 30°\times\sin 30°=938(\text{mm})$

④ $l_{11}=\sqrt{c_{11}^2+d_{11}^2+H_{11}^2}=\sqrt{518^2+491.5^2+938^2}$

$=1\,179(\text{mm})$

⑤ $T=\sqrt{(\frac{a_1}{2}-e-r\sin\beta_n\cos\alpha)^2+H_1^2}$

$=\sqrt{(894-200-407\times\sin 90°\times\cos 30°)^2+836.5^2}$

$=903.5(\text{mm})$

⑥ $S=\pi D=\pi\times 814=2\,257(\text{mm})$

⑦ $y=D\sin\frac{180°}{m}=814\times\sin 15°=210.68(\text{mm})$

九、一侧垂直多棱方圆连接管展开计算(图 5－128)

此例一般用在楼房檐下承接漏水用，可用钢板焊接，也可用薄板咬接。只画出折弯展开图，咬接时平行加出咬接量即可。

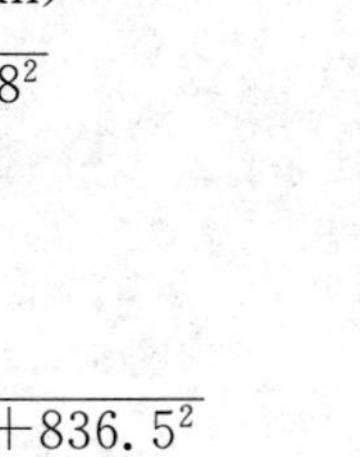

图 5－128　一侧垂直多棱方圆连接管立体图

1. 计算公式

图 5－129 为计算公式符号示意图。

图 5－130 为上段$\frac{1}{2}$折弯展开图。

图 5－131 为下段折弯展开图。

① 短侧任一实长过渡线 l_n

$$l_n=\sqrt{(a_1-r\sin\beta_n)^2+(r-r\cos\beta_n)^2+H_2^2}$$

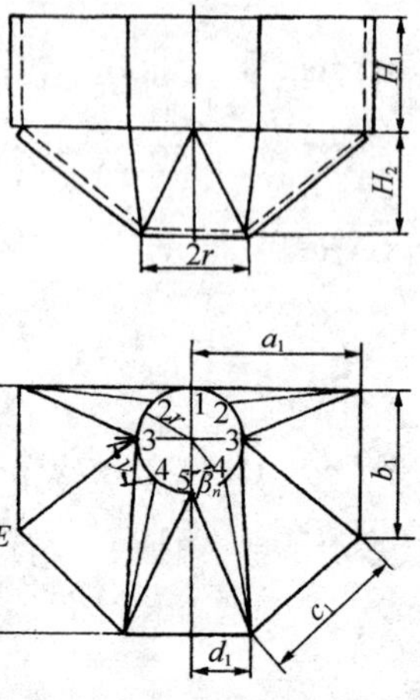

图 5-129 一侧垂直多棱方圆连接管计算公式符号示意图

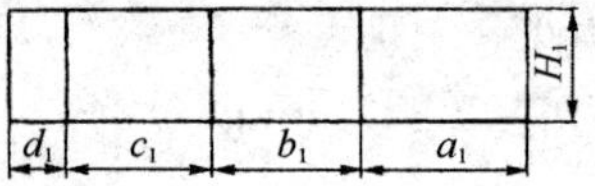

图 5-130 一侧垂直多棱方圆连接管上段 $\frac{1}{2}$ 折弯展开图

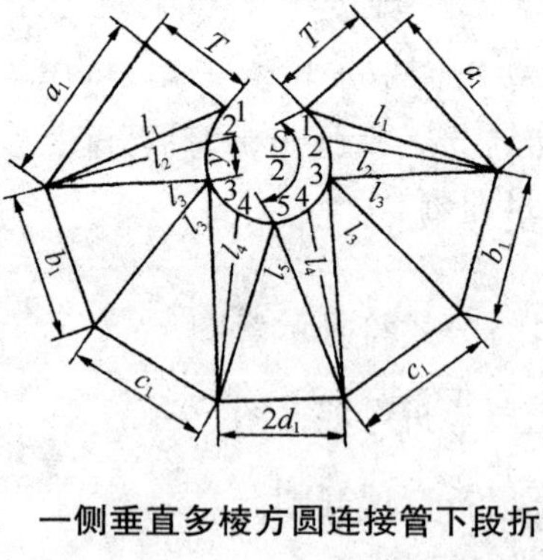

图 5-131 一侧垂直多棱方圆连接管下段折弯展开图

式中 r——圆端中心半径；

H_2——方端里皮至圆端中心径点间距离；

β_n——圆周各等分点与同一纵向直径夹角。

② 长侧任一实长过渡线 l_n

$$l_n=\sqrt{(d_1-r\sin\beta_n)^2+(K_1-r-r\cos\beta_n)^2+H_2^2}$$

式中 K_1——漏斗里皮宽。

③ 中间过渡棱线 $l_{E3}=\sqrt{(a_1-r)^2+(b_1-r)^2+H_2^2}$

④ 短侧对口实长 $T=H_2$

⑤ 圆端展开长 $S=2\pi r$

⑥ 圆端每等分弦长 $y=2r\sin\dfrac{180^\circ}{m}$

式中 m——圆周等分数。

2. 举例

［例］ 图 5－132 为一侧垂直多棱方圆连接管施工图，对于此多棱构件，按里皮折弯计算，板厚近似处理如下：两端直角减两个板厚，两端斜角减一个板厚，一端直角一端斜角减一个半板厚。

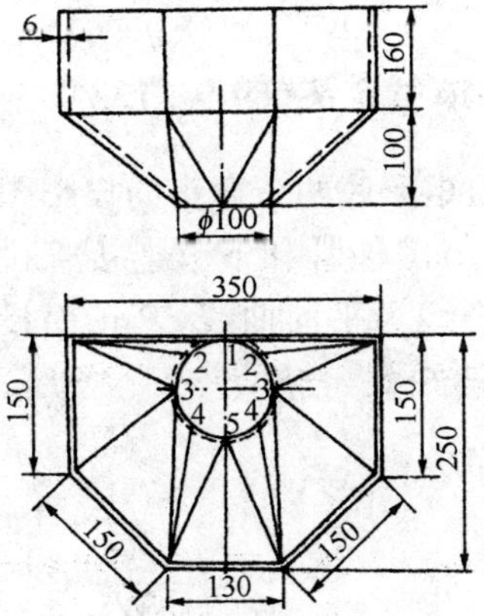

图 5－132 一侧垂直多棱方圆连接管施工图

［解］ ① 上段展开长(图 5－130)

$H_1=160$(mm)，$a_1=175-6=169$(mm)，$b_1=150-9=141$(mm)，$c_1=150-6=144$(mm)，$d_1=65-3=62$(mm)

② 短侧 $l_n=\sqrt{(a_1-r\sin\beta_n)^2+(r-r\cos\beta_n)^2+H_2^2}$

如 $l_2=\sqrt{(169-47\times\sin 45°)^2+(47-47\times\cos 45°)^2+100^2}$

$=169(\text{mm})$

$l_3=\sqrt{(169-47)^2+47^2+100^2}=164(\text{mm})$

③ 长侧 $l_n=\sqrt{(d_1-r\sin\beta_n)^2+(k_1-r-r\cos\beta_n)^2+H_2^2}$

如 $l_4=\sqrt{(62-47\times\sin 45°)^2+(238-47-47\times\cos 45°)^2+100^2}$

$=189(\text{mm})$

$l_5=\sqrt{(238-100)^2+62^2+100^2}=181(\text{mm})$

④ 中间 $l_{E3}=\sqrt{(a_1-r)^2+(b_1-r)^2+H_2^2}$

$=\sqrt{(169-47)^2+(141-47)^2+100^2}$

$=184(\text{mm})$

⑤ $T=H_2=100(\text{mm})$

⑥ $S=2\pi r=2\pi\times 47=295(\text{mm})$

⑦ $y=2r\sin\dfrac{180°}{m}=94\times\sin 22.5°=35.97(\text{mm})$

十、圆顶矩形底两节弯头(图 5-133)

图 5-134 是圆顶矩形底两节弯头的投影图和展开图。构件由上节圆柱管和下节连接管拼接而成,它们间的结合线为平面曲线,其正面投影为直线。构件的已知尺寸有 D、W、L、L_1、H_1、H_2 和 β。

图 5-133 圆顶矩形底两节弯头立体图

1. 计算公式

$L_2=H_2\cdot\cos\beta$ $\qquad e=\sqrt{L_2^2+\dfrac{W^2}{4}}$

$\theta_1=\arcsin\dfrac{D}{2e}$ $\qquad \theta_2=\arcsin\dfrac{W}{2e}$

$\theta=\theta_1-\theta_2$ $\qquad \alpha_s=90°-\theta$

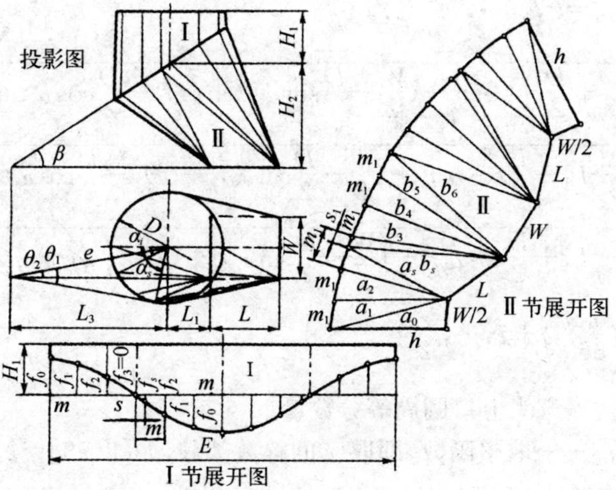

图 5－134　圆顶矩形底两节弯头投影图和展开图

圆柱管的展开：

$$E=\pi D \qquad m=\frac{E}{n}$$

$$s=\frac{\pi D\theta}{360°}$$

$$f_i=\frac{D}{2}\cdot\cos\alpha_i\cdot\tan\beta \quad \left(i=0,1,\cdots,\frac{n}{4}\right)$$

$$f_s=\frac{D}{2}\cdot\cos\alpha_s\cdot\tan\beta$$

连接管的展开：

$$m_1=\frac{m}{\cos\beta} \qquad s_1=\frac{s}{\cos\beta}$$

$$h=\sqrt{\left(\frac{D}{2}+L_1\right)^2+\left(H_2-\frac{D}{2}\sin\beta\right)^2}$$

$$a_i=\sqrt{\left(L_1+\frac{D}{2}\cos\alpha_i\right)^2+\left(\frac{W}{2}-\frac{D}{2}\sin\alpha_i\right)^2+\left(H_2-\frac{D}{2}\cos\alpha_i\tan\beta\right)^2}$$

$$\left[i=0,1,\cdots,\left(\frac{a_s n}{360^\circ}\right)\right]$$

$$a_s=\sqrt{(L_1+\frac{D}{2}\cos\alpha_s)^2+(\frac{W}{2}-\frac{D}{2}\sin\alpha_s)^2+(H_2-\frac{D}{2}\cos\alpha_s\tan\beta)^2}$$

$$b_s=\sqrt{(L+L_1+\frac{D}{2}\cos\alpha_s)^2+(\frac{W}{2}-\frac{D}{2}\sin\alpha_s)^2+(H_2-\frac{D}{2}\cos\alpha_s\tan\beta)^2}$$

$$b_i=\sqrt{(L+L_1+\frac{D}{2}\cos\alpha_i)^2+(\frac{W}{2}-\frac{D}{2}\sin\alpha_i)^2+(H_2-\frac{D}{2}\cos\alpha_i\tan\beta)^2}$$

$$\left[i=\left(\frac{\alpha_s n}{360^\circ}\right)+1,\cdots,\frac{n}{2}\right]$$

式中　n——弯头上口圆周等分数量。

$[x]$——取整函数，即取 x 的整数部分，如$[2.98]=2$。

2. 举例

［**例**］ 已知圆顶矩形底两节弯头的尺寸为 $D=270$，$W=150$，$L=170$，$L_1=100$，$H_1=130$，$H_2=250$，$\beta=34^\circ$，计算展开数据。

［**解**］ 取 $n=12$，则等分角度 α_i 的计算增量为$\frac{360^\circ}{12}=30^\circ$。

$$L_2=250\times\cot 34^\circ=370.64$$

$$e=\sqrt{370.64^2+\frac{150^2}{4}}=378.15$$

$$\theta_1=\arcsin\frac{270}{2\times 378.15}=20.92^\circ$$

$$\theta_2=\arcsin\frac{150}{2\times 378.15}=11.44^\circ$$

$$\theta=20.92^\circ-11.44^\circ=9.48^\circ$$

$$\alpha_s=90^\circ-9.48^\circ=80.52^\circ$$

展开圆柱管：

$$E=3.1415926\times 270=848.23$$

$$m=\frac{848.23}{12}=70.69$$

$$s=\frac{3.1415926\times 270\times 9.48^{\circ}}{360^{\circ}}=22.34$$

$$f_0=\frac{270}{2}\times\cos 0^{\circ}\times\tan 34^{\circ}=91.06$$

$$f_1=\frac{270}{2}\times\cos 30^{\circ}\times\tan 34^{\circ}=78.86$$

$$f_2=\frac{270}{2}\times\cos 60^{\circ}\times\tan 34^{\circ}=45.53$$

$$f_3=\frac{270}{2}\times\cos 90^{\circ}\times\tan 34^{\circ}=0$$

$$f_s=\frac{270}{2}\times\cos 80.52^{\circ}\times\tan 34^{\circ}=15$$

展开连接管：

$$m_1=\frac{70.69}{\cos 34^{\circ}}=85.27$$

$$s_1=\frac{22.34}{\cos 34^{\circ}}=26.95$$

$$h=\sqrt{(\frac{270}{2}+100)^2+(250-\frac{270}{2}\times\sin 34^{\circ})^2}=292.71$$

$$[\frac{a_s n}{360^{\circ}}]=[\frac{80.52^{\circ}\times 12}{360^{\circ}}]=2$$

$$a_0=\left[(100+\frac{270}{2}\times\cos 0^{\circ})^2+(\frac{150}{2}-\frac{270}{2}\times\sin 0^{\circ})^2+(250-\frac{270}{2}\times\cos 0^{\circ}\times\tan 34^{\circ})^2\right]^{\frac{1}{2}}$$
$$=293.45$$

$$a_1=\left[(100+\frac{270}{2}\times\cos 30^{\circ})^2+(\frac{150}{2}-\frac{270}{2}\times\sin 30^{\circ})^2+(250-\frac{270}{2}\times\cos 30^{\circ}\times\tan 34^{\circ})^2\right]^{\frac{1}{2}}$$
$$=276.4$$

$$a_2=\left[(100+\frac{270}{2}\times\cos 60^{\circ})^2+(\frac{150}{2}-\frac{270}{2}\times\sin 60^{\circ})^2+(250-\right.$$

$$\frac{270}{2}\times\cos 60°\times\tan 34°)^2\Big]^{\frac{1}{2}}$$

$$=267.62$$

$$a_s=\Big[(100+\frac{270}{2}\times\cos 80.52°)^2+(\frac{150}{2}-\frac{270}{2}\times\sin 80.52°)^2+$$

$$(250-\frac{270}{2}\times\cos 80.52°\times\tan 34°)^2\Big]^{\frac{1}{2}}$$

$$=271.2$$

$$b_s=\Big[(170+100+\frac{270}{2}\times\cos 80.52°)^2+(\frac{150}{2}-\frac{270}{2}\times\sin 80.52°)^2+$$

$$(250-\frac{270}{2}\times\cos 80.52°\times\tan 34°)^2\Big]^{\frac{1}{2}}$$

$$=379.49$$

$$b_3=\Big[(170+100+\frac{270}{2}\times\cos 90°)^2+(\frac{150}{2}-\frac{270}{2}\times\sin 90°)^2+$$

$$(250-\frac{270}{2}\times\cos 90°\times\tan 34°)^2\Big]^{\frac{1}{2}}$$

$$=372.82$$

$$b_4=\Big[(170+100+\frac{270}{2}\times\cos 120°)^2+(\frac{150}{2}-\frac{270}{2}\times\sin 120°)^2+$$

$$(250-\frac{270}{2}\times\cos 120°\times\tan 34°)^2\Big]^{\frac{1}{2}}$$

$$=360.69$$

$$b_5=\Big[(170+100+\frac{270}{2}\times\cos 150°)^2+(\frac{150}{2}-\frac{270}{2}\times\sin 150°)^2+$$

$$(250-\frac{270}{2}\times\cos 150°\times\tan 34°)^2\Big]^{\frac{1}{2}}$$

$$=362.82$$

$$b_6=\Big[(170+100+\frac{270}{2}\times\cos 180°)^2+(\frac{150}{2}-\frac{270}{2}\times\sin 180°)^2+$$

$$(250-\frac{270}{2}\times\cos 180°\times\tan 34°)^2\Big]^{\frac{1}{2}}$$

$$=374.39$$

根据以上数据，可分别用平行线法和三角线法绘出圆柱管和连接管的展开图。

第五节　方矩锥管的展开计算

本节主要列举各种具有代表性的方矩锥管，开始几部分具体分析板厚处理的准则及计算公式，以此作为以下诸例的计算基准。计算格式按两种，第一种是折弯计算，第二种是切断计算，并给出展开图。

折弯计算时，一般应按里皮，但还要视加工手段而定。如手工折弯，方按里皮，成型后的尺度会偏小，因折不出设计的清角，此时应按板料折一个直角加 0.4δ（板厚）的新理论加一个值；如压力机折弯，在强大的压力作用下，方按里皮，成型后的尺度会正好（此理论解释为：压力机尖角镦压理论。此略）

切断连接有四种形式，为便于计算和同折弯计算互用，一律按里皮计算，如愿采用哪种连接形式，可在左右板上平行加出搭接量即可。

主视图按板厚画出，俯视图按里皮画出，以主视图为基准分出前、后、左、右四板，前、后板为里皮板，左、右板为搭接板。l_n'为投影长，l_n 为实长。

一、断面呈折线形板料构件计算（图 5－135）

在实际工作中，经常遇到不需切断而只需折成较清角构件。习惯的下料基准为里皮，但手工成型后的尺寸总是小些，板越厚误差越大，在实践中总结出如下计算公式，包括折成直角和任意角。

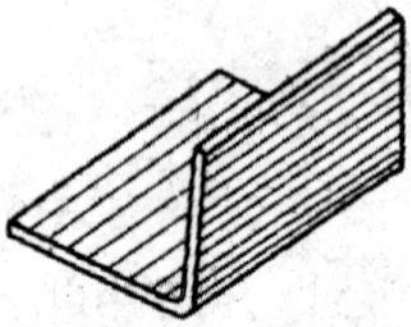

图 5-135 断面呈折线形板料构件立体图

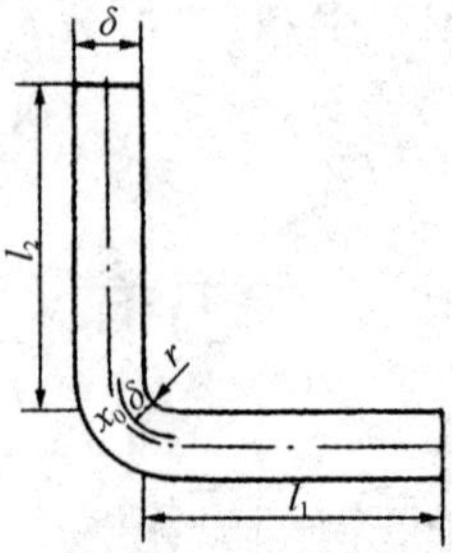

图 5-136 断面呈折线形板料构件计算原理图

1. 计算公式

(1) 折成直角

图 5-136 为计算原理图。

料长 $$L=l_1+l_2+0.4\delta$$

式中 l_1、l_2——里皮长；

δ——板厚。

表达式推导如下：

$$L=l_1+l_2-2r+\frac{\pi}{2}(r+x_0\delta)$$

对于折成较清单、双直角件，一般按 $r=0.5\delta\sim0.6\delta$ 计算，设 $r=0.5\delta$，即 $\frac{r}{\delta}=0.5$，查中性层系数表（表 5-14）得，$x_0=0.38$。

$$L=l_1+l_2-2\times0.5\delta+\frac{\pi}{2}(0.5\delta+0.38\delta)=l_1+l_2+0.4\delta$$

即按里皮计折一个直角加 0.4δ。

表 5-14 中性层位置移动系数表

$\frac{r}{\delta}$	0.1	0.25	0.5	1.0	2.0	3.0	4.0	4.0 以上
x_0	0.32	0.35	0.38	0.42	0.46	0.47	0.48	0.5

(2) 举例

图 5-137 为一塔内承料槽,用加热手工成型。

$$L=l_1+l_2+l_3+2\times0.4\delta$$
$$=(700-2\times12)+2\times(500-12)+2\times0.4\times12$$
$$=1\ 662(\text{mm})$$

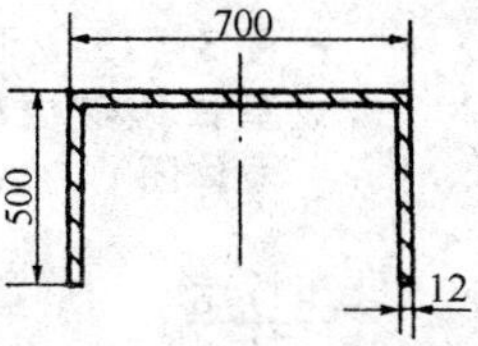

图 5-137　断面呈折线形板料构件双直角槽

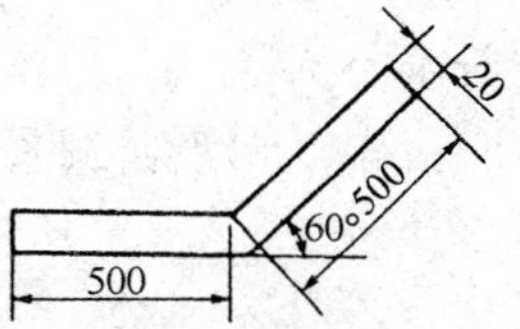

图 5-138　断面呈折线形板料构件折锐角扁钢

(3) 折成任意角

料长 $$L=l_1+l_2+\frac{\alpha}{90}\times0.4\delta$$

式中　l_1、l_2——里皮长;

α——扳折角度。

表达式推导如上,从略。

(4) 举例

图 5-138 为一加热手工折成 60°钢板

$$L=l_1+l_2+\frac{\alpha}{90}\times0.4\delta=500+500+\frac{2}{3}\times0.4\times20$$
$$=1\ 005.3(\text{mm})$$

2. 说明

本公式适用于板料和型钢手工折成的一切折线形构件,如平板折成矩形框、多边形框,内外煨角、槽钢矩形框,方矩锥管、天圆地方之方端等。

二、断面呈直曲线形板料构件展开计算（图 5－139）

上例介绍的是断面呈折线形构件，即内径 $r=0.5\delta$ 计算法，本例介绍 $r/\delta>0.5$ 及 $r/\delta<4$ 时断面呈直曲线形构件料计算方法，其优点是不用查表，至于 $\frac{r}{\delta}>4$ 时可按中径乘 π 计算之。

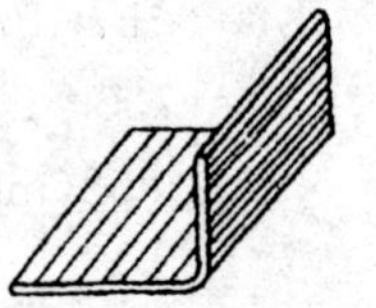

图 5－139 断面呈直曲线形板料构件立体图

1. 计算公式

图 5－140 为计算原理图。

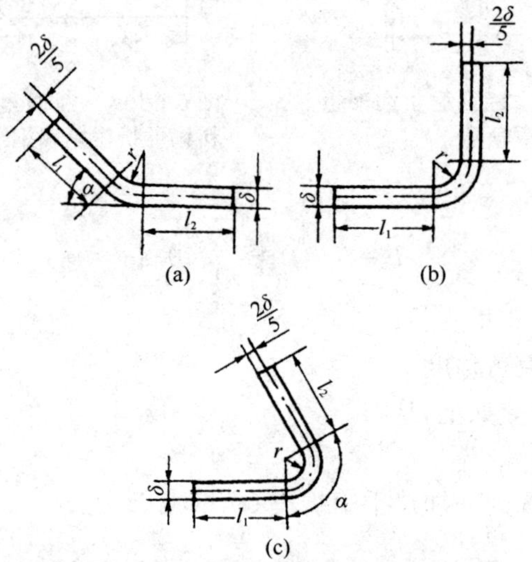

图 5－140 断面呈直曲线形板料构件计算原理图

$$L=l_1+l_2+\pi\left(r+\frac{2}{5}\delta\right)\frac{\alpha}{180}$$

式中 r——内皮弯曲半径；

α——扳折角度；

$\frac{2}{5}\delta$ 的来源：

对于 $\frac{r}{\delta}>0.5$ 及 $\frac{r}{\delta}<4$ 时的断面呈曲线板料构件，其中性层总在

中心径内侧，这是一条规律，但由于材质的不同、加工方法的不同，中性层位置各国试验数据也不一致，为便于现场使用，大约在板厚的$\frac{2}{5}$处是合理的。

2. 举例

［**例**］　图 5－141 为加热手工折成 110°板料构件，试计算料长。

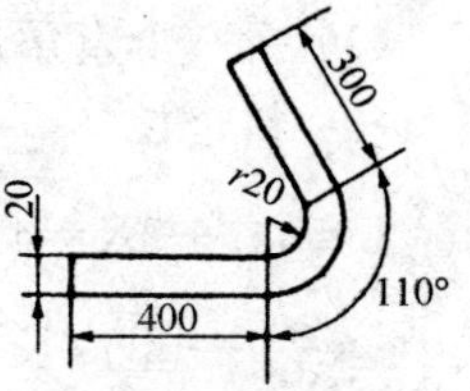

图 5－141　断面呈直曲线形板料折成钝角

［**解**］　$\frac{r}{\delta}=\frac{20}{20}=1$　在中性层范围

$$L=l_1+l_2+\pi(r+\frac{2}{5}\delta)\frac{\alpha}{180°}$$

$$=300+400+\pi\times(20+\frac{2}{5}\times20)\times\frac{110°}{180°}$$

$$=754(\text{mm})$$

三、正方连接管料计算（图 5－142）

图 5－142　正方连接管料立体图

叙述本例的目的是为以后的叙述打基础，可根据连接强度和设计要求灵活运用，以正确下料。

为叙述方便起见，一般上下方向为前后板，左右方向为左右板。

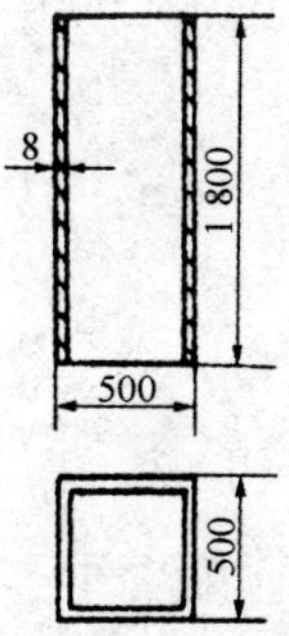

图 5－143　正方连接管施工图

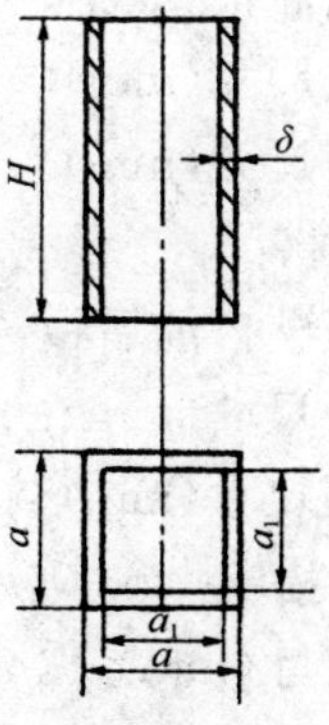

图 5－144　正方连接管计算原理图

图 5-143 为一正方连接管施工图，图 5-144 为计算原理图，图 5-145 为折弯计算展开图。

1. 折弯计算

(1) 折一个直角加量　$K=0.4\delta=0.4\times8=3.2$(mm)

(2) 料全长

$$L=4a_1+3K=4\times484+3\times3.2=1\,946(\text{mm})$$

式中　a_1——里皮长。

2. 切断计算

图 5-146 为切断连接的四种形式。

根据板厚和焊接强度决定连接形式，一般有以下四种。

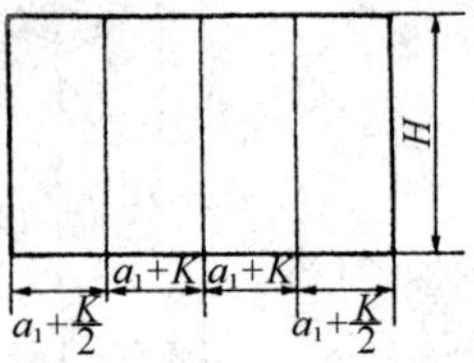

图 5-145　正方连接管折弯计算展开图

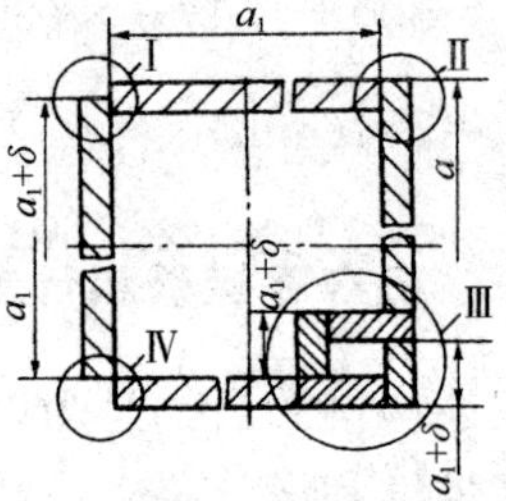

图 5-146　正方连接管连接形式

(1) 半搭

半搭前后板，如Ⅰ。

左右板尺寸(mm)　　$(a_1+\delta)\times H=(484+8)\times1\,800$

前后板尺寸(mm)　　$a_1\times H=484\times1\,800$

(2) 整搭

左右板整搭前后板，如Ⅱ。

左右板尺寸(mm)　　$a\times H=500\times1\,800$

前后板尺寸(mm)　　$a_1\times H=484\times1\,800$

(3) 互搭

四板尺寸(mm)　$(a_1+\delta)\times H=(484+8)\times1\,800$

（4）里皮连接

四板尺寸(mm)　$a_1 \times H = 484 \times 1\,800$

四、两端口平行且偏心正方管料计算(图 5－147)

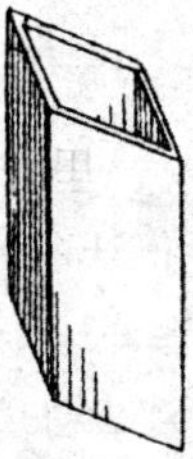

图 5－147　两端口平行且偏心正方管料立体图

1. 计算公式

图 5－148 为计算公式符号示意图。

（1）折弯计算

图 5－149 为折弯展开图。

① 折一个角加量　$K = 0.4\delta$

② 左右板长　$l_1 = \sqrt{e^2 + H^2}$

式中　e——偏心距。

③ 前后板对角线

$$l_2 = \sqrt{(e - a_1)^2 + H^2}$$

式中　H——里皮高；

a_1——里皮长。

左右板对角线　$l_3 = \sqrt{(e - a_1)^2 + a_1^2 + H^2}$

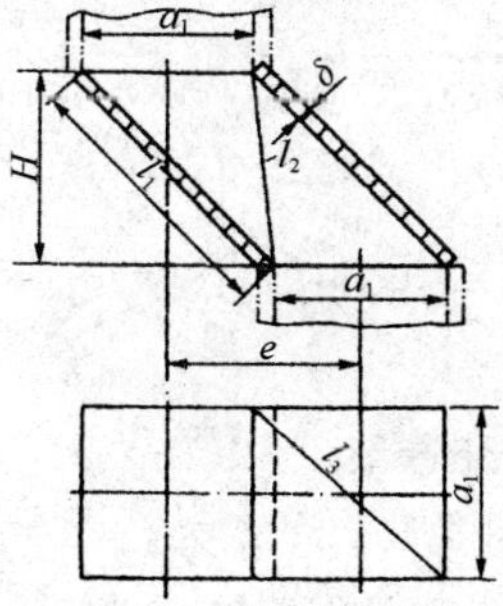

图 5－148　两端口平行且偏心正方管料计算公式符号示意图

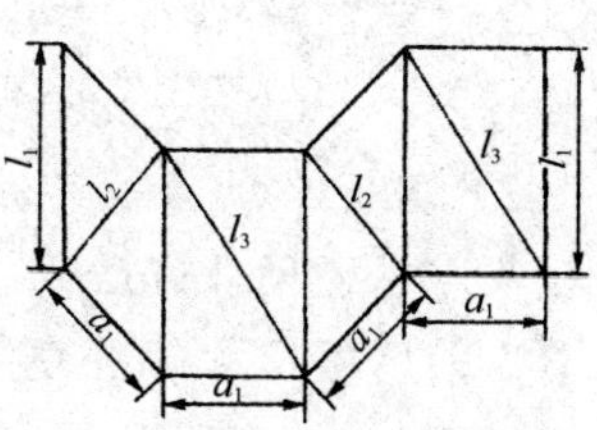

图 5－149　两端口平行且偏心正方管料折弯展开图

（2）切断计算

图 5－150 为切断展开图以整搭连接计算之。

① 左右板尺寸　$l_1 \times l_3 \times a$

式中　a——外皮长。

② 前后板尺寸　$l_1 \times l_2 \times a_1$

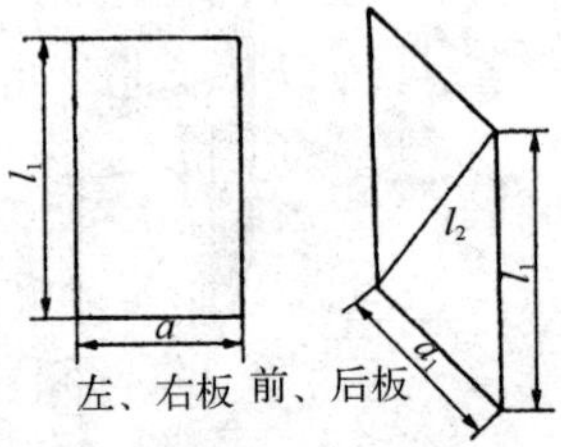

图 5－150　两端口平行且偏心正方管料切断展开图

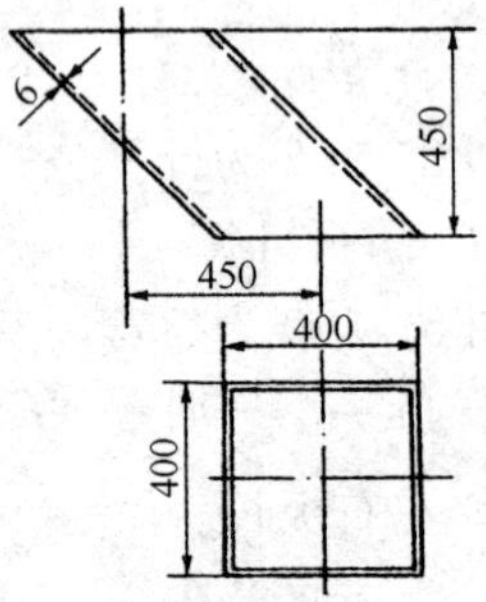

图 5－151　两端口平行且偏心方管施工图

2. 举例

图 5－151 为一偏心方管施工图。

(1) 折弯计算

① 折一个角加量　$K=0.4\delta=0.4\times6=2.4$(mm)

② $l_1=\sqrt{e^2+H^2}=\sqrt{450^2+450^2}=636$(mm)

③ $l_2=\sqrt{(e-a_1)^2+H^2}=\sqrt{(450-388)^2+450^2}=454$(mm)

④ $l_3=\sqrt{(e-a_1)^2+a_1^2+H^2}$

$=\sqrt{(450-388)^2+388^2+450^2}=597$(mm)

(2) 切断计算

① 左右板尺寸(mm)　$l_1\times l_3\times a=636\times597\times400$

② 前后板尺寸(mm)　$l_1\times l_2\times a_1=636\times454\times388$

五、正心方矩锥管料计算(图 5－152)

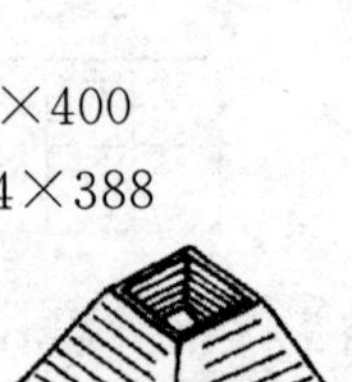

图 5－152　正心方矩锥管料立体图

1. 计算公式

图 5－153 为计算公式符号示意图。

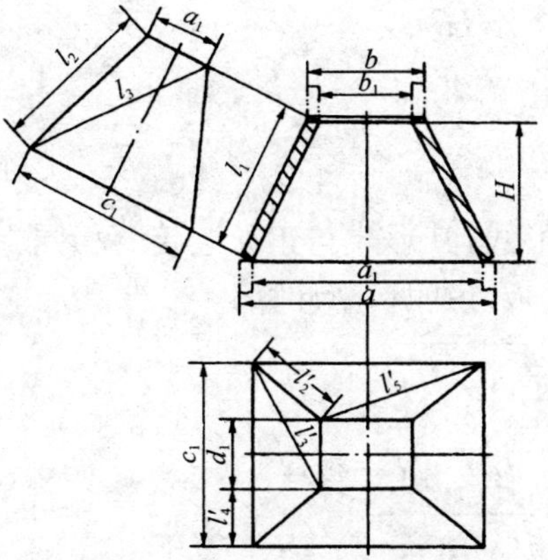

图 5－153　正心方矩锥管料计算公式符号示意图

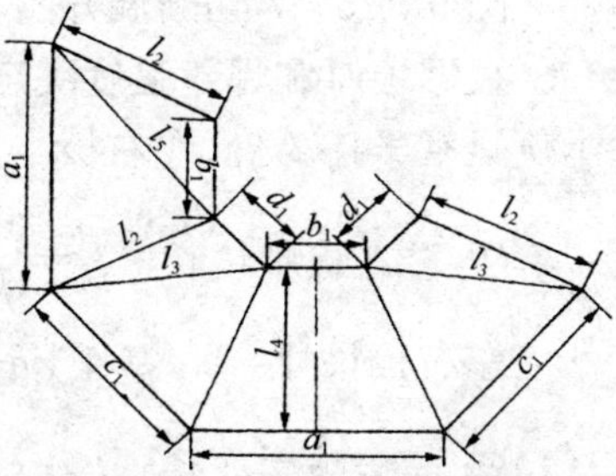

图 5－154　正心方矩锥管料折弯展开图

(1) 折弯计算

图 5－154 为折弯展开图。

① 左右板中线长

$$l_1=\sqrt{(\frac{a_1-b_1}{2})^2+H^2}$$

式中　a_1、b_1——分别为前后板大、小端里皮长；

H——大小端里皮间垂直距离。

② 左右板棱线　$l_2=\sqrt{(\frac{c_1-d_1}{2})^2+(\frac{a_1-b_1}{2})^2+H^2}$

式中　c_1、d_1——分别为左右板大小端里皮长。

③ 左右板对角线

$$l_3=\sqrt{(c_1-\frac{c_1-d_1}{2})^2+(\frac{a_1-b_1}{2})^2+H^2}$$

④ 前后板中线　$l_4=\sqrt{(\frac{c_1-d_1}{2})^2+H^2}$

⑤ 前后板对角线

$$l_5=\sqrt{(a_1-\frac{a_1-b_1}{2})^2+(\frac{c_1-d_1}{2})^2+H^2}$$

(2) 切断计算

图 5－155 为切断展开图。

根据板厚和焊缝强度决定连接形式，其形式与正方连接管相同。本例只举半搭为例（左右板半搭前后板）说明切断计算。

① 左右板中线长　$l_1=\sqrt{(\frac{a_1-b_1}{2})^2+H^2}$

左右板尺寸　$l_1\times(c_1+\delta)\times(d_1+\delta)$　（δ＝板厚）

② 前后板中线长　$l_4=\sqrt{(\frac{c_1-d_1}{2})^2+H^2}$

前后板尺寸　$l_4\times a_1\times b_1$

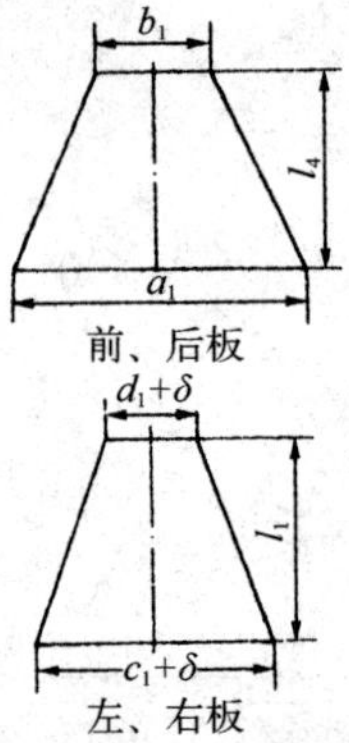

图 5－155　正心方矩大小口连接管切断展开图

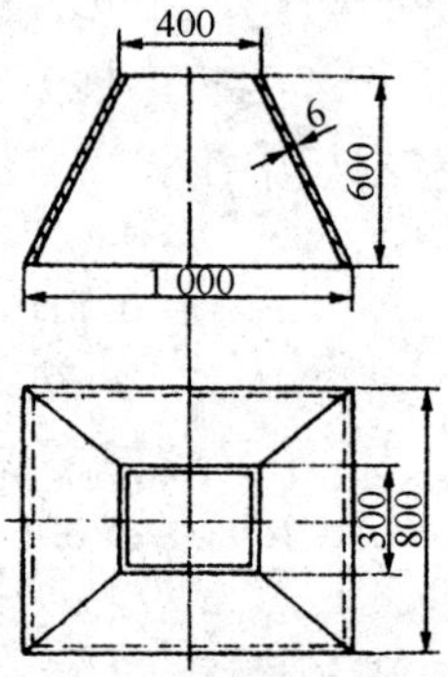

图 5－156　正心方矩大小口连接管施工图

2. 举例

图 5－156 为一正心方矩大小口连接管施工图。

(1) 折弯计算

① $l_1=\sqrt{(\frac{a_1-b_1}{2})^2+H^2}=\sqrt{(\frac{988-388}{2})^2+600^2}$

$=671(\text{mm})$

② $l_2=\sqrt{(\frac{c_1-d_1}{2})^2+(\frac{a_1-b_1}{2})^2+H^2}$

$=\sqrt{(\frac{788-288}{2})^2+(\frac{988-388}{2})^2+600^2}$

$=716(\text{mm})$

③ $l_3=\sqrt{(c_1-\frac{c_1-d_1}{2})^2+(\frac{a_1-b_1}{2})^2+H^2}$

$=\sqrt{(788-\frac{788-288}{2})^2+(\frac{988-388}{2})^2+600^2}$

$=860(\text{mm})$

④ $l_4=\sqrt{(\frac{c_1-d_1}{2})^2+H^2}=\sqrt{(\frac{788-288}{2})^2+600^2}$

$=650(\text{mm})$

⑤ $l_5=\sqrt{(a_1-\frac{a_1-b_1}{2})^2+(\frac{c_1-d_1}{2})^2+H^2}$

$=\sqrt{(988-\frac{988-388}{2})^2+(\frac{788-288}{2})^2+600^2}$

$=947(\text{mm})$

(2) 切断计算

① $l_1=\sqrt{(\frac{a_1-b_1}{2})^2+H^2}=\sqrt{(\frac{988-388}{2})^2+600^2}$

$=671(\text{mm})$

左右板尺寸(mm)

$l_1(c_1+\delta)\times(d_1+\delta)=671\times794\times294$

② $l_4=\sqrt{(\frac{c_1-d_1}{2})^2+H^2}=\sqrt{(\frac{788-288}{2})^2+600^2}$

$=650(\text{mm})$

前后板尺寸(mm)

$l_4\times a_1\times b_1=650\times988\times388$

六、两端口平行单偏心方矩锥管料计算(图 5－157)

1. 计算公式

图 5－158 为计算公式符号示意图。

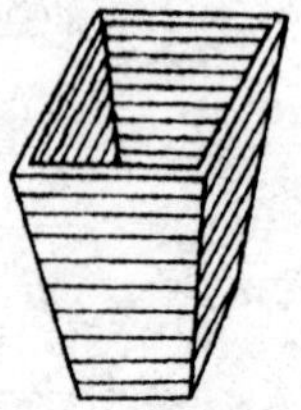

图 5－157　两端口平行单偏心方矩锥管料立体图

(1) 折弯计算

图 5－159 为折弯展开图。

① 左板中线长

$$l_1=\sqrt{\left(e+\frac{b_1-a_1}{2}\right)^2+H^2}$$

② 右板中线长

$$l_2=\sqrt{\left(e+\frac{a_1-b_1}{2}\right)^2+H^2}$$

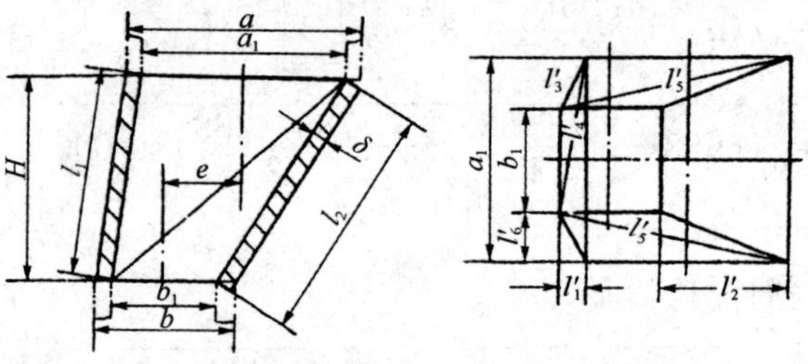

图－158　两端口平行单偏心方矩锥管料计算公式符号示意图

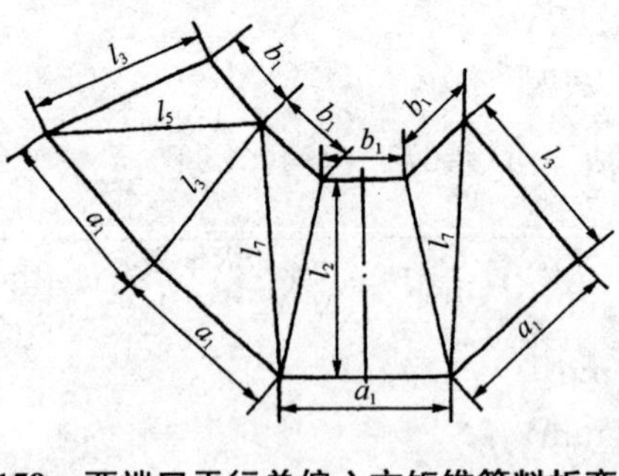

图 5－159　两端口平行单偏心方矩锥管料折弯展开图

③ 左板棱线长

$$l_3=\sqrt{(\frac{a_1-b_1}{2})^2+(e+\frac{b_1-a_1}{2})^2+H^2}$$

④ 左板对角线

$$l_4=\sqrt{(e+\frac{b_1-a_1}{2})^2+(a_1-\frac{a_1-b_1}{2})^2+H^2}$$

⑤ 前后板对角线

$$l_5=\sqrt{(e+\frac{a_1+b_1}{2})^2+(\frac{a_1-b_1}{2})^2+H^2}$$

(2) 切断计算

图 5 - 160 为切断展开图，以整搭计算之。

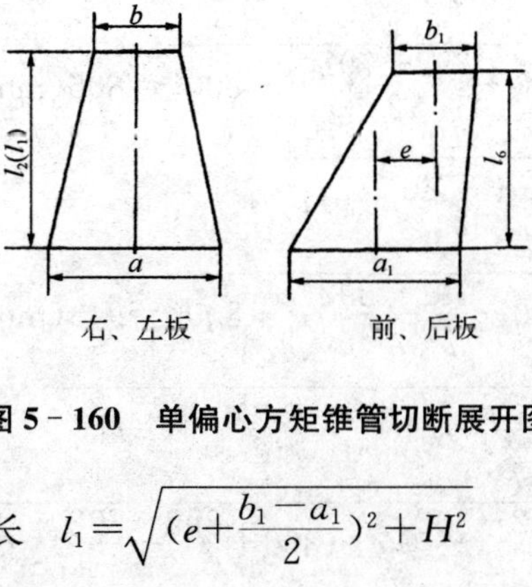

图 5 - 160　单偏心方矩锥管切断展开图

① 左板中线长　$l_1=\sqrt{(e+\frac{b_1-a_1}{2})^2+H^2}$

② 右板中线长　$l_2=\sqrt{(e+\frac{a_1-b_1}{2})^2+H^2}$

③ 前后板中线长　$l_6=\sqrt{(\frac{a_1-b_1}{2})^2+H^2}$

④ 左板尺寸　$l_1\times a\times b$

式中　a、b——外皮长。

⑤ 右板尺寸　$l_2 \times a \times b$

⑥ 前后板尺寸　$l_6 \times e \times a_1 \times b_1$

2. 举例

图 5-161 为单偏心方矩锥管施工图。

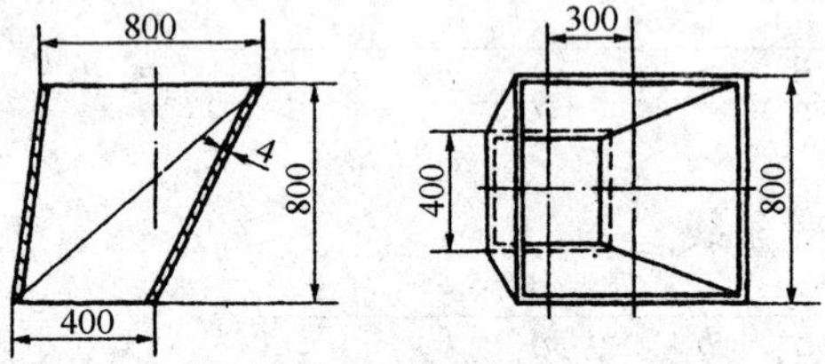

图 5-161　单偏心方矩锥管施工图

(1) 折弯计算

① $l_1 = \sqrt{(e + \frac{b_1 - a_1}{2})^2 + H^2}$

$= \sqrt{(300 + \frac{392 - 792}{2})^2 + 800^2} = 806(\text{mm})$

② $l_2 = \sqrt{(e + \frac{a_1 - b_1}{2})^2 + H^2}$

$= \sqrt{(300 + \frac{792 - 392}{2})^2 + 800^2} = 943(\text{mm})$

③ $l_3 = \sqrt{(\frac{a_1 - b_1}{2})^2 + (e + \frac{b_1 - a_1}{2})^2 + H^2}$

$= \sqrt{(\frac{792 - 392}{2})^2 + (300 + \frac{392 - 792}{2})^2 + 800^2}$

$= 831(\text{mm})$

④ $l_4 = \sqrt{(e + \frac{b_1 - a_1}{2})^2 + (a_1 - \frac{a_1 - b_1}{2})^2 + H^2}$

$= \sqrt{(300 + \frac{392 - 792}{2})^2 + (792 - \frac{792 - 392}{2})^2 + 800^2}$

$= 1\,000(\text{mm})$

⑤ $l_5=\sqrt{(e+\frac{a_1+b_1}{2})^2+(\frac{a_1-b_1}{2})^2+H^2}$

$=\sqrt{(300+\frac{792+392}{2})^2+(\frac{792-392}{2})^2+800^2}$

$=1\,215$(mm)

(2) 切断计算(整搭)

① $l_1=\sqrt{(e+\frac{b_1-a_1}{2})^2+H^2}$

$=\sqrt{(300+\frac{392-792}{2})^2+800^2}=806$(mm)

② $l_2=\sqrt{(e+\frac{a_1-b_1}{2})^2+H^2}$

$=\sqrt{(300+\frac{792-392}{2})^2+800^2}=943$(mm)

③ $l_6=\sqrt{(\frac{a_1-b_1}{2})^2+H^2}=\sqrt{(\frac{792-392}{2})^2+800^2}$

$=825$(mm)

④ 左板尺寸(mm)

$l_1\times a\times b=806\times800\times400$

⑤ 右板尺寸(mm)

$l_2\times a\times b=943\times800\times400$

⑥ 前后板尺寸(mm)

$l_6\times e\times a_1\times b_1=825\times300\times792\times392$

七、两端口相交方矩锥管料计算(图 5-162)

图 5-162 两端口相交方矩锥管料立体图

1. 计算公式

图 5-163 为计算公式符号示意图。

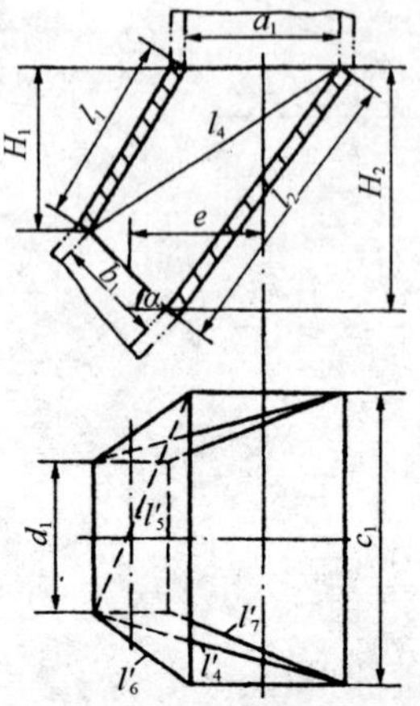

图 5－163　两端口相交方矩锥管料计算公式符号示意图

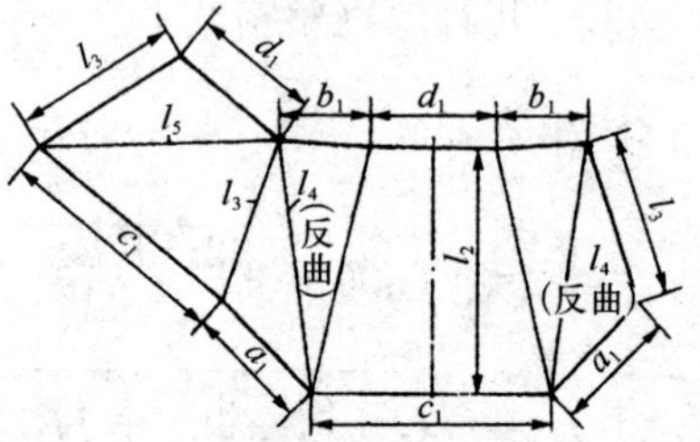

图 5－164　两端口相交方矩锥管折弯展开图

(1) 折弯计算

图 5－164 为折弯展开图。

① 右板中线长

$$l_2=\sqrt{(e+\frac{a_1}{2}-\frac{b_1\cos\alpha}{2})^2+H_2^2}$$

② 左板棱线长

$$l_3=\sqrt{(e+\frac{b_1\cos\alpha}{2}-\frac{a_1}{2})^2+(\frac{c_1-d_1}{2})^2+H_1^2}$$

③ 前后板对角线长

$$l_4=\sqrt{(e+\frac{a_1}{2}+\frac{b_1\cos\alpha}{2})^2+(\frac{c_1-d_1}{2})^2+H_1^2}$$

④ 左侧板对角线长

$$l_5=\sqrt{(\frac{c_1+d_1}{2})^2+(e+\frac{b_1\cos\alpha}{2}-\frac{a_1}{2})^2+H_1^2}$$

(2) 切断计算

图 5－165 为切断展开图，以里皮连接计算之。

① 左板中线长　$l_1=\sqrt{(e+\frac{b_1\cos\alpha}{2}-\frac{a_1}{2})^2+H_1^2}$

② 右板中线长 l_2 与折弯计算相同。

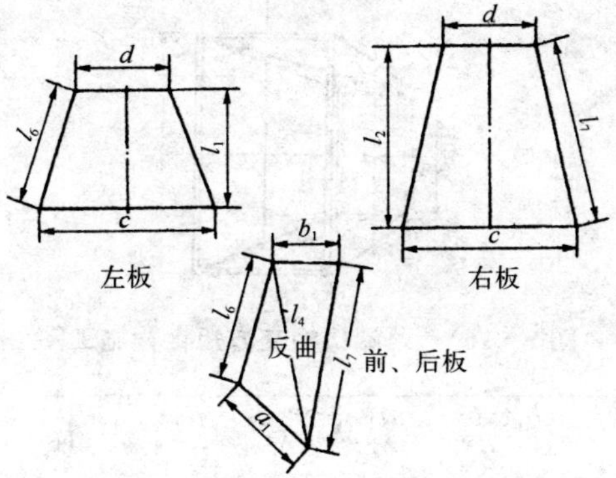

图 5－165　两端口相交方矩锥管切断展开图

③ 前后板对角线 l_4 与折弯计算相同。

④ 左板尺寸　$l_1\times c_1\times d_1$

⑤ 右板尺寸　$l_2\times c_1\times d_1$

⑥ 前后板尺寸　$l_4\times l_6\times l_7\times a_1\times b_1$

以上式中　e——横向偏心；

a_1、b_1、c_1、d_1——里皮长；

α——下端倾斜角；

H_1、H_2——左右侧高。

2. 举例

图 5－166 为一两端口相交方矩锥管(皮带机下料斗)施工图。

(1) 折弯计算

① $l_2=\sqrt{(\frac{a_1}{2}+e-\frac{b_1\cos\alpha}{2})^2+H_2^2}$

$=\sqrt{385^2+540^2}=663(\text{mm})$

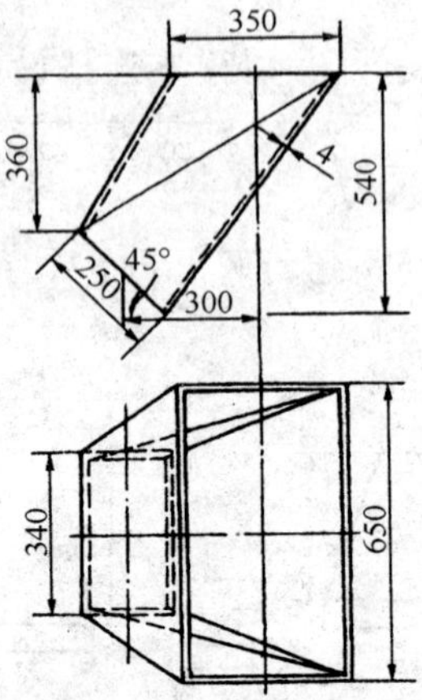

图 5-166 两端口相交方矩锥管施工图

② $l_3=\sqrt{(e+\frac{b_1\cos\alpha}{2}-\frac{a_1}{2})^2+(\frac{c_1-d_1}{2})^2+H_1^2}$

$=\sqrt{(300+86-171)^2+155^2+360^2}=447(\text{mm})$

③ $l_4=\sqrt{(\frac{a_1}{2}+e+\frac{b_1\cos\alpha}{2})^2+(\frac{c_1-d_1}{2})^2+H_1^2}$

$=\sqrt{557^2+155^2+360^2}=681(\text{mm})$

④ $l_5=\sqrt{(\frac{c_1+d_1}{2})^2+(e+\frac{b_1\cos\alpha}{2}-\frac{a_1}{2})^2+H_1^2}$

$=\sqrt{487^2+215^2+360^2}=643(\text{mm})$

(2) 切断计算，以里皮连接计算之

① $l_1=\sqrt{(e+\frac{b_1\cos\alpha}{2}-\frac{a_1}{2})^2+H_1^2}$

$=\sqrt{215^2+360^2}=419(\text{mm})$

② $l_2=663(\text{mm})$（同折弯计算）

③ $l_4=681(\text{mm})$（同折弯计算）

④ 左板尺寸(mm)　$l_1\times c_1\times d_1=419\times642\times332$

⑤ 右板尺寸(mm)　$l_2\times c_1\times d_1=663\times642\times332$

⑥ 前后板尺寸(mm)

$l_4 \times l_6 \times l_7 \times a_1 \times b_1 = 681 \times l_6 \times l_7 \times 342 \times 242$

l_6、l_7 下左右板后得出。

八、两端口相交且偏心方矩锥管料计算(图 5－167)

1. 计算公式

图 5－168 为计算公式符号示意图。

(1) 折弯计算

图 5－169 为折弯展开图。

① 右板中线长

$$l_2 = \sqrt{\left(e + \frac{a_1}{2} - \frac{b_1 \cos \alpha}{2}\right)^2 + H_2^2}$$

图 5－167 两端口相交且偏心方矩锥管料立体图

② 左板棱线长

$$l_3 = \sqrt{\left(e + \frac{b_1 \cos \alpha}{2} - \frac{a_1}{2}\right)^2 + \left(f + \frac{c_1 - d_1}{2}\right)^2 + H_1^2}$$

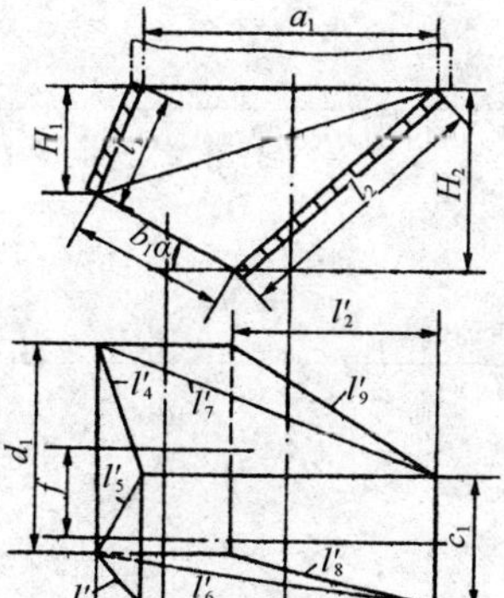

图5－168 两端口相交且偏心方矩锥管料计算公式符号示意图

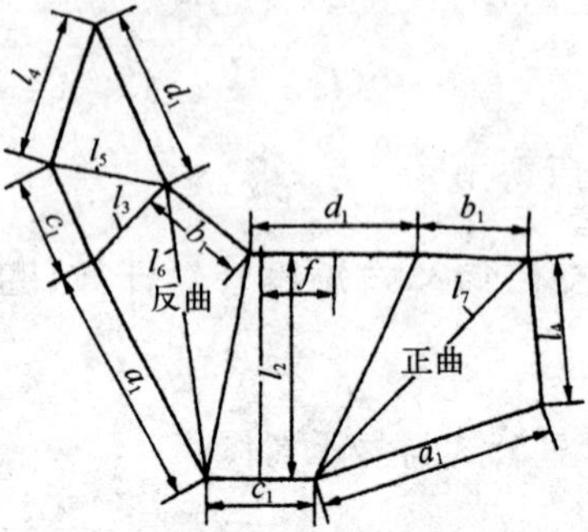

图 5-169　两端口相交且偏心方矩锥管料折弯展开图

③ 左板棱线长

$$l_4=\sqrt{(e+\frac{b_1\cos\alpha}{2}-\frac{a_1}{2})^2+(f+\frac{d_1-c_1}{2})^2+H_1^2}$$

式中　e——横向偏心；

f——纵向偏心；

a_1、b_1、c_1、d_1——里皮长；

H_1——短侧高。

④ 左板对角线

$$l_5=\sqrt{(e+\frac{b_1\cos\alpha}{2}-\frac{a_1}{2})^2+(\frac{d_1}{2}-f+\frac{c_1}{2})^2+H_1^2}$$

⑤ 前板对角线

$$l_6=\sqrt{(e+\frac{b_1\cos\alpha}{2}+\frac{a_1}{2})^2+(f+\frac{c_1-d_1}{2})^2+H_1^2}$$

⑥ 后板对角线

$$l_7=\sqrt{(e+\frac{b_1\cos\alpha}{2}+\frac{a_1}{2})^2+(f+\frac{d_1-c_1}{2})^2+H_1^2}$$

(2) 切断计算

图 5-170 为切断展开图，按里皮连接计算之。

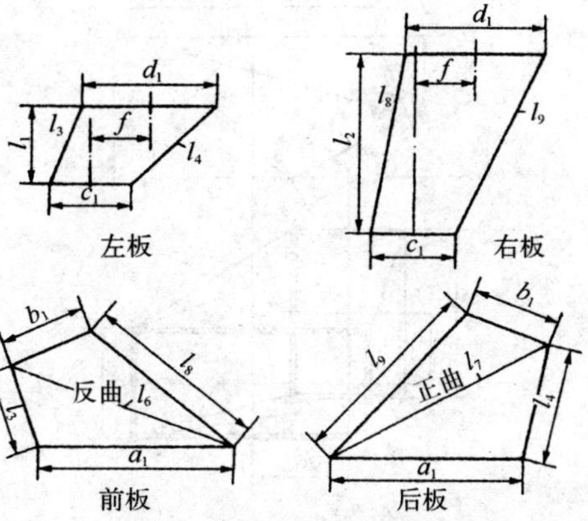

图 5－170　两端口相交且偏心方矩锥管料切断展开图

① 左板中线长　$l_1=\sqrt{(e+\frac{b_1\cos\alpha}{2}-\frac{a_1}{2})^2+H_1^2}$

② 右板中线长　l_2 与折弯计算相同。

③ 前板对角线　l_6 与折弯计算相同。

④ 后板对角线　l_7 与折弯计算相同。

⑤ 左板尺寸　$l_1\times f\times c_1\times d_1$

⑥ 右板尺寸　$l_2\times f\times c_1\times d_1$

⑦ 前板尺寸　$l_6\times l_3\times l_8\times a_1\times b_1$

⑧ 后板尺寸　$l_7\times l_4\times l_9\times a_1\times b_1$

2. 举例

图5-171为一两端口相交且偏心方矩锥管(皮带机下料斗)施工图。

(1) 折弯计算

① $l_2=\sqrt{(e+\frac{a_1}{2}-\frac{b_1\cos\alpha}{2})^2+H_2^2}$

$=\sqrt{438^2+394^2}=589(\text{mm})$

② $l_3=\sqrt{(e+\frac{b_1\cos\alpha}{2}-\frac{a_1}{2})^2+(f+\frac{c_1-d_1}{2})^2+H_1^2}$

$=\sqrt{92^2+114^2+230^2}=273(\text{mm})$

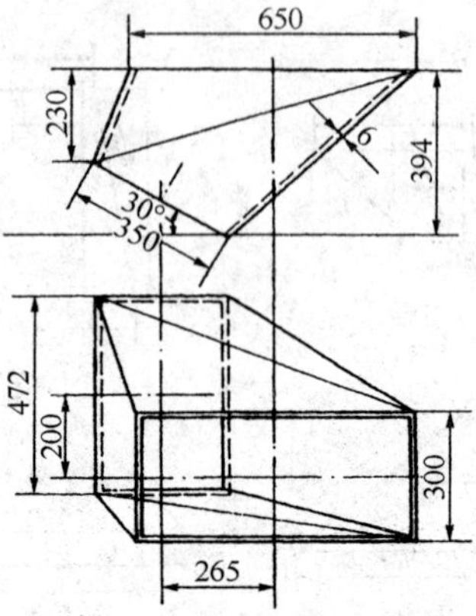

图 5-171 两端口相交且偏心方矩锥管施工图

③ $l_4=\sqrt{(e+\frac{b_1\cos\alpha}{2}-\frac{a_1}{2})^2+(f+\frac{d_1-c_1}{2})^2+H_1^2}$

$=\sqrt{92^2+286^2+230^2}=378(\text{mm})$

④ $l_5=\sqrt{(e+\frac{b_1\cos\alpha}{2}-\frac{a_1}{2})^2+(\frac{d_1}{2}-f+\frac{c_1}{2})^2+H_1^2}$

$=\sqrt{92^2+174^2+230^2}=303(\text{mm})$

⑤ $l_6=\sqrt{(e+\frac{b_1\cos\alpha}{2}+\frac{a_1}{2})^2+(f+\frac{c_1-d_1}{2})^2+H_1^2}$

$=\sqrt{730^2+114^2+230^2}=774(\text{mm})$

⑥ $l_7=\sqrt{(e+\frac{b_1\cos\alpha}{2}+\frac{a_1}{2})^2+(f+\frac{d_1-c_1}{2})^2+H_1^2}$

$=\sqrt{730^2+286^2+230^2}=817(\text{mm})$

(2) 切断计算(按里皮计算)

① $l_1=\sqrt{(e+\frac{b_1\cos\alpha}{2}-\frac{a_1}{2})^2+H_1^2}=\sqrt{92^2+230^2}$

$=248(\text{mm})$

② l_2、l_6、l_7 与折弯计算相同。

③ 左板尺寸(mm)

$l_1\times f\times c_1\times d_1=248\times200\times288\times460$

④ 右板尺寸(mm)

$l_2 \times f \times c_1 \times d_1 = 589 \times 200 \times 288 \times 460$

⑤ 前板尺寸(mm)

$l_6 \times l_3 \times l_8 \times a_1 \times b_1 = 774 \times l_3 \times l_8 \times 638 \times 338$

l_3、l_8 作左右板时得出。

⑥ 后板尺寸(mm)

$l_7 \times l_4 \times l_9 \times a_1 \times b_1 = 817 \times l_4 \times l_9 \times 638 \times 338$

l_4、l_9 作左右板时得出。

九、斜底方矩锥管料计算(图 5－172)

图 5－172　斜底方矩锥管料立体图

图 5－173 为一斜底方矩锥管施工图，图 5－174 为计算原理图。

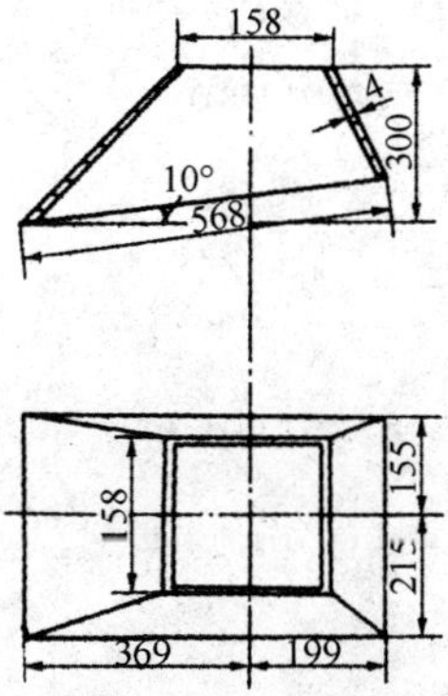

图 5－173　斜底方矩锥管施工图

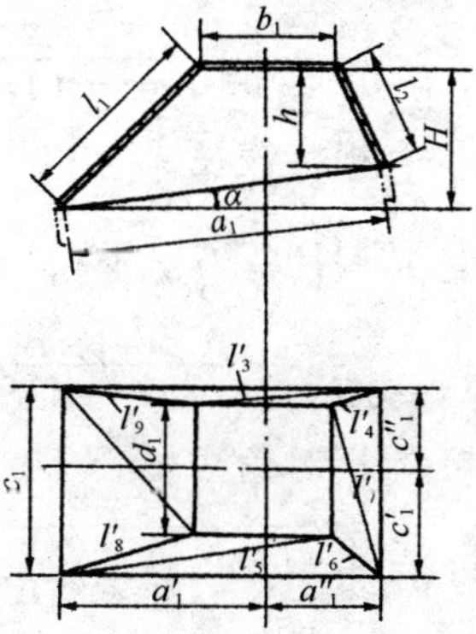

图 5－174　斜底方矩锥管料计算原理图

1. 折弯计算(见图 5－175)

① 左板中线长

$$l_1 = \sqrt{(a'_1 - \frac{b_1}{2})^2 + H^2}$$

$$= \sqrt{(365 - \frac{150}{2})^2 + 300^2}$$

$$= 417(\text{mm})$$

② 右板高　$h=H-a_1\cdot\sin\alpha=300-560\times\sin 10^\circ=203(\mathrm{mm})$

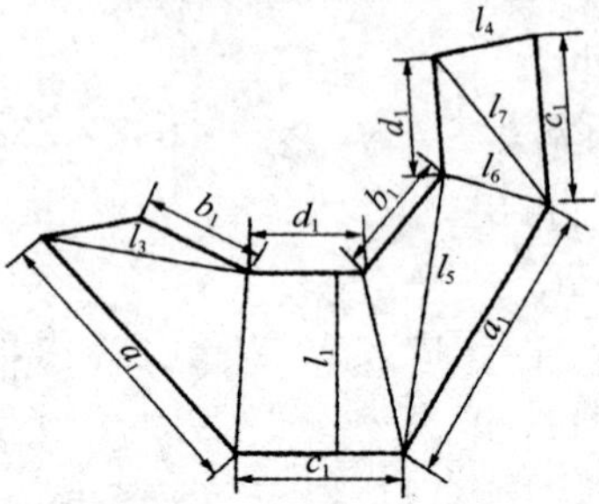

图 5－175　斜底方矩锥管料折弯展开图

③ 后板对角线长

$$l_3=\sqrt{(a_1''+\frac{b_1}{2})^2+(c_1''-\frac{d_1}{2})^2+h^2}$$

$$=\sqrt{(195+75)^2+(151-75)^2+203^2}=346(\mathrm{mm})$$

④ 右板棱线长

$$l_4=\sqrt{(c_1''-\frac{d_1}{2})^2+(a_1''-\frac{b_1}{2})^2+h^2}$$

$$=\sqrt{(211-75)^2+(195-75)^2+203^2}=245(\mathrm{mm})$$

⑤ 前板对角线长

$$l_5=\sqrt{(a_1'+\frac{b_1}{2})^2+(c_1'-\frac{d_1}{2})^2+H^2}$$

$$=\sqrt{(365+75)^2+(211-75)^2+300^2}=550(\mathrm{mm})$$

⑥ 前板棱线长

$$l_6=\sqrt{(c_1'-\frac{d_1}{2})^2+(a_1''-\frac{b_1}{2})^2+h^2}$$

$$=\sqrt{(211-75)^2+(195-75)^2+203^2}=245(\mathrm{mm})$$

⑦ 右板对角线长

$$l_7=\sqrt{(c_1'+\frac{d_1}{2})^2+(a_1''-\frac{b_1}{2})^2+h^2}$$

$=\sqrt{(211+75)^2+(195-75)^2+203^2}=351(\text{mm})$

2. 切断计算(以里皮连接计算之,见图 5－176)

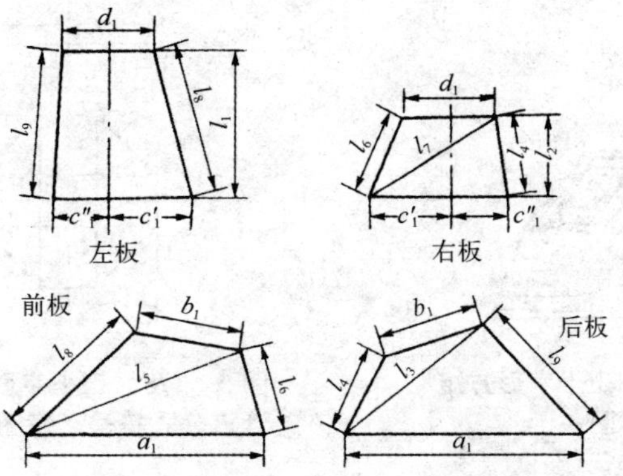

图 5－176　斜底方矩锥管料切断展开图

① l_1、l_3、l_5 与折弯计算相同

$l_1=417(\text{mm})$，$l_3=346(\text{mm})$，$l_5=550(\text{mm})$

② 右板中线长

$$l_2=\sqrt{(a_1''-\frac{b_1}{2})^2+h^2}=\sqrt{(195-75)^2+203^2}$$

$=204(\text{mm})$

③ 左板尺寸(mm)　$l_1\times c_1\times d_1=417\times 362\times 150$

④ 右板尺寸(mm)　$l_2\times c_1\times d_1=204\times 362\times 150$

⑤ 前板尺寸(mm)　$l_5\times l_6\times l_8\times a_1\times b_1=550\times l_6\times l_8\times 560\times 150$

⑥ 后板尺寸(mm)　$l_3\times l_4\times l_9\times a_1\times b_1=346\times l_4\times l_9\times 560\times 150$

l_6、l_8、l_4、l_9 作左右板时得出。

十、正十字形方矩锥管料计算(图 5－177)

1. 计算公式

图 5－178 为计算公式符号示意图。

图 5-177 正十字形方矩锥管料立体图

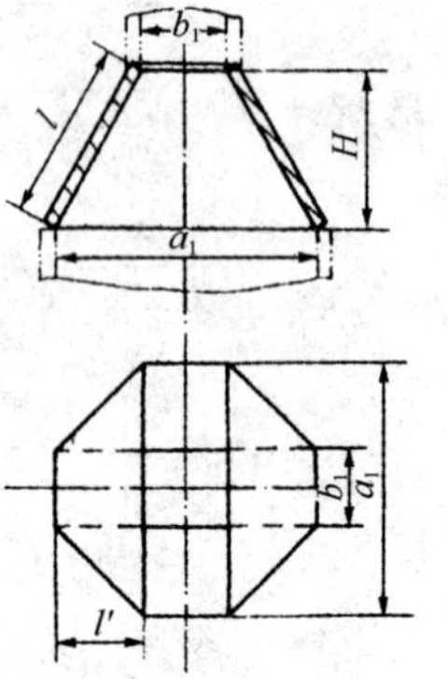

图 5-178 正十字形方矩锥管料计算公式符号示意图

(1) 折弯计算

图 5-179 为折弯展开图。

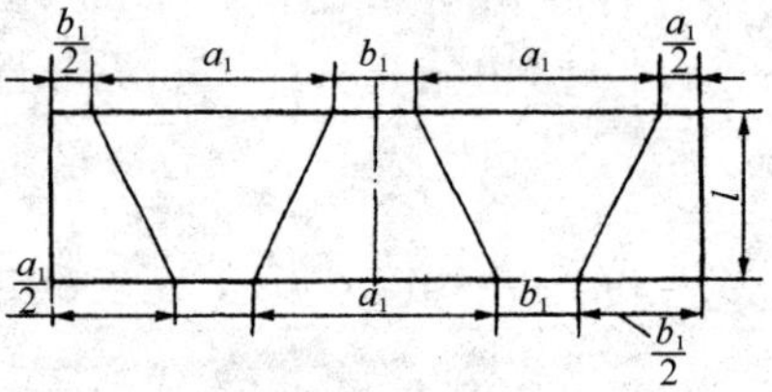

图 5-179 正十字形方矩锥管料折弯展开图

任一侧板中线实长

$$l=\sqrt{(\frac{a_1-b_1}{2})^2+H^2}$$

式中 a_1、b_1——里皮长；

H——里皮间距离。

(2) 切断计算

图 5-180 为切断展开图，以整搭(左右板整搭前后板)计算之。

左右板尺寸 $l\times a\times b$

式中 a、b——外皮长。

前后板尺寸 $l\times a_1\times b_1$

2. 举例

图 5－181 为风机与收尘箱体连接管(正十字形方矩锥管)施工图。

(1) 折弯计算

$$l=\sqrt{(\frac{a_1-b_1}{2})^2+H^2}=\sqrt{(\frac{558-188}{2})^2+340^2}$$

$$=395(\text{mm})$$

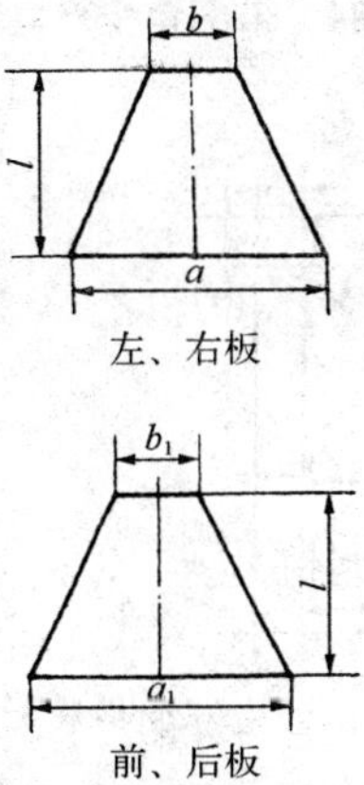

图 5－180　正十字形方矩锥管料切断展开图

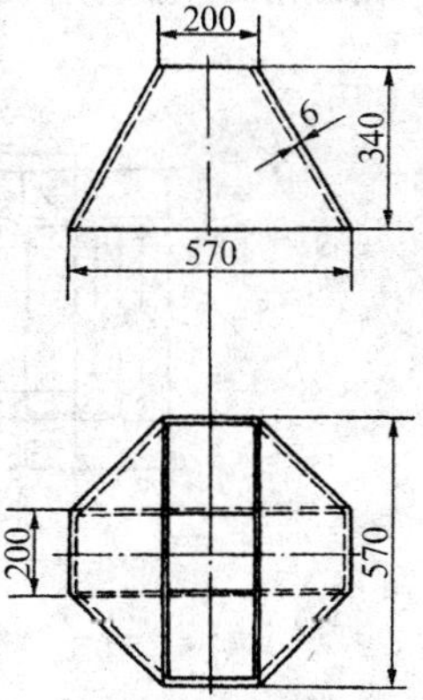

图 5－181　正十字形方矩锥管料施工图

(2) 切断计算

左右板尺寸(mm)　$l\times a\times b=395\times570\times200$

前后板尺寸(mm)　$l\times a_1\times b_1=395\times558\times188$

十一、带圆角矩形盒料计算(图 5－182)

此件一般用薄板制作,所以只按折弯计算叙述之。

图 5－183 为一带圆角矩形盒施工图,图 5－184 为计算原理图。图 5－185 为折弯展开图。

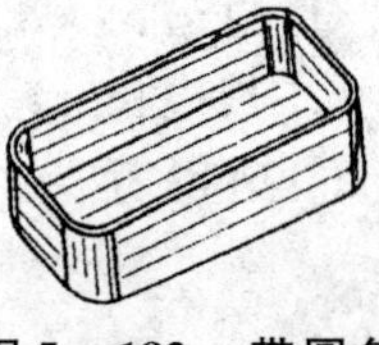

图 5－182　带圆角矩形盒料立体图

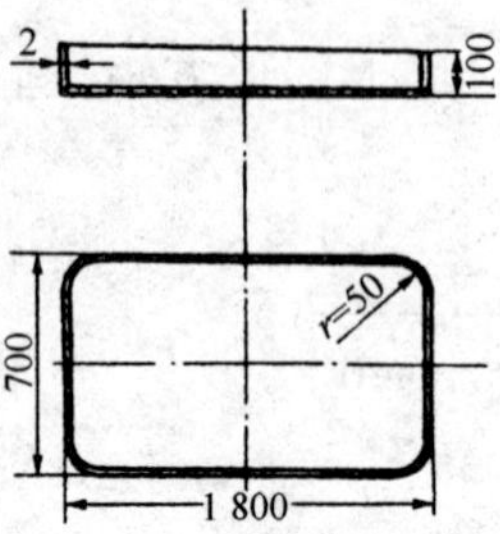

图 5－183 带圆角矩形盒料施工图

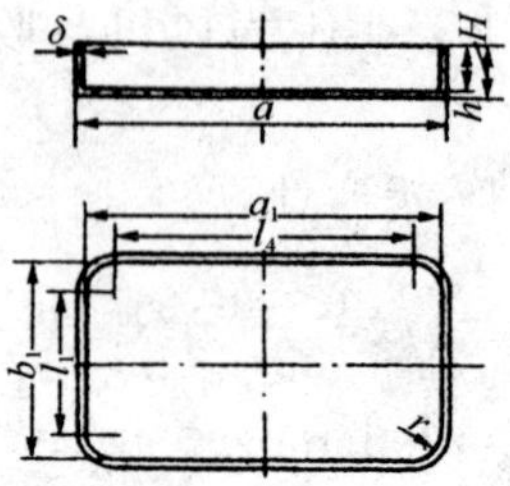

图 5－184 带圆角矩形盒料计算原理图

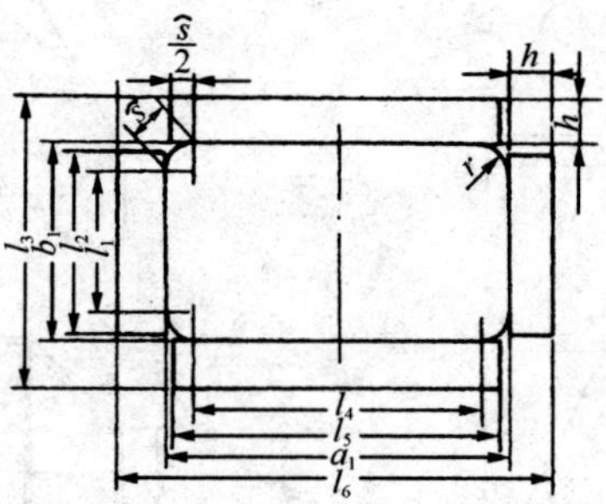

图 5－185 带圆角矩形盒料折弯展开图

1. 短端

① 圆角内皮弧长 $S=\frac{\pi r}{2}=\frac{\pi\times 50}{2}=79(\text{mm})$

② 直段长 $l_1=b_1+2r=696-100=596(\text{mm})$

③ 短边长 $l_2=l_1+S=596+79=675(\text{mm})$

④ 外沿宽 $l_3=b_1+2h=696+2\times 98=892(\text{mm})$

2. 长端

① 直边长 $l_4=a_1-2r=1\,796-100=1\,696(\text{mm})$

② 长边长 $l_5=l_4+S=1\,695+79=1\,774(\text{mm})$

③ 外沿宽 $l_6=a_1+2h=1\,796+2\times 98=1\,992(\text{mm})$

第六节　球面、螺旋曲面的展开计算

一、封头构件的计算展开

1. 小球体料计算(图 5－186)

小型球体的下料方法大致有二，一是半球法，即下成圆板压成两个半球；二是三瓣法，即将球体下成三个瓜瓣，三瓜瓣又有整瓜瓣和半瓜瓣之分，两端配以顶圆，下面举例说明。

图 5　186　小球体料立体图

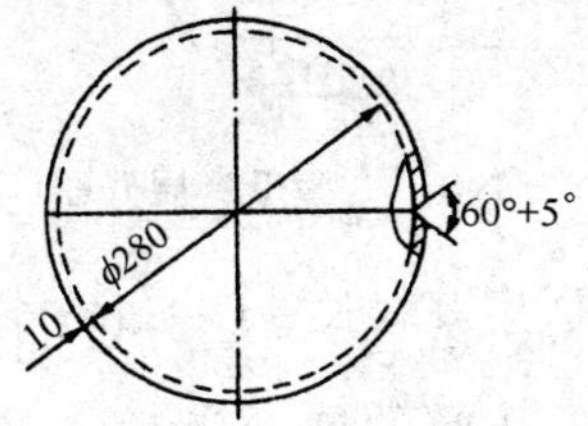

图 5－187　小型两瓣球体

1）半球法

如图 5－187 所示，为一球形结构球体，由于直径较小，下成两瓣为好，图 5－188 为展开图。

半球展开料直径 $D=\sqrt{8}R=\sqrt{8}\times145=410$(mm)(净料)。

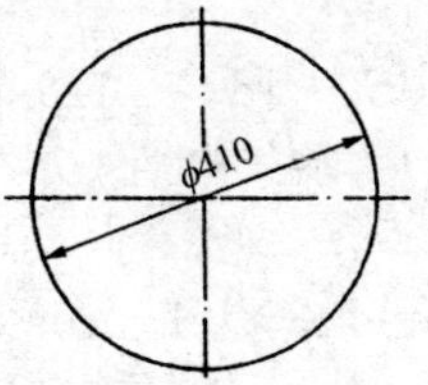

图 5－188　半球展开图(净料)

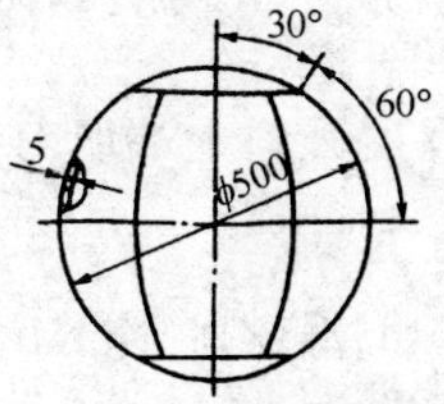

图 5－189　小型三瓣球体

2）三瓣法

如图 5－189 所示，为装饰用不锈钢球体，由于直径稍大，下成两半球具受限制，故下成三瓣，三瓣又分整三和半三两种，下面分别叙述。

(1) $\frac{1}{3}$整瓜瓣法(图 5－190 和图 5－191)

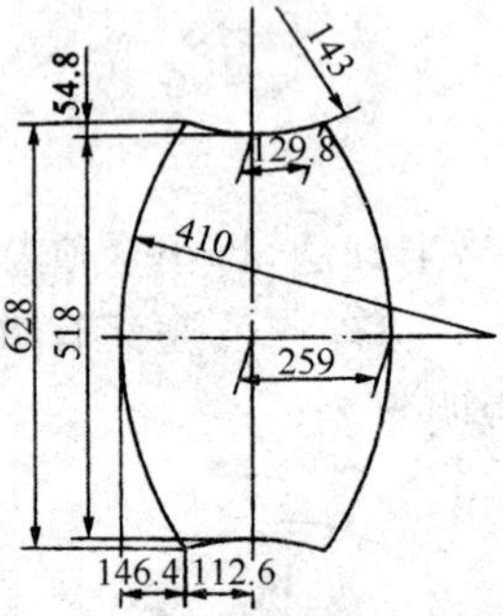

图 5－190　$\frac{1}{3}$整瓜瓣展开图(净料)

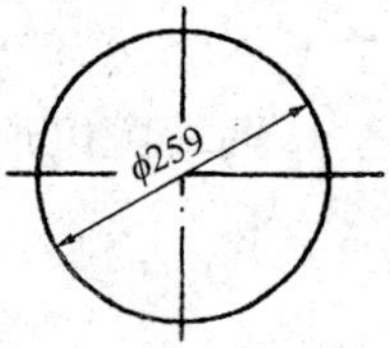

图 5－191　顶圆展开图(净料)

① 展开料长　$L=\pi R\cdot\frac{120°}{180°}=\pi\times247.5\times\frac{120°}{180°}=518(\text{mm})$

② 顶端的展开半径　$P_1=R\cdot\tan30°=247.5\times\tan30°=143(\text{mm})$

③ 顶圆处纬圆半径　$r=R\cdot\sin30°=247.5\times\sin30°=124(\text{mm})$

④ 上部$\frac{1}{2}$弧长　$S_1=\frac{\pi r}{n}=\pi\times124\div3=129.8(\text{mm})$

⑤ 赤道带$\frac{1}{2}$弧长　$S_2=\frac{\pi R}{n}=\pi\times247.5\div3=259(\text{mm})$

⑥ 展开料上端所对半圆心角　$\alpha_1=\frac{S_1\cdot180°}{\pi P_1}=\frac{129.8\times180°}{\pi\times143}=51.92°$

⑦ 上端弦高　$e=P_1\cdot(1-\cos\alpha_1)=143\times(1-\cos51.92°)=54.8(\text{mm})$

⑧ 上端半弦长　$B'=P_1\cdot\sin\alpha=143\times\sin51.92°=112.6(\text{mm})$

⑨ 两侧弧的展开半径　$P_2=\frac{B^2+4h^2}{8h}=\frac{628^2+4\times146.4^2}{8\times146.4}=$

410(mm)(相交弦定理)

以上式中　R——球体中半径；

n——球瓣等分数；

B——瓜瓣纵向弦长；

h——瓜瓣纵向弦高。

⑩ 顶圆净料展开直径　$D=\pi R\dfrac{60^\circ}{180^\circ}=259(\text{mm})$

(2) $\dfrac{1}{3}$半瓜瓣法

为了说明$\dfrac{1}{3}$整瓜瓣与$\dfrac{1}{3}$半瓜瓣下料的不同，仍利用图 5－189 进行说明。小端展开半径 P_1 是真正的展开半径，而大端的展开半径 P_2 不是真正的展开半径，压制成型后大端角部会缺角，其处理方法见图5－192。下面就角部的处理进行计算。

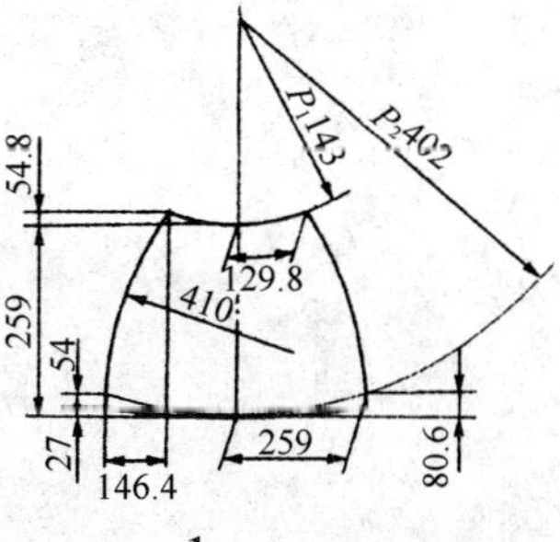

图 5－192　$\dfrac{1}{3}$半瓜瓣展开图(净料)

① 大端展开半径　$P_2=143+259=402(\text{mm})$

② 展开料大端半包角　$\alpha_2=\dfrac{S_2\cdot 180^\circ}{\pi\cdot P_2}=\dfrac{259\times 180^\circ}{\pi\times 402}=36.9^\circ$

③ 大端弦高　$h=P_2\cdot(1-\cos\alpha_2)=402\times(1-\cos 36.9^\circ)=80.6(\text{mm})$

由以上计算可得出，整瓜瓣和半瓜瓣角部高差为 80.6 mm，根据实践经验，瓜瓣宽度相对直径较大时，应加$\dfrac{2h}{3}$；较小时加$\dfrac{h}{2}$，具体加多少，要凭经验决定。对本例来讲，瓜瓣的相对宽度较大，应加$\frac{2h}{3}$等于54 mm为合适。

2. 整料压制半球形封头坯料直径计算（图5-193）

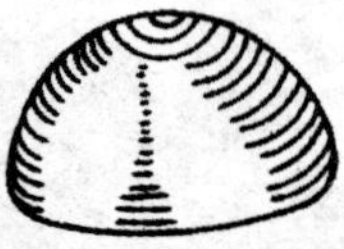

图 5-193 半球形封头坯料立体图

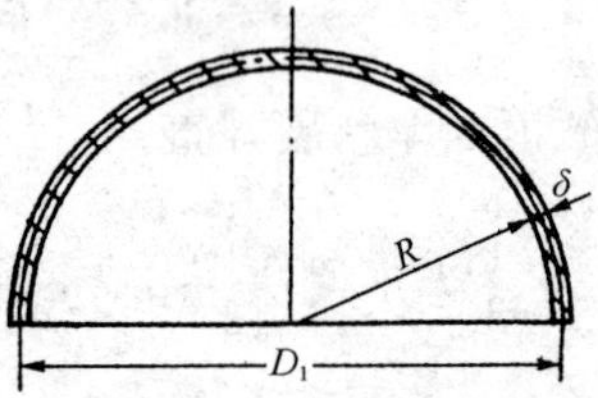

图 5-194 半球形封头坯料计算原理图

图5-194为计算原理图，并设：$D_1=752$ mm，$R=376$ mm，$\delta=10$ mm。

等面积坯料直径：

$$D=\sqrt{8}R=\sqrt{2}D_1=\sqrt{8}\times376=\sqrt{2}\times752=1\,063(\text{mm})$$

表达式推导如下：

$\because$ 坯料面积为 $\pi(\frac{D}{2})^2$

半球面积为 $2\pi R^2$

$\therefore \pi(\frac{D}{2})^2=2\pi R^2$，$\frac{D^2}{4}=2R^2$

$D=\sqrt{8}R=\sqrt{4\times2}\times R=\sqrt{2}D_1$

式中　D_1——中直径；

　　　R——中半径。

3. 大小半径椭圆形封头放样坯料直径计算

图5-195所示为大小半径椭圆形封头，已知尺寸为d、R、r、H、h及t。

坯料直径计算公式：

$$D=\frac{\pi\alpha}{180^\circ}(R-r)+\pi r+2hk+2\delta$$

$$\cos\frac{\alpha}{2}=\frac{R-H}{R-r}$$

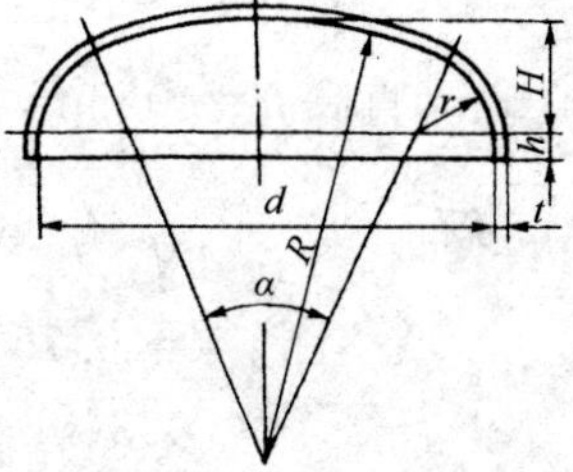

图 5-195　大小半径椭圆形封头

式中　k——冲压时金属拉伸系数，一般取 $k=0.75$。

δ——加工余量 mm。δ 按下列选择：

当 $t>25$ mm 时，取 $\delta=1$；

当 $t<25$ mm 时，取 $\delta=(1\sim2)t$(mm)。

［例］　设：已知椭圆形封头内径 $d=1\ 600$ mm，板厚 $t=12$ mm，里皮抛高 $H=400$ mm，直边 $h=40$ mm，$R=1\ 600$ mm，$r=160$ mm，试求坯料直径。

［解］　$t<25$ mm，取 $\delta=1.5t$。则 $\delta=1.5\times12=18$(mm)

$$\cos\frac{\alpha}{2}=\frac{1\ 600-400}{1\ 600-160}=0.833\ 3,\alpha=67.1^\circ$$

$$D=\frac{67.1^\circ\pi}{180^\circ}(1\ 600-160)+160\pi+2\times40\times0.75+2\times18=$$

2 285(mm)

4. 椭圆形封头坯料直径计算

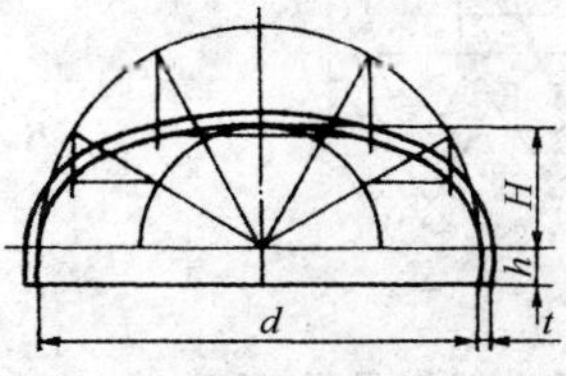

图 5-196　椭圆形封头

椭圆形封头是现场中经常遇到的一种产品，如图 5-196 所示。其坯料直径通常用近似计算法确定。

计算公式：

$$D=\frac{\pi}{4}\sqrt{2(d^2+4H^2)-(\frac{d}{2}-H)^2}+2hk$$

式中　d——椭圆形封头内径(mm)；

H——封头抛高(mm)；

h——封头直边高(mm)；

k——封头压延时拉伸系数，通常取 $k=0.75$。

［**例**］ 已知椭圆形封头内径 $d=2\ 400$ mm，抛高 $H=\frac{2\ 400}{4}=600$ mm，直高 $h=40$ mm，板厚 $t=14$ mm，试求坯料直径 D。

［**解**］ $$D=\frac{\pi}{4}\sqrt{2(2\ 400^2+4\times600^2)-\left(\frac{2\ 400}{2}-600\right)^2+2\times40\times0.75}$$
$$=3\ 003(\text{mm})$$

5. 瓜瓣标准椭圆封头料计算（图 5－197）

瓜瓣标准椭圆封头属不规则曲面，一直沿用放样法下料，此法费工费时。后来改用计算法，不但提高了工效，而且保证了质量。

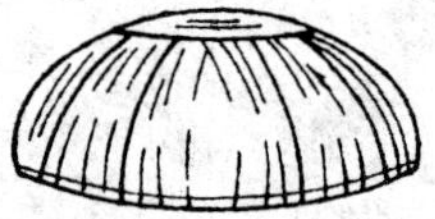

图 5－197 瓜瓣标准椭圆封头料立体图

(1) 计算公式

图 5－198 为计算公式符号示意图。

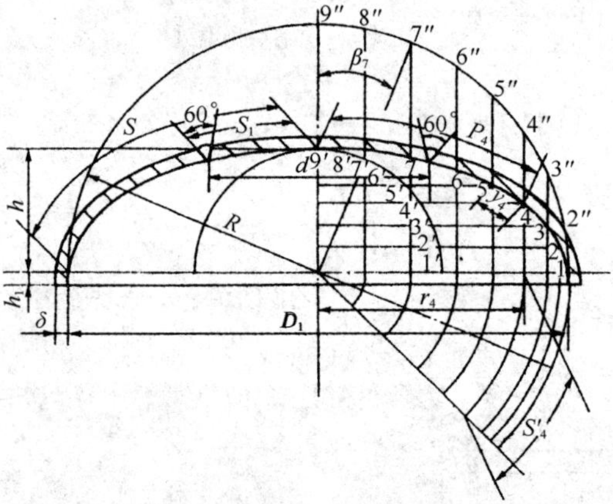

图 5－198 瓜瓣标准椭圆封头料计算公式符号示意图

图 5－199 为一扇展开图。

① 半封头料长

$$S=\frac{\pi}{4}\sqrt{2(R^2+h^2)-\left[\frac{(R-h)}{2}\right]^2}$$

式中 R——椭圆半长轴；

h——椭圆半短轴。

② 任两点间弦长 y_n

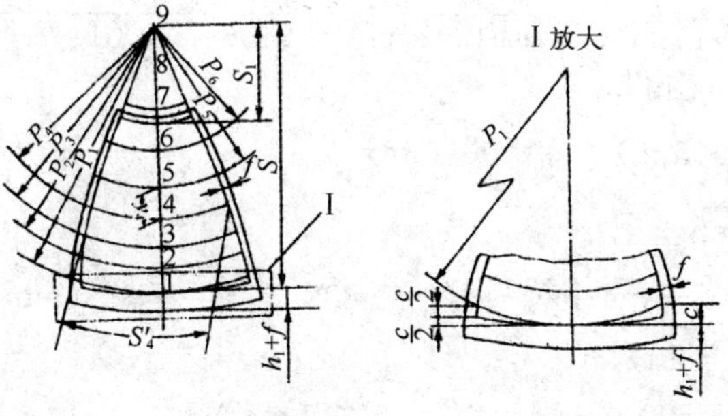

图 5－199　瓜瓣标准椭圆封头料一扇展开图

$$y_n=\sqrt{[R(\sin\beta_n-\sin\beta_{n+1})]^2+[h(\cos\beta_{n+1}-\cos\beta_n)]^2}$$

式中　n——椭圆周分点序号。

③ 任一点展开半径　$P_n=S-\sum_{j=1}^{n-1}l_n$

④ 任一点纬圆半径　$r_n=R\sin\beta_n$

⑤ 一扇弧状板各纬圆弧长　$S'_n=\dfrac{2\pi r_n}{m}$

式中　m——瓜瓣数。

⑥ 顶圆半弧长　$S_1=\dfrac{d}{2}+K$

式中　d——顶圆弦直径；

　　　K——10～15 mm。

(2) 举例

图 5－200 为一瓜瓣标准椭圆封头施工图，按$\dfrac{1}{8}$下料。

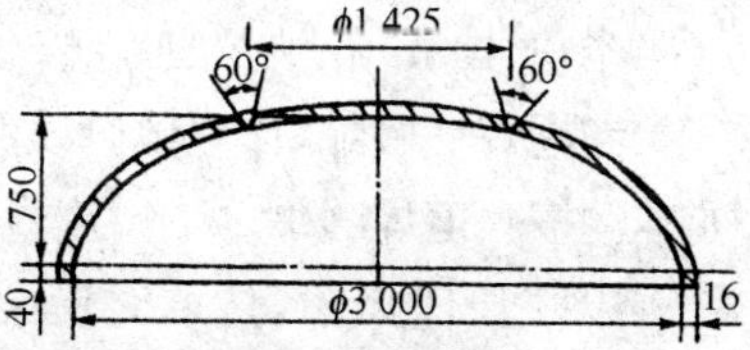

图 5－200　瓜瓣标准椭圆封头施工图

① $S=\dfrac{\pi}{4}\sqrt{2(R^2+h^2)-(\dfrac{(R-h)}{2})^2}$

$=\dfrac{\pi}{4}\times\sqrt{2\times(1\,500^2+750^2)-(\dfrac{(1\,500-750)}{2})^2}$

$=1\,839(\text{mm})$

② $y_n = \sqrt{[R(\sin\beta_n - \sin\beta_{n+1})]^2 + [h(\cos\beta_{n+1} - \cos\beta_n)]^2}$

如 $y_1 = \sqrt{[1\,500\times(\sin 90° - \sin 78.75°)]^2 + [750\times(\cos 78.75° - \cos 90°)]^2}$

$= 149(\text{mm})$

$y_2 = 165(\text{mm}), y_3 = 190(\text{mm})$

③ $P_n = S - \sum_{j=1}^{n-1} l_n$

如 $P_4 = S - (y_1 + y_2 + y_3) = 1\,839 - 504 = 1\,335(\text{mm})$

④ $r_n = R\sin\beta_n$

如 $r_4 = 1\,500\times\sin 56.25° = 1\,247(\text{mm})$

⑤ $S'_n = \dfrac{2\pi r_n}{m}$

如 $S'_4 = \dfrac{2\pi\times 1\,247}{8} = 979.5(\text{mm})$

⑥ $S_1 = \dfrac{d}{2} + K = (1\,425\div 2) + 10 = 722.5(\text{mm})$

(3) 说明

① 标准椭圆设计规范

$h = \dfrac{D_1}{4}$，$d \leqslant \dfrac{D_1}{2}$，$h_1$ 一般为 25～40 mm 或 40～80 mm，根据规格定。以里皮为基准。

② 本例 40 mm 直边，四周皆加 20 mm 修切余量。

③ 考虑焊后收缩，作立体画线胎时，一扇的两边共加一道焊缝收缩量，如本例按一道焊缝加 2 mm，周长加 16 mm，实样内径应为 3 005 mm。

④ 以弦长代弧长，量取时应酌情加长些。

⑤ 合茬板占用时间相当于组对封头瓜瓣时间，通过实践证明，速度最快的方法是覆盖法。该方法是将合茬板覆盖于合茬空间，调整好四方位置后，从内侧垂直画线，此线不是切割线，应从两侧向里移 x 值，$x = \pi\dfrac{(D_1 - D_2)}{2m}$，其中 D_1、D_2 分别为内、外皮直径，m 为瓜瓣数，本例 $x = 6$ mm。按此线切割可大大提高工效。

⑥ 通过多年实践证明，缺角应按图 5 - 199 中 Ⅰ 放大处理。

6. 瓜瓣球形封头料计算(图 5－201)

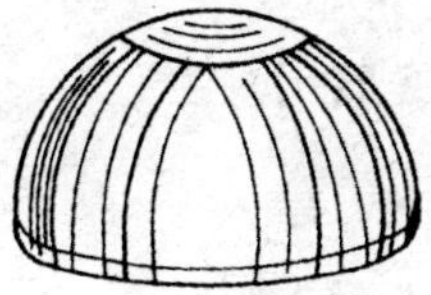

图 5－201　瓜瓣球形封头料立体图

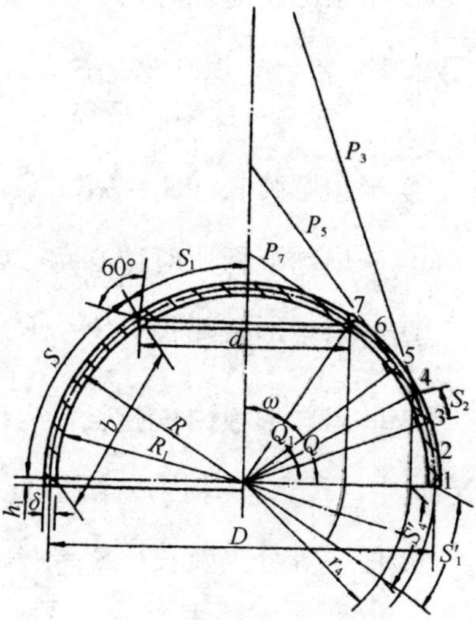

图 5－202　瓜瓣球形封头料计算公式符号示意图

(1) 计算公式

图 5－202 为计算公式符号示意图。

图 5－203 为一扇展开图。

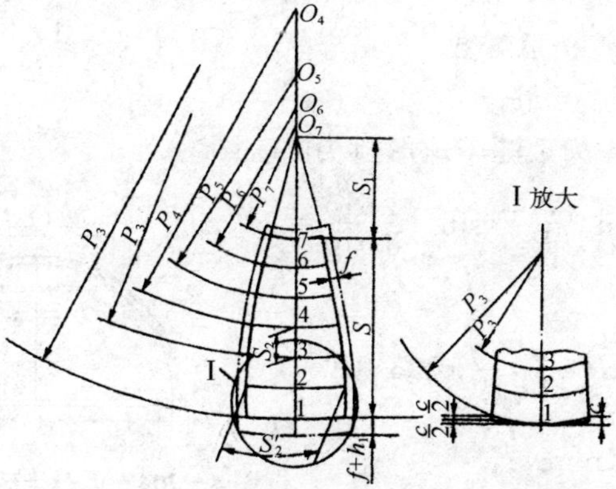

图 5－203　瓜瓣球形封头料一扇展开图

① 半顶圆所对球心角　$\omega=\sin^{-1}\frac{r_7}{R}$

式中　r_7——顶圆弦半径；

R——球中心半径。

② 半顶圆弧长　$S_1=\pi R\frac{\omega}{180°}$

③ 一扇球形板所对球心角　$Q=90°-\omega$

④ 一扇球形板弧长　$S=\pi R\frac{Q}{180°}$

⑤ 一扇球形板内皮弦长　$b=2R_1\sin\frac{Q}{2}$

式中　R_1——球内皮半径(此 b 作立体画线胎用)。

⑥ 任一等分点弧长　$S_2=\frac{S}{n}$

式中　n——一扇板等分数。

⑦ 一等分弧长所对球心角　$Q_1=\frac{Q}{n}$

⑧ 任一点展开半径　$P_n=R\tan(\omega+nQ_1)$

⑨ 任一点纬圆半径　$r_n=R\sin(\omega+nQ_1)$

⑩ 一扇球形板上任一等分位置横向弧长　$S'_n=\frac{2\pi r_n}{m}$

式中　m——瓜瓣数。

(2) 举例

图 5－204 为瓜瓣半球形封头施工图。

① $\omega=\sin^{-1}\frac{r_7}{R}=\sin^{-1}\frac{1\,616}{3\,010}=32.5°$

② $S_1=\pi R\frac{\omega}{180°}=\pi\times 3\,010\times\frac{32.5°}{180°}=1\,707(\text{mm})$

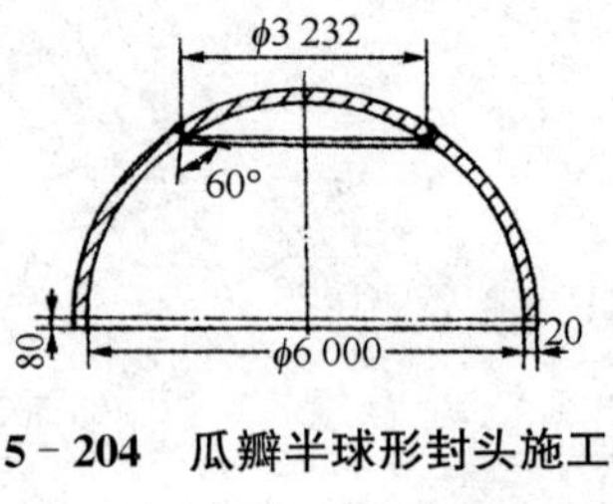

图 5－204　瓜瓣半球形封头施工图

③ $Q=90°-\omega=90°-32.5°=$

57.5°

④ $S=\pi R\dfrac{Q}{180^\circ}=\pi\times3\,010\times\dfrac{57.5^\circ}{180^\circ}=3\,021(\text{mm})$

⑤ $b=2R_1\sin\dfrac{Q}{2}=2\times3\,000\times\sin\dfrac{57.5^\circ}{2}=2\,891(\text{mm})$

⑥ $S_2=\dfrac{S}{n}=\dfrac{3\,021}{6}=504(\text{mm})$

⑦ $Q_1=\dfrac{Q}{n}=\dfrac{57.5^\circ}{6}=9.58^\circ$

⑧ $P_n=R\tan(\omega+nQ_1)$

如 $P_4=3\,010\times\tan(32.5^\circ+3\times9.58^\circ)=5\,484(\text{mm})$

⑨ $r_n=R\sin(\omega+nQ_1)$

如 $r_4=3\,010\times\sin(32.5^\circ+3\times9.58^\circ)=2\,639(\text{mm})$

⑩ $S'_n=\dfrac{2\pi r_n}{m}$

如 $S'_4=\dfrac{2\pi\times2\,639}{11}=1\,507(\text{mm})$

(3) 说明

① 由于 P_1 无穷大，P_2 接近无穷大，所以可用 P_3 近似画之，这样会造成缺角，其处理方法应按图 5－203 中Ⅰ放大处理之。通过实践证明，此法很正确。

② 如果只用 P_4 的顶点为圆，以其至各等分点的距离为半径画弧也可以，只是精确度稍差。

③ 考虑焊缝收缩，作立体画线胎时，一扇两边共加一道焊缝收缩量，如本例按一道焊缝加 3 mm，周长加 33 mm，放实样内径应为 6 010 mm。

④ 压制方法：本例用压制 ϕ3 000 椭圆封头顶圆胎具逐点压制，结果很理想。

7. 对接罐底板排版料计算(图 5－205)

本例只计算不规则边缘板和月牙板，中间板为规则矩形，略。

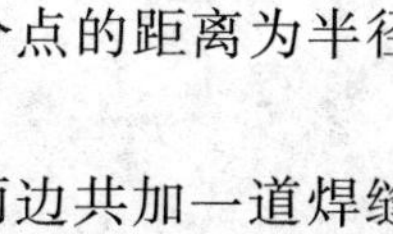

图 5－205　对接罐底板排版料立体图

图 5－206 为一对接罐底板排版图，图 5－207 为计算原理图。

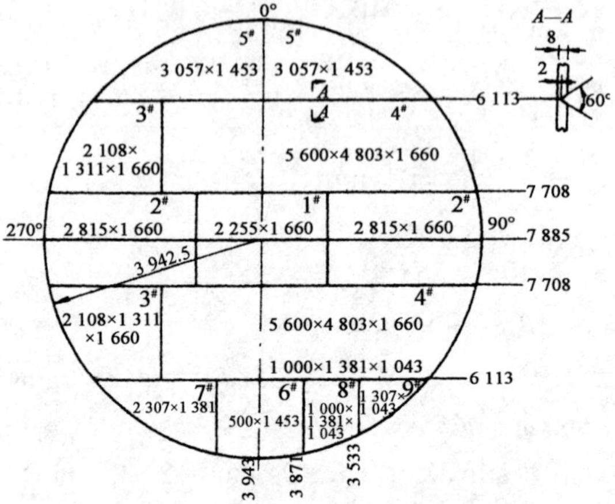

图 5－206　对接罐底板排版图(厚 8 mm)

(1) 中心范围任一边缘板

如 3# 板的计算。

① 大弦长　$A_2-A_2=2\sqrt{R^2-c_1^2}=2\times\sqrt{3\,942.5^2-830^2}=7\,708(\text{mm})$

② 小弦长　$A_3-A_3=2\sqrt{R^2-(c_1+c_2)^2}=2\times\sqrt{3\,942.5^2-2\,490^2}=6\,113(\text{mm})$

③ 两半弦长差　$e_2=\dfrac{(A_2-A_2)-(A_3-A_3)}{2}=\dfrac{7\,708-6\,113}{2}=797.5(\text{mm})$

④ 长边长　$a_2=(A_2-A_2)-l=7\,708-5\,600=2\,108(\text{mm})$

⑤ 短边长　$a_3=a_2-e_2=2\,108-797.5=1\,311(\text{mm})$

⑥ 3# 板尺寸　$a_2\times a_3\times c_2=2\,108\times1\,311\times1\,660(\text{mm})$

(2) 月牙板范围任一边缘板

如 8# 板的计算。

① $A_3-A_3=2\sqrt{R^2-(nc_n)^2}=2\times\sqrt{3\,942.5^2-2\,490^2}=6\,113(\text{mm})$

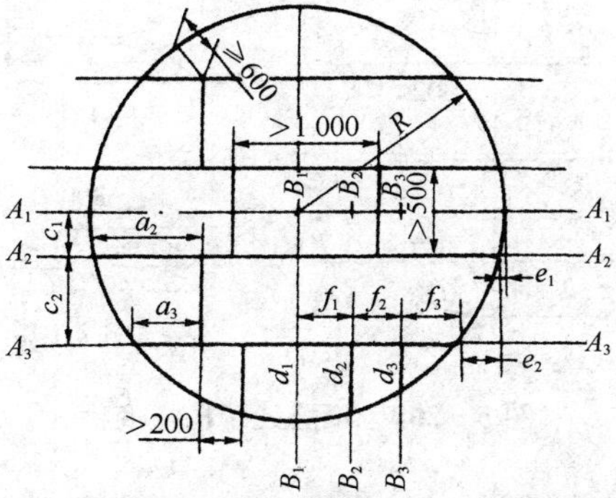

图 5－207　对接罐底板排版计算原理图

② $B_2-B_2=\sqrt{R^2-f_1^2}=\sqrt{3\,942.5^2-750^2}=3\,871(\text{mm})$

③ $B_3-B_3=\sqrt{R^2-(f_1+f_2)^2}=\sqrt{3\,942.5^2-1\,750^2}=3\,533(\text{mm})$

④ $d_2=B_2-B_2-(c_1+c_2)=3\,871-2\,490=1\,381(\text{mm})$

⑤ $d_3=B_3-B_3-(c_1+c_2)=3\,533-2\,490=1\,043(\text{mm})$

⑥ 8# 板尺寸　$f_2\times d_2\times d_3=1\,000\times1\,381\times1\,043(\text{mm})$

式中　R——按$\dfrac{1.5\sim2}{1\,000}$加收缩量后底板半径；

c——条形板宽；

f——月牙板宽；

l——弦长上矩形板的长度。

(3) 说明

① 直线部分要留出 3 mm 刨边量。

② 要注意坡口方向，如两对称的 5# 板，单面坡口方向必相反。

8. 搭接罐底板排版料计算(图 5－208)

这里主要计算两个方面，一是条形板的计算，二是板端开缺口样板的计算，见图 5－209。

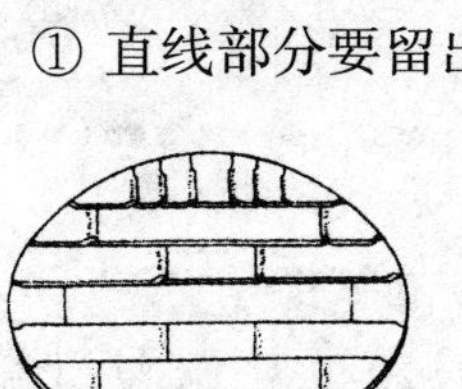

图 5－208　搭接罐底板排版料立体图

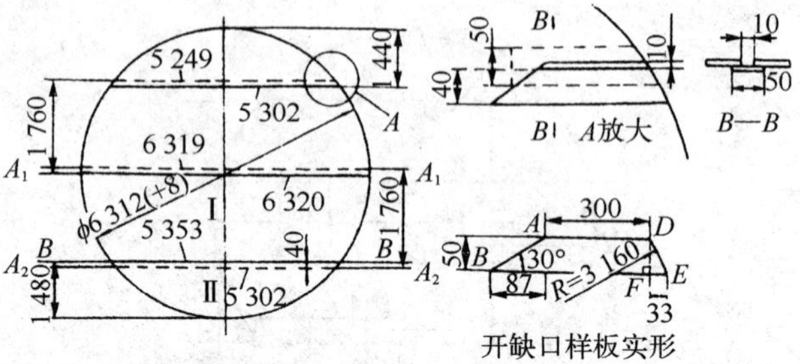

图 5-209 糠醛贮罐搭接底板

1）条形板的计算

从图示的形式看，较对接圆板料多了一个搭接量，实际上与对接圆板料计算完全相同，下面仅举Ⅰ板和Ⅱ板的计算说明之。

（1）Ⅰ板的计算

① 大弦长 $A_1-A_1=2\times\sqrt{3\,160^2-40^2}=6\,319(\mathrm{mm})$

② 小弦长 $A_2-A_2=2\times\sqrt{3\,160^2-1\,720^2}=5\,302(\mathrm{mm})$

③ 板宽 $B=1\,760(\mathrm{mm})$

（2）Ⅱ板的计算

① 弦长 $B-B=2\times\sqrt{3\,160^2-1\,680^2}=5\,353(\mathrm{mm})$

② 弦高 $h=3\,160+40-1\,720=1\,480(\mathrm{mm})$

2）板端缺口样板的计算

如 A 放大，为板端开缺口下加垫板的布置图，下面计算各数据。

① 在直角三角形 ACB 中

$$BC=\frac{50}{\tan 30^\circ}=87(\mathrm{mm})$$

② 在直角三角形 DFE 中

$(5\,302-5\,236)\div 2=33(\mathrm{mm})$（在 1 770 mm 处弦长等于5 236mm）

D、E 两点确定后，用 $R=3\,160$ mm 的样板画弧即得端头样板。

样板放置位置口诀：样板长边与底板上板边缘重合。

二、螺旋面展开计算

凡以曲线为母线的旋转体为不可展曲面体；以圆柱螺旋线为曲导线、柱轴为直导线，直母线和曲导线相交、和直导线保持固定角度所形成的曲面也属不可展曲面。

1. 圆柱螺旋面展开(图 5－210)

［例］　已知：$d=140$，$D=260$，$S=300$，求计算展开料。

［解］　$\widehat{L_1}=\sqrt{(d\pi)^2+S^2}=532.4$，$\widehat{L}=\sqrt{(D\pi)^2+S^2}=870.2$，$b=\dfrac{D-d}{2}=60$

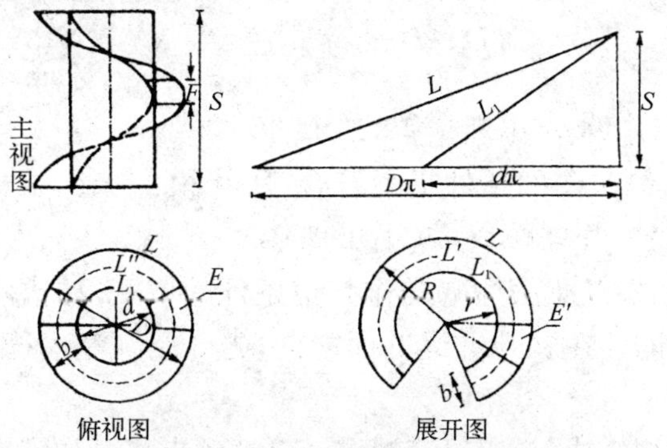

图 5－210　圆柱螺旋面展开

展开后的图形，以符号圆柱螺旋面叶片宽度 b 及内、外螺旋线长度 L_1、L 为原则。放样展开的图形，其中的一个等分的四边形 E 为等腰梯形(水平投影)，又因其高度差 F 相等(主视图)，故所有展开后的梯形 E' 的腰的延长线一定汇集一点。因为正圆台的展开图形为扇形环带状，所以假定圆柱螺旋面展开图还原后是一个(可展体)圆锥台，锥母线由式 1～5，$H=\dfrac{rh}{r-r'}$推导，把式中锥体 H 垂直高度换成锥母线长 R，r、r' 锥上、下口半径换成上、下口直径 D、d，h 锥台垂直高度换成锥台斜高 b，就有 $R=\dfrac{Db}{D-d}$，右边的分子、分母同

时乘以 π，得 $R=\dfrac{D\pi b}{D\pi-d\pi}$；$D\pi$、$d\pi$ 是锥台上口、下口截面圆的周(弧)长 L、L_1。那么，如果已知一个扇形带状的两弧长 L、L_1 及两弧间距离 b，同样可以求得画弧半径。圆柱螺旋面的内、外螺旋线长 L、L_1 及叶片宽 b 已经求得，其画弧半径 $R=\dfrac{870.2\times60}{870.2-532.4}=154.56$，$r=R-b=94.56$，见展开示意图。

如果导程很多，展开图中切角不必切除，可一个推一个地连接起来，既省料又错开焊缝。注意，展开图中部虚线 L' 和俯视图中部虚线 L'' 应相等，但由于 $L'=\dfrac{L+L_1}{2}=701.3$，$L''=\sqrt{\left[\dfrac{(D+d)\pi}{2}\right]^2+S^2}=696.3$，$L'\neq L''$，尽管在理论上，$L$、$L_1$ 及 b 符合条件，但次要的条件仍不符合，所以，计算方法展开柱螺旋面(不可展体)是近似的，如果以此法为基础作其他条件的展开，如锥状螺旋面，同样也是近似的。在展开锥螺旋面之前，先介绍阿基米德螺线的长度计算。

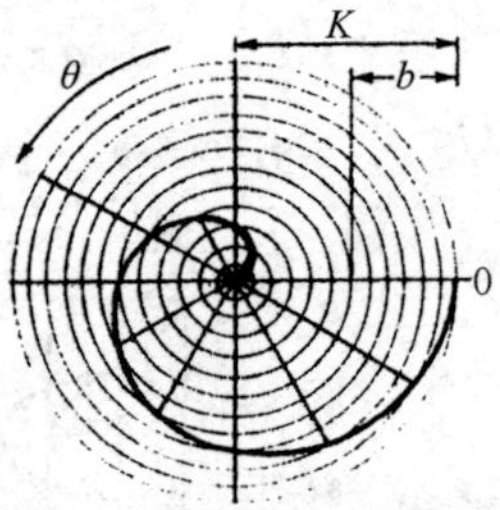

图 5-211 圆柱等速螺线

阿基米德螺线，又叫等速螺线，它的“动点离开原点的速度，角速度相等”如图 5-211 所示。

曲线长度计算式：$L=\dfrac{1}{2}a[\theta\sqrt{\theta^2+1}+\ln(\theta+\sqrt{\theta^2+1})]$(推导过程略)，式中 a 为速度，即动点离开原点的速度或角速度，$a=\dfrac{b}{\theta_1}$，θ_1 是求解中的有效角度，即在 b 距离内，动点的旋转角。θ 是总的转角$\theta=\dfrac{k\theta_1}{b}$，$K$ 为从原点到 θ 角的旋转范围内，动点离开原点的距离。

2. 阿基米德螺线长度计算(图 5-212)

[例] 已知：$\theta_1=\pi$、$b=100$、$K=200$，求曲线长。

［解］　$\theta=\frac{200\times\pi}{100}=2\pi, a=\frac{100}{\pi}=$ 31.830 988 62，代入曲线长度计算式得：

$$L_{总长}=\frac{31.83}{2}\times[2\pi\sqrt{(2\pi)^2+1}+\ln(2\pi+\sqrt{(2\pi)^2+1})]=676.608\,857\,1$$

多余部分长度 $L_{余}=\frac{31.83}{2}\times[\pi\sqrt{\pi^2+1}+\ln(\pi+\sqrt{\pi^2+1})]=194.484\,772\,8$，所求部分长度 $L_{有效}=L_{总}-L_{余}=482.12$。

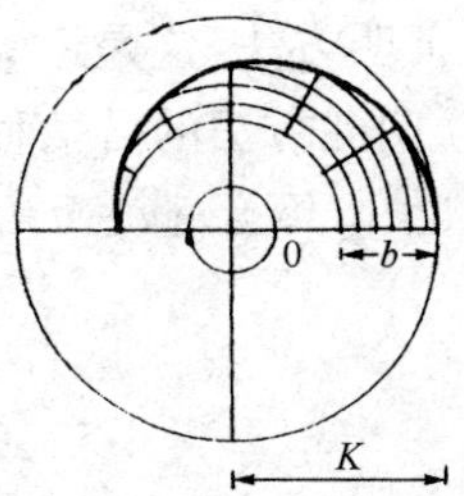

图 5-212　圆锥台等速螺线

掌握这一计算式后，为下一步在柱螺旋面的基础上，展开锥螺旋面打基础，并用曲线长验证之。

我们在画投影圆锥体螺旋线时，发现其在水平投影中是一个等速螺旋线——阿基米德螺线。如果把圆锥体截成锥台，再把锥台上口直径当作一个圆柱，把锥台上口半径与下口半径之差，当作圆柱搅龙的叶片宽并展开，然后，在展开了的圆柱螺旋面的叶片上作阿基米德螺线，情况会是怎样呢？

图 5-213 为圆锥台螺旋面的主视图，其平面图的作图法略。

主视图的作法如下：

① 过圆锥上口，作圆柱体。

② $(R-r)=b$，R 为锥大口半径，r 为锥小口半径，b 为螺旋面叶片宽。b 是现在假定的圆柱螺旋叶片宽。

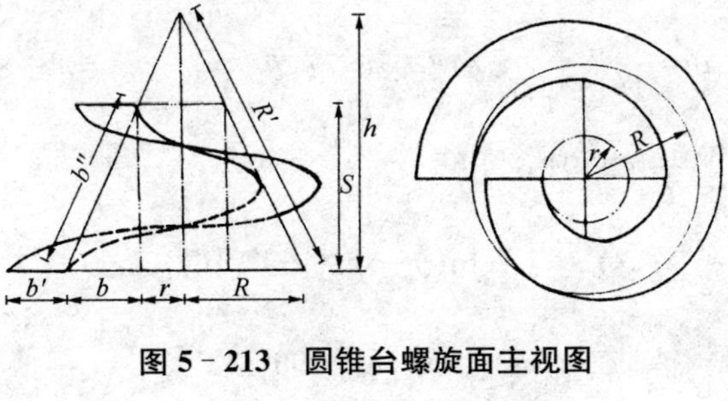

图 5-213　圆锥台螺旋面主视图

证明方法，这是近似的展开方法，只能用数据证明它的“误差”情况，说明此方法的可信程度。

3. 圆锥台螺旋面的计算展开(图 5－214)

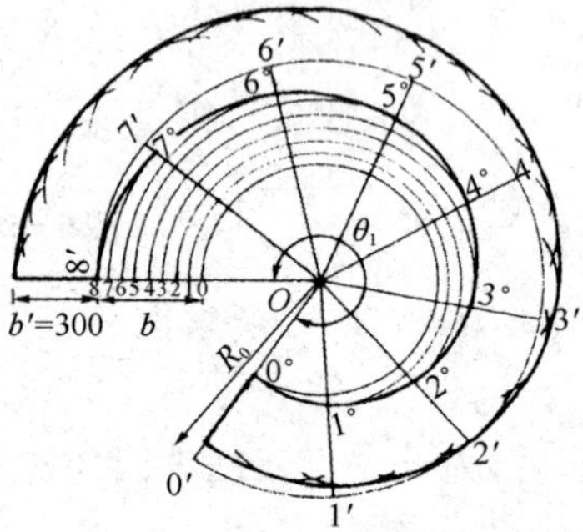

图 5－214　圆锥台螺旋面展开

［例］　已知：圆锥台螺旋面上口半径 $r=500$、下口半径 $R=750$、导程 $S=2\,000$、叶片宽 $b'=300$。求圆锥台螺旋线长以及叶片螺旋线长(指叶片内线)。

［解］　求叶片内螺旋线长，计算假定的柱螺旋面的内、外螺旋线长。$L=\sqrt{(2\pi\times750)^2+2\,000^2}=5\,119.239\,192$，$l=\sqrt{(2\pi\times500)^2+2\,000^2}=3\,724.191\,778$。

$b=750-500=250$，展开半径 $R_0=\dfrac{Lb}{L-l}=917.395\,197\,8$，展开圆心夹角 $\theta_1=\dfrac{L}{R_0}=5.580\,189\,654$ rad，见图 5－214。

$K=R$，$\theta=\dfrac{R_0\theta_1}{b}=20.476\,956\,77$，$\theta_{余}=\theta-\theta_1=14.896\,767\,12$，

$a=\dfrac{b}{\theta_1}=44.801\,344\,67$。

由 $L=\dfrac{a}{2}[\theta\sqrt{\theta^2+1}+\ln(\theta+\sqrt{\theta^2+1})]$得：

$$L_{总}=9\,487.099\,233$$
$$L_{余}=5\,058.262\,772$$

$$L_{有效}=L_{总}-L_{余}=4\,428.836\,461$$

锥台螺旋线：锥高 $h=\dfrac{RS}{R-r}=6\ 000$，母线 $R'=\sqrt{h^2+R^2}=6\,046.693\,311$（图 5－215）。

$$\theta_0=\frac{R}{R'}\times2\pi=0.779\,333\,222\ \mathrm{rad}$$

$$b''=\sqrt{(R-r)^2+S^2}=2\,015.564\,437(R-r=b)$$

$$a=\frac{b''}{\theta_0}=2\,586.267\,825$$

$$\theta'_{总}=\frac{R'\theta_0}{b''}=2.337\,999\,666（图 5－215）$$

$$\theta''=\theta'-\theta_0=1.558\,666\,444$$

由 $L'=\dfrac{a'}{2}[\theta'\sqrt{\theta'^2+1}+\ln(\theta'+\sqrt{\theta'^2+1})]$得：

$$L'_{总}=9\,738.048\,283$$

$$L'_{余}=5\,319.082\,01$$

$$L'_{有效}=L'_{总}-L'_{余}=4\,418.966\,273$$

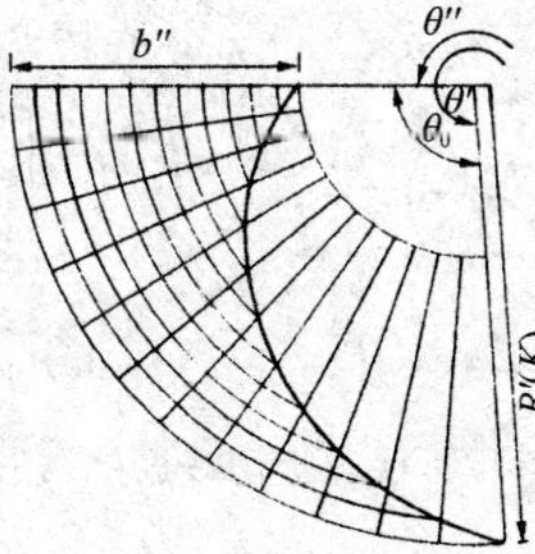

图 5－215　圆锥表面螺旋线

从数据来看，叶片内螺旋线比锥台螺旋线长 10 mm，因为圆柱螺旋面的叶片内部螺旋线 L' 比柱螺旋线 L'' 长，这样的“误差”便于装配，（叶片与台体的间隙为 1～2 mm）那么以圆柱螺旋面为胎体，在胎体上作锥台螺旋面，其方法是可行的。锥台螺旋面画法（图 5－214）

如下：

① 分别以 $R_0(R_0-b)$ 为半径画一同心圆弧，圆心夹角等于 θ_1，8等分 L 得 $0'$、$1'$、$2'$、…、8 各点，并连接 $00'$、$01'$、$02'$、…、$08'$，8 等分 b，得点 0、1、2、…、8 各点，以 O 为圆心，以 01、02、…、08 为半径画弧，与 $01'$、$02'$、$03'$、…、$08'$ 对应交于 $1°$、$2°$、…、$8°$，曲线连接，即为叶片内螺旋线。

② 以叶片内螺旋线上任意的点为圆心，以实际叶片宽度 b' 为半径画弧，弧间距越密越准确，曲线连接（相切）各弧，即得叶片外螺旋线。

③ 如果把叶片的内、外螺旋线各围上一条宽度为 E 的板条，上边再盖一个叶片，就成为“圆锥台螺旋方管”——方锥管搅龙。

4. 环状螺旋切线面的计算展开(图 5-216)

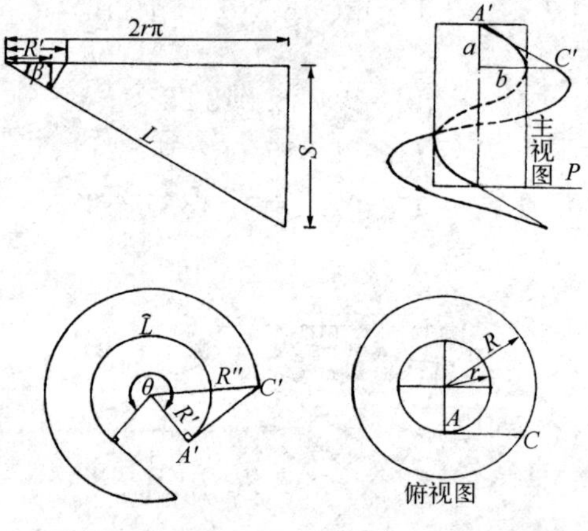

图 5-216　环状螺旋切线面的展开示意图

条件：$\dfrac{a}{b}=\dfrac{S}{2r\pi}$，公式：$R'=\dfrac{r}{\cos^2\beta}$，$AC=b=\sqrt{R^2-r^2}$，$A'C'=\dfrac{AC}{\cos\beta}$，$\theta=\dfrac{L}{R'}$(弧度)，$L=\sqrt{S^2+(2\pi r)^2}$，$R''=\sqrt{(A'C')^2+(R')^2}$。

［例］ 设圆柱半径 $r=10$，导程 $S=36$，环投影半径 $R=20$。求环状螺旋切线面的展开。

［**解**］　$AC=\sqrt{R^2-r^2}=17.32$，$L=\sqrt{S^2+(2r\pi)^2}=72.4$，$\beta=\arctan(\dfrac{S}{2r\pi})\approx 29.81^\circ$，$A'C'=\dfrac{AC}{\cos\beta}\approx 20$，$R'=\dfrac{r}{\cos^2\beta}=\dfrac{10}{(\cos 29.81)^2}\approx 13.28$，$\theta=\dfrac{L}{R'}=5.45\ \text{rad}$，$R''=\sqrt{(A'C')^2+(R')^2}=24$，至此，计算全部完毕，见图 5-216 展开示意图。

令环状螺旋切线面上所有切线如主视图中的 $A'C'$ 等，向下延长，交 P 平面的轨迹是什么样呢？由螺旋线 L 展开图知道，其长度 L 的投影长在 P 平面上为 $2r\pi$，因为 $\dfrac{a}{b}=\dfrac{S}{2r\pi}$，就是说，$L$ 线的投影长等于柱周长，其投影长又随着各切点所在高度不同在逐渐地缩短，直至最低点为零，这就是圆的渐开线。

5. *螺旋切线面的计算展开*(图 5-217)

螺旋切线面，又叫盘旋面，它是由一条(变化着的)直线 L 和两条曲线组成：一条是圆柱面螺旋线，一条是圆柱截面圆的渐开线，所以，又称渐开线螺旋面，直母线始终同圆柱表面相切，如图 5-217 所示。

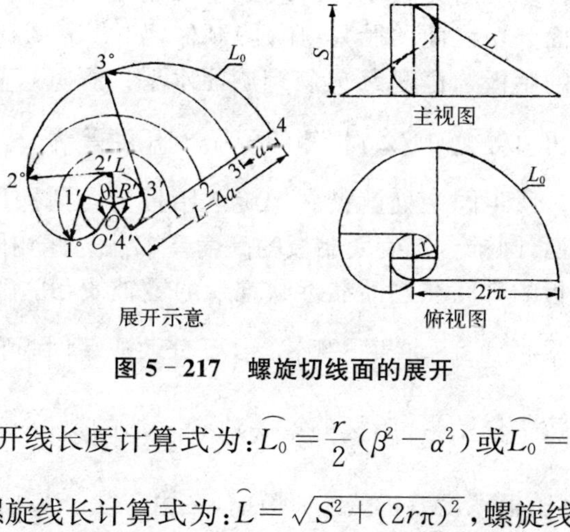

图 5-217　螺旋切线面的展开

圆的渐开线长度计算式为：$\widehat{L_0}=\dfrac{r}{2}(\beta^2-\alpha^2)$ 或 $\widehat{L_0}=D\pi^2\Rightarrow\widehat{L_0}=2r\pi^2$，圆柱螺旋线长计算式为：$\widehat{L}=\sqrt{S^2+(2r\pi)^2}$，螺旋线 $\widehat{L}$ 等于螺旋切线面的直母线长 L，即 $\widehat{L}=L$。$R'=\dfrac{r}{\cos^2\beta}$，展开图是以 R' 为半径的

圆的渐开线和圆组合的封闭图形，圆心夹角 $\theta=\frac{\overset{\frown}{L}}{R'}$（弧度）。

作图方法如下：

① 以 O 为圆心，以 R' 为半径画弧，使弧长等于 $\overset{\frown}{L}$（旋转角等于 θ），四等分 $\overset{\frown}{L}$（或四等分 θ），得点 $0'$、$1'$、$2'$、$3'$、$4'$ 各点。

② 过 $4'$ 点作 R' 圆的切线 $4'4$，使 $4'4=L$，并 $\frac{1}{4}L$ 得点 1、2、3、4。

③ 以 O 为圆心，分别以 01、02、03 为半径画弧。

④ 过 $1'$、$2'$、$3'$ 各点作 R' 圆的切线，分别与以 01、02、03 为半径画的弧对应交于 $1°$、$2°$、$3°$。

⑤ 曲线连接 $0'$、$1°$、$2°$、$3°$、4，那么，$\overline{0'1°2°3°4}$ 及 $\overset{\frown}{L}$ 和切线 L 组成的图形，即为螺旋切线面的展开图，切线即为素线（加工过程中的槽线）。

上述的环状螺旋切线面和螺旋切线面属可展曲面，其母线与圆柱螺旋线相切，在展开后，仍同展开圆弧 $\overset{\frown}{L}$ 相切。因立体样板（胎具）的作法同圆柱螺旋面类似，故列入不可展体范围。

从螺旋面到切线面的胎具（压延）制作，如图 5－218 所示，每一个螺旋叶片的胎板的宽度为 b（斜螺旋面水平投影宽），高度变化为：如果把圆心角 n 等分，那么，相邻的两胎板高度差为 $\frac{S}{n}$，斜螺旋面胎板与此相同。所不同之处就是斜螺旋面胎板为直角梯形，梯形斜腰接触斜螺旋面，圆锥台螺旋面胎板的高度差求法与此相同，但胎板的外边缘随胎板的升高在逐渐靠近圆锥台的锥轴线，其宽度为 c，宽度渐缩率为 k，$k=\frac{c-b}{n}$。如果 S 距离大，要分块压延时，可作一个通用胎具，例如：按 $\frac{1}{4}$ 作胎具，胎板的第一块到 $\frac{1}{4}$ 形的最后一块的宽度差为 $\frac{c-b}{4}$，中部胎板宽度差仍按 $\frac{c-b}{n}$ 渐缩，在第一块和最后一块胎板上画上线（压其他叶片的基准线），间距为 $\frac{c-b}{4}\times1$、$\frac{c-b}{4}\times2$、$\frac{c-b}{4}\times3\cdots$

压第二块或第三、第四块时，板料的外边缘线分别对应$\frac{c-b}{4}\times1$、$\frac{c-b}{4}\times2$、$\frac{c-b}{4}\times3$。上述胎板平面均经过轴心（平面是无限伸展着的），它们与圆柱面（或假定的圆柱面）接触是一条直线 L。

螺旋切线面胎板的高度差求法与螺旋面胎板高度差求法相同，不同之处是胎板均同圆柱面相切，胎板宽度由 0 逐渐增宽到 D（增宽率 $a=\frac{D}{n}$），三角形斜边与切线面接触。环状螺旋切线面与此相同，但胎板宽度不变为 a'，它的斜面是 AC，AC 始终与环状切线面接触，每块胎板的高差由 BC 线向下排列。切线面与圆柱面接触（相切）是一条直线 L'。

上面所讲胎立板均属下胎的胎立板。上胎的胎立板高度与下胎的胎立板高度互补，即上下胎立板高度之和等于导程 S。

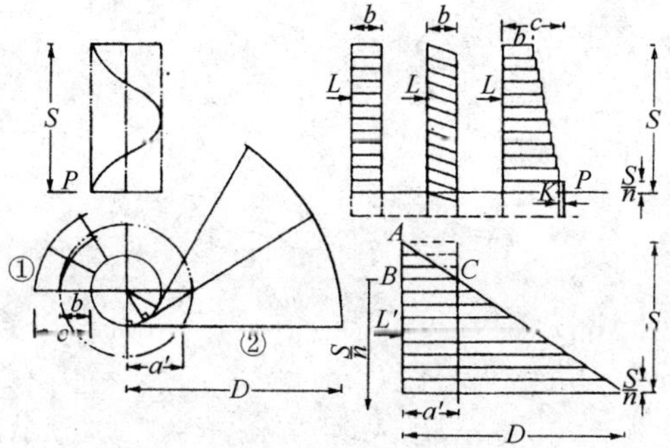

图 5-218　螺旋式叶片胎板

第七节　型钢制件的展开计算

一、角钢制件

本节是以不同型钢的典型实例，讨论常用钢材煨制各种形状的料长计算法，现分别介绍如下。

1. 等边角钢内煨90°料长计算

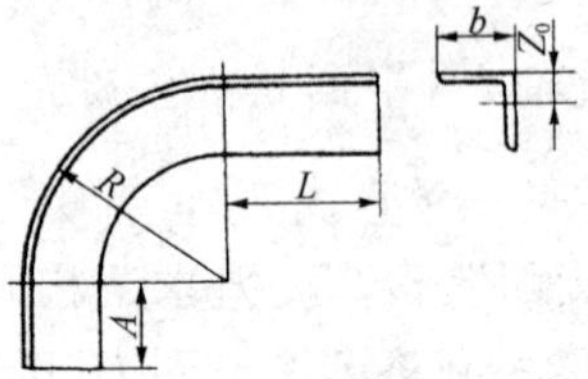

图 5-219 角钢内煨 90°

角钢煨成圆弧的料长按重心径计算，如图 5-219 所示，设料长为 l。

计算公式：

$$l=A+L+\frac{\pi}{2}(R-Z_0)$$

式中 Z_0——角钢重心距(cm)。可查附表六。

［例］ 设一等边角钢规格为∟70×70×6，$A=250$ mm，$L=350$ mm，$R=400$ mm，求料长 l。

［解］ 查附表六得 $Z_0=19.5$ mm

$$l=250+350+\frac{\pi}{2}(400-19.5)=1\ 197.7(\text{mm})$$

2. 角钢内煨任意角度料长计算

如图 5-220，设料长为 l。

计算公式：

$$l=A+L+\frac{\pi\alpha(R-Z_0)}{180^\circ}$$

式中 α——圆弧中心角(°)；

Z_0——角钢重心距(cm)。

［例］ 设 $A=250$ mm，$L=300$ mm，$R=500$ mm，$\alpha=120°$，角钢规格为∟63×63×6，求料长 l。

［解］ 查附表六，得 $Z_0=17.8$ mm

$$l=250+300+\frac{120^\circ\pi(500-17.8)}{180^\circ}=1\ 559.9(\text{mm})$$

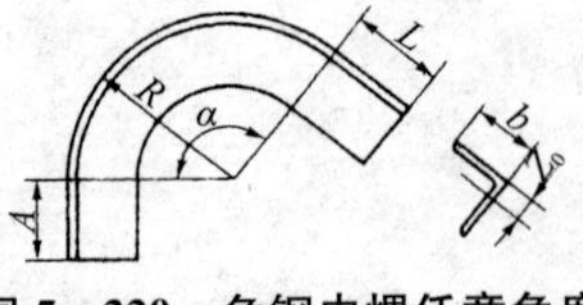

图 5-220 角钢内煨任意角度

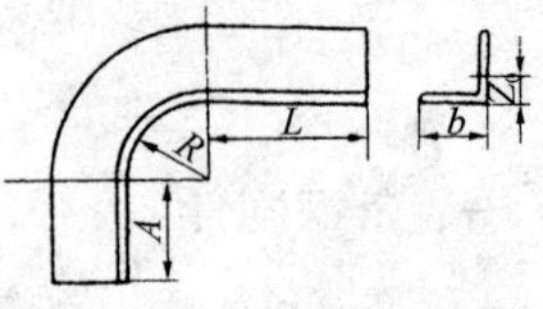

图 5-221 角钢外煨 90°

3. 角钢外煨 90°料长计算

如图 5-221，设料长为 l。

计算公式：

$$l=A+L+\frac{\pi}{2}(R+Z_0)$$

式中　Z_0——角钢重心距(cm)。

［例］　设一等边角钢规格∟80×80×6，外煨 90°，$A=1\ 200$ mm，$L=1\ 500$ mm，$R=1\ 000$ mm，求料长 l。

［解］　查附表六，得 $Z_0=21.9$ mm

$$l=1\ 200+1\ 500+\frac{\pi}{2}(1\ 000+21.9)=4\ 305.2(\text{mm})$$

4. 角钢外煨任意角度料长计算

如图 5-222，设料长为 l。

计算公式：

$$l=A+L+\frac{\pi\alpha(R+Z_0)}{180°}$$

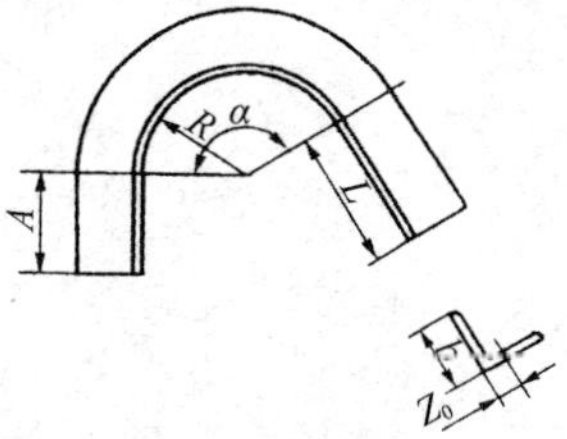

图 5-222　角钢外煨任意角度

式中　Z_0——角钢重心距(mm)。

［例］　设一角钢∟50×50×5，外煨 130°，$A=300$ mm，$L=500$ mm，$R=600$ mm，试求料长 l。

［解］　查附表六，得 $Z_0=14.2$ mm

$$l=300+500+\frac{130°\pi(600+14.2)}{180°}=2\ 193.6(\text{mm})$$

5. 角钢内弯矩形框(图 5-223)

图 5-223　角钢内弯矩形框立体图

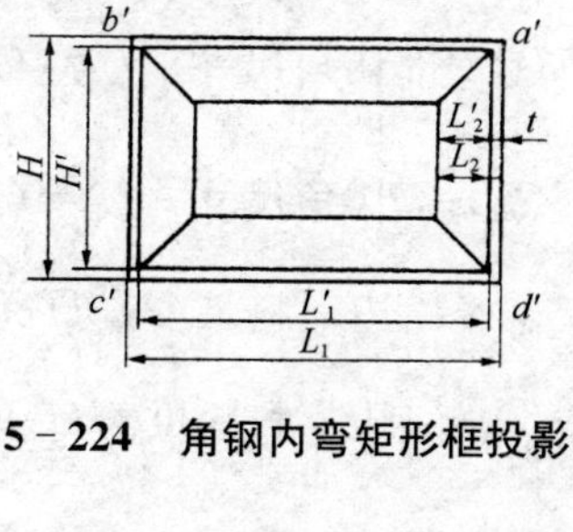

图 5-224　角钢内弯矩形框投影图

图 5－224 和图 5－225 是角钢内弯矩形框的投影图和展开图。制件的有关尺寸计算如下：

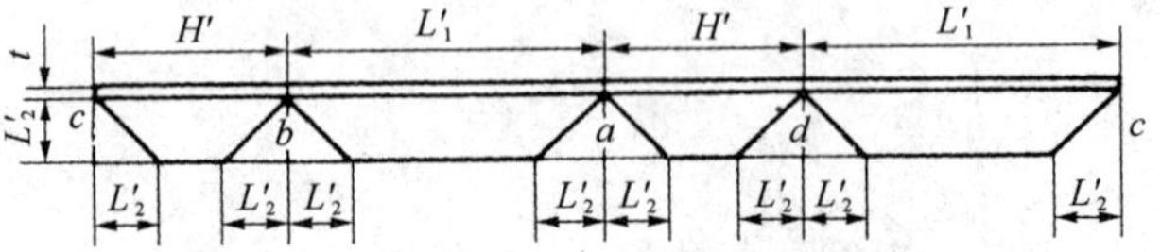

图 5－225　角钢内弯梯形框制件的展开图

① H 边下料长度　$H'=H-2t$

② L_1 边下料长度　$L'_1=L_1-2t$

③ 切角尺寸　$L'_2=L_2-t$

6. 角钢内弯梯形框(图 5－226)

图 5－226　角钢内弯梯形框立体图

图 5－227 和图 5－228 是角钢内弯梯形框的投影图和展开图。有关尺寸计算如下：

① 锐角角度　$\alpha=\arcsin\dfrac{H_1}{H_2}$

② 钝角角度　$\beta=180°-\alpha$

③ a 部切角尺寸　$L'_5=L_5-t$

④ b 部切角尺寸　$L_4=(L_5-t)\cdot\cot\dfrac{\beta}{2}$

⑤ c 部切角尺寸　$L_3=(L_5-t)\cdot\cot\dfrac{\alpha}{2}$

⑥ H_1 边下料长度　$H'_1=H_1-2t$

⑦ H_2 边下料长度　$H'_2=H_2-t(\cot\dfrac{\alpha}{2}+\cot\dfrac{\beta}{2})$

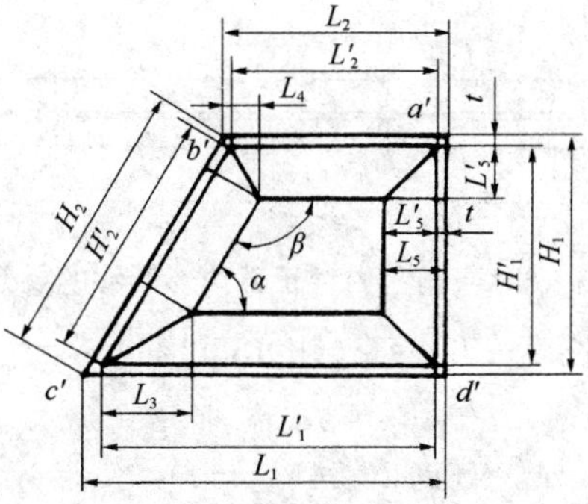

图 5－227　角钢内弯梯形框投影图

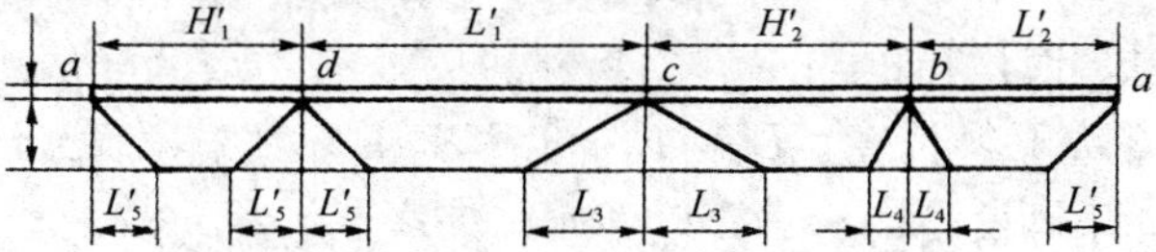

图 5－228　角钢内弯梯形框的展开图

⑧ L_1 边下料长度　$L_1'=L_1-t-t\cot\frac{\alpha}{2}$

⑨ L_2 边下料长度　$L_2'=L_2-t-t\cot\frac{\beta}{2}$

7. 角钢内弯正五边形框(图 5－229)

图 5－230 和图 5－231 是角钢内弯正五边形框的投影图和展开图。有关尺寸计算如下：

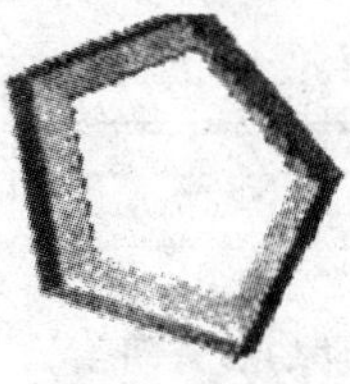

图 5－229　角钢内弯正五边形框立体图

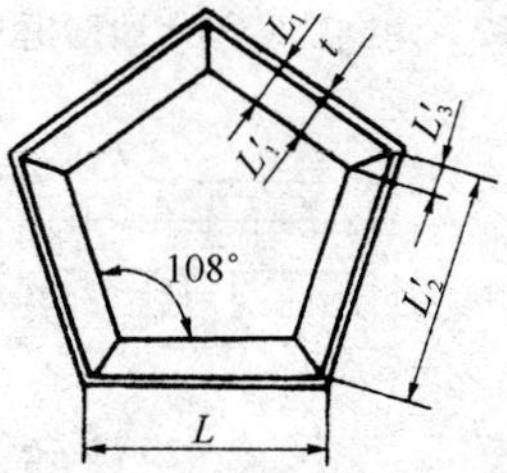

图 5－230　角钢内弯正五边形框投影图

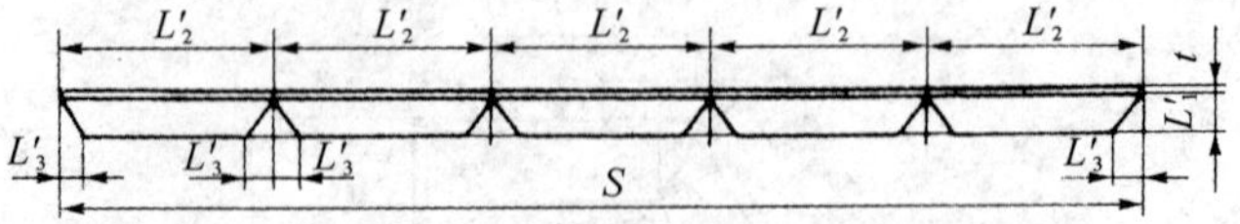

图 5-231　角钢内弯正五边形制件的展开图

① L 边下料长度　$L'_2=L-1.453t$

② 展开料长度　$S=5L'_2$

③ 切角尺寸　$L'_3=0.726\,54(L_1-t)$

8. 角钢内弯正六边形框(图 5-232)

图 5-233 和图 5-234 是角钢内弯正六边形框的投影图和展开图。有关尺寸计算如下：

① L_1 边下料长度　$L'_1=L_1-1.154\,7t$

② 展开料长度　$S=6L'_1$

③ 切角尺寸　$L'_3=0.577\,35(L_2-t)$

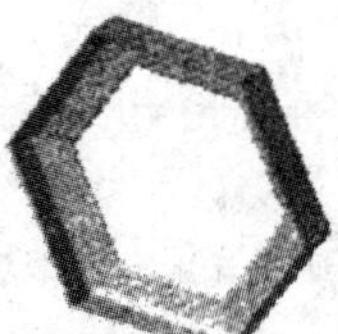

图 5-232　角钢内弯正六边形框立体图

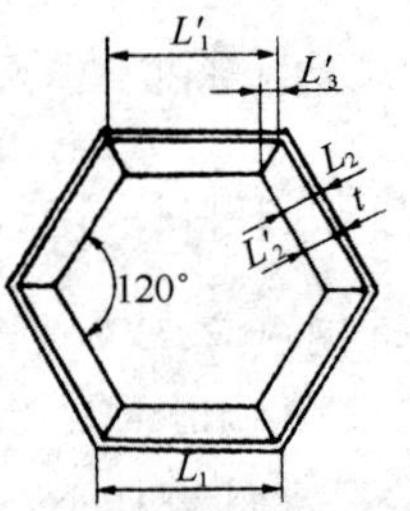

图 5-233　角钢内弯正六边形框投影图

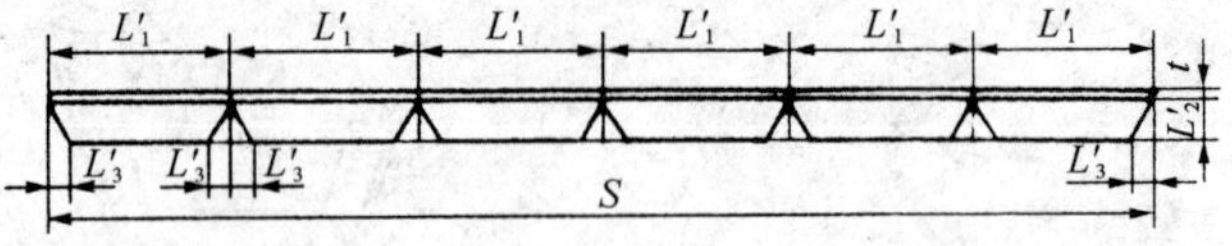

图 5-234　角钢内弯正六边形框制件的展开图

9. 角钢内弯正八边形框(图 5－235)

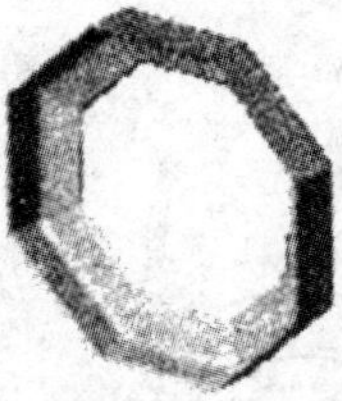

图5－235　角钢内弯正八边形框立体图

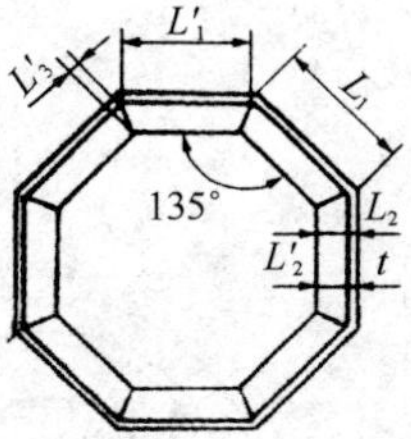

图 5－236　角钢内弯正八边形框投影图

图 5－236 和图 5－237 是角钢内弯正八边形框的投影图和展开料图。有关尺寸计算如下：

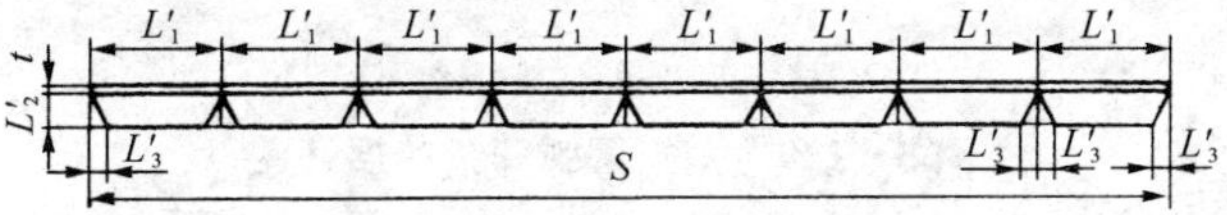

图 5－237　角钢内弯正八边形框制件的展开图

① L_1 边下料长度　$L_1'=L_1-0.828\,4t$

② 展开料长度　$S-8L_1'$

③ 切角尺寸　$L_3'=0.414\,2(L_2-t)$

10. 角钢圆弧弯折(图 5－238)

图 5－238　角钢圆弧弯折立体图

图 5－239(a)是角钢圆弧内弯任意角度的制件，设展开料长为 S，其计算公式为：

$$S=L+H+\frac{\pi\alpha(R-Z_0)}{180^\circ}$$

式中　Z_0——角钢重心距。

图 5－239(b)是角钢圆弧外弯任意角度的制件，设展开料长为 S，其计算公式为：

$$S=L+H+\frac{\pi\alpha(R+Z_0)}{180^\circ}$$

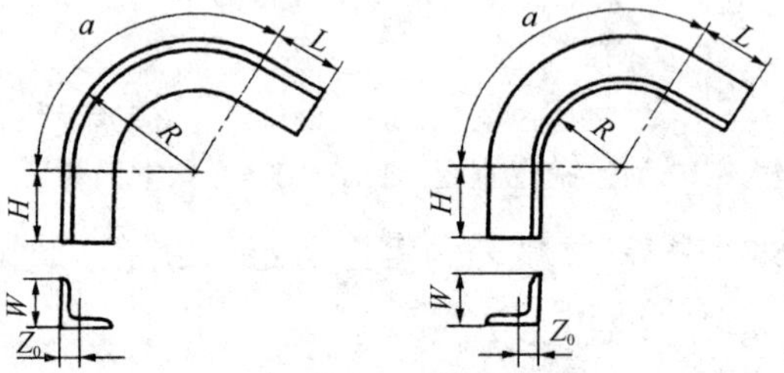

图 5－239　角钢圆弧弯折的展开图

式中　Z_0——角钢重心距。

11. 角钢圈(图 5－240)

角钢圈的种类有外弯曲和内弯曲两种，展开料的长度 S 随工艺方法和操作状况的不同会有所差异，一般常按制件的重心距直径进行计算。加工时不论冷弯或热弯，每端都需留出一定的加工余量，弯成后再将其切掉。

图 5－240　角钢圈立体图

图 5－241(a)为等边外弯曲角钢圈，展开料长度为：

$$S=\pi(D+2Z_0)$$

式中　Z_0——角钢重心距。

图 5－241(b)为等边内弯曲角钢圈，展开料长度为：$S=\pi(D-2Z_0)$

式中　Z_0——角钢重心距。

图 5－241(c)为不等边外弯曲角钢圈，展开料长度为：$S=\pi(D+2X_0)$

式中　X_0——长边重心距。

图 5-241(d)为不等边内弯曲角钢圈，展开料长度为：$S=\pi(D-2Y_0)$

式中　Y_0——短边重心距。

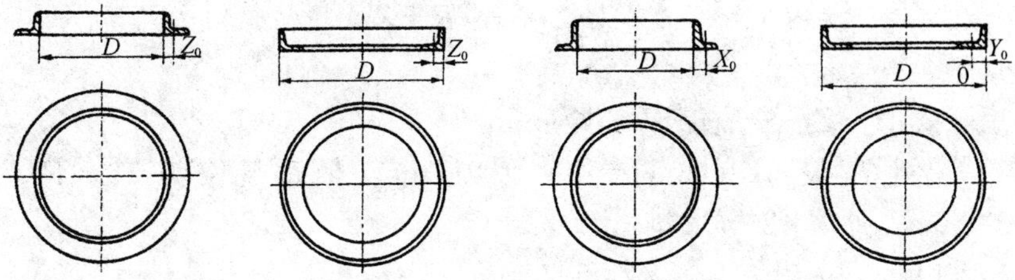

图 5-241　角钢圈的展开图

二、槽钢制件

1. 槽钢平煨 90°料长计算

如图 5-242，设料长为 l。

计算公式：

$$l=A+l+\frac{\pi}{2}(R+\frac{h}{2})$$

［例］　设：$A=L=500$ mm，槽钢规格为 14a，$R=400$ mm，平煨 90°，求料长 l。

［解］　查附表八，得 $h=140$ mm

$l=2\times500+\frac{\pi}{2}(400+\frac{140}{2})=1\ 738.2$(mm)

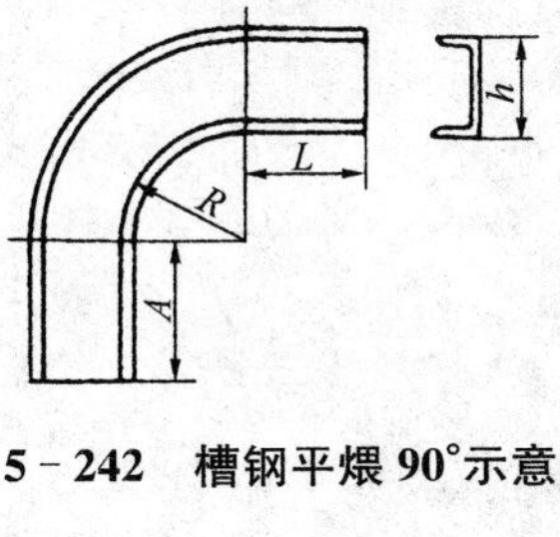

图 5-242　槽钢平煨 90°示意图

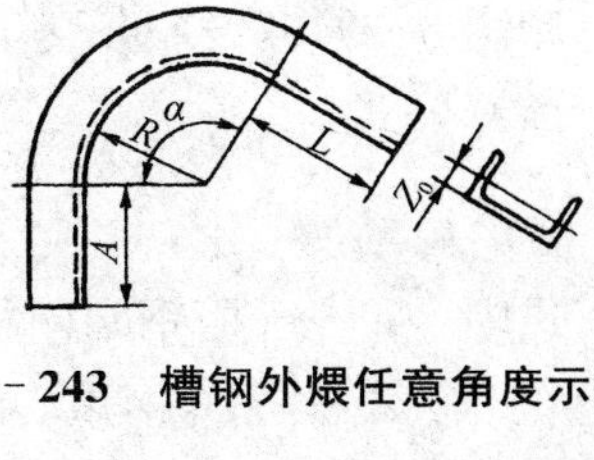

图 5-243　槽钢外煨任意角度示意图

2. 槽钢外煨任意角度料长计算

如图 5-243，设料长为 l。

计算公式：

$$l=A+L+\frac{\pi\alpha(R+Z_0)}{180^\circ}$$

式中　Z_0——槽钢重心距(mm)

［例］　设：$A=300$ mm，$L=400$ mm，槽钢规格为 16a，$R=340$ mm，外煨 120°，求料长 l。

［解］　查附表八，得 $Z_0=18$ mm

$$l=300+400+\frac{120^\circ\pi(340+18)}{180^\circ}=1\,449.8(\text{mm})$$

3. 槽钢内煨任意角度料长计算

如图 5-244，设料长为 l。

计算公式：

$$l=A+L+\frac{\pi\alpha(R-Z_0)}{180^\circ}$$

式中　Z_0——槽钢重心距(mm)。

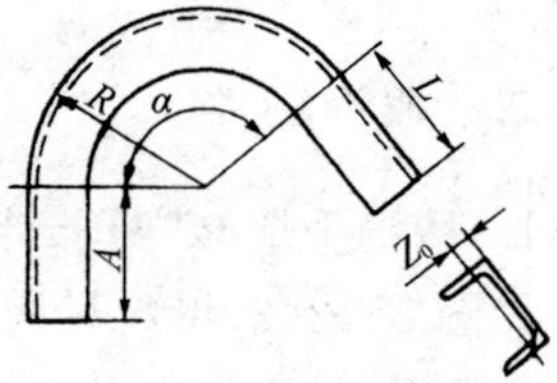

图 5-244　槽钢内煨任意角度示意图

4. 平煨槽钢圈料长计算

如图 5-245，设料长为 l。

计算公式：

$$l=\pi(D+h)$$

式中　D——槽钢圈内径(mm)；

　　　h——槽钢大面宽(mm)。

5. 外煨槽钢圈料长计算

如图 5-246，设料长为 l。

计算公式：

$$l=\pi(D+2Z_0)$$

式中　D——槽钢圈内径(mm)；

　　　Z_0——槽钢重心距(mm)，查附表八。

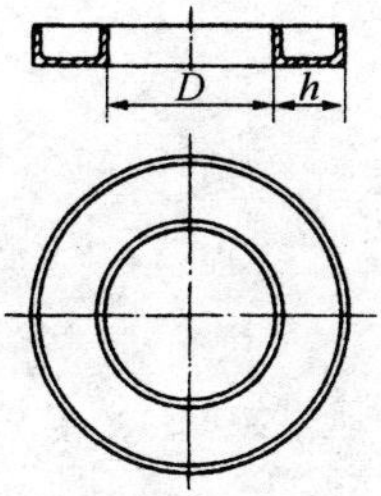

图 5－245 平煨槽钢圈示意图

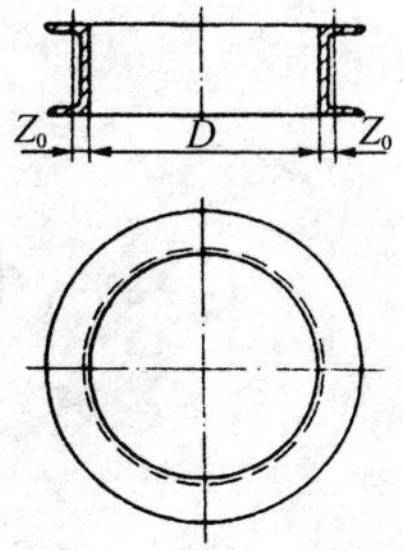

图 5－246 外煨槽钢圈示意图

［**例**］ 如用 18 号槽钢外煨内径 $D=1\,600$ mm 的槽钢圈，求料长 l。

［**解**］ 查附表八得 $Z_0=18.8$ mm

$l=\pi(1\,600+2\times18.8)=5\,144.7$(mm)

6. 内煨槽钢圈料长计算

如图 5－247，设料长为 l。

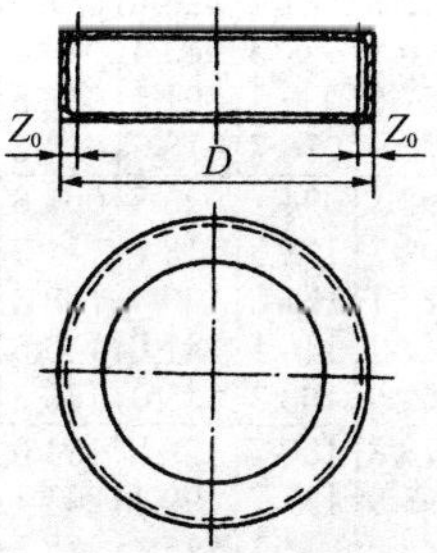

图 5－247 内煨槽钢圈料示意图

计算公式：

$$l=\pi(D-2Z_0)$$

式中 D——槽钢圈外径(mm)；

Z_0——槽钢重心距(mm)，查附表八。

例题计算略。

附　　表

附表一　三角函数表

sin 0° ～ sin 45°	分											度
	0	6	12	18	24	30	36	42	48	54	60	
	度											
	.0	.1	.2	.3	.4	.5	.6	.7	.8	.9	1.0	
0	0.000 0	001 7	003 5	005 2	007 0	008 7	010 5	012 2	014 0	015 7	017 5	89
1	017 5	019 2	020 9	022 7	024 4	026 2	027 9	029 7	031 4	033 2	034 9	88
2	034 9	036 6	038 4	040 1	041 9	043 6	045 4	047 1	048 8	050 6	052 3	87
3	052 3	054 1	055 8	057 6	059 3	061 0	062 8	064 5	066 3	068 0	069 8	86
4	069 8	071 5	073 2	075 0	076 7	078 5	080 2	081 9	083 7	085 4	087 2	85
5	0.087 2	088 9	090 6	092 4	094 1	095 8	097 6	099 3	101 1	102 8	104 5	84
6	104 5	106 3	108 0	109 7	111 5	113 2	114 9	116 7	118 4	120 1	121 9	83
7	121 9	123 6	125 3	127 1	128 8	130 5	132 3	134 0	135 7	137 4	139 2	82
8	139 2	140 9	142 6	144 4	146 1	147 8	149 5	151 3	153 0	154 7	156 4	81
9	156 4	158 2	159 9	161 6	163 3	165 0	166 8	168 5	170 2	171 9	173 6	80
10	0.173 6	175 4	177 1	178 8	180 5	182 2	184 0	185 7	187 4	189 1	190 8	79
11	190 8	192 5	194 2	195 9	197 7	199 4	201 1	202 8	204 5	206 2	207 9	78
12	207 9	209 6	211 3	213 0	214 7	216 4	218 1	219 8	221 5	223 3	225 0	77
13	225 0	226 7	228 4	230 0	231 7	233 4	235 1	236 8	238 5	240 2	241 9	76
14	241 9	243 6	245 3	247 0	248 7	250 4	252 1	253 8	255 4	257 1	258 8	75
15	0.258 8	260 5	262 2	263 9	265 6	267 2	268 9	270 6	272 3	274 0	275 6	74
16	275 6	277 3	279 0	280 7	282 3	284 0	285 7	287 4	289 0	290 7	292 4	73
17	292 4	294 0	295 7	297 4	299 0	300 7	302 4	304 0	305 7	307 4	309 0	72
18	309 0	310 7	312 3	314 0	315 6	317 3	319 0	320 6	322 3	323 9	325 6	71
19	325 6	327 2	328 9	330 5	332 2	333 8	335 5	337 1	338 7	340 4	342 0	70
度	1.0	.9	.8	.7	.6	.5	.4	.3	.2	.1	.0	cos 90° ～ cos 45°
	度											
	60	54	48	42	36	30	24	18	12	6	0	
	分											

续表

sin 0°～sin 45°	分											度
	0	6	12	18	24	30	36	42	48	54	60	
	度											
	.0	.1	.2	.3	.4	.5	.6	.7	.8	.9	1.0	
20	0.342 0	343 7	345 3	346 9	348 6	350 2	351 8	353 5	355 1	356 7	358 4	69
21	358 4	360 0	361 6	363 3	364 9	366 5	368 1	369 7	371 4	373 0	374 6	68
22	374 6	376 2	377 8	379 5	381 1	382 7	384 3	385 9	387 5	389 1	390 7	67
23	390 7	392 3	393 9	395 5	397 1	398 7	400 3	401 9	403 5	405 1	406 7	66
24	406 7	408 3	409 9	411 5	413 1	414 7	416 3	417 9	419 5	421 0	422 6	65
25	0.422 6	424 2	425 8	427 4	428 9	430 5	432 1	433 7	435 2	436 8	438 4	64
26	438 4	439 9	441 5	443 1	444 6	446 2	447 8	449 3	450 9	452 4	454 0	63
27	454 0	455 5	457 1	458 6	460 2	461 7	463 3	464 8	466 4	467 9	469 5	62
28	469 5	471 0	472 6	474 1	475 6	477 2	478 7	480 2	481 8	483 3	484 8	61
29	484 8	486 3	487 9	489 4	490 9	492 4	493 9	495 5	497 0	498 5	500 0	60
30	0.500 0	501 5	503 0	504 5	506 0	507 5	509 0	510 5	512 0	513 5	515 0	59
31	515 0	516 5	518 0	519 5	521 0	522 5	524 0	525 5	527 0	528 4	529 9	58
32	529 9	531 4	532 9	534 4	535 8	537 3	538 8	540 2	541 7	543 2	544 6	57
33	544 6	546 1	547 6	549 0	550 5	551 9	553 4	554 8	556 3	557 7	559 2	56
34	559 2	560 6	562 1	563 5	565 0	566 4	567 8	569 3	670 7	572 1	573 6	55
35	0.573 6	575 0	576 4	577 9	579 3	580 7	582 1	583 5	585 0	586 4	587 8	54
36	587 8	589 2	590 6	592 0	593 4	594 8	596 2	597 6	599 0	600 4	601 8	53
37	601 8	603 2	604 6	606 0	607 4	608 8	610 1	611 5	612 9	614 3	615 7	52
38	615 7	617 0	618 4	619 8	621 1	622 5	623 9	625 2	626 6	628 0	629 3	51
39	629 3	630 7	632 0	633 4	634 7	636 1	637 4	638 8	640 1	641 4	642 8	50
40	0.642 8	644 1	645 5	646 8	648 1	649 4	650 8	652 1	653 4	654 7	656 1	49
41	656 1	657 4	658 7	660 0	661 3	662 6	663 9	665 2	666 5	667 8	669 1	48
42	669 1	670 4	671 7	673 0	674 3	675 6	676 9	678 2	679 4	680 7	682 0	47
43	682 0	683 3	684 5	685 8	687 1	688 4	689 6	690 9	692 1	693 4	694 7	46
44	0.694 7	695 9	697 2	698 4	699 7	700 9	702 2	703 4	704 6	705 9	707 1	45
度	1.0	.9	.8	.7	.6	.5	.4	.3	.2	.1	.0	cos 90°～cos 45°
	度											
	60	54	48	42	36	30	24	18	12	6	0	
	分											

续表

sin 45° ~ sin 90°	分											度
	0	6	12	18	24	30	36	42	48	54	60	
	度											
	.0	.1	.2	.3	.4	.5	.6	.7	.8	.9	1.0	
45	0.707 1	708 3	709 6	710 8	712 0	713 3	714 5	715 7	716 9	718 1	719 3	44
46	719 3	720 6	721 8	723 0	724 2	725 4	726 6	727 8	729 0	730 2	731 4	43
47	731 4	732 5	733 7	734 9	736 1	737 3	738 5	739 6	740 8	742 0	743 1	42
48	743 1	744 3	745 5	746 6	747 8	749 0	750 1	751 3	752 4	753 6	754 7	41
49	754 7	755 9	757 0	758 1	759 3	760 4	761 5	762 7	763 8	764 9	766 0	40
50	0.766 0	767 2	768 3	769 4	770 5	771 6	772 7	773 8	774 9	776 0	777 1	39
51	777 1	778 2	779 3	780 4	781 5	782 6	783 7	784 8	785 9	786 9	788 0	38
52	788 0	789 1	790 2	791 2	792 3	793 4	794 4	795 5	796 5	797 6	798 6	37
53	798 6	799 7	800 7	801 8	802 8	803 9	804 9	805 9	807 0	808 0	809 0	36
54	809 0	810 0	811 1	812 1	813 1	814 1	815 1	816 1	817 1	818 1	819 2	35
55	0.819 2	820 2	821 1	822 1	823 1	824 1	825 1	826 1	827 1	828 1	829 0	34
56	829 0	830 0	831 0	832 0	832 9	833 9	834 8	835 8	836 8	837 7	838 7	33
57	838 7	839 6	840 6	841 5	842 5	843 4	844 3	845 3	846 2	847 1	848 0	32
58	848 0	849 0	849 9	850 8	851 7	852 6	853 6	854 5	855 4	856 3	857 2	31
59	857 2	858 1	859 0	859 9	860 7	861 6	862 5	863 4	864 3	865 2	866 0	30
60	0.866 0	866 9	867 8	868 6	869 5	870 4	871 2	872 1	872 9	873 8	874 6	29
61	874 6	875 5	876 3	877 1	878 0	878 8	879 6	880 5	881 3	882 1	882 9	28
62	882 9	883 8	884 6	885 4	886 2	887 0	887 8	888 6	889 4	890 2	891 0	27
63	891 0	891 8	892 6	893 4	894 2	894 9	895 7	896 5	897 3	898 0	898 8	26
64	898 8	899 6	900 3	901 1	901 8	902 6	903 3	904 1	904 8	905 6	906 3	25
65	0.906 3	907 0	907 8	908 5	909 2	910 0	910 7	911 4	912 1	912 8	913 5	24
66	913 5	914 3	915 0	915 7	916 4	917 1	917 8	918 4	919 1	919 8	920 5	23
67	920 5	921 2	921 9	922 5	923 2	923 9	924 5	925 2	925 9	926 5	927 2	22
68	927 2	927 8	928 5	929 1	929 8	930 4	931 1	931 7	932 3	933 0	933 6	21
69	933 6	934 2	934 8	935 4	936 1	936 7	937 3	937 9	938 5	939 1	939 7	20
度	1.0	.9	.8	.7	.6	.5	.4	.3	.2	.1	.0	cos 45° ~ cos 0°
	度											
	60	54	48	42	36	30	24	18	12	6	0	
	分											

续表

sin 45°～sin 90°	分											度
	0	6	12	18	24	30	36	42	48	54	60	
	度											
	.0	.1	.2	.3	.4	.5	.6	.7	.8	.9	1.0	
70	0.939 7	940 3	940 9	941 5	942 1	942 6	943 2	943 8	944 4	944 9	945 5	19
71	945 5	946 1	946 6	947 2	947 8	948 3	948 9	949 4	950 0	950 5	951 1	18
72	951 1	951 6	952 1	952 7	953 2	953 7	954 2	954 8	955 3	955 8	956 3	17
73	956 3	956 8	957 3	957 8	958 3	958 8	959 3	959 8	960 3	960 8	961 3	16
74	961 3	961 7	962 2	962 7	963 2	963 6	964 1	964 6	965 0	965 5	965 9	15
75	0.965 9	966 4	966 8	967 3	967 7	968 1	968 6	969 0	969 4	969 9	970 3	14
76	970 3	970 7	971 1	971 5	972 0	972 4	972 8	973 2	973 6	974 0	974 4	13
77	974 4	974 8	975 1	975 5	975 9	976 3	976 7	977 0	977 4	977 8	978 1	12
78	978 1	978 5	978 9	979 2	979 6	979 9	980 3	980 6	981 0	981 3	981 6	11
79	981 6	982 0	982 3	982 6	982 9	983 3	983 6	983 9	984 2	984 5	984 8	10
80	0.984 8	985 1	985 4	985 7	986 0	986 3	986 6	986 9	987 1	987 4	987 7	9
81	987 7	988 0	988 2	988 5	988 8	989 0	989 3	989 5	989 8	990 0	990 3	8
82	990 3	990 5	990 7	991 0	991 2	991 4	991 7	991 9	992 1	992 3	992 5	7
83	992 5	992 8	993 0	993 2	993 4	993 6	993 8	994 0	994 2	994 3	994 5	6
84	994 5	994 7	994 9	995 1	995 2	995 4	995 6	995 7	995 9	996 0	996 2	5
85	0.996 2	996 3	996 5	996 6	996 8	996 9	997 1	997 2	997 3	997 4	997 6	4
86	997 6	997 7	997 8	997 9	998 0	998 1	998 2	998 3	998 4	998 5	998 6	3
87	998 6	998 7	998 8	998 9	999 0	999 0	999 1	999 2	999 3	999 3	999 4	2
88	999 4	999 5	999 5	999 6	999 6	999 7	999 7	999 7	999 8	999 8	999 8	1
89	0.999 8	999 9	999 9	999 9	999 9	1.000 0	1.000 0	1.000 0	1.000 0	1.000 0	1.000 0	0
度	1.0	.9	.8	.7	.6	.5	.4	.3	.2	.1	.0	cos 45°～cos 0°
	度											
	60	54	48	42	36	30	24	18	12	6	0	
	分											

续表

tan 0°～tan 45°	分											度
	0	6	12	18	24	30	36	42	48	54	60	
	度											
	.0	.1	.2	.3	.4	.5	.6	.7	.8	.9	1.0	
0	0.000 0	001 7	003 5	005 2	007 0	008 7	010 5	012 2	014 0	015 7	017 5	89
1	017 5	019 2	020 9	022 7	024 4	026 2	027 9	029 7	031 4	033 2	034 9	88
2	034 9	036 7	038 4	040 2	041 9	043 7	045 4	047 2	048 9	050 7	052 4	87
3	052 4	054 2	055 9	057 7	059 4	061 2	062 9	064 7	066 4	068 2	069 9	86
4	069 9	071 7	073 4	075 2	076 9	078 7	080 5	082 2	084 0	085 7	087 5	85
5	0.087 5	089 2	091 0	092 8	094 5	096 3	098 1	099 8	101 6	103 3	105 1	84
6	105 1	106 9	108 6	110 4	112 2	113 9	115 7	117 5	119 2	121 0	122 8	83
7	122 8	124 6	126 3	128 1	129 9	131 7	133 4	135 2	137 0	138 8	140 5	82
8	140 5	142 3	144 1	145 9	147 7	149 5	151 2	153 0	154 8	156 6	158 4	81
9	158 4	160 2	162 0	163 8	165 5	167 3	169 1	170 9	172 7	174 5	176 3	80
10	0.176 3	178 1	179 9	181 7	183 5	185 3	187 1	189 0	190 8	192 6	194 4	79
11	194 4	196 2	198 0	199 8	201 6	203 5	205 3	207 1	208 9	210 7	212 6	78
12	212 6	214 4	216 2	218 0	219 9	221 7	223 5	225 4	227 2	229 0	230 9	77
13	230 9	232 7	234 5	236 4	230 2	240 1	241 9	243 8	245 6	247 5	249 3	76
14	249 3	251 2	253 0	254 9	256 8	258 6	260 5	262 3	264 2	266 1	267 9	75
15	0.267 9	269 8	271 7	273 6	275 4	277 3	279 2	281 1	283 0	284 9	286 7	74
16	286 7	288 6	290 5	292 4	294 3	296 2	298 1	300 0	301 9	303 8	305 7	73
17	305 7	307 6	309 6	311 5	313 4	315 3	317 2	319 1	321 1	323 0	324 9	72
18	324 9	326 9	328 8	330 7	332 7	334 6	336 5	338 5	340 4	342 4	344 3	71
19	344 3	346 3	348 2	350 2	352 2	354 1	356 1	358 1	360 0	362 0	364 0	70
20	0.364 0	365 9	367 9	369 9	371 9	373 9	375 9	377 9	379 0	381 9	383 9	69
21	383 9	385 9	387 9	389 9	391 9	393 9	395 9	397 9	400 0	402 0	404 0	68
22	404 0	406 1	408 1	410 1	412 2	414 2	416 3	418 3	420 4	422 4	424 5	67
23	424 5	426 5	428 6	430 7	432 7	434 8	436 9	439 0	441 1	443 1	445 2	66
24	445 2	447 3	449 4	451 5	453 6	455 7	457 8	459 9	462 1	464 2	466 3	65
度	1.0	.9	.8	.7	.6	.5	.4	.3	.2	.1	.0	cot 90°～cot 45°
	度											
	60	54	48	42	36	30	24	18	12	6	0	
	分											

续表

tan 0°～tan 45°	分											度
	0	6	12	18	24	30	36	42	48	54	60	
	度											
	.0	.1	.2	.3	.4	.5	.6	.7	.8	.9	1.0	
25	0.466 3	468 4	470 6	472 7	474 8	477 0	479 1	481 3	483 4	485 6	487 7	64
26	488 7	489 9	492 1	494 2	496 4	498 6	500 8	502 9	505 1	507 3	509 5	63
27	509 5	511 7	513 9	516 1	518 4	520 6	522 8	525 0	527 2	529 5	531 7	62
28	531 7	534 0	536 2	538 4	540 7	543 0	545 2	547 5	549 8	552 0	554 3	61
29	554 3	556 6	558 9	561 2	563 5	565 8	568 1	570 4	572 7	575 0	577 4	60
30	0.577 4	579 7	582 0	584 4	586 7	589 0	591 4	593 8	596 1	598 5	600 9	59
31	600 9	603 2	605 6	608 0	610 4	612 8	615 2	617 6	620 0	622 4	624 9	58
32	624 9	627 3	629 7	632 2	634 6	637 1	639 5	642 0	644 5	646 9	649 4	57
33	649 4	651 9	654 4	656 9	659 4	661 9	664 4	666 9	669 4	672 0	674 5	56
34	674 5	677 1	679 5	682 2	684 7	687 3	689 9	692 4	695 0	697 6	700 2	55
35	0.700 2	702 8	705 4	708 0	710 7	713 3	715 9	718 6	721 2	723 9	726 5	54
36	726 5	729 2	731 9	734 6	737 3	740 0	742 7	745 4	748 1	750 8	753 6	53
37	753 6	756 3	759 0	761 8	764 6	767 3	770 1	772 9	775 7	778 5	781 3	52
38	781 3	784 1	786 9	789 8	792 6	795 4	798 3	801 2	804 0	806 9	809 8	51
39	809 8	812 7	815 6	818 5	821 4	824 3	827 3	830 2	833 2	836 1	839 1	50
40	0.839 1	842 1	845 1	848 1	851 1	854 1	857 1	860 1	863 2	866 2	869 3	49
41	869 3	872 4	875 4	878 5	881 6	884 7	887 8	891 0	894 1	897 2	900 4	48
42	900 4	903 6	906 7	909 9	913 1	916 3	919 5	922 8	926 0	929 3	932 5	47
43	932 5	935 8	939 1	942 4	945 7	949 0	952 3	955 6	959 0	962 3	965 7	46
44	0.965 7	969 1	972 5	975 9	979 3	982 7	986 1	989 6	993 0	996 5	1.000 0	45
度	1.0	.9	.8	.7	.6	.5	.4	.3	.2	.1	.0	cot 90°～cot 45°
	度											
	60	54	48	42	36	30	24	18	12	6	0	
	分											

续表

tan 45°～tan 90°	分											度
	0	6	12	18	24	30	36	42	48	54	60	
	度											
	.0	.1	.2	.3	.4	.5	.6	.7	.8	.9	1.0	
45	1.000	1.003	1.007	1.011	1.014	1.018	1.021	1.025	1.028	1.032	1.036	44
46	1.036	1.039	1.043	1.046	1.050	1.054	1.058	1.061	1.065	1.069	1.072	43
47	1.072	1.076	1.080	1.084	1.087	1.091	1.095	1.099	1.130	1.107	1.111	42
48	1.111	1.115	1.118	1.122	1.126	1.130	1.134	1.138	1.142	1.146	1.150	41
49	1.150	1.154	1.159	1.163	1.167	1.171	1.175	1.179	1.183	1.188	1.192	40
50	1.192	1.196	1.200	1.205	1.209	1.213	1.217	1.222	1.226	1.230	1.235	39
51	1.235	1.239	1.244	1.248	1.253	1.257	1.262	1.266	1.271	1.275	1.280	38
52	1.280	1.285	1.289	1.294	1.299	1.303	1.308	1.313	1.317	1.322	1.327	37
53	1.327	1.332	1.337	1.342	1.347	1.351	1.356	1.361	1.366	1.371	1.376	36
54	1.376	1.381	1.387	1.392	1.397	1.402	1.407	1.412	1.418	1.423	1.428	35
55	1.428	1.433	1.439	1.444	1.450	1.455	1.460	1.466	1.471	1.477	1.483	34
56	1.483	1.488	1.494	1.499	1.505	1.511	1.517	1.522	1.528	1.534	1.540	33
57	1.540	1.546	1.552	1.558	1.564	1.570	1.576	1.582	1.588	1.594	1.600	32
58	1.600	1.607	1.613	1.619	1.625	1.632	1.638	1.645	1.651	1.658	1.644	31
59	1.644	1.671	1.678	1.684	1.691	1.698	1.704	1.711	1.718	1.725	1.732	30
60	1.732	1.739	1.746	1.753	1.760	1.767	1.775	1.782	1.789	1.797	1.804	29
61	1.804	1.811	1.819	1.827	1.834	1.842	1.849	1.857	1.865	1.873	1.881	28
62	1.881	1.889	1.897	1.905	1.913	1.921	1.929	1.937	1.946	1.954	1.963	27
63	1.963	1.971	1.980	1.988	1.997	2.006	2.014	2.023	2.032	2.041	2.050	26
64	2.050	2.059	2.069	2.078	2.087	2.097	2.106	2.116	2.125	2.135	2.145	25
65	2.145	2.154	2.164	2.174	2.184	2.194	2.204	2.215	2.225	2.236	2.246	24
66	2.246	2.257	2.267	2.278	2.289	2.300	2.311	2.322	2.333	2.344	2.356	23
67	2.356	2.367	2.379	2.391	2.402	2.414	2.426	2.438	2.450	2.463	2.475	22
68	2.475	2.488	2.500	2.513	2.526	2.539	2.552	2.565	2.587	2.592	2.605	21
69	2.605	2.619	2.633	2.646	2.660	2.657	2.689	2.703	2.718	2.733	2.747	20
度	1.0	.9	.8	.7	.6	.5	.4	.3	.2	.1	.0	cot 45°～cot 0°
	度											
	60	54	48	42	36	30	24	18	12	6	0	
	分											

续表

tan 45° ～ tan 90°	分											度
	0	6	12	18	24	30	36	42	48	54	60	
	度											
	.0	.1	.2	.3	.4	.5	.6	.7	.8	.9	1.0	
70	2.747	2.762	2.778	2.793	2.808	2.824	2.840	2.856	2.872	2.888	2.904	19
71	2.904	2.921	2.937	2.954	2.971	2.989	3.006	3.024	3.042	3.060	3.078	18
72	3.078	3.096	3.115	3.133	3.152	3.172	3.191	3.211	3.230	3.251	3.271	17
73	3.271	3.291	3.312	3.333	3.354	3.376	3.398	3.420	3.442	3.465	3.487	16
74	3.487	3.511	3.534	3.558	3.582	3.606	3.630	3.655	3.681	3.706	3.732	15
75	3.732	3.758	3.785	3.812	3.839	3.867	3.895	3.923	3.952	3.981	4.011	14
76	4.011	4.041	4.071	4.102	4.134	4.165	4.198	4.230	4.264	4.297	4.331	13
77	4.331	4.366	4.402	4.437	4.474	4.511	4.548	4.586	4.625	4.665	4.705	12
78	4.705	4.745	4.787	4.829	4.872	4.915	4.959	5.005	5.050	5.097	5.145	11
79	5.145	5.193	5.242	5.292	5.343	5.396	5.449	5.503	5.558	5.614	5.671	10
80	5.671	5.730	5.789	5.850	5.912	5.976	6.041	6.107	6.174	6.243	6.314	9
81	6.314	6.386	6.460	6.535	6.612	6.691	6.772	6.855	6.940	7.026	7.115	8
82	7.115	7.207	7.300	7.396	7.495	7.596	7.700	7.806	7.916	8.028	8.144	7
83	8.144	8.264	8.386	8.513	8.643	8.777	8.915	9.058	9.205	9.357	9.514	6
84	9.514	9.677	9.845	10.02	10.20	10.39	10.58	10.78	10.99	11.20	11.43	5
85	11.43	11.66	11.91	12.16	12.43	12.71	13.00	13.30	13.62	13.95	14.30	4
86	14.30	14.67	15.06	15.46	15.89	16.35	16.83	17.34	17.89	18.46	19.08	3
87	19.08	19.74	20.45	21.20	22.02	22.90	23.86	24.90	26.03	27.27	28.64	2
88	28.64	30.14	31.82	33.69	35.80	38.19	40.92	44.07	47.74	52.08	57.29	1
89	57.29	63.66	71.62	81.85	95.49	114.6	143.2	191.0	286.5	573.0	—	0
度	1.0	.9	.8	.7	.6	.5	.4	.3	.2	.1	.0	cot 45° ～ cot 0°
	度											
	60	54	48	42	36	30	24	18	12	6	0	
	分											

附表二　直径 1～200 mm 等分弧长

直径	圆周长	等分弧长				
		8	12	16	20	24
1	3. 141 596	. 392 7	. 261 8	. 196 4	. 157 1	. 130 9
1. 5	4. 712 394	. 589 0	. 392 7	. 294 5	. 235 6	. 196 3
2	6. 283 192	. 785 4	. 523 6	. 392 7	. 314 2	. 261 8
2. 5	7. 853 990	. 981 7	. 654 5	. 490 9	. 392 7	. 327 2
3	9. 424 789	1. 178 1	. 785 4	. 589 0	. 471 2	. 392 7
3. 5	10. 995 59	1. 374 4	. 916 3	. 687 2	. 549 8	. 458 1
4	12. 566 38	1. 570 8	1. 047 2	. 785 4	. 628 3	. 523 6
4. 5	14. 137 18	1. 767 1	1. 178 1	. 883 6	. 706 9	. 589 0
5	15. 707 98	1. 963 5	1. 309 0	. 981 7	. 785 4	. 654 5
5. 5	17. 278 78	2. 159 8	1. 439 9	1. 080 0	. 863 9	. 719 9
6	18. 849 58	2. 356 2	1. 570 8	1. 178 1	. 942 5	. 785 4
6. 5	20. 420 37	2. 552 5	1. 701 7	1. 276 3	1. 021 0	. 850 8
7	21. 991 17	2. 748 9	1. 832 6	1. 374 4	1. 099 6	. 916 3
7. 5	23. 561 97	2. 945 2	1. 963 5	1. 472 6	1. 178 1	. 981 7
8	25. 132 77	3. 141 6	2. 094 4	1. 570 8	1. 256 6	1. 047 2
8. 5	26. 703 57	3. 337 9	2. 225 3	1. 669 0	1. 335 2	1. 112 6
9	28. 274 37	3. 534 3	2. 356 2	1. 767 1	1. 413 7	1. 178 1
9. 5	29. 845 16	3. 730 6	2. 487 1	1. 865 3	1. 492 3	1. 243 5
10	31. 415 96	3. 927 0	2. 618 0	1. 963 5	1. 570 8	1. 309 0
10. 5	32. 986 76	4. 123 3	2. 748 9	2. 061 7	1. 649 3	1. 374 4
11	34. 557 56	4. 319 7	2. 879 8	2. 159 8	1. 727 9	1. 439 9
11. 5	36. 128 35	4. 516 0	3. 010 7	2. 258 0	1. 806 4	1. 505 3
12	37. 699 16	4. 712 4	3. 141 6	2. 356 2	1. 885 0	1. 570 8
12. 5	39. 269 95	4. 908 7	3. 272 5	2. 454 4	1. 963 5	1. 636 2
13	40. 840 75	5. 105 1	3. 403 4	2. 552 5	2. 042 0	1. 701 7

续表

直径	圆周长	等分弧长				
		8	12	16	20	24
13.5	42.411 55	5.301 4	3.534 3	2.650 7	2.120 6	1.767 1
14	43.982 35	5.497 8	3.665 2	2.748 9	2.199 1	1.832 6
14.5	45.553 15	5.694 1	3.796 1	2.847 1	2.277 7	1.898 0
15	47.123 94	5.890 5	3.927 0	2.945 2	2.356 2	1.963 5
15.5	48.694 74	6.086 8	4.057 9	3.043 4	2.434 7	2.028 9
16	50.265 54	6.283 2	4.188 8	3.141 6	2.513 3	2.094 4
16.5	51.836 34	6.479 5	4.319 7	3.239 8	2.591 8	2.159 8
17	53.407 14	6.675 9	4.450 5	3.337 9	2.670 4	2.225 3
17.5	54.977 93	6.872 2	4.581 5	3.436 1	2.748 9	2.290 7
18	56.548 73	7.068 6	4.712 4	3.534 3	2.827 4	2.356 2
18.5	58.119 53	7.264 9	4.843 3	3.632 5	2.906 0	2.421 6
19	59.690 33	7.461 3	4.974 2	3.730 6	2.984 5	2.487 1
19.5	61.261 13	7.657 6	5.105 1	3.828 8	3.063 1	2.552 5
20	62.831 92	7.854 0	5.236 0	3.927 0	3.141 6	2.618 0
20.5	64.402 72	8.050 3	5.366 9	4.025 2	3.220 1	2.683 4
21	65.973 52	8.246 7	5.497 8	4.123 3	3.298 7	2.748 9
21.5	67.544 31	8.443 0	5.628 7	4.221 5	3.377 2	2.814 3
22	69.115 11	8.639 4	5.759 0	4.319 7	3.455 8	2.879 8
22.5	70.685 91	8.835 7	5.890 5	4.417 9	3.534 3	2.945 2
23	72.256 71	9.032 1	6.021 4	4.516 0	3.612 8	3.010 7
23.5	73.827 51	9.228 4	6.152 3	4.614 2	3.691 4	3.076 1
24	75.398 31	9.424 8	6.283 2	4.712 4	3.769 9	3.141 6
24.5	76.969 10	9.621 1	6.414 1	4.810 6	3.848 5	3.207 0
25	8.539 90	9.817 5	6.545 0	4.908 7	3.927 0	3.272 5
25.5	80.110 70	10.013 8	6.675 9	5.006 9	4.005 5	3.337 9
26	81.681 50	10.210 2	6.806 8	5.105 1	4.084 1	3.403 4
26.5	83.252 30	10.406 5	6.937 7	5.203 3	4.162 6	3.468 8
27	84.823 09	10.602 9	7.068 6	5.301 4	4.241 2	3.534 3
27.5	86.393 89	10.799 2	7.199 5	5.399 6	4.319 7	3.599 7
28	87.964 69	10.995 6	7.330 4	5.497 8	4.398 2	3.665 2

续表

直径	圆周长	等分弧长				
		8	12	16	20	24
28.5	89.535 49	11.191 9	7.461 3	5.596 0	4.476 6	3.730 6
29	91.106 29	11.388 3	7.592 2	5.694 1	4.555 3	3.796 1
29.5	92.677 09	11.584 6	7.723 1	5.792 3	4.633 9	3.861 5
30	94.247 88	11.781 0	7.854 0	5.890 5	4.712 4	3.927 0
30.5	95.818 68	11.977 3	7.984 9	5.988 7	4.790 9	3.992 4
31	97.389 48	12.173 7	8.115 8	6.086 8	4.869 5	4.057 9
31.5	98.960 28	12.370 0	8.246 7	6.185 0	4.948 0	4.123 3
32	100.531 1	12.566 4	8.377 6	6.283 2	5.026 5	4.188 8
32.5	102.101 9	12.762 7	8.508 5	6.381 4	5.105 1	4.254 2
33	103.672 7	12.959 1	8.639 4	6.479 5	5.183 6	4.319 7
33.5	105.243 5	13.155 4	8.770 3	6.577 7	5.262 2	4.385 1
34	106.814 3	13.351 8	8.901 2	6.675 9	5.340 7	4.450 6
34.5	108.385 1	13.548 1	9.032 1	6.774 1	5.419 3	4.516 0
35	109.955 9	13.744 5	9.163 0	6.872 2	5.497 8	4.581 5
35.5	111.526 7	13.940 8	9.293 9	6.970 4	5.576 3	4.646 9
36	113.097 5	14.137 2	9.424 8	7.068 6	5.654 9	4.712 4
36.5	114.668 3	14.333 5	9.555 7	7.166 8	5.733 4	4.777 8
37	116.239 1	14.529 9	9.686 6	7.264 9	5.812 0	4.843 3
37.5	117.809 9	14.726 2	9.817 5	7.363 1	5.890 5	4.908 7
38	119.380 7	14.922 6	9.948 4	7.461 3	5.969 0	4.974 2
38.5	120.951 5	15.118 9	10.079 3	7.559 5	6.047 6	5.039 6
39	122.522 3	15.315 3	10.210 2	7.657 6	6.126 1	5.105 1
39.5	124.093 1	15.511 6	10.341 1	7.755 8	6.204 7	5.170 5
40	125.663 8	15.708 0	10.472 0	7.854 0	6.283 2	5.236 0
40.5	127.234 6	15.904 3	10.602 9	7.952 2	6.361 7	5.301 4
41	128.805 4	16.100 7	10.733 8	8.050 3	6.440 3	5.366 9
41.5	130.376 2	16.297 0	10.864 7	8.148 5	6.518 9	5.432 3
42	131.947 0	16.493 4	10.995 6	8.246 7	6.597 4	5.497 8
42.5	133.517 8	16.689 7	11.126 5	8.344 9	6.675 9	5.563 2
43	135.088 6	16.886 1	11.257 4	8.443 0	6.754 4	5.628 7

续表

直径	圆周长	等分弧长				
		8	12	16	20	24
43.5	136.659 4	17.082 4	11.388 3	8.541 2	6.833 0	5.694 1
44	138.230 2	17.278 8	11.519 2	8.639 4	6.911 5	5.759 6
44.5	139.801 0	17.475 1	11.650 1	8.737 6	6.990 1	5.825 0
45	141.371 8	17.671 5	11.781 0	8.835 7	7.068 6	5.890 5
45.5	142.942 6	17.867 8	11.911 9	8.933 9	7.147 1	5.955 9
46	144.513 4	18.064 2	12.042 8	9.032 0	7.225 7	6.021 4
46.5	146.084 2	18.260 5	12.173 7	9.130 2	7.304 2	6.086 8
47	147.655 0	18.456 9	12.304 6	9.228 4	7.382 8	6.152 3
47.5	149.225 8	18.953 2	12.435 5	9.326 6	7.461 3	6.217 7
48	150.796 6	18.849 6	12.566 4	9.424 8	7.539 8	6.283 2
48.5	152.367 4	19.045 9	12.697 3	9.523 0	7.618 4	6.348 6
49	153.938 2	19.242 3	12.828 2	9.621 1	7.696 9	6.414 1
49.5	155.509 0	19.438 6	12.959 1	9.719 3	7.775 5	6.479 5
50	157.079 8	19.635 0	13.090 0	9.817 5	7.854 0	6.545 0
50.5	158.650 6	19.831 3	13.220 9	9.915 7	7.932 5	6.610 4
51	160.221 4	20.027 7	13.351 8	10.013 8	8.011 1	6.675 9
51.5	161.792 2	20.224 0	13.482 7	10.112 0	8.089 6	6.741 3
52	163.363 0	20.420 4	13.613 6	10.210 2	8.168 2	6.806 8
52.5	164.933 8	20.616 7	13.744 5	10.308 4	8.246 7	6.872 2
53	166.504 6	20.813 1	13.875 4	10.406 5	8.325 2	6.937 7
53.5	168.075 4	21.009 4	14.006 3	10.504 7	8.403 8	7.003 1
54	169.646 2	21.205 8	14.137 2	10.602 9	8.482 3	7.068 6
54.5	171.217 0	21.402 1	14.268 1	10.701 1	8.560 8	7.134 0
55	172.787 8	21.598 5	14.399 0	10.799 2	8.639 4	7.199 5
55.5	174.358 6	21.794 8	14.530 0	10.897 4	8.717 9	7.264 9
56	175.929 4	21.991 2	14.660 8	10.995 6	8.796 5	7.330 4
56.5	177.500 2	22.187 5	14.791 7	11.093 8	8.875 0	7.395 8
57	179.071 0	22.383 9	14.922 6	11.191 9	8.953 5	7.461 3
57.5	180.641 8	22.580 2	15.053 5	11.290 1	9.032 1	7.526 7
58	182.212 6	22.776 6	15.184 4	11.388 3	9.110 6	7.592 2

续表

直径	圆周长	等分弧长				
		8	12	16	20	24
58.5	183.783 4	22.972 9	15.315 3	11.486 5	9.189 2	7.657 6
59	185.354 2	23.169 3	15.446 2	11.584 6	9.267 7	7.723 1
59.5	186.925 0	23.365 6	15.577 1	11.682 8	9.346 2	7.788 5
60	188.495 8	23.562 0	15.708 0	11.781 0	9.424 8	7.854 0
60.5	190.066 6	23.758 3	15.838 9	11.879 2	9.503 3	7.919 4
61	191.637 4	23.954 7	15.969 8	11.977 3	9.581 9	7.984 9
61.5	193.208 2	24.151 0	16.100 7	12.075 5	9.660 4	8.050 3
62	194.779 0	24.347 4	16.231 6	12.173 7	9.738 9	8.115 8
62.5	196.349 8	24.543 7	16.362 5	12.271 9	9.817 5	8.181 2
63	197.920 6	25.740 1	16.493 4	12.370 0	9.896 0	8.246 7
63.5	199.491 4	24.936 4	16.624 3	12.468 2	9.974 6	8.312 1
64	201.062 2	25.132 8	16.755 2	12.566 4	10.053 1	8.377 6
64.5	202.633 0	25.329 1	16.886 1	12.664 6	10.131 7	8.443 0
65	204.203 8	25.525 5	17.017 0	12.762 7	10.210 1	8.508 5
65.5	205.774 5	25.721 8	17.147 9	12.860 9	10.288 7	8.573 9
66	207.345 3	25.918 2	17.278 8	12.959 1	10.367 3	8.639 4
66.5	208.916 1	26.114 5	17.409 7	13.057 3	10.445 8	8.704 8
67	210.487 0	26.310 9	17.540 6	13.155 4	10.524 4	8.770 3
67.5	212.057 8	26.507 2	17.671 5	13.253 6	10.602 9	8.835 7
68	213.628 6	26.703 6	17.802 4	13.351 8	10.681 4	8.901 2
68.5	215.199 3	26.899 9	17.933 3	13.450 0	10.760 0	8.966 6
69	216.770 1	27.096 3	18.064 2	13.548 1	10.838 5	9.032 1
69.5	218.340 9	27.292 6	18.195 1	13.646 3	10.917 1	9.097 5
70	219.911 7	27.489 0	18.326 0	13.744 5	10.995 6	9.163 0
70.5	221.482 5	27.685 3	18.456 9	13.842 7	11.074 1	9.228 4
71	223.053 3	27.881 7	18.587 8	13.940 8	11.152 7	9.293 9
71.5	224.624 1	28.078 0	18.718 7	14.039 0	11.231 2	9.359 3
72	226.194 9	28.274 4	18.849 6	14.137 2	11.309 8	9.424 8
72.5	227.765 7	28.470 7	18.980 5	14.235 4	11.388 3	9.490 2
73	229.336 5	28.667 1	19.111 4	14.333 5	11.466 8	9.555 7

续表

直径	圆周长	等分弧长				
		8	12	16	20	24
73.5	230.907 3	28.863 4	19.242 3	14.431 7	11.545 4	9.621 1
74	232.478 1	29.059 8	19.373 2	14.529 9	11.623 9	9.686 6
74.5	234.048 9	29.256 1	19.504 1	14.628 1	11.702 5	9.752 0
75	235.619 7	29.452 5	19.635 0	14.726 2	11.781 0	9.817 5
75.5	237.190 5	29.648 8	19.765 9	14.824 4	11.859 5	9.882 9
76	238.761 3	29.845 2	19.896 8	14.922 6	11.938 1	9.948 4
76.5	240.332 1	30.041 5	20.027 7	15.020 8	12.016 6	10.013 8
77	241.902 9	30.237 9	20.158 6	15.118 9	12.095 1	10.079 3
77.5	243.473 7	30.434 2	20.289 5	15.217 1	12.173 7	10.144 7
78	245.044 5	30.630 6	20.420 4	15.315 3	12.252 2	10.210 2
78.5	246.615 3	30.826 9	20.551 3	15.413 5	12.330 8	10.275 6
79	248.186 1	31.023 3	20.682 2	15.511 6	12.409 3	10.341 1
79.5	249.756 9	31.219 6	20.813 1	15.609 8	12.487 9	10.406 5
80	251.327 7	31.416 0	20.944 0	15.708 0	12.566 4	10.472 0
80.5	252.898 5	31.612 3	21.074 9	15.806 2	12.644 9	10.537 4
81	254.469 3	31.808 7	21.205 8	15.904 3	12.723 5	10.602 9
81.5	256.040 1	32.005 0	21.336 7	16.002 5	12.802 0	10.668 3
82	257.610 9	32.201 4	21.467 6	16.100 7	12.880 5	10.733 8
82.5	259.181 7	32.397 7	21.598 5	16.198 9	12.959 1	10.799 2
83	26.752 5	32.594 1	21.729 4	16.297 0	13.037 6	10.864 7
83.5	262.323 3	32.790 4	21.860 3	16.395 2	13.116 2	10.930 1
84	263.894 1	32.986 8	21.991 2	16.493 4	13.194 7	10.995 6
84.5	265.464 9	33.183 1	22.122 1	16.591 6	13.273 2	11.061 0
85	267.035 7	33.379 5	22.253 0	16.689 7	13.351 8	11.126 5
85.5	268.606 5	33.575 8	22.383 9	16.787 9	13.430 3	11.191 9
86	270.177 3	33.772 2	22.514 8	16.886 1	13.508 9	11.257 4
86.5	271.748 1	33.968 5	22.645 7	16.984 2	13.587 4	11.322 8
87	273.318 9	34.164 9	22.776 6	17.082 4	13.666 0	11.388 3
87.5	274.889 7	34.361 2	22.907 5	17.180 6	13.744 5	11.453 7
88	276.460 5	34.557 6	23.038 4	17.278 8	13.823 0	11.519 2

续表

直径	圆周长	等分弧长				
		8	12	16	20	24
88.5	278.031 3	34.753 9	23.169 3	17.377 0	13.901 6	11.584 6
89	279.602 1	34.950 3	23.300 2	17.475 1	13.980 1	11.650 1
89.5	281.172 9	35.146 6	23.431 1	17.573 3	14.058 6	11.715 5
90	282.743 7	35.343 0	23.562 0	17.671 5	14.137 2	11.781 0
90.5	284.314 5	35.539 3	23.692 9	17.769 7	14.215 7	11.846 4
91	285.885 3	35.735 7	23.823 8	17.867 8	14.294 3	11.911 9
91.5	287.456 1	35.932 0	23.954 7	17.966 0	14.372 8	11.977 3
92	289.026 8	36.128 4	24.085 6	18.064 2	14.451 3	12.042 8
92.5	290.597 6	36.324 7	24.216 5	18.162 4	14.529 9	12.108 2
93	292.168 4	36.521 1	24.347 4	18.260 5	14.608 4	12.173 7
93.5	293.739 2	36.717 4	24.478 3	18.358 7	14.687 0	12.239 1
94	295.310 0	36.913 8	24.609 2	18.456 9	14.765 5	12.304 6
94.5	296.880 8	37.110 1	24.740 1	18.555 1	14.844 0	12.370 0
95	298.451 6	37.306 5	24.871 0	18.653 2	14.922 6	12.435 5
95.5	300.022 4	37.502 8	25.001 9	18.751 4	15.001 1	12.500 9
96	301.593 2	37.699 2	25.132 8	18.849 6	15.079 7	12.566 4
96.5	303.164 0	37.895 5	25.263 7	18.947 8	15.158 2	12.631 8
97	304.734 8	38.091 9	25.394 6	19.045 9	15.236 7	12.697 3
97.5	306.305 6	38.288 2	25.525 5	19.144 1	15.315 3	12.762 7
98	307.876 4	38.484 6	25.656 4	19.242 3	15.393 8	12.828 2
98.5	309.447 2	38.680 9	25.787 3	19.340 5	15.472 4	12.893 6
99	311.018 0	38.877 3	25.918 2	19.438 6	15.550 9	12.959 1
99.5	312.588 8	39.073 6	26.049 1	19.536 8	15.629 4	13.024 5
100	314.159 6	39.270 0	25.180 0	19.635 0	15.708 0	13.090 0
100.5	315.730 4	39.466 3	26.310 9	19.733 2	15.786 5	13.155 4
101	317.301 2	39.662 7	26.441 8	19.831 3	15.865 1	13.220 9
101.5	318.872 0	39.859 0	26.572 7	19.929 5	15.943 6	13.286 3
102	320.442 8	40.055 4	26.703 6	20.027 7	16.022 1	13.351 8
102.5	322.013 6	40.251 7	26.834 5	20.125 9	16.100 7	13.417 2
103	323.584 4	40.448 1	26.965 4	20.224 0	16.179 2	13.482 7

续表

直径	圆周长	等分弧长				
		8	12	16	20	24
103.5	325.155 2	40.644 4	27.096 3	20.322 2	16.257 8	13.548 1
104	326.726 0	40.840 8	27.227 2	20.420 4	16.336 3	13.613 6
104.5	328.296 8	41.037 1	27.358 1	20.518 6	16.414 8	13.679 0
105	329.867 6	41.233 5	27.489 0	20.616 7	16.493 4	13.744 5
105.5	331.438 4	41.429 8	27.619 9	20.714 9	16.571 9	13.810 0
106	333.009 2	41.626 2	27.750 8	20.813 1	16.650 5	13.875 4
106.5	334.580 0	41.822 5	27.881 7	20.911 3	16.729 0	13.940 8
107	336.150 8	42.018 7	28.012 6	21.009 4	16.807 5	14.006 3
107.5	337.721 6	42.215 2	28.143 5	21.107 6	16.886 1	14.071 7
108	339.292 4	42.411 6	28.274 4	21.205 8	16.964 6	14.137 2
108.5	340.863 2	42.607 9	28.405 3	21.304 0	17.043 2	14.202 6
109	342.434 0	42.804 3	28.536 2	21.402 1	17.121 7	14.268 1
109.5	344.004 8	43.000 6	28.667 1	21.500 3	17.200 2	14.333 5
110	345.575 6	43.197 0	28.798 0	21.598 5	17.278 8	14.399 0
110.5	347.146 4	43.393 3	28.928 9	21.696 7	17.357 3	14.464 4
111	348.717 2	43.589 7	29.059 8	21.794 8	17.435 9	14.529 9
111.5	350.288 0	43.786 0	29.190 7	21.893 0	17.514 4	14.595 3
112	351.858 8	43.982 4	29.321 6	21.991 2	17.592 9	14.660 8
112.5	353.429 6	44.178 7	29.452 5	22.089 4	17.671 5	14.726 2
113	355.000 4	44.375 1	29.583 4	22.187 5	17.750 0	14.791 7
113.5	356.571 2	44.571 4	29.714 3	22.285 7	17.828 6	14.857 1
114	358.142 0	44.767 8	29.845 2	22.383 9	17.907 1	14.922 6
114.5	359.712 8	44.964 1	29.976 1	22.482 1	17.985 6	14.988 0
115	361.283 6	45.160 4	30.107 0	22.580 2	18.064 2	15.053 5
115.5	362.854 4	45.356 8	30.237 9	22.678 4	18.142 7	15.118 9
116	364.425 2	45.553 2	30.368 8	22.776 6	18.221 3	15.184 4
116.5	365.996 0	45.749 5	30.499 7	22.874 8	18.299 8	15.249 8
117	367.566 8	45.945 9	30.630 6	22.973 0	18.378 3	15.315 3
117.5	369.137 6	46.142 2	30.761 5	23.071 1	18.456 9	15.380 7
118	370.708 4	46.338 6	30.892 4	23.169 3	18.535 4	15.446 2

续表

直径	圆周长	等分弧长				
		8	12	16	20	24
118.5	372.279 2	46.534 9	31.023 3	23.267 5	18.614 0	15.511 6
119	273.849 9	46.731 2	31.154 2	23.365 6	18.692 5	15.577 1
119.5	375.420 7	46.927 6	31.285 1	23.463 8	18.771 0	15.642 5
120	376.991 5	47.123 9	31.416 0	23.562 0	18.849 6	15.708 0
120.5	378.562 3	47.320 3	31.546 9	23.660 2	18.928 1	15.773 4
121	380.133 1	47.516 6	31.677 8	23.758 3	19.006 7	15.838 9
121.5	381.703 9	47.713 0	31.808 7	23.856 5	19.085 2	15.904 3
122	383.274 7	47.909 3	31.939 6	23.954 7	19.163 7	15.969 8
122.5	384.845 5	48.105 7	32.070 5	24.052 9	19.242 3	16.035 2
123	386.416 3	48.302 0	32.201 4	24.151 0	19.320 8	16.100 7
123.5	387.987 1	48.498 4	32.332 3	24.249 2	19.399 4	16.166 1
124	389.557 9	48.694 7	32.463 2	24.347 4	19.477 9	16.231 6
124.5	391.128 7	48.891 1	32.594 1	24.445 6	19.556 4	16.297 0
125	392.699 5	49.087 4	32.725 0	24.543 7	19.635 0	16.362 5
125.5	394.270 3	49.283 8	32.855 9	24.641 9	19.7135	16.427 9
126	395.841 1	49.480 1	32.986 8	24.740 1	19.792 1	16.493 4
126.5	397.411 9	49.676 5	33.117 7	24.838 2	19.870 6	16.558 8
127	398.982 7	49.872 8	33.248 6	24.936 4	19.949 1	16.624 3
127.5	400.553 5	50.069 2	33.379 5	25.034 6	20.027 7	16.689 7
128	402.124 3	50.265 5	33.510 4	25.132 8	20.106 2	16.755 2
128.5	403.695 1	50.461 9	33.641 3	25.230 9	20.184 8	16.820 6
129	405.265 9	50.658 2	33.772 2	25.329 1	20.263 3	16.886 1
129.5	406.836 7	50.854 6	33.903 1	25.427 3	20.341 8	16.951 5
130	408.407 5	51.050 9	34.034 0	25.525 5	20.420 4	17.017 0
130.5	409.978 3	51.247 3	34.164 9	25.623 6	20.498 9	17.082 4
131	411.549 1	51.443 6	34.295 8	25.721 8	20.577 5	17.147 9
131.5	413.119 9	51.640 0	34.426 7	25.820 0	20.656 0	17.213 3
132	414.690 7	51.836 3	34.557 6	25.918 2	20.734 5	17.278 8
132.5	416.261 5	52.032 7	34.688 5	26.016 3	20.813 1	17.344 2
133	417.832 3	52.229 0	34.819 4	26.114 5	20.891 6	17.409 7

续表

直径	圆周长	等分弧长				
		8	12	16	20	24
133.5	419.403 1	52.425 4	34.950 3	26.212 7	20.970 2	17.475 1
134	420.973 9	52.621 7	35.081 2	26.310 9	21.048 7	17.540 6
134.5	422.544 7	52.818 1	35.212 1	26.409 0	21.127 2	17.606 0
135	424.115 5	53.014 4	35.343 0	26.507 2	21.205 8	17.671 5
135.5	125.686 3	53.210 8	35.473 9	26.605 4	21.284 3	17.736 9
136	427.257 1	53.407	35.605	26.704	21.363	17.802
136.5	428.827 9	53.603	35.736	26.802	21.441	17.868
137	430.398 7	53.800	35.867	26.900	21.520	17.933
137.5	431.969 5	53.996	35.997	26.998	21.598	17.999
138	433.540 3	54.193	36.128	27.096	21.677	18.064
138.5	435.111 1	54.389	36.259	27.194	21.756	18.130
139	436.681 9	54.585	36.390	27.293	21.834	18.195
139.5	438.252 7	54.781	36.521	27.391	21.913	18.261
140	439.823 5	54.978	36.652	27.489	21.991	18.326
140.5	441.394 3	55.174	36.783	27.587	22.070	18.391
141	442.965 1	55.371	36.914	27.685	22.148	18.457
141.5	444.535 9	55.567	37.045	27.783	22.227	18.522
142	446.106 7	55.763	37.176	27.882	22.305	18.588
142.5	447.677 5	55.960	37.306	27.980	22.384	18.653
143	449.248 3	56.156	37.437	28.078	22.462	18.719
143.5	450.819 1	56.352	37.568	28.176	22.541	18.784
144	452.389 9	56.549	37.699	28.274	22.619	18.850
144.5	453.960 7	56.745	37.830	28.373	22.698	18.915
145	455.531 5	56.941	37.961	28.471	22.777	18.080
145.5	457.102 3	57.138	38.092	28.569	22.855	19.046
146	458.673 1	57.334	38.223	28.667	22.934	19.111
146.5	460.243 9	57.530	38.354	28.765	23.012	19.177
147	461.814 7	57.727	38.485	28.863	23.091	19.242
147.5	463.385 4	57.923	38.615	28.962	23.169	19.308
148	464.956 2	58.120	38.746	29.058	23.248	19.373

续表

直径	圆周长	等分弧长				
		8	12	16	20	24
148.5	466.527 0	58.316	38.877	29.158	23.326	19.439
149	468.097 8	58.512	39.008	29.256	23.405	19.504
149.5	469.668 6	58.709	39.139	29.354	23.483	19.570
150	471.239 4	58.905	39.270	29.452	23.562	19.634
150.5	472.810 2	59.101	39.401	29.551	23.640	19.700
151	474.381 0	59.298	39.532	29.649	23.719	19.766
151.5	475.951 8	59.494	39.663	29.747	23.798	19.831
152	477.522 6	59.690	39.794	29.845	23.876	19.897
152.5	479.093 4	59.887	39.924	29.943	23.955	19.962
153	480.664 2	60.083	40.055	30.042	24.033	20.028
153.5	482.235 0	60.279	40.186	30.140	24.112	20.093
154	483.805 8	60.476	40.317	30.238	24.190	20.159
154.5	485.376 6	60.672	40.448	30.336	24.269	20.224
155	486.947 4	60.868	40.579	30.434	24.347	20.289
155.5	488.518 2	61.065	40.710	30.532	24.426	20.355
156	490.089 0	61.261	40.841	30.631	24.505	20.420
156.5	491.569 8	61.457	40.972	30.729	24.582	20.486
157	493.230 6	61.654	41.103	30.827	24.662	20.551
157.5	494.801 4	61.850	41.233	30.925	24.740	20.617
158	496.372 2	62.047	41.364	31.023	24.819	20.682
158.5	497.943 0	62.243	41.495	31.121	24.897	20.748
159	499.513 8	62.439	41.626	31.220	24.976	20.813
159.5	501.084 6	62.636	41.757	31.318	25.054	20.879
160	502.655 4	62.832	41.888	31.416	25.133	20.944
160.5	504.226 2	63.028	42.019	31.514	25.211	21.009
161	505.797 0	63.225	42.150	31.612	25.290	21.075
161.5	507.367 8	63.421	42.280	37.710	25.368	21.140
162	508.938 6	63.617	42.412	31.809	25.447	21.206
162.5	510.509 4	63.814	42.542	31.907	25.525	21.271
163	512.080 2	64.010	42.673	32.005	25.604	21.337
163.5	513.651 0	64.206	42.804	32.103	25.683	21.402
164	515.221 8	64.403	42.935	32.201	25.761	21.468
164.5	516.792 6	64.599	43.066	32.300	25.840	21.533
165	518.363 4	64.795	43.197	32.398	25.918	21.598
165.5	519.934 2	64.992	43.328	32.496	25.997	21.664

续表

直径	圆周长	等分弧长				
		8	12	16	20	24
166	521.505 0	65.188	43.459	32.594	26.075	21.729
166.5	523.075 8	65.384	43.590	32.692	26.154	21.795
167	524.646 6	65.581	43.721	32.790	26.232	21.860
167.5	526.217 4	65.777	43.851	32.889	26.311	21.926
168	527.788 1	65.974	43.982	32.987	26.389	21.991
168.5	529.359 0	66.170	44.113	33.084	26.468	22.057
169	530.929 8	66.366	44.244	33.183	26.546	22.122
169.5	532.500 6	66.563	44.375	33.281	26.625	22.188
170	534.071 4	66.759	44.506	33.379	26.704	22.253
170.5	535.642 1	66.955	44.637	33.478	26.782	22.318
171	537.213 0	67.152	44.768	33.576	26.861	22.384
171.5	538.783 7	67.348	44.899	33.674	26.939	22.449
172	540.354 5	67.544	45.030	33.772	27.018	22.515
172.5	541.925 3	67.741	45.160	33.870	27.096	22.580
173	543.496 1	67.937	45.291	33.969	27.175	22.646
173.5	545.066 9	68.133	45.422	34.067	27.253	22.711
174	546.637 7	68.330	45.553	34.165	27.332	22.777
174.5	548.208 5	68.526	45.684	34.263	27.410	22.842
175	549.779 3	68.722	45.815	34.361	27.489	22.907
175.5	551.350 1	68.919	45.946	34.459	27.568	22.973
176	552.920 9	69.115	46.077	34.558	27.646	23.038
176.5	554.491 7	69.311	46.208	34.656	27.725	23.104
177	556.062 6	69.508	46.339	34.754	27.803	23.169
177.5	557.633 3	69.704	46.469	34.852	27.882	23.235
178	559.204 1	69.901	46.600	34.950	27.960	23.300
178.5	560.774 9	70.097	46.731	35.048	28.039	23.366
179	562.345 7	70.293	46.862	35.147	28.117	23.431
179.5	563.916 5	70.490	46.993	35.245	28.196	23.497
180	565.487 3	70.686	47.124	35.343	28.274	23.562
180.5	567.058 1	70.882	47.255	35.441	28.353	23.627
181	568.629 0	71.079	47.386	35.539	28.431	23.693
181.5	570.199 7	71.275	47.517	35.637	28.510	23.758
182	571.770 5	71.471	47.648	35.736	28.589	23.824
182.5	573.341 3	71.668	47.778	35.834	28.667	23.889
183	574.912 1	71.864	47.909	35.932	28.746	23.955

续表

直径	圆周长	等分弧长				
		8	12	16	20	24
183.5	576.483 0	72.060	48.040	36.030	28.824	24.020
184	578.053 6	72.257	48.171	36.128	28.903	24.086
184.5	579.624 5	72.453	48.302	36.227	28.981	24.151
185	581.195 3	72.649	48.433	36.325	29.060	24.216
185.5	582.766 1	72.846	48.564	36.423	29.138	24.282
186	584.336 9	73.042	48.695	36.521	29.217	24.347
186.5	585.907 6	73.238	48.826	36.619	29.295	24.413
187	587.478 5	73.435	48.957	36.717	29.374	24.478
187.5	589.049 3	73.631	49.087	36.816	29.452	24.544
188	590.620 1	73.828	49.218	36.914	29.531	24.609
188.5	592.190 9	74.024	49.349	37.012	29.610	24.675
189	593.761 7	74.220	49.480	37.110	29.688	24.740
189.5	595.332 5	74.417	49.611	37.208	29.767	24.806
190	596.903 3	74.613	49.742	37.306	29.845	24.871
190.5	598.474 1	74.809	49.873	37.405	29.924	24.936
191	600.044 9	75.006	50.004	37.503	30.002	25.002
191.5	601.615 7	75.202	50.135	37.601	30.081	25.067
192	603.186 5	75.398	50.266	37.699	30.159	25.133
192.5	604.757 3	75.595	50.396	37.797	30.238	25.198
193	606.328 1	75.791	50.527	37.896	30.316	25.264
193.5	607.898 8	75.987	50.658	37.994	30.395	25.329
194	607.469 6	76.184	50.789	38.092	30.473	25.395
194.5	611.040 4	76.380	50.920	38.190	30.552	25.460
195	612.611 2	76.576	51.051	38.288	30.631	25.525
195.5	614.182 0	76.773	51.182	38.386	30.709	25.591
196	615.752 8	76.969	51.313	38.485	30.788	25.656
196.5	617.323 6	77.165	51.444	38.583	30.866	25.722
197	618.894 5	77.362	51.575	38.680	30.945	25.787
197.5	620.465 2	77.558	51.705	38.779	31.023	25.853
198	622.036 0	77.755	51.836	38.877	31.102	25.918
198.5	623.606 8	77.951	51.967	38.975	31.180	25.984
199	625.177 6	78.147	52.098	39.074	31.259	26.049
199.5	626.748 5	78.344	52.229	39.172	31.337	26.115
200	628.319 2	78.540	52.360	39.270	31.416	26.180

附表三 直径 201～400 mm 等分弧长

直径	圆周长	等分弧长				
		16	20	24	32	48
201	631.460 8	39.466	31.573	26.311	19.733	13.155
202	634.602 5	39.663	31.730	26.442	19.831	13.221
203	637.744 0	39.859	31.887	26.573	19.930	13.286
204	640.885 6	40.055	32.044	26.704	20.028	13.352
205	644.027 3	40.252	32.201	26.834	20.126	13.417
206	647.168 8	40.448	32.358	26.965	20.224	13.483
207	650.310 4	40.644	32.516	27.096	20.322	13.548
208	653.452 0	40.840	32.672	27.227	20.420	13.613
209	656.593 6	41.037	32.830	27.358	20.519	13.679
210	659.735 2	41.233	32.987	27.489	20.617	13.744
211	662.876 8	41.430	33.144	27.620	20.715	13.810
212	666.018 4	61.626	33.301	27.751	20.813	13.875
213	669.160 0	41.823	33.458	27.882	20.911	13.941
214	672.301 6	42.019	33.615	28.013	20.009	14.006
215	675.443 2	42.215	33.772	28.143	20.108	14.072
216	678.584 7	42.412	33.929	28.274	21.206	14.137
217	681.726 3	42.608	34.086	28.405	21.304	14.203
218	684.868 0	42.804	34.243	28.536	21.402	14.268
219	688.009 5	43.001	34.400	28.667	21.500	14.334
220	691.151 1	43.197	34.558	28.798	21.598	14.399
221	694.292 8	43.393	34.715	28.929	21.697	14.464
222	697.434 3	43.590	34.872	29.060	21.795	14.530
223	700.576 0	43.786	35.029	29.191	21.893	14.595
224	703.717 5	43.982	35.186	29.322	21.991	14.661
225	706.859 1	44.179	35.343	29.452	22.089	14.726
226	710.000 8	44.375	35.500	29.583	22.188	14.792
227	713.142 3	44.571	35.657	29.714	22.286	14.857
228	716.284 0	44.768	35.814	29.845	23.384	11.923
229	719.425 5	44.964	35.971	29.976	22.482	14.988
230	722.567 1	45.160	36.128	30.107	22.580	15.053

续表

直径	圆周长	等分弧长				
		16	20	24	32	48
231	725.708 7	45.357	36.285	30.238	22.678	15.119
232	728.850 3	45.553	36.443	30.369	22.777	15.184
233	731.991 9	45.750	36.600	30.500	22.875	15.250
234	735.133 5	45.946	36.757	30.631	22.973	15.315
235	738.275 1	46.142	36.914	30.761	23.071	15.381
236	741.416 7	46.339	37.071	30.892	23.169	15.446
237	744.558 3	46.535	37.228	31.023	23.267	15.512
238	747.699 8	46.731	37.385	31.154	23.366	15.577
239	750.841 5	46.928	37.542	31.285	23.464	15.643
240	753.983 1	47.124	37.699	31.416	23.562	15.708
241	757.124 6	47.320	37.856	31.547	23.660	15.773
242	760.266 3	47.517	38.013	31.678	23.758	15.839
243	763.407 8	47.713	38.170	31.809	23.857	15.904
244	766.549 5	47.909	38.327	31.940	23.955	15.970
245	769.691 1	48.106	38.485	32.070	24.053	16.035
246	772.832 6	48.302	38.642	32.201	24.151	16.101
247	775.974 3	48.498	38.799	32.332	24.249	16.166
248	779.115 9	48.695	38.956	32.463	24.347	16.232
249	782.257 5	48.891	39.113	32.594	24.446	16.297
250	785.399 1	49.087	39.270	32.725	24.544	16.362
251	788.540 6	49.284	39.427	32.856	24.641	16.428
252	791.682 2	49.480	39.584	32.987	24.740	16.493
253	794.823 8	49.676	39.741	33.118	24.838	16.559
254	797.965 4	49.873	39.898	33.249	24.936	16.624
255	801.107 0	50.069	40.055	33.379	25.035	16.690
256	804.248 6	50.266	40.212	33.510	25.132	16.755
257	807.390 2	50.462	40.370	33.641	25.231	16.821
258	810.531 8	50.658	40.527	33.772	25.329	16.886
259	813.673 4	50.855	40.684	33.903	25.427	16.952
260	816.815 0	51.050	40.841	34.034	25.525	17.017
261	819.956 6	51.247	40.998	34.165	25.624	17.082
262	823.098 1	51.444	41.155	34.296	25.722	17.148
263	826.239 8	51.640	41.312	34.427	25.820	17.213
264	829.381 4	51.836	41.469	34.558	25.918	17.279
265	832.523 0	52.033	41.626	34.688	26.016	17.344

续表

直径	圆周长	等分弧长				
		16	20	24	32	48
266	835.664 6	52.229	41.783	34.819	26.115	17.410
267	838.806 1	52.425	41.940	34.950	26.213	17.475
268	841.947 8	52.622	42.097	35.081	28.311	17.541
269	845.089 4	52.818	42.254	35.212	26.409	17.606
270	848.230 9	53.014	42.412	35.343	26.507	17.671
271	851.372 6	53.211	42.569	35.474	26.605	17.737
272	854.514 2	53.407	42.726	35.605	26.704	17.802
273	857.655 7	53.603	42.883	35.736	26.802	17.868
274	860.797 3	53.800	43.040	35.867	26.900	17.933
275	863.938 9	53.996	43.197	35.997	26.998	17.999
276	867.080 5	54.193	43.354	36.128	27.096	18.064
277	870.222 1	54.389	43.511	36.259	27.194	18.130
278	873.363 7	54.585	43.668	36.390	27.293	18.195
279	876.505 3	54.782	43.825	36.521	27.391	18.261
280	879.646 9	54.978	43.982	36.652	27.489	18.326
281	882.788 5	55.174	44.139	36.783	27.587	18.391
282	885.930 1	55.371	44.297	36.914	27.685	18.457
283	889.071 6	55.567	44.455	37.045	27.783	18.522
284	892.213 2	55.763	44.611	37.176	27.882	18.588
285	895.354 9	55.960	44.768	37.306	27.980	18.653
286	898.496 4	56.156	44.925	37.437	28.078	18.719
287	901.638 1	56.352	45.082	37.568	28.176	18.784
288	904.779 7	56.549	45.239	37.699	28.274	18.850
289	907.921 2	56.745	45.396	37.830	28.373	18.915
290	911.062 9	56.941	45.553	37.961	28.470	18.980
291	914.204 4	57.138	45.710	38.092	28.569	19.046
292	917.346 1	57.334	45.867	38.223	28.667	19.111
293	920.487 7	57.530	46.024	38.354	28.765	19.177
294	923.629 2	57.727	46.181	38.485	28.863	19.242
295	926.770 8	57.923	46.339	38.615	28.961	19.308
296	929.912 4	58.120	46.496	38.746	29.060	19.373
297	933.054 0	58.316	46.653	38.877	29.158	19.439
298	936.195 6	58.512	46.810	39.008	29.256	19.504
299	939.337 2	58.709	46.967	39.139	29.354	19.570
300	942.478 8	58.905	47.124	39.270	29.452	19.635

续表

直径	圆周长	等分弧长				
		16	20	24	32	48
301	945.620 4	59.101	47.281	39.401	29.551	19.700
302	948.762 0	59.298	47.438	39.532	29.649	19.766
303	951.903 6	59.494	47.595	39.663	29.747	19.831
304	955.045 2	59.690	47.752	39.794	29.845	19.897
305	958.186 8	59.887	47.909	39.924	29.943	19.962
306	961.328 4	60.083	48.066	40.055	30.041	20.028
307	964.470 0	60.279	48.224	40.186	30.140	20.093
308	967.611 6	60.476	48.381	40.317	30.238	20.159
309	970.753 2	60.672	48.538	40.448	30.366	20.224
310	973.894 8	60.868	48.695	40.579	30.434	20.289
311	977.036 4	61.065	48.852	40.710	30.532	20.355
312	980.178 0	61.261	49.009	40.841	30.631	20.420
313	983.319 6	61.457	49.166	40.972	30.729	20.486
314	986.461 2	61.654	49.323	41.103	30.827	20.551
315	989.602 8	61.850	49.480	41.233	30.925	20.617
316	992.744 4	62.047	49.637	41.364	31.023	20.682
317	995.886 0	62.243	49.794	41.495	31.121	20.748
318	999.027 5	62.439	49.951	41.626	31.220	20.813
319	1 002.169	62.636	50.108	41.757	31.318	20.879
320	1 005.311	62.832	50.266	41.888	31.416	20.944
321	1 008.452	63.028	50.423	42.019	31.514	21.009
322	1 011.594	63.225	50.580	42.150	31.612	21.075
323	1 014.736	63.421	50.737	42.281	31.710	21.140
324	1 017.877	63.617	50.894	42.412	31.809	21.206
325	1 021.019	63.814	51.051	42.542	31.907	21.271
326	1 024.160	64.010	51.208	42.673	32.005	21.337
327	1 027.302	64.206	51.365	42.804	32.103	24.402
328	1 030.444	64.403	51.522	42.935	32.201	21.468
329	1 033.585	64.599	51.679	43.066	32.300	21.533
330	1 036.727	64.795	51.836	43.197	32.398	21.598
331	1 039.868	64.992	51.993	43.328	32.496	21.664
332	1 043.010	65.188	52.151	43.459	32.594	21.729
333	1 046.152	65.384	52.308	43.590	32.692	21.795
334	1 049.293	65.581	52.465	43.721	32.790	21.860
335	1 052.435	65.777	52.622	43.851	32.889	21.926

续表

直径	圆周长	等分弧长				
		16	20	24	32	48
336	1 055.576	65.974	52.779	43.982	32.987	21.991
337	1 058.718	66.170	52.936	44.113	33.085	22.057
338	1 061.860	66.366	53.093	44.244	33.183	22.122
339	1 065.001	66.563	53.250	44.375	33.281	22.188
340	1 068.143	66.759	53.407	44.506	33.379	22.253
341	1 071.284	66.955	53.564	44.637	33.478	22.318
342	1 074.426	67.152	53.721	44.768	33.576	22.384
343	1 077.567	67.348	53.878	44.899	33.674	22.449
344	1 080.709	67.544	54.035	45.030	33.772	22.515
345	1 083.851	67.741	54.193	45.160	33.870	22.580
346	1 086.992	67.937	54.350	45.291	33.969	22.646
347	1 090.134	68.133	54.507	45.422	34.067	22.711
348	1 093.275	68.330	54.664	45.553	34.165	22.777
349	1 096.417	68.526	54.821	45.684	34.263	22.842
350	1 099.559	68.722	54.978	45.815	34.361	22.907
351	1 102.700	68.919	55.135	45.946	34.459	22.973
352	1 105.842	69.115	55.292	46.077	34.558	23.038
353	1 108.983	69.311	55.449	46.208	34.656	23.104
354	1 112.125	69.508	55.606	46.339	34.754	23.169
355	1 115.267	69.704	55.763	46.469	34.852	23.235
356	1 118.408	69.901	55.920	46.600	34.950	23.300
357	1 121.550	70.097	56.077	46.731	35.048	23.366
358	1 124.691	70.293	56.235	46.862	35.147	23.431
359	1 127.833	70.490	56.392	46.993	35.245	23.497
360	1 130.975	70.686	56.549	47.124	35.343	23.562
361	1 134.116	70.882	56.706	47.255	35.441	23.627
362	1 137.258	71.079	56.863	47.386	35.539	23.693
363	1 140.399	71.275	57.010	47.517	35.636	23.758
364	1 143.541	71.471	57.177	47.648	35.736	23.824
365	1 146.683	71.668	57.334	47.778	35.834	23.889
366	1 149.824	71.864	57.491	47.909	35.932	23.955
367	1 152.966	72.060	57.648	48.040	36.030	24.020
368	1 156.107	72.257	57.805	48.171	36.128	24.086
369	1 159.249	72.453	57.962	48.302	36.227	24.151
370	1 162.391	72.649	58.120	48.433	36.325	24.216

续表

直径	圆周长	等分弧长				
		16	20	24	32	48
371	1 165.532	72.846	58.277	48.564	36.423	24.282
372	1 168.674	73.042	58.434	48.695	36.521	24.347
373	1 171.815	73.238	58.591	48.826	36.619	24.413
374	1 174.957	73.435	58.748	48.957	36.717	24.478
375	1 178.099	73.631	58.905	49.087	36.816	24.543
376	1 181.240	73.828	59.062	49.218	36.914	24.609
377	1 184.382	74.024	59.219	49.349	37.012	24.675
378	1 187.523	74.220	59.376	49.480	37.110	24.740
379	1 190.665	74.417	59.533	49.611	37.208	24.806
380	1 193.807	74.613	59.690	49.742	37.306	24.871
381	1 196.948	74.809	59.847	49.873	37.405	24.936
382	1 200.090	75.006	60.004	50.004	37.503	25.002
383	1 203.231	75.202	60.162	50.135	37.601	25.067
384	1 206.373	75.398	60.319	50.266	37.699	25.133
385	1 209.515	75.595	60.476	50.396	37.797	25.198
386	1 212.656	75.791	60.633	50.527	37.896	25.264
387	1 215.798	75.987	60.790	50.658	37.994	25.329
388	1 218.939	76.184	60.947	50.789	38.092	25.395
389	1 222.081	76.380	61.104	50.920	38.190	25.460
390	1 225.222	76.576	61.261	51.051	38.288	25.525
391	1 228.364	76.773	61.418	51.182	38.386	25.591
392	1 231.506	76.969	61.575	51.313	38.485	25.656
393	1 234.647	77.165	61.732	51.444	38.582	25.721
394	1 237.789	77.362	61.889	51.575	38.681	25.787
395	1 240.930	77.558	62.047	51.705	38.779	25.852
396	1 244.072	77.755	62.204	51.836	38.877	25.918
397	1 247.214	77.951	62.361	51.967	38.975	25.983
398	1 250.355	78.147	62.518	52.098	39.074	26.049
399	1 253.497	78.344	62.675	52.229	39.172	26.115
400	1 256.638	78.540	62.832	52.360	39.270	26.180

附表四 圆弧中心角与弧长、弦长、弓高换算表

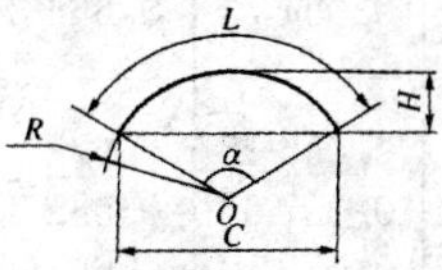

α——中心角(度)

H——弓高系数

C——弦长系数

L——弧长系数

表中为圆弧半径 $R=1$ mm 时，α 与 C、H、L 的换算关系。

当 $R\neq1$ 时，实际弦长、弓高和弧长等于 R 乘以相应系数

α	C	H	L	α	C	H	L
1	0.017 4	0.000 038	0.017 5	11	0.191 7	0.004 60	0.191 9
1.5	0.026 2	0.000 086	0.026 2	11.5	0.200 3	0.005 03	0.200 7
2	0.034 9	0.000 150	0.034 9	12	0.209 0	0.005 48	0.209 4
2.5	0.045 4	0.000 260	0.045 4	12.5	0.217 7	0.005 94	0.218 1
3	0.0541	0.000 370	0.054 1	13	0.226 4	0.006 43	0.226 8
3.5	0.062 8	0.000 49	0.062 8	13.5	0.235 0	0.006 93	0.235 6
4	0.071 5	0.000 64	0.071 5	14	0.243 7	0.007 45	0.244 3
4.5	0.080 2	0.000 81	0.080 2	14.5	0.252 4	0.007 99	0.253 0
5	0.089 0	0.000 99	0.089 0	15	0.261 0	0.008 55	0.261 7
5.5	0.097 6	0.001 19	0.097 7	15.5	0.269 7	0.009 13	0.270 5
6	0.106 4	0.001 42	0.106 4	16	0.278 3	0.009 73	0.279 2
6.5	0.115 1	0.001 66	0.115 2	16.5	0.286 9	0.010 34	0.287 9
7	0.123 8	0.001 92	0.123 9	17	0.295 6	0.010 98	0.296 7
7.5	0.132 5	0.002 20	0.132 6	17.5	0.304 2	0.011 63	0.305 4
8	0.141 2	0.002 50	0.141 3	18	0.312 8	0.012 31	0.314 1
8.5	0.150 0	0.002 81	0.150 0	18.5	0.321 4	0.013 00	0.322 8
9	0.158 6	0.003 15	0.158 8	19	0.330 0	0.013 71	0.331 6
9.5	0.165 6	0.003 43	0.165 8	19.5	0.338 6	0.014 44	0.340 3
10	0.174 3	0.003 80	0.174 5	20	0.347 2	0.015 19	0.349 0
10.5	0.183 0	0.004 19	0.183 2	20.5	0.355 8	0.015 95	0.357 7

续表

α	C	H	L	α	C	H	L
21	0.364 4	0.016 74	0.365 6	36	0.617 9	0.048 93	0.628 2
21.5	0.373 0	0.017 54	0.375 2	36.5	0.626 2	0.050 28	0.636 9
22	0.381 5	0.018 37	0.383 9	37	0.634 5	0.051 66	0.645 7
22.5	0.390 1	0.019 21	0.392 6	37.5	0.642 8	0.053 05	0.654 4
23	0.398 7	0.020 07	0.401 4	38	0.652 7	0.054 75	0.664 8
23.5	0.407 2	0.020 95	0.410 1	38.5	0.660 9	0.056 18	0.673 6
24	0.415 7	0.021 84	0.418 8	39	0.669 1	0.057 63	0.682 3
24.5	0.424 3	0.022 76	0.427 5	39.5	0.677 4	0.059 10	0.691 6
25	0.432 8	0.023 70	0.436 3	40	0.685 6	0.060 58	0.699 7
25.5	0.441 3	0.024 65	0.445 0	40.5	0.693 7	0.062 09	0.708 4
26	0.449 8	0.025 62	0.457 3	41	0.701 9	0.063 61	0.717 2
26.5	0.458 4	0.026 61	0.462 4	41.5	0.710 1	0.065 15	0.725 9
27	0.466 8	0.027 62	0.471 2	42	0.718 2	0.066 71	0.736 4
27.5	0.475 3	0.028 65	0.479 9	42.5	0.726 4	0.068 28	0.743 4
28	0.483 8	0.029 69	0.488 6	43	0.734 5	0.069 88	0.752 1
28.5	0.492 2	0.030 76	0.497 3	43.5	0.742 6	0.071 49	0.760 8
29	0.500 7	0.031 84	0.506 1	44	0.750 7	0.073 12	0.769 5
29.5	0.509 1	0.032 94	0.514 8	44.5	0.758 8	0.074 76	0.778 2
30	0.517 5	0.034 06	0.523 5	45	0.766 4	0.076 43	0.787 0
30.5	0.526 0	0.035 20	0.532 2	45.5	0.774 9	0.078 11	0.795 7
31	0.534 3	0.036 36	0.541 0	46	0.782 9	0.079 81	0.804 4
31.5	0.542 8	0.037 53	0.549 7	46.5	0.790 9	0.081 52	0.813 2
32	0.551 2	0.038 72	0.558 4	47	0.789 0	0.083 26	0.821 9
32.5	0.559 6	0.039 94	0.567 1	47.5	0.806 9	0.085 01	0.830 6
33	0.567 9	0.041 16	0.575 9	48	0.814 9	0.086 78	0.839 3
33.5	0.576 3	0.042 41	0.584 6	48.5	0.822 9	0.088 56	0.848 1
34	0.584 6	0.043 68	0.593 3	49	0.830 8	0.090 37	0.856 8
34.5	0.592 9	0.044 96	0.602 0	49.5	0.838 8	0.092 19	0.865 5
35	0.601 3	0.046 27	0.610 8	50	0.846 7	0.094 03	0.874 2
35.5	0.609 6	0.047 59	0.619 5	50.5	0.854 6	0.095 88	0.883 0

续表

α	C	H	L	α	C	H	L
51	0.862 4	0.097 75	0.891 7	66	1.090 6	0.161 74	1.153 4
51.5	0.870 3	0.099 64	0.900 4	66.5	1.097 9	0.163 71	1.162 2
52	0.878 2	0.101 55	0.909 1	67	1.105 1	0.168 53	1.170 9
52.5	0.886 0	0.103 47	0.917 9	67.5	1.112 4	0.166 95	1.179 6
53	0.893 8	0.105 42	0.926 6	68	1.119 6	0.171 39	1.188 3
53.5	0.901 6	0.107 37	0.935 3	68.5	1.126 9	0.173 84	1.197 1
54	0.909 3	0.109 35	0.944 0	69	1.134 1	0.176 30	1.205 8
54.5	0.917 1	0.111 34	0.952 8	69.5	1.141 2	0.178 78	1.114 5
55	0.923 3	0.112 94	0.959 7	70	1.148 4	0.181 28	1.223 2
55.5	0.932 6	0.115 38	0.970 2	70.5	1.155 5	0.183 79	1.232 0
56	0.940 3	0.117 42	0.978 9	71	1.162 6	0.186 3	1.240 7
56.5	0.948 0	0.119 48	0.987 7	71.5	1.169 7	0.188 9	1.249 4
57	0.955 7	0.121 55	0.996 4	72	1.176 8	0.191 4	1.258 1
57.5	0.963 3	0.123 65	1.005 1	72.5	1.183 8	0.194 0	1.266 9
58	0.971 0	0.125 76	1.013 8	73	1.190 9	0.196 6	1.275 6
58.5	0.978 6	0.127 88	1.022 6	73.5	1.197 8	0.198 2	1.284 3
59	0.986 2	0.130 03	1.031 3	74	1.204 8	0.201 8	1.293 0
59.5	0.993 8	0.132 19	1.040 0	74.5	1.211 8	0.204 5	1.301 8
60	1.001 3	0.134 36	1.048 7	75	1.218 7	0.207 1	1.310 5
60.5	1.008 9	0.136 55	1.057 5	75.5	1.225 6	0.209 8	1.319 2
61	1.016 4	0.138 76	1.066 2	76	1.232 5	0.212 4	1.327 9
61.5	1.023 9	0.140 99	1.074 9	76.5	1.239 4	0.215 1	1.336 7
62	1.031 4	0.143 23	1.083 6	77	1.246 2	0.217 9	1.345 4
62.5	1.038 9	0.145 49	1.093 7	77.5	1.253 0	0.220 6	1.354 1
63	1.046 3	0.147 76	1.101 1	78	1.259 8	0.223 3	1.362 8
63.5	1.053 7	0.150 05	1.109 8	78.5	1.266 6	0.226 1	1.371 6
64	1.061 1	0.152 36	1.118 5	79	1.273 3	0.228 8	1.380 3
64.5	1.068 5	0.154 68	1.127 3	79.5	1.280 0	0.231 6	1.389 0
65	1.075 9	0.157 02	1.136 0	80	1.286 7	0.234 4	1.397 7
65.5	1.083 2	0.159 37	1.144 7	80.5	1.293 4	0.237 2	1.406 5

续表

α	C	H	L	α	C	H	L
81	1. 300 0	0. 240 1	1. 415 2	96	1. 487 2	0. 331 4	1. 676 9
81. 5	1. 206 6	0. 242 9	1. 423 9	96. 5	1. 493 1	0. 334 6	1. 685 7
82	1. 313 2	0. 245 8	1. 432 6	97	1. 498 8	0. 337 9	1. 694 4
82. 5	1. 319 8	0. 248 6	1. 441 4	97. 5	1. 504 6	0. 341 2	1. 703 1
83	1. 326 3	0. 251 5	1. 450 1	98	1. 510 3	0. 344 5	1. 711 8
83. 5	1. 332 9	0. 254 4	1. 458 8	98. 5	1. 516 0	0. 347 8	1. 720 6
84	1. 339 3	0. 257 3	1. 467 8	99	1. 521 7	0. 351 1	1. 729 3
84. 5	1. 345 8	0. 260 3	1. 476 3	99. 5	1. 527 4	0. 354 4	1. 738 0
85	1. 352 3	0. 263 2	1. 485 0	100	1. 533 0	0. 357 8	1. 746 7
85. 5	1. 358 7	0. 266 2	1. 493 7	100. 5	1. 538 6	0. 361 1	1. 755 5
86	1. 365 1	0. 269 1	1. 502 4	101	1. 544 1	0. 364 5	1. 764 2
86. 5	1. 371 4	0. 272 1	1. 511 2	101. 5	1. 549 7	0. 367 8	1. 772 9
87	1. 377 8	0. 275 1	1. 519 9	102	1. 555 2	0. 371 2	1. 781 6
87. 5	1. 384 1	0. 278 1	1. 528 6	102. 5	1. 560 6	0. 374 6	1. 790 4
88	1. 390 4	0. 281 2	1. 537 3	103	1. 566 1	0. 378 0	1. 799 1
88. 5	1. 396 6	0. 284 2	1. 546 1	103. 5	1. 571 5	0. 381 5	1. 807 8
89	1. 402 8	0. 287 3	1. 554 8	104	1. 576 9	0. 384 9	1. 816 5
89. 5	1. 409 1	0. 290 3	1. 563 5	104. 5	1. 582 2	0. 388 3	1. 825 3
90	1. 415 2	0. 293 4	1. 577 2	105	1. 587 6	0. 391 8	1. 834 0
90. 5	1. 421 4	0. 296 5	1. 581 0	105. 5	1. 592 8	0. 395 3	1. 842 7
91	1. 427 5	0. 299 6	1. 589 7	106	1. 598 1	0. 398 7	1. 851 4
91. 5	1. 433 6	0. 302 7	1. 598 4	106. 5	1. 603 3	0. 402 2	1. 860 2
92	1. 439 7	0. 305 9	1. 607 1	107	1. 608 5	0. 405 7	1. 868 9
92. 5	1. 445 7	0. 309 0	1. 615 9	107. 5	1. 613 7	0. 409 2	1. 877 6
93	1. 451 7	0. 312 2	1. 624 6	108	1. 618 8	0. 412 8	1. 886 3
93. 5	1. 457 7	0. 315 3	1. 633 3	108. 5	1. 624 0	0. 416 3	1. 895 1
94	1. 463 7	0. 318 5	1. 642 0	109	1. 629 0	0. 419 9	1. 903 8
94. 5	1. 469 6	0. 321 7	1. 650 8	109. 5	1. 634 1	0. 423 4	1. 912 5
95	1. 475 5	0. 324 9	1. 659 5	110	1. 639 1	0. 427 0	1. 921 2
95. 5	1. 481 4	0. 328 2	1. 688 2	110. 5	1. 644 1	0. 430 6	1. 930 0

续表

α	C	H	L	α	C	H	L
111	1.6490	0.4342	1.9387	128.5	1.8012	0.5654	2.2423
111.5	1.6539	0.4378	1.9474	129	1.8050	0.5693	2.2511
112	1.6588	0.4414	1.9561	129.5	1.8087	0.5732	2.2598
112.5	1.6637	0.4450	1.9649	130	1.8124	0.5772	2.2685
113	1.6685	0.4486	1.9736	130.5	1.8161	0.5811	2.2772
113.5	1.6733	0.4523	1.9823	131	1.8197	0.5851	2.2860
114	1.6781	0.4559	1.9910	131.5	1.8233	0.5891	2.2947
114.5	1.6828	0.4596	1.9998	132	1.8269	0.5931	2.3034
115	1.6875	0.4633	2.0085	132.5	1.8304	0.5971	2.3121
115.5	1.6922	0.4670	2.0172	133	1.8339	0.6011	2.3209
116	1.6968	0.4707	2.0259	133.5	1.8374	0.6051	2.3296
116.5	1.7014	0.4744	2.0347	134	1.8408	0.6091	2.3383
117	1.7060	0.4781	2.0434	134.5	1.8442	0.6131	2.3470
117.5	1.7105	0.4818	2.0521	135	1.8476	0.6171	2.3558
118	1.7150	0.4855	2.0608	135.5	1.8509	0.6211	2.3645
118.5	1.7195	0.4893	2.0696	136	1.8542	0.6252	2.3732
119	1.7239	0.4930	2.0783	136.5	1.8575	0.6292	2.3819
119.5	1.7283	0.4968	2.0870	137	1.8607	0.6333	2.3907
120	1.7327	0.5006	2.0957	137.5	1.8639	0.6374	2.3994
120.5	1.7371	0.5044	2.1045	138	1.8670	0.6414	2.4081
121	1.7414	0.5082	2.1132	138.5	1.8701	0.6455	2.4168
121.5	1.7456	0.5120	2.1219	139	1.8732	0.6496	2.4256
122	1.7499	0.5158	2.1306	139.5	1.8762	0.6537	2.4343
122.5	1.7541	0.5196	2.1394	140	1.8792	0.6578	2.4430
123	1.7583	0.5234	2.1481	140.5	1.8822	0.6619	2.4517
123.5	1.7624	0.5273	2.1568	141	1.8851	0.6660	2.4605
124	1.7665	0.5311	2.1655	141.5	1.8880	0.6701	2.4692
124.5	1.7706	0.5350	2.1743	142	1.8909	0.6742	2.4779
125	1.7746	0.5388	2.1830	142.5	1.8937	0.6783	2.4866
125.5	1.7786	0.5427	2.1917	143	1.8965	0.6825	2.4954
126	1.7826	0.5466	2.2004	143.5	1.8993	0.6866	2.5041
126.5	1.7865	0.5505	2.2092	144	1.9020	0.6908	2.5128
127	1.7905	0.5544	2.2179	144.5	1.9047	0.6949	2.5215
127.5	1.7943	0.5583	2.2266	145	1.9073	0.6991	2.5303
128	1.7982	0.5622	2.2353	145.5	1.9099	0.7032	2.5390

续表

α	C	H	L	α	C	H	L
146	1.912 5	0.707 4	2.547 7	163.5	1.979 2	0.856 3	2.853 1
146.5	1.915 0	0.711 6	2.556 4	164	1.980 5	0.860 6	2.861 8
147	1.917 5	0.715 8	2.565 2	164.5	1.981 7	0.864 9	2.870 6
147.5	1.920 0	0.719 9	2.573 9	165	1.982 8	0.869 2	2.879 3
148	1.922 4	0.724 1	2.582 6	165.5	1.983 9	0.873 6	2.888 0
148.5	1.924 8	0.728 3	2.591 3	166	1.985 0	0.877 9	2.896 7
149	1.927 1	0.732 5	2.600 0	166.5	1.986 1	0.882 2	2.905 5
149.5	1.929 5	0.736 7	2.608 8	167	1.987 1	0.886 5	2.914 2
150	1.931 7	0.741 0	2.617 5	167.5	1.988 1	0.890 9	2.922 9
150.5	1.934 0	0.745 2	2.626 2	168	1.989 0	0.895 2	2.931 6
151	1.936 2	0.747 4	2.635 0	168.5	1.989 9	0.899 6	2.940 4
151.5	1.938 3	0.753 6	2.643 7	169	1.990 7	0.903 9	2.949 1
152	1.940 5	0.757 8	2.652 4	169.5	1.991 6	0.908 2	2.957 8
152.5	1.942 6	0.762 1	2.661 2	170	1.992 3	0.912 6	2.966 5
153	1.944 6	0.766 3	2.669 9	170.5	1.993 1	0.916 9	2.975 3
153.5	1.946 6	0.770 6	2.678 6	171	1.993 8	0.921 3	2.984 0
154	1.948 6	0.774 8	2.687 3	171.5	1.994 5	0.925 4	2.992 7
154.5	1.950 6	0.779 1	2.696 1	172	1.995 1	0.930 0	3.001 4
155	1.952 5	0.783 3	2.704 8	172.5	1.995 7	0.934 3	3.010 1
155.5	1.954 4	0.787 6	2.713 5	173	1.996 2	0.938 7	3.018 9
156	1.956 2	0.791 9	2.722 2	173.5	1.996 8	0.943 0	3.027 6
156.5	1.958 0	0.796 1	2.731 0	174	1.997 2	0.947 4	3.036 3
157	1.959 8	0.800 4	2.739 7	174.5	1.997 7	0.951 8	3.045 1
157.5	1.961 5	0.804 7	2.748 4	175	1.998 1	0.956 1	3.053 8
158	1.963 2	0.809 0	2.757 1	175.5	1.998 4	0.960 5	3.062 5
158.5	1.964 8	0.813 2	2.765 9	176	1.998 8	0.964 8	3.071 3
159	1.966 4	0.817 5	2.774 6	176.5	1.999 1	0.969 2	3.080 0
159.5	1.968 0	0.821 8	2.783 3	177	1.999 3	0.973 6	3.088 7
160	1.969 5	0.826 1	2.792 0	177.5	1.999 5	0.977 9	3.097 4
160.5	1.971 0	0.830 4	2.800 8	178	1.999 7	0.982 3	3.106 2
161	1.972 5	0.834 7	2.809 5	178.5	1.999 8	0.986 6	3.114 9
161.5	1.973 9	0.839 0	2.818 2	179	1.999 9	0.991 0	3.123 6
162	1.975 3	0.843 3	2.826 9	179.5	1.999 98	0.995 4	3.132 3
162.5	1.976 6	0.847 6	2.835 7	180	2	0.999 7	3.141 6
163	1.978 0	0.851 9	2.844 4				

附表五　椭圆周率表

A——椭圆长轴　B——椭圆短轴　PI——椭圆周率

如椭圆长轴 $A=100$ mm，短轴 $B=50$ mm，$B/A=50/100=0.5$，可查得 $PI=2.4221$，椭圆周长 $L=A\cdot PI=100\times2.4221=242.21$ mm

B/A	PI	B/A	PI	B/A	PI	B/A	PI
		.221	2.118 7	.246	2.140 9	.271	2.164 4
.050	2.009 7	.222	2.119 6	.247	2.141 8	.272	2.165 3
.100	2.032 0	.223	2.120 4	.248	2.142 8	.273	2.166 3
.150	2.063 1	.224	2.121 3	.249	2.143 7	.274	2.167 3
.200	2.101 0	.225	2.122 2	.250	2.144 6	.275	2.168 2
.201	2.101 8	.226	2.123 0	.251	2.145 5	.276	2.169 2
.202	2.102 6	.227	2.123 9	.252	2.146 5	.277	2.170 2
.203	2.103 5	.228	2.124 8	.253	2.147 4	.278	2.171 1
.204	2.104 3	.229	2.125 7	.254	2.148 3	.279	2.172 1
.205	2.105 1	.230	2.126 6	.255	2.149 2	.280	2.173 1
.206	2.106 0	.231	2.127 4	.256	2.150 2	.281	2.174 1
.207	2.106 8	.232	2.128 3	.257	2.151 1	.282	2.175 0
.208	2.107 6	.233	2.129 2	.258	2.152 0	.283	2.176 0
.209	2.108 5	.234	2.130 1	.259	2.153 0	.284	2.177 0
.210	2.109 3	.235	2.131 0	.260	2.153 9	.285	2.178 0
.211	2.110 1	.236	2.131 9	.261	2.154 9	.286	2.179 0
.212	2.111 0	.237	2.132 8	.262	2.155 8	.287	2.180 0
.213	2.111 8	.238	2.133 7	.263	2.156 8	.288	2.181 0
.214	2.112 7	.239	2.134 6	.264	2.157 7	.289	2.181 9
.215	2.113 5	.240	2.135 5	.265	2.158 6	.290	2.182 9
.216	2.114 4	.241	2.136 4	.266	2.159 6	.291	2.183 9
.217	2.115 2	.242	2.137 3	.267	2.160 5	.292	2.184 9
.218	2.116 1	.243	2.138 2	.268	2.161 5	.293	2.185 9
.219	2.117 0	.244	2.139 1	.269	2.162 5	.294	2.186 9
.220	2.117 8	.245	2.140 0	.270	2.163 4	.295	2.187 9

续表

B/A	PI	B/A	PI	B/A	PI	B/A	PI
.296	2.188 9	.326	2.219 7	.356	2.251 9	.386	2.285 3
.297	2.189 9	.327	2.220 8	.357	2.253 0	.387	2.286 5
.298	2.190 9	.328	2.221 8	.358	2.254 1	.388	2.287 6
.299	2.191 9	.329	2.222 9	.359	2.255 2	.389	2.288 7
.300	2.193 0	.330	2.224 0	.360	2.256 3	.390	2.289 9
.301	2.194 0	.331	2.225 0	.361	2.257 4	.391	2.291 0
.302	2.195 0	.332	2.226 1	.362	2.258 5	.392	2.292 1
.303	2.196 0	.333	2.227 1	.363	2.259 6	.393	2.293 3
.304	2.197 0	.334	2.228 2	.364	2.260 7	.394	2.294 4
.305	2.198 0	.335	2.229 3	.365	2.261 8	.395	2.295 6
.306	2.199 0	.336	2.230 3	.366	2.262 9	.396	2.296 7
.307	2.200 1	.337	2.231 4	.367	2.264 0	.397	2.297 9
.308	2.201 1	.338	2.232 5	.368	2.265 1	.398	2.299 0
.309	2.202 1	.339	2.233 5	.369	2.266 2	.399	2.300 2
.310	2.203 1	.340	2.234 6	.370	2.267 4	.400	2.301 3
.311	2.204 2	.341	2.235 7	.371	2.268 5	.401	2.302 5
.312	2.205 2	.342	2.236 7	.372	2.269 6	.402	2.303 6
.313	2.206 2	.343	2.237 8	.373	2.270 7	.403	2.304 8
.314	2.207 2	.344	2.238 9	.374	2.271 8	.404	2.305 9
.315	2.208 3	.345	2.240 0	.375	2.272 9	.405	2.307 1
.316	2.209 3	.346	2.241 0	.376	2.274 0	.406	2.308 2
.317	2.210 3	.347	2.242 1	.377	2.275 2	.407	2.309 4
.318	2.211 4	.348	2.243 2	.378	2.276 3	.408	2.310 6
.319	2.212 4	.349	2.244 3	.379	2.277 4	.409	2.311 7
.320	2.213 5	.350	2.245 4	.380	2.278 5	.410	2.312 9
.321	2.214 5	.351	2.246 5	.381	2.279 7	.411	2.314 0
.322	2.215 6	.352	2.247 5	.382	2.280 8	.412	2.315 2
.323	2.216 6	.353	2.248 6	.383	2.281 9	.413	2.316 4
.324	2.217 6	.354	2.249 7	.384	2.283 1	.414	2.317 5
.325	2.218 7	.355	2.250 8	.385	2.284 2	.415	2.318 7

续表

B/A	PI	B/A	PI	B/A	PI	B/A	PI
.416	2.319 9	.446	2.355 5	.476	2.392 1	.506	2.429 7
.417	2.321 1	.447	2.356 7	.477	2.393 4	.507	2.431 0
.418	2.322 2	.448	2.357 9	.478	2.394 6	.508	2.432 2
.419	2.323 4	.449	2.359 1	.479	2.395 9	.509	2.433 5
.420	2.324 6	.450	2.360 3	.480	2.397 1	.510	2.434 8
.421	2.325 8	.451	2.361 6	.481	2.398 3	.511	2.436 0
.422	2.326 9	.452	2.362 8	.482	2.399 6	.512	2.437 3
.423	2.328 1	.453	2.364 0	.483	2.400 8	.513	2.438 6
.424	2.329 3	.454	2.365 2	.484	2.402 1	.514	2.439 9
.425	2.330 5	.455	2.366 4	.485	2.403 3	.515	2.441 1
.426	2.331 6	.456	2.367 6	.486	2.404 6	.516	2.442 4
.427	2.332 8	.457	2.368 8	.487	2.405 8	.517	2.443 7
.428	2.334 0	.458	2.370 1	.488	2.407 1	.518	2.445 0
.429	2.335 2	.459	2.371 3	.489	2.408 3	.519	2.446 2
.430	2.336 4	.460	2.372 5	.490	2.409 6	.520	2.447 5
.431	2.337 6	.461	2.373 7	.491	2.410 8	.521	2.448 8
.432	2.338 8	.462	2.374 9	.492	2.412 1	.522	2.450 1
.433	2.340 0	.463	2.376 2	.493	2.413 3	.523	2.451 4
.434	2.341 1	.464	2.377 4	.494	2.414 6	.524	2.452 6
.435	2.342 3	.465	2.378 6	.495	2.415 8	.525	2.453 9
.436	2.343 5	.466	2.379 8	.496	2.417 1	.526	2.455 2
.437	2.344 7	.467	2.381 1	.497	2.418 3	.527	2.456 5
.438	2.345 9	.468	2.382 3	.498	2.419 6	.528	2.457 8
.439	2.347 1	.469	2.383 5	.499	2.420 9	.529	2.459 1
.440	2.348 3	.470	2.384 7	.500	2.422 1	.530	2.460 4
.441	2.349 5	.471	2.386 0	.501	2.423 4	.531	2.461 6
.442	2.350 7	.472	2.387 2	.502	2.424 6	.532	2.462 9
.443	2.351 9	.473	2.388 4	.503	2.425 9	.533	2.464 2
.444	2.353 1	.474	2.389 7	.504	2.427 2	.534	2.465 5
.445	2.354 3	.475	2.390 9	.505	2.428 4	.535	2.466 8

续表

B/A	PI	B/A	PI	B/A	PI	B/A	PI
.536	2.468 1	.566	2.507 3	.596	2.547 3	.626	2.588 0
.537	2.469 4	.567	2.508 7	.597	2.548 7	.627	2.589 4
.538	2.470 7	.568	2.510 0	.598	2.550 0	.628	2.590 7
.539	2.472 0	.569	2.511 3	.599	2.551 4	.629	2.592 1
.540	2.473 3	.570	2.512 6	.600	2.552 7	.630	2.593 5
.541	2.474 6	.571	2.513 9	.601	2.554 0	.631	2.594 9
.542	2.475 9	.572	2.515 3	.602	2.555 4	.632	2.596 2
.543	2.477 2	.573	2.516 6	.603	2.556 7	.633	2.597 6
.544	2.478 5	.574	2.517 9	.604	2.558 1	.634	2.599 0
.545	2.479 8	.575	2.519 2	.605	2.559 5	.635	2.600 4
.546	2.481 1	.576	2.520 6	.606	2.560 8	.636	2.601 7
.547	2.482 4	.577	2.521 9	.607	2.562 2	.637	2.603 1
.548	2.483 7	.578	2.523 2	.608	2.563 5	.638	2.604 5
.549	2.485 0	.579	2.524 6	.609	2.564 9	.639	2.605 9
.550	2.486 3	.580	2.525 9	.610	2.566 2	.640	2.607 2
.551	2.487 6	.581	2.527 2	.611	2.567 6	.641	2.608 6
.552	2.488 9	.582	2.528 6	.612	2.568 9	.642	2.610 0
.553	2.490 2	.583	2.529 9	.613	2.570 3	.643	2.611 4
.554	2.491 5	.584	2.531 2	.614	2.571 7	.644	2.612 8
.555	2.492 9	.585	2.532 6	.615	2.573 0	.645	2.614 1
.556	2.494 2	.586	2.533 9	.616	2.574 4	.646	2.615 5
.557	2.495 5	.587	2.535 2	.617	2.575 7	.647	2.616 9
.558	2.496 8	.588	2.536 6	.618	2.577 1	.648	2.618 3
.559	2.498 1	.589	2.537 9	.619	2.578 5	.649	2.619 7
.560	2.499 4	.590	2.539 3	.620	2.579 8	.650	2.621 1
.561	2.500 7	.591	2.540 6	.621	2.581 2	.651	2.622 4
.562	2.502 1	.592	2.541 9	.622	2.582 5	.652	2.623 8
.563	2.503 4	.593	2.543 3	.623	2.583 9	.653	2.625 2
.564	2.504 7	.594	2.544 6	.624	2.585 3	.654	2.626 6
.565	2.506 0	.595	2.546 0	.625	2.586 6	.655	2.628 0

续表

B/A	PI	B/A	PI	B/A	PI	B/A	PI
.656	2.629 4	.686	2.671 4	.716	2.714 0	.746	2.757 1
.657	2.630 8	.687	2.672 8	.717	2.715 4	.747	2.758 6
.658	2.632 2	.688	2.674 2	.718	2.716 8	.748	2.760 0
.659	2.633 5	.689	2.675 6	.719	2.718 3	.749	2.761 5
.660	2.634 9	.690	2.677 0	.720	2.719 7	.750	2.762 9
.661	2.636 3	.691	2.678 4	.721	2.721 1	.751	2.764 4
.662	2.637 7	.692	2.679 9	.722	2.722 6	.752	2.765 8
.663	2.639 1	.693	2.681 3	.723	2.724 0	.753	2.767 3
.664	2.640 5	.694	2.682 7	.724	2.725 4	.754	2.768 7
.665	2.641 9	.695	2.684 1	.725	2.726 9	.755	2.770 2
.666	2.643 3	.696	2.685 5	.726	2.728 3	.756	2.771 6
.667	2.644 7	.697	2.686 9	.727	2.729 7	.757	2.773 1
.668	2.646 1	.698	2.688 3	.728	2.731 2	.758	2.774 6
.669	2.647 5	.699	2.689 8	.729	2.732 6	.759	2.776 0
.670	2.648 9	.700	2.691 2	.730	2.734 1	.760	2.777 5
.671	2.650 3	.701	2.692 6	.731	2.735 5	.761	2.778 9
.672	2.651 7	.702	2.694 0	.732	2.736 9	.762	2.780 4
.673	2.653 1	.703	2.695 4	.733	2.738 4	.763	2.781 8
.674	2.654 5	.704	2.696 9	.734	2.739 8	.764	2.783 3
.675	2.655 9	.705	2.698 3	.735	2.741 2	.765	2.784 8
.676	2.657 3	.706	2.699 7	.736	2.742 7	.766	2.786 2
.677	2.658 7	.707	2.701 1	.737	2.744 1	.767	2.787 7
.678	2.660 1	.708	2.702 6	.738	2.745 6	.768	2.789 1
.679	2.661 5	.709	2.704 0	.739	2.747 0	.769	2.790 6
.680	2.662 9	.710	2.705 4	.740	2.748 5	.770	2.792 1
.681	2.664 3	.711	2.706 8	.741	2.749 9	.771	2.793 5
.682	2.665 7	.712	2.708 3	.742	2.751 4	.772	2.795 0
.683	2.667 1	.713	2.709 7	.743	2.752 8	.773	2.796 4
.684	2.668 6	.714	2.711 1	.744	2.754 2	.774	2.797 9
.685	2.670 0	.715	2.712 5	.745	2.755 7	.775	2.799 4

续表

B/A	*PI*	*B/A*	*PI*	*B/A*	*PI*	*B/A*	*PI*
.776	2.800 8	.806	2.845 0	.836	2.889 7	.866	2.934 9
.777	2.802 3	.807	2.846 5	.837	2.891 2	.867	2.936 4
.778	2.803 8	.808	2.848 0	.838	2.892 7	.868	2.937 9
.779	2.805 2	.809	2.849 5	.839	2.894 2	.869	2.939 4
.780	2.806 7	.810	2.851 0	.840	2.895 7	.870	2.940 9
.781	2.808 2	.811	2.852 5	.841	2.897 2	.871	2.942 5
.782	2.809 6	.812	2.853 9	.842	2.898 7	.872	2.944 0
.783	2.811 1	.813	2.855 4	.843	2.900 2	.873	2.945 5
.784	2.812 6	.814	2.856 9	.844	2.901 7	.874	2.947 0
.785	2.814 1	.815	2.858 4	.845	2.903 2	.875	2.948 5
.786	2.815 5	.816	2.859 9	.846	2.904 7	.876	2.950 0
.787	2.817 0	.817	2.861 4	.847	2.906 2	.877	2.951 6
.788	2.818 5	.818	2.862 9	.848	2.907 7	.878	2.953 1
.789	2.819 9	.819	2.864 4	.849	2.909 2	.879	2.954 6
.790	2.821 4	.820	2.865 8	.850	2.910 8	.880	2.956 1
.791	2.822 9	.821	2.867 3	.851	2.912 3	.881	2.957 6
.792	2.824 4	.822	2.868 8	.852	2.913 8	.882	2.959 1
.793	2.825 8	.823	2.870 3	.853	2.915 3	.883	2.960 7
.794	2.827 3	.824	2.871 8	.854	2.916 8	.884	2.962 2
.795	2.828 8	.825	2.873 3	.855	2.918 3	.885	2.963 7
.796	2.830 3	.826	2.874 8	.856	2.919 8	.886	2.965 2
.797	2.831 7	.827	2.876 3	.857	2.921 3	.887	2.966 8
.798	2.833 2	.828	2.877 8	.858	2.922 8	.888	2.968 3
.799	2.834 7	.829	2.879 3	.859	2.924 3	.889	2.969 8
.800	2.836 2	.830	2.880 8	.860	2.925 8	.890	2.971 3
.801	2.837 6	.831	2.882 3	.861	2.927 3	.891	2.972 8
.802	2.839 1	.832	2.883 8	.862	2.928 8	.892	2.974 4
.803	2.840 6	.833	2.885 2	.863	2.930 4	.893	2.975 9
.804	2.842 1	.834	2.886 7	.864	2.931 9	.894	2.977 4
.805	2.843 6	.835	2.888 2	.865	2.933 4	.895	2.978 9

续表

B/A	PI	B/A	PI	B/A	PI	B/A	PI
.896	2.980 5	.926	3.026 5	.956	3.072 9	.986	3.119 6
.897	2.982 0	.927	3.028 0	.957	3.074 4	.987	3.121 2
.898	2.983 5	.928	3.029 6	.958	3.076 0	.988	3.122 8
.899	2.985 1	.929	3.031 1	.959	3.077 5	.989	3.124 3
.900	2.986 6	.930	3.032 6	.960	3.079 1	.990	3.125 9
.901	2.988 1	.931	3.034 2	.961	3.080 6	.991	3.127 5
.902	2.989 6	.932	3.035 7	.962	3.082 2	.992	3.129 0
.903	2.991 2	.933	3.037 3	.963	3.083 7	.993	3.130 6
.904	2.992 7	.934	3.038 8	.964	3.085 3	.994	3.132 2
.905	2.994 2	.935	3.040 3	.965	3.086 9	.995	3.133 7
.906	2.995 8	.936	3.041 9	.966	3.088 4	.996	3.135 3
.907	2.997 3	.937	3.043 4	.967	3.090 0	.997	3.136 9
.908	2.998 8	.938	3.045 0	.968	3.091 5	.998	3.138 5
.909	3.000 4	.939	3.046 5	.969	3.093 1	.999	3.140 0
.910	3.001 9	.940	3.048 1	.970	3.094 6		
.911	3.003 4	.941	3.049 6	.971	3.096 2		
.912	3.005 0	.942	3.051 2	.972	3.097 8		
.913	3.006 5	.943	3.052 7	.973	3.099 3		
.914	3.008 0	.944	3.054 3	.974	3.100 9		
.915	3.009 6	.945	3.055 8	.975	3.102 4		
.916	3.011 1	.946	3.057 4	.976	3.104 0		
.917	3.012 6	.947	3.058 9	.977	3.105 5		
.918	3.014 2	.948	3.060 5	.978	3.107 1		
.919	3.015 7	.949	3.062 0	.979	3.108 7		
.920	3.017 2	.950	3.063 6	.980	3.110 3		
.921	3.018 8	.951	3.065 1	.981	3.111 8		
.922	3.020 3	.952	3.066 7	.982	3.113 4		
.923	3.021 9	.953	3.068 2	.983	3.114 9		
.924	3.023 4	.954	3.069 8	.984	3.116 5		
.925	3.024 9	.955	3.071 3	.985	3.118 1		

附表六　热轧等边角钢的规格

（摘自 GB/T 9787—1988）

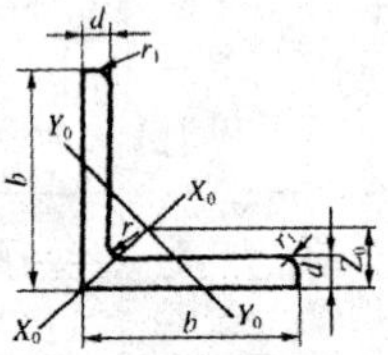

b——边宽度
r——内圆弧半径
d——边厚度
r_1——边端内弧半径（$=1/3d$）
Z_0——重心距离

型号	尺寸/mm			截面面积/cm²	理论质量/(kg/m)	外表面积/(m²/m)	Z_0/cm
	b	d	r				
2	20	3	3.5	1.132	0.889	0.078	0.60
		4		1.459	1.145	0.077	0.64
2.5	25	3		1.432	1.124	0.098	0.73
		4		1.859	1.459	0.097	0.76
3.0	30	3	4.5	1.749	1.373	0.117	0.85
		4		2.276	1.786	0.117	0.89
3.6	36	3		2.109	1.656	0.141	1.00
		4		2.756	2.163	0.141	1.04
		5		3.382	2.654	0.141	1.07
4	40	3	5	2.359	1.852	0.157	1.09
		4		3.086	2.422	0.157	1.13
		5		3.791	2.976	0.156	1.17
4.5	45	3		2.659	2.088	0.177	1.22
		4		3.486	2.736	0.177	1.26
		5		4.292	3.369	0.176	1.30
		6		5.076	3.985	0.176	1.33
5	50	3	5.5	2.971	2.332	0.197	1.34
		4		3.897	3.059	0.197	1.38
		5		4.803	3.770	0.196	1.42
		6		5.688	4.465	0.196	1.46

续表

型号	尺寸/mm			截面面积/cm^2	理论质量/(kg/m)	外表面积/(m^2/m)	Z_0/cm
	b	d	r				
5.6	56	3	6	3.343	2.264	0.221	1.48
		4		4.390	3.446	0.220	1.53
		5		5.415	4.251	0.220	1.57
		6		8.367	6.568	0.219	1.68
6.3	63	4	7	4.978	3.907	0.248	1.70
		5		6.143	4.822	0.248	1.74
		6		7.288	5.721	0.247	1.78
		8		9.515	7.469	0.247	1.85
		10		11.657	9.151	0.246	1.92
7	70	4	8	5.570	4.372	0.275	1.86
		5		6.875	5.397	0.275	1.91
		6		8.160	6.406	0.275	1.95
		7		9.424	7.398	0.275	1.90
		8		10.667	8.373	0.274	2.03
(7.5)	75	5	9	7.367	5.818	0.295	2.04
		6		8.797	6.905	0.294	2.06
		7		10.160	7.976	0.294	2.11
		8		11,503	9.030	0.294	2.15
		10		14.126	11.089	0.293	2.22
8	80	5		7.912	6.211	0.315	2.15
		6		9.397	7.376	0.314	2.19
		7		10.860	8.525	0.314	2.23
		8		12.303	9.658	0.314	2.27
		10		15.126	11.874	0.313	2.35
9	90	6	10	10.637	8.350	0.354	2.44
		7		12.310	9.656	0.354	2.48
		8		13.949	10.946	0.353	2.52
		10		17.167	13.476	0.353	2.59
		12		20.306	15.940	0.352	2.67

续表

型号	尺寸/mm			截面面积/cm^2	理论质量/(kg/m)	外表面积/(m^2/m)	Z_0/cm
	b	d	r				
10	100	6	12	11.932	9.366	0.393	2.67
		7		13.796	10.830	0.393	2.71
		8		15.638	12.276	0.393	2.76
		10		19.261	15.120	0.392	2.84
		12		22.800	17.898	0.391	2.91
		14		26.256	20.611	0.391	2.99
		16		29.627	23.257	0.390	3.06
11	110	7		15.196	11.928	0.433	2.96
		8		17.238	13.532	0.433	3.01
		10		21.261	16.690	0.432	3.09
		12		25.200	19.782	0.431	3.16
		14		29.056	22.809	0.431	3.24
12.5	125	8	4	19.750	15.504	0.492	3.37
		10		24.373	19.133	0.491	3.45
		12		28.912	22.696	0.491	3.53
		14		33.367	26.193	0.490	3.61
14	140	10		27.373	21.488	0.551	3.82
		12		32.512	25.522	0.551	3.90
		14		37.567	29.490	0.550	3.98
		16		42.539	33.393	0.549	4.06
16	160	10	16	31.502	24.729	0.630	4.31
		12		37.441	29.391	0.630	4.39
		14		43.296	33.987	0.629	4.47
		16		49.067	38.518	0.629	4.55
18	180	12		42.241	33.159	0.710	4.89
		14		48.896	38.383	0.709	4.97
		16		55.467	43.542	0.709	5.05
		18		61.955	48.634	0.708	5.13
20	200	14		54.642	42.894	0.788	5.46
		16		62.013	48.680	0.788	5.54
		18		69.301	54.401	0.787	5.62
		20		76.505	60.056	0.787	5.69
		24		90.661	71.168	0.785	5.87

附表七 热轧不等边角钢的规格

（摘自 GB/T 9788—1988）

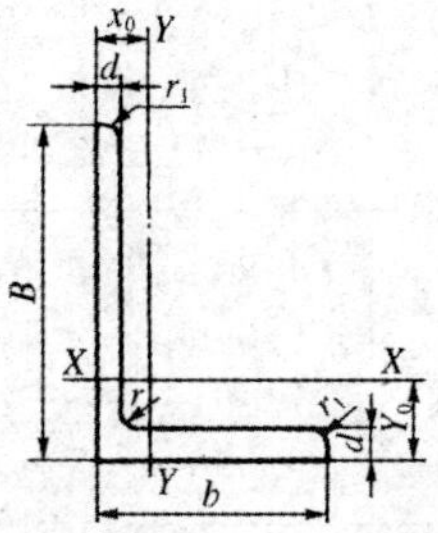

B——长边宽度
d——边厚
b——短边宽度
r——内圆弧半径
r_1——边端内圆弧半径（＝1/3d）
x_0——长边重心距离
Y_0——短边重心距离

型号	尺寸/mm				截面面积/cm^2	外表面积/(m^2/m)	理论质量/(kg/m)	Y_0/cm	x_0/cm
	B	b	d	r					
2.5/1.6	25	16	3	3.5	1.162	0.080	0.912	0.86	0.42
			4		1.499	0.079	1.176	0.90	0.46
3.2/2	32	20	3		1.492	0.102	1.171	1.08	0.49
			4		1.939	0.101	1.522	1.12	0.53
4/2.5	40	25	3	4	1.890	0.127	1.484	1.32	0.59
			4		2.467	0.127	1.936	1.37	0.63
4.5/2.8	45	28	3	5	2.149	0.143	1.687	1.47	0.64
			4		2.806	0.143	2.203	1.51	0.68
5/3.2	50	32	3	5.5	2.431	0.161	1.908	1.60	0.73
			4		3.177	0.161	2.494	1.65	0.77
5.6/3.6	56	36	3	6	2.743	0.181	2.153	1.78	0.80
			4		3.590	0.180	2.818	1.82	0.85
			5		4.415	0.180	3.466	1.87	0.88
6.3/4	63	40	4	7	4.058	0.202	3.185	2.04	0.92
			5		4.993	0.202	3.920	2.08	0.95
			6		5.908	0.201	4.638	2.12	0.99
			7		6.802	0.201	5.339	2.15	1.03

续表

型号	尺寸/mm				截面面积/cm²	外表面积/(m²/m)	理论质量/(kg/m)	Y_0/cm	x_0/cm
	B	*b*	*d*	*r*					
7/4.5	70	45	4	7.5	4.547	0.226	3.570	2.24	1.02
			5		5.609	0.225	4.403	2.28	1.06
			6		6.647	0.225	5.218	2.32	1.09
			7		7.657	0.225	6.011	2.36	1.13
7.5/5	75	50	5	8	6.125	0.245	4.808	2.40	1.17
			6		7.260	0.245	5.699	2.44	1.21
			8		9.467	0.244	7.431	2.52	1.29
			10		11.590	0.244	9.098	2.60	1.36
8/5	80	50	5		6.375	0.255	5.005	2.60	1.14
			6		7.560	0.255	5.935	2.65	1.18
			7		8.724	0.255	6.848	2.69	1.21
			8		9.867	0.254	7.745	2.73	1.25
9/5.6	90	56	5	9	7.212	0.287	5.661	2.91	1.25
			6		8.557	0.286	6.717	2.95	1.29
			7		9.880	0.286	7.756	3.00	1.33
			8		11.183	0.288	8.779	3.04	1.36
10/6.3	100	63	6	10	9.617	0.320	7.550	3.24	1.43
			7		11.111	0.320	8.722	3.28	1.47
			8		12.584	0.319	9.878	3.32	1.50
			10		15.467	0.319	12.142	3.40	1.58
10/8	100	80	6		10.637	0.354	8.350	2.95	1.97
			7		12.301	0.354	9.656	3.00	2.01
			8		13.944	0.353	10.946	3.04	2.05
			10		17.167	0.353	13.476	3.12	2.13
11/7	110	70	6		10.637	0.354	8.350	3.53	1.57
			7		12.301	0.354	9.656	3.57	1.61
			8		13.944	0.353	10.946	3.62	1.65
			10		17.167	0.353	13.476	3.70	1.72

续表

型号	尺寸/mm				截面面积/cm^2	外表面积/(m^2/m)	理论质量/(kg/m)	Y_0/cm	x_0/cm
	B	b	d	r					
12.5/8	125	80	7	11	14.096	0.403	11.066	4.01	1.80
			8		15.989	0.403	12.551	4.06	1.84
			10		19.712	0.402	15.474	4.14	1.92
			12		23.251	0.402	18.330	4.22	2.00
14/9	140	90	8	12	18.038	0.453	14.160	4.50	2.04
			10		22.261	0.452	17.475	4.58	2.12
14/9	140	90	12	12	26.400	0.451	20.724	4.66	2.19
			14		30.456	0.451	23.908	4.74	2.27
16/10	160	100	10	13	25.315	0.512	19.872	5.24	2.28
			12		30.054	0.511	23.592	5.32	2.36
			14		34.709	0.510	27.247	5.40	2.43
			16		39.281	0.510	30.335	5.48	2.51
18/11	180	110	10	14	28.373	0.571	22.273	5.89	2.44
			12		33.712	0.571	26.464	5.98	2.52
			14		38.967	0.570	30.589	6.06	2.59
			16		44.139	0.569	34.649	6.14	2.67
20/12.5	200	125	12		37.912	0.641	29.761	6.54	2.83
			14		43.867	0.640	34.436	6.62	2.91
			16		49.739	0.639	39.045	6.70	2.99
			18		55.526	0.639	43.588	6.78	3.06

附表八　热轧普通槽钢的规格

（摘自 GB/T 707—1988）

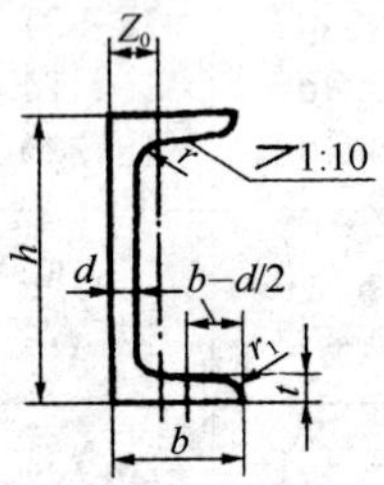

h——高度
b——腿宽
d——腰厚
t——平均腿厚
r——内圆弧半径
r_1——腿端圆弧半径
Z_0——重心距离

型号	尺寸/mm						截面面积 /cm²	理论质量 /(kg/m)	Z_0 /cm
	h	b	d	t	r	r_1			
5	50	37	4.5	7	7.0	3.50	6.93	5.44	1.35
6.3	63	40	4.8	7.5	7.5	3.75	8.44	6.63	1.36
8	80	43	5.0	8.0	8.0	4.0	10.24	8.04	1.43
10	100	48	5.3	8.5	8.5	4.25	12.74	10.00	1.52
12.6	126	53	5.5	9.0	9.0	4.5	15.69	12.37	1.59
14a	140	58	6.0	9.5	9.5	4.75	18.51	14.53	1.71
14b	140	60	8.0	9.5	9.5	4.75	21.31	16.73	1.67
16a	160	63	6.5	10.0	10.0	5.0	21.95	17.23	1.80
16	160	65	8.5	10.0	10.0	5.0	25.15	19.74	1.75
18a	180	68	7.0	10.5	10.5	5.25	25.69	20.17	1.88
18	180	70	9.0	10.5	10.5	5.25	29.29	22.99	1.84
20a	200	73	7.0	11.0	11.0	5.5	28.83	22.63	2.01
20	200	75	9	11.0	11.0	5.5	32.83	25.77	1.95

续表

型号	尺寸/mm						截面面积/cm²	理论质量/(kg/m)	Z_0/cm
	h	b	d	t	r	r_1			
22a	220	77	7	11.5	11.5	5.75	31.84	24.99	2.10
22	220	79	9.0	11.5	11.5	5.75	36.24	28.45	2.03
24a	240	78	7.0	12.0	12.0	6.0	34.21	26.55	2.10
24b	240	80	9.0	12.0	12.0	6.0	39.00	30.62	2.03
24c	240	82	11.0	12.0	12.0	6.0	43.81	34.39	2.00
25a	250	78	7.0	12.0	12.0	6.0	34.91	27.47	2.065
25b	250	80	9.0	12.0	12.0	6.0	39.91	31.39	1.98
25c	250	82	11	12	12	6	44.91	35.32	1.92
28a	280	82	7.5	12.5	12.5	6.25	40.02	31.42	2.10
28b	280	84	9.5	12.5	12.5	6.25	45.02	35.81	2.02
28c	280	86	11.5	12.5	12.5	6.25	51.22	40.21	1.95
32a	320	88	8	14	14	7	48.7	38.22	2.24
32b	320	90	10	14	14	7	55.1	43.25	2.16
32c	320	92	12	14	14	7	61.5	48.28	2.09
36a	360	96	9	16	16	8	60.89	47.80	2.44
36b	360	98	11	16	16	8	68.09	53.45	2.37
36c	360	100	13	16	16	8	75.29	59.10	2.34
40a	400	100	10.5	18	18	9	75.05	58.91	2.49
40b	400	102	12.5	18	18	9	83.05	65.19	2.44
40c	400	104	14.5	18	18	9	91.05	71.47	2.42